51单片机

原理、接口技术及工程实践

刘丹丹 杨芳 王计元 刘洪利 编著

清華大学出版社
北京

内容简介

本书根据工科专业硬件类课程的培养目标编写而成。书中首先介绍了单片机的发展过程、趋势与基本知识，而后介绍了51单片机的原理、基本结构及内部资源，包括单片机输入输出接口、存储器、中断、定时器和串行接口等。此外，本书对51单片机外扩存储器、输入输出接口的方法也进行了详细描述，同时讲述了连接键盘、LED数码管、液晶显示器、IIC总线、单总线及SPI总线设备的方法。本书还对单片机汇编语言进行了详细说明，利用大量实例说明了汇编语言程序驱动单片机各个模块的方法。为了满足不同读者的需要，本书对于51单片机C语言的设计方法也进行了详细说明。最后利用基于Proteus的单片机仿真实例由浅入深地讲述了以51单片机为核心的嵌入式系统的开发与调试方法。

本书可作为高等学校工科专业的教材，也可作为自学用书。

图书在版编目(CIP)数据

51单片机原理、接口技术及工程实践/刘丹丹等编著.—北京：清华大学出版社，2021.1
ISBN 978-7-302-55703-6

Ⅰ.①5… Ⅱ.①刘… Ⅲ.①单片微型计算机 Ⅳ.①TP368.1

中国版本图书馆CIP数据核字(2020)第107301号

责任编辑： 汪汉友
封面设计： 常雪影
责任校对： 焦丽丽
责任印制： 宋 林

出版发行： 清华大学出版社
网 址： http://www.tup.com.cn，http://www.wqbook.com
地 址： 北京清华大学学研大厦A座 **邮 编：** 100084
社 总 机： 010-62770175 **邮 购：** 010-83470235
投稿与读者服务： 010-62776969，c-service@tup.tsinghua.edu.cn
质量反馈： 010-62772015，zhiliang@tup.tsinghua.edu.cn
课件下载： http://www.tup.com.cn，010-83470236
印 装 者： 北京鑫海金澳胶印有限公司
经 销： 全国新华书店
开 本： 185mm×260mm **印 张：** 22 **插 页：** 1 **字 数：** 539千字
版 次： 2021年3月第1版 **印 次：** 2022年1月第2次印刷
定 价： 69.00元

产品编号：084755-01

前　言

随着社会的发展，嵌入式系统的应用越来越广泛。这些应用改变了人们的生活、学习的方式和信息处理、存储的方法，因此学习嵌入式系统的硬件概念与原理对于工科学生尤为重要。

“51 单片机原理、接口技术及工程实践”是电子信息工程、通信工程、工业自动化、电气工程、自动控制等高等学校工科类专业的必修课。作为一款经典的 8 位微处理器，51 单片机涉及了硬件设计几乎所有的基本概念，因此掌握 51 单片机的设计方法有利于学生快速掌握硬件基本原理，为今后学习结构更复杂的微处理器打下基础。

作为嵌入式系统学习的入门教材，本书对硬件基本概念、组成原理及设计方法进行了详细描述。为了进一步帮助读者提高以 51 单片机为核心的电路的设计能力，本书基于 Proteus 仿真软件进行电路设计及程序仿真。

作为上海市重点课程的配套教材，本书主要从 51 单片机的原理及结构、接口技术、语言与程序及工程实践实例 4 部分进行讲解。其中 51 单片机的原理及结构部分主要介绍了 51 单片机的输入输出接口、RAM 和 ROM、中断、定时器、串行接口等内部资源；接口技术部分主要介绍了单片机外扩存储器、输入输出接口的方法，包括与各种虚拟总线接口的设计方法、各种外围总线设备连接的方法，同时介绍了单片机与外部输入输出设备键盘及显示器的连接和程序设计方法；语言与程序部分介绍了单片机汇编语言与 C 语言编程基础，给出了大量实例说明程序设计方法；工程实践实例部分利用丰富的实例由浅入深地介绍了基于 Proteus 平台的硬件系统仿真方法。

本书由上海电力大学刘丹丹主编并完成了全书的统稿工作。第 1 章、第 4 章、第 7 章及第 13 章由刘丹丹编写；第 2 章、第 3 章及第 12 章由王计元编写；第 6 章、第 8 章及第 10 章由杨芳编写；第 5 章、第 9 章及第 11 章由刘洪利编写。全书源程序由刘丹丹、王计元、杨芳及刘洪利共同完成，刘丹丹及王计元完成调试工作。

由于作者水平有限，书中难免有疏漏之处，恳请读者批评指正。

编　者

2020 年 9 月

目　录

第1章　绪　　论

单片机是单片微型计算机(Single Chip Microcomputer,SCM)的简称,是一种将计算机各个组成部分集成在一块芯片上的微型计算机。单片机虽然不像常用的微型计算机那样为人熟知,但已在人们的生活中广为使用。例如,在各种家用电器、汽车中就用多种单片机进行控制与管理。本章主要介绍单片机的基本概念、特点、发展方向及主流型号,以及涉及的数制与编码基本知识。

1.1　单片机的基本概念

作为一种微型计算机,单片机在测控领域有着广阔的应用,因此国外常将单片机称为微控制器(Microcontroller Unit,MCU)。

与普通计算机一样,单片机的核心结构由中央处理器(Central Processing Unit,CPU)、随机存储器(Random Access Memory,RAM)、只读存储器(Read-Only Memory,ROM)、输入输出(Input/Output,I/O)设备这5个基本部分组成。此外,大多数微控制器芯片还包含中断系统、定时器/计数器,甚至模数转换器(Analog to Digital Converter,ADC)、脉宽调制电路(Pulse Width Modulation,PWM)等内部功能部件。单片机就是将这五大核心模块与一些内部功能部件集成到一块芯片上的微型计算机系统,如图1-1所示。

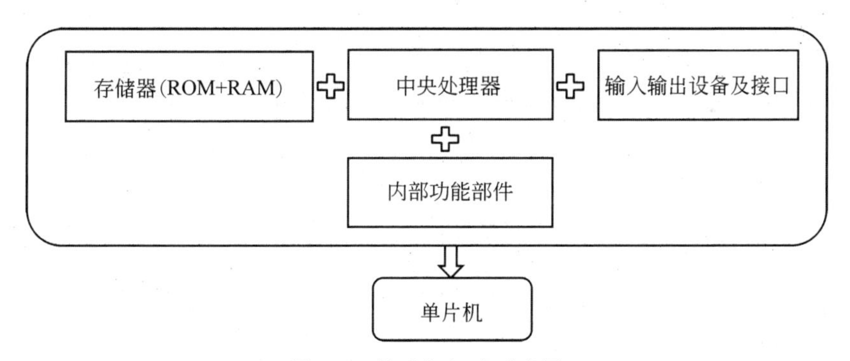

图1-1　单片机组成示意图

单片机内部核心模块之间的信息传输是通过总线(Bus)完成的。总线是单片机内部各种功能部件之间传送信息的公共通信干线,它是由一簇导线组成的传输线束。按照计算机所传输的信息种类,计算机的总线可以分为数据总线、地址总线和控制总线,分别用来传输数据、地址和控制信号。

单片机可按照用途分为通用型及专用型两类。通用型单片机应用范围广,可根据需求设计不同的外围扩展电路适应不同的设备。专用型单片机一般是为某一种类型的产品而专门设计和生产的,例如电子体温计、游戏机、通信设备等。这类专用芯片设计及制造成本较高,适用于产量较大的产品。本书介绍的单片机为通用型单片机。

1.2　单片机的体系结构

1. 冯·诺依曼结构

如图 1-2 所示，冯·诺依曼结构的程序指令存储地址和数据存储地址指向了同一个存储器的不同物理位置，因此程序指令与数据指令的宽度必须相同。由于它的总线同时肩负着存取数据与取指令两种任务，因此只能通过分时复用的方式进行。冯·诺依曼结构的这些特点使得信息流的传输成为限制系统性能的瓶颈。也正是由于冯·诺依曼结构简单、编程灵活，所以至今仍有许多微控制器使用该结构，例如 Intel 公司的 x86 系列 CPU，ARM 公司的 ARM7 等。

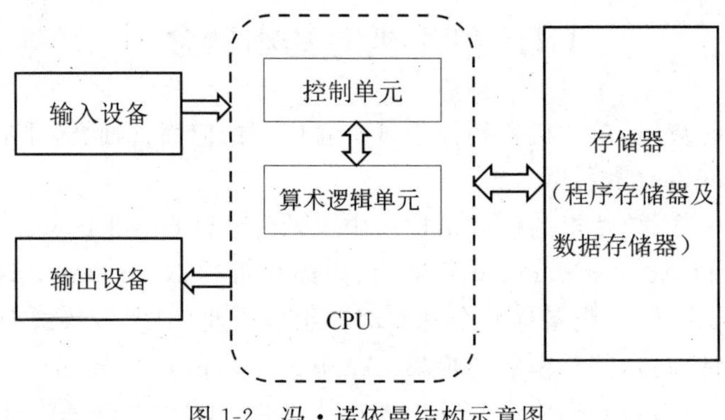

图 1-2　冯·诺依曼结构示意图

2. 哈佛结构

与冯·诺依曼结构相比，哈佛结构是将程序存储器与数据存储器分开，每个存储器独立编址，同时使用不同类型的总线独立访问。哈佛结构的结构特点如图 1-3 所示。

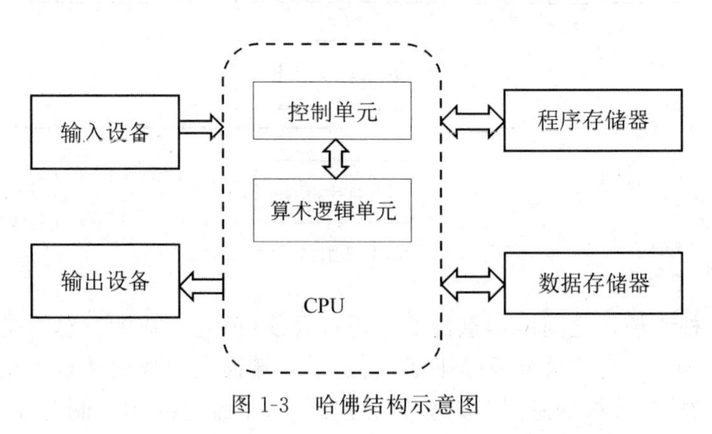

图 1-3　哈佛结构示意图

在哈佛结构的体系结构中数据存储器与程序存储器相对独立，这就使得指令和数据的宽度可以相同也可以不同。此外，独立的总线访问方式也可有效地提高数据移动及交流的效率。

目前，使用哈佛结构的微控制器有 Intel 公司的 MCS-51 系列，Atmel 公司的 AVR 系列，Microchip 公司的 PIC 系列，ARM 公司的 ARM9、ARM10 和 ARM11 系列。

1.3 单片机的发展及应用

自 Intel 公司在 1971 年推出了世界上第一块微处理器 Intel 4004 以来，单片机发展势头迅猛。在短短几十年内经历了 4 位机、8 位机、16 位机及 32 位机的发展阶段，包括了上百个系列，近千个品种。以往的控制系统使用了大量分立原件，系统庞大、线路复杂、故障率较高。由于单片机的产生，一些控制功能得以用软件实现，一些电子线路可由单片机内部的功能部件替代，使工业自动化进程在近几十年得到了长足地发展。

1.3.1 单片机的发展历程与趋势

单片机的发展得益于集成电路技术和微型计算机技术的高速发展，经历了从单片微型计算机（SCM）到微控制器（MCU）再到嵌入式系统（System on Chip，SoC）的发展历程，主要分为以下 5 个重要阶段。

1. 第一阶段（1971—1976 年）

该阶段可以视为单片机的产生的初级阶段。在这个阶段，由于生产工艺和集成度的限制，单片机功能较为简单。这个阶段最具有革新性的产品就是 Intel 公司于 1971 年推出的第一款商用微处理器——Intel 4004。Intel 4004 的外形如图 1-4（a）所示，其计算性能与第一代电子计算机相当，但后者需要占据整间房子，因此该款芯片成为了单片机历史上重要的里程碑。此后，多家公司相继推出了各自的 4 位单片机系列，1975 年美国德州仪器公司推出的 4 位单片机 TMS-1000 就是其中的代表。

由于 4 位机的功能较为单一，因此 Intel 公司分别于 1972 年 4 月及 1973 年 8 月推出了 Intel 8008 及 8080 微处理器。其中 Intel 8080 微处理器由于运算能力快而得到了广泛的应用，从此拉开了 8 位机研制的序幕。Intel 8080 的外形如图 1-4（b）所示。

2. 第二阶段（1976—1978 年）

该阶段为单片机的探索阶段。1976 年，几个主要的集成电路开发商进一步推出了几款更为成熟的 8 位微处理器，其中以 Intel 公司推出的 MCS-48 系列为代表。Zilog 公司随后也推出了 Z80 系列，Motorola 公司推出了 6801 系列。Intel 8048 的外形如图 1-4（c）所示。

一般认为，MCS-48 系列单片机的诞生标志着真正的单片机时代，是 SCM 时代的开始，但是这一阶段的单片机性能仍然较低。

3. 第三阶段（1978—1983 年）

该阶段为单片机的完善阶段。1980 年，Intel MCS-51 系列单片机的诞生使单片机的发展迈上了一个新的台阶。该系列单片机的存储器采用较大的 ROM 及 RAM，寻址范围可达 64KB。同时，它内嵌 16 位定时器/计数器，可进行多级优先级中断处理，拥有较为丰富的串行和并行接口，这使得单片机的应用范围进一步扩大，成为了公认的经典单片机体系结构，其外形如图 1-4（d）所示。

在接下来的三十多年里，虽然各种先进的微处理器层出不穷，但是 MCS-51 单片机仍因其完善的功能、低廉的价格成为后来的许多厂商沿用或参考的体系结构。虽然 Intel 公司是 MCS-51 单片机最初的生产者，但是其主要从事 PC 及高端微处理器的开发，因此将 MCS-51

中的 80C51 内核转让给了 Philips、Atmel 等世界知名大公司。尽管如此，也丝毫没有降低该系列单片机在微处理器领域的影响力及性能。更多的集成电路制造厂商也因此才有机会在此基础上改善 51 单片机的基本性能，制造出可用于不同领域的单片机。

4. 第四阶段(1983—1990 年)

该阶段为 8 位单片机的巩固发展及 16 位单片机的推出阶段，也是 SCM 向 MCU 发展的阶段。这个阶段的单片机实时处理的能力更强、生产工艺先进、集成度高、内部功能完善。此时的 80C51 系列单片机产品繁多，主流地位逐步形成。许多厂商进一步将测控系统中常用的模数转换器模块、脉宽调制模块等集成到芯片内部，进一步扩大了 51 单片机的应用范围，减少了单片机外围电路的规模。同时，C 语言等高级语言应用于单片机的开发，使得更多用户具备使用单片机完成特定的控制功能的能力，进一步提高了单片机在工业界的影响力。

随着集成电路集成度的进一步提高，Intel 公司的 MCS-96(其外形如图 1-4(e)所示)、美国国家半导体公司的 HPC16040 及 NEC 公司的 783××系列等 16 位单片机也被相继推出。由于 16 位单片机功能强大，因此常被应用于较为复杂的嵌入式系统及智能设备中。

5. 第五阶段(1990 年至今)

该阶段为微控制器的全面发展阶段。在这个阶段，陆续出现了更多高速、大存储区、强运算能力的 8 位、16 位及 32 位单片机。一款常见的 32 位微处理器的外形如图 1-4(f)所示。此时的单片机引脚数量越来越多，性能越来越好，用途也越来越广泛。

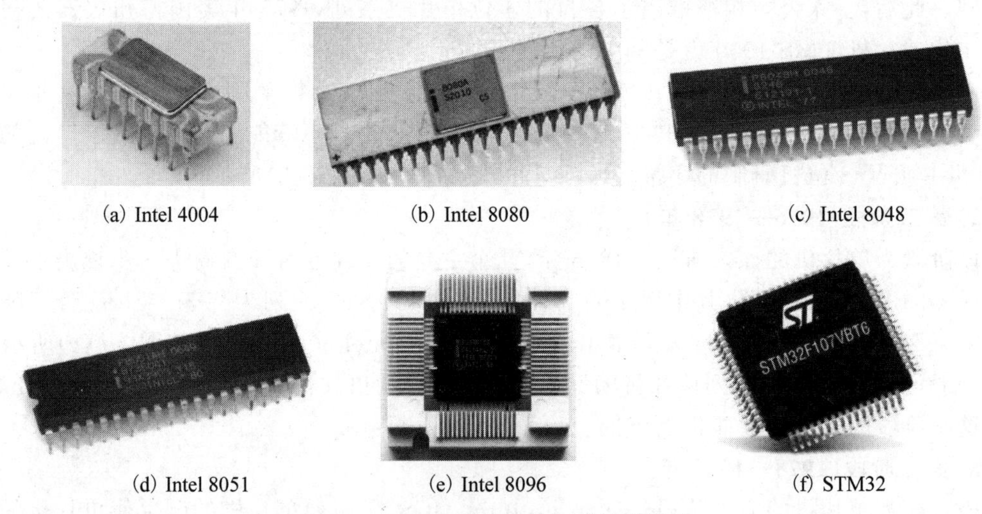

(a) Intel 4004　(b) Intel 8080　(c) Intel 8048

(d) Intel 8051　(e) Intel 8096　(f) STM32

图 1-4　不同时期的微处理器外形对比

由单片机的发展历史可知，单片机非常明显的发展趋势是，存储容量进一步加大，增加并行接口的驱动及控制能力，实现外围电路内装化，降低电压和功能，提高可靠性等。相信随着技术的进一步提高，以单片机为核心的智能化嵌入式设备也将会越来越深入地影响人们的生活。

1.3.2 单片机的应用领域

目前,单片机被广泛应用于各种领域。

(1) 在工业控制上的应用。工业自动化是最早使用单片机的领域。单片机一般应用于机床、汽车安全保障系统、锅炉、环境监测系统、温湿度控制系统和自动报警系统等。利用这些系统可降低劳动强度与生产成本,提高产品质量的稳定性。

(2) 在智能化仪器仪表上的应用。单片机可利用各种类型的传感器实现对电压、电流、功率及频率等各种物理量的测量,使数字示波器、医疗器械等智能设备更加智能化、小型化。

(3) 在家用电子产品上的应用。目前,在全自动洗衣机、电冰箱、遥控玩具、空调、微波炉、电视机、录像机等家用电子产品上均采用单片机作为自动控制系统,以增加家用电器的智能化程度。

(4) 商用产品。在自动售货机、收款机、电子秤、IC 刷卡机、出租车计价器等商业领域也采用以单片机为核心的控制系统。

(5) 医疗设备。在超声诊断设备、医用呼吸机、监护仪、病床呼叫系统等产品上,单片机已被广泛使用。

(6) 办公自动化设备。在打印机、复印机、传真机、电话机等设备上,已使用单片机作为控制核心。

(7) 网络通信设备。在调制解调器、程控交换机等设备上,也使用单片机与计算机进行数据通信。

(8) 汽车电子产品。单片机在汽车的各个控制模块中应用广泛,例如汽车的通信系统、导航系统、信息系统、安全系统和自动驾驶系统。

由此可见,单片机已经深入人们生活的各个领域。随着单片机技术向纵深方向的发展,其影响力将更加深远。

1.4 常见的单片机型号、存储器及封装

Intel 公司推出的 MCS-51 系列单片机已在我国被广泛应用。该系列单片机中的 8051 是最早、最典型的产品,其他产品均为在 8051 的基础上进行功能增减而成的,因此人们常使用 8051 来称呼这些具有 8051 内核的单片机。此外,在 Intel 公司将内核技术转让之后,各大芯片生产商也生产了大批基于 8051 单片机的兼容芯片。这些芯片与 8051 内核结构、指令系统相同,很多采用了 CMOS 工艺生产出能耗更低的单片机,人们习惯将这些衍生产品统称为 51 系列单片机,简称 51 单片机。本书主要以 MCS-51 单片机为主介绍单片机的结构、组成以及应用。

除了 51 系列单片机,Atmel 公司生产的 AVR 系列单片机、Microchip 公司生产的 PIC 系列单片机在我国也有较为广泛的影响。

1.4.1 51 系列单片机简介

51 系列单片机是一种 8 位单片机。除了 Intel 公司生产的 MCS-51 系列外,很多芯片生产商也生产了各种 51 系列单片机,例如 Atmel 公司生产的 AT89××× 系列、Philips 公

司生产的 P89C51 系列、华邦公司的 W78C51 系列等。

1. MCS-51 系列

Intel 公司生产的 MCS-51 系列单片机又分为 51 与 52 两大子系列。这两大子系列的内部硬件资源列表如表 1-1 所示。由表 1-1 可知，51 子系列包括的主要型号有 8031、8051 及 8751，52 子系列包括的主要型号有 8032、8052 及 8752 等。其中 51 子系列为基本型产品，而 52 子系列为增强型产品。

表 1-1 MCS-51 单片机内部硬件资源列表

型　号	程序存储器	数据存储器/B	I/O 接口个数/个	中断源个数/个	定时器/计数器个数/个
8031	无				
8051	4KB ROM				
8751	4KB EPROM				
8032	无				
8052	8KB ROM	128	4(共 32 位)	5	2
8752	8KB EPROM				
80C31	无				
80C51	4KB ROM				
87C51	4KB EPROM				

8051 包含 1 个 8 位 CPU，128B(Byte，字节)内部 RAM，4KB 内部 ROM，21 个特殊功能寄存器(Special Function Register，SFR)，4 个 8 位的并行 I/O(Input/Output)接口，1 个全双工串行接口，2 个 16 位定时器/计数器，5 个中断源。

相比 8031 单片机，8051 单片机增加了 4KB 的内部 ROM，而 8751 则进一步使用 4KB 的 EPROM(Erasable Programmable Read Only Memory，可擦除可编程只读存储器)取代了 ROM。

52 子系列产品则进一步增加了内部 RAM 及 ROM 的大小，同时增加了 16 位定时器/计数器的个数。两个子系列的主要区别如下：

(1) 片内 ROM 从 4KB 增加到 8KB。

(2) 片内 RAM 从 128B 增加到 256B。

(3) 定时器/计数器从 2 个增加到 3 个。

(4) 中断源从 5 个增加到 6 个。

除此之外，与 8051 在外形、指令系统、引脚信号及总线完全兼容的 80C51 单片机也是重要的单片机类型，主要差别在于 80C51 单片机采用 CHMOS 工艺。型号名称中的 C 即代表了 CHMOS 工艺。

CHMOS 是 CMOS(Complementary Metal Oxide Semiconductor，互补金属氧化物半导体)和 HMOS(High density Metal-Oxide-Semiconductor，高密度金属氧化物半导体)的结合，其消耗的电流远远小于原有的 HMOS 器件，除了保持 HMOS 工艺的高速度和高密度之外，还有 CMOS 的低功耗特点。例如 8051 芯片的功耗一般为 630mA，而 80C51 芯片的功耗仅有120mA。

CHMOS器件与HMOS器件的功能是兼容的，区别在于CHMOS器件功耗低，消耗的电流比HMOS器件小很多，增加了空闲和掉电两种节电的工作方式。例如CHMOS器件在掉电方式(即CPU停止工作，片内RAM的数据继续保持的工作方式)下，工作电流可低于10μA，因此CHMOS器件可用于构成低功耗应用系统。

2. AT89系列

1994年，Atmel公司利用EEPROM技术与Intel公司交换了80C51内核的使用权，由此生产了在国内市场最为流行的单片机系列AT89×××。该系列中的单片机又以AT89C5×及AT89S5×子系列最为流行，同时以AT89C51/AT89S51这两种型号的单片机最为常见。

Atmel公司的闪存(Flash Memory)技术是其最大的优势。AT89C5×及AT89S5×系列单片机与MCS-51单片机完全兼容，但其内部采用Flash存储器，整体擦除时间约为10ms，可擦写1000次以上。同时，AT89系列单片机又增加了看门狗定时器(Watchdog Timer，WDT)、在线编程(In-System Programmability，ISP)及SPI(Serial Peripheral Interface)串行接口等。片内的Flash存储器可直接进行在线重复编程，大大提高了程序调试及修改的效率。

目前，Atmel公司已不再生产AT89C51单片机，改为生产更为先进的AT89S5×系列，由AT89S51直接代换原有的AT89C51单片机。不同型号的AT89系列单片机的名称主要部分的含义如下。

(1) 前缀：AT代表Atmel公司的产品。

(2) 型号：8代表单片，9代表内部含有Flash存储器，C代表CMOS产品，S代表含有串行下载的Flash存储器，51、52等代表器件的型号。

此外，每种系列的单片机都有较为复杂的后缀，一般代表芯片的封装、时钟频率、使用温度范围及工艺等，具体规则可查询相应型号所对应的数据手册。如AT89S51-24AC代表Atmel公司生产的含有串行下载的Flash存储器的CMOS单片机，时钟频率为24MHz，TQFP封装，为商业用产品，温度范围为0～70℃。

3. Philips的51单片机系列

Philips公司生产的单片机为P89C5×系列。包含P89C51及P89C52等。这一系列单片机含有非易失Flash、并行可编程程序存储器及ISP等特性，并完全兼容51系列单片机的所有特性，同时增加了中断源、定时器等内部模块。

Philips公司生产的单片机最大的特点为配置了IIC(俗称I^2C)总线接口。IIC总线是由Philips公司开发的一种简单、双向二线制同步串行总线。它只需要两根线即可在连接于总线上的器件之间传送信息，是一种集成电路与集成电路之间通信的串行总线，数据传输速率最高100kb/s，可用于单片机的系统扩展和多机通信。

1.4.2 其他系列的单片机

除了51系列单片机外，还有一些单片机在国内较为流行，深受用户喜爱。这些单片机包括AVR系列单片机及PIC系列单片机等。

1. AVR 系列单片机

AVR 系列单片机是由 Atmel 公司于 1997 年研发的精简指令集(Reduced Instruction Set Computer,RISC)高速 8 位单片机。名称中的 A 及 V 分别代表两个设计者的名字,R 即为 RISC 架构。

(1) 精简指令集和复杂指令集的概念。

① 复杂指令集(Complex Instruction Set Computer,CISC)与精简指令集是当今 MCU 的两种指令结构。CISC 的设计目的是使用最少的机器语言指令来完成所需的计算任务。可以理解为通过设置一些功能复杂的指令,把一些原来由软件实现的、常用的功能改用硬件的指令系统实现。

② RISC 的基本思想是尽量简化计算机指令功能,只保留那些功能简单、能在一个节拍内执行完成的指令,而把较复杂的功能用一段子程序来实现。

CISC 简化了软件编程,以增加处理器本身复杂度作为代价,去换取更高的性能。而 RISC 技术则使得硬件更为简洁,指令执行速度快,但软件编程较复杂,也就是说将复杂度交给了编译器,换取了简单和低功耗的硬件实现。

这两种架构各有优势,CISC 架构适合执行高密度的运算任务,而 RISC 执行简单重复劳动时更有优势。51 系列单片机均为 CISC 架构,而 Microchip 的 PIC 系列、Atmel 的 AVR 系列均为 RISC 架构。

(2) AVR 系列单片机的特点。AVR 系列单片机采用了不同的指令集架构。在片内集成了丰富的外部设备。其主要特点如下。

① 高性能。采用精简指令集 CPU 废除了机器指令所用的哈佛结构(流水线技术),拥有 32 个通用工作寄存器。

② 采用 Flash 程序存储器。擦写次数可达 1 万次,同时集成了较大容量的 RAM,易于扩展外部 RAM。

③ 外设丰富。AVR 单片机拥有定时器/计数器、看门狗电路、低电压检测电路、多个复位源、丰富的总线接口(IIC、SPI)、ADC、PWM 等片内丰富的外设,真正做到了“单片”。

④ I/O 接口功能强大。I/O 接口驱动能力强,全部带有可设置的上拉电阻,可单独设定为输入输出。

⑤ 低功耗。具有多种低功耗工作方式,一般工作电流为 1~2.5mA。

⑥ 保密性强。Flash 程序存储器具有保密锁死功能。

⑦ 支持在线编程。可通过在线编程直接写入程序存储器,实现芯片在系统的编程调试,无须购买仿真器和编程器即可实现芯片开发。

AVR 单片机主要有低、中、高三个档次几十种型号的产品。

① Tiny 系列 AVR 单片机。主要有 Tiny11/12/13/15/26 等型号,为低档 AVR 单片机。

② AT90S 系列 AVR 单片机。主要有 AT90S1200/2313/8515/8535 等,为中档 AVR 单片机。但从 2002 年以来,Atmel 公司逐步停止了这一系列单片机的生产,用性能更加优越的 ATmega 单片机来代替。

③ ATmega 系列 AVR 单片机。主要有 ATmega8/16/32/64/128 等,为高档 AVR 单片机。

不同型号的单片机均为 AVR 内核，指令系统兼容，但内部资源及片内集成的外围接口的数量和功能有所不同，引脚数目为 8～64 不等。因此，不同类型的单片机价格也有所不同，可以满足不同场合、不同应用的需求。

2. PIC 系列单片机

PIC 系列单片机是美国 Microchip 公司的标志性产品。近年来，PIC 单片机由于其系统内核较为完善的设计，产品份额不断提高，在国内也颇具影响力。

PIC 单片机的主要特点如下。

(1) 从实际出发，型号层次丰富，不搞单纯的功能堆积，重视产品的性能和价格比，可满足不同用户的需要。例如 PIC 单片机既有 6 引脚、8 引脚的价格便宜的型号，也有功能完善的 40 引脚单片机，无论是需求单一还是需求复杂的用户都能找到与自身最匹配的物美价廉的产品。

(2) 内部采用哈佛结构，使用精简指令集(RISC)，由此允许指令代码的位数可多于 8 位的数据位数，提高了代码的执行效率。

(3) 具有丰富的外围功能模块。

(4) 保密性强。使用保密熔丝来保护代码，用户在烧入代码后熔断熔丝，保密性非常好。

(5) 具有优越的开发环境。每推出一款新型号的芯片，都会推出相应的仿真芯片，所有的开发系统由专用的仿真芯片支持，实时性好。

(6) 自带看门狗定时器，提高了程序运行的可靠性。

PIC 单片机型号繁多，可大致分为基本档、中档及高档 3 种。

(1) 基本档的单片机。PIC12C5××系列等基本档单片机结构简单、体积很小、价格低廉，可以用于对控制任务要求简单、以往不能使用单片机的产品中。

(2) 中档单片机。PIC12C6××/PIC16C×××系列等中档产品是 Microchip 重点发展的产品，8～68 引脚的各种封装的单片机均有生产，品种最为丰富。这一档次的 PIC 单片机价格适中，性价比高，已广泛应用于高、中、低档电子产品中。

(3) 高档单片机。PIC17C××等 PIC 单片机速度较快，适用于高速数字运算的范围。一些型号还具备硬件乘法器等 DSP 产品才会包含的模块，可用于电动机控制等高、中档电子产品的开发。

PIC 系列单片机虽然型号较多，但不同型号之间内核一致，指令兼容，易于移植，便于用户开发。因此，也是目前最为流行的单片机系列之一。

1.4.3 不同程序存储器简介

不同的单片机系列中，程序存储器中的数据只能读取而不能随意写入，也不会由于关闭电源而丢失。从最初的掩膜(Mask)ROM 到 PROM(Programmable ROM，可编程 ROM)、EPROM、EEPROM(Electrically Erasable Programmable Read-Only Memory)，再到现在的闪速存储器(Flash Memory)，存储方式与效率发生了较大的改变。

(1) 掩膜 ROM。即为只能一次性烧录的只读存储器。这种 ROM 中的内容是在工厂使用掩膜工艺固化进去的，用户不能随意改写，适合于大批量生产的芯片。但由于不能改写信息，不能升级，现在已经很少使用。Intel 公司早期的 8051 单片机提供掩膜 ROM。

(2) PROM。PROM 改进了用户不能写入程序的现状,可以用专用的编程器将自己的资料写入,但是这种机会只有一次,一旦写入后也无法修改,若是出了错误,已写入程序的芯片只能报废,因此这种 ROM 又称一次性可编程(One-Time Programmable,OTP)存储器。PROM 的特性和 ROM 相同,但是成本比 ROM 高,写入资料的速度比 ROM 的量产速度要慢,一般只适用于少量需求的场合或是 ROM 量产前的验证。

(3) EPROM。为了进一步改善 ROM 存储信息的缺陷,人们研究了使用 EPROM 存储程序的方法。EPROM 是一种具有紫外线可擦除电可编程的只读存储器,用户可以自行将程序写入到芯片内部的 EPROM 或使用强紫外线照射将 EPROM 中的信息全部擦除。擦去信息的芯片还可以再次写入新的程序。EPROM 芯片比较有特点,封装中包含有"石英玻璃窗",如图 1-5(a)所示。用户可使用紫外线擦除器或太阳强光照射擦除程序。紫外线擦除器如图 1-5(b)所示,将芯片置入它的小抽屉中,打开电源照射 10~20min 即可擦除 EPROM 中的信息。一个编程后的 EPROM 芯片的"石英玻璃窗"一般使用黑色不干胶纸盖住,以防止遭到阳光直射。MCS-51 系列的 8751 芯片提供 EPROM。

(a) 石英玻璃窗的EPROM芯片

(b) EPROM擦除器

图 1-5 含有 EPROM 的芯片及 EPROM 可擦除设备

(4) EEPROM。EPROM 型单片机虽然可多次擦写,但是过程较烦琐、价格较高,因此 Atmel 等多家公司进一步开发了含有 EEPROM 的单片机。这种单片机中的 ROM 可以多次电擦除改写且擦除速度极快,不但具有 ROM 的非易失性,而且具备类似 RAM 的功能。对这种芯片只需要提供单电源供电即可进行存储内容的修改,为系统的设计和在线调试提供了极大便利。

(5) 闪速存储器。闪速存储器(简称闪存)仍属于 EEPROM 的类型,具备电可擦除的特点。二者之间的区别为 EEPROM 能以字节为单位进行删除和重写而不是整个芯片擦写,而包含闪存的大部分芯片可以块擦除。一些常用的单片机系列如 P89C5×系列使用了闪速存储器。这种存储器能在不加电的情况下长期保持存储的信息,具有很高的存取速度,易于擦除和重写,同时功耗很小。

1.4.4 单片机的封装形式简介

封装(Package)是把集成电路装配为芯片最终产品的过程,即将集成电路裸片(Die)放在一块起到承载作用的基板上,把引脚引出来,然后固定包装成为一个整体。封装形式是指安装半导体集成电路芯片用的外壳,也就是芯片的外形。芯片封装的过程如图 1-6 所示。

单片机的封装形式不同,意味着引脚的排列方式、引脚距离等外部形状各有不同。因此在实际应用中,单片机控制电路的设计者需要根据自身情况选择不同的单片机封装形式,以

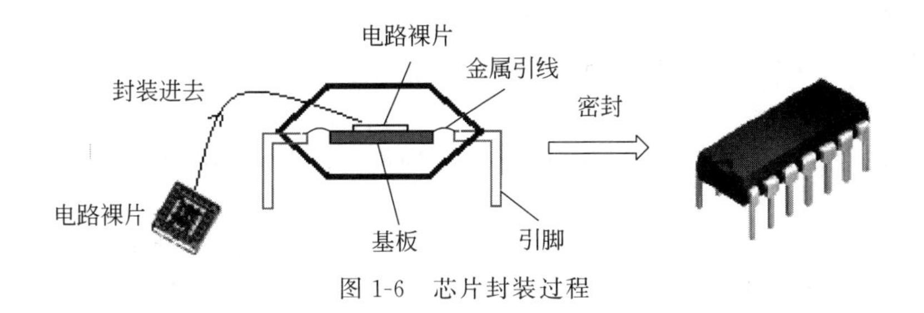

图 1-6　芯片封装过程

满足用户对电路板大小及性能的要求。

常见的封装材料有塑料、陶瓷、玻璃和金属等几种，封装形式有双列直插封装(Dual In-line Package，DIP)、带引线的塑料芯片(Plastic Leaded Chip Carrier，PLCC)封装、小外形封装(Small Out-Line Package，SOP)、塑料方形扁平式封装(Quad Flat Package，QFP)、插针阵列(Pin Grid Array，PGA)封装、球栅阵列(Ball Grid Array，BGA)封装等。其中单片机常见的封装有 DIP、PLCC、QFP 及 SOP，单片机生产商一般会针对一种芯片同时生产多种封装形式，便于用户挑选。

(1) 双列直插封装(DIP)。这种封装形式是 51 系列单片机最常见的封装形式，也是中小规模集成电路最常见的形式。这种封装形式适合在印制电路板(Printed Circuit Board，PCB)上焊接，适合初学者学习，但体积一般较大。双列直插封装形式的单片机外形如图 1-7(a)所示。

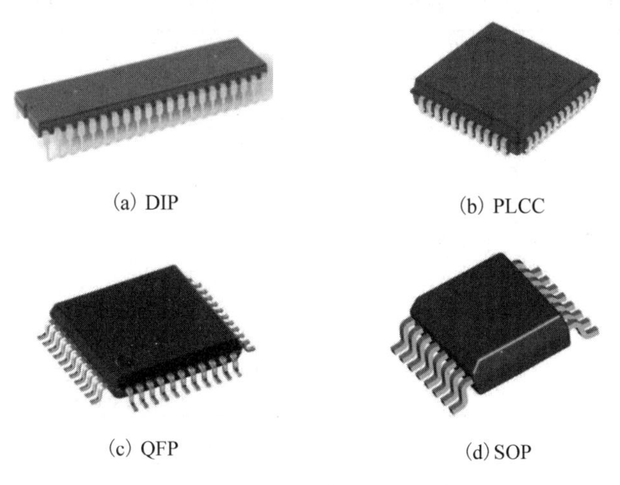
(a) DIP　(b) PLCC　(c) QFP　(d) SOP

图 1-7　单片机常见封装形式

(2) 带引线的塑料芯片(PLCC)封装。PLCC 封装是表面贴装型封装之一，外形呈正方形，引脚从封装的 4 个侧面引出，呈 T 形。PLCC 封装的芯片外形如图 1-7(b)所示。PLCC 封装的外形尺寸比 DIP 封装小得多，可有效缩小单片机控制电路的尺寸。Philips 公司的 P89C51 芯片等很多型号的单片机都有 PLCC 封装的 44 引脚单片机。

(3) 塑料方形扁平式封装(QFP)。这种封装为四侧引脚扁平封装，是表面贴装型封装之一，引脚之间距离很小，引脚较细，芯片外形如图 1-7(c)所示。这种封装形式的芯片适合高频使用，芯片面积与封装面积之间的比值较小，Philips 公司、Atmel 公司等较多生产厂家生产这种封装形式的单片机。

(4) 小外形封装(SOP)。这种封装也是一种表面贴装型封装,引脚从封装两侧引出呈海鸥翼状(L 形)。芯片外形如图 1-7(d)所示。

1.5 单片机的常用数制和编码基础知识

表示数时,一位数码通常是不够的,必须用进位计数的方法组成多位数码。多位数码每一位的构成由低位到高位的进位规则称为进位计数制,简称数制。常见的数制有二进制、八进制、十进制及十六进制等。在所有的微型计算机中,信息(包括数值、符号以及图像)均以二进制形式存储、传输和计算。因为二进制数冗长,不方便读写和辨认,所以现代微型计算机也支持编程时使用书写长度更短的十六进制和十进制数。本节着重介绍二进制、十进制及十六进制的基本编码规则。

1.5.1 数制

1. 进制数的表示和计算

二进制数由数字 0 和 1 表示,十进制数由数字 0～9 表示,而十六进制数则由数字 0～9 以及大写或小写英文字母 A～F 表示。部分二进制数与十进制数、十六进制数的数值对应关系如表 1-2 所示。

表 1-2 部分十进制数、二进制数及十六进制数的数值对应关系

十进制数	二进制数	十六进制数	十进制数	二进制数	十六进制数
0	0000	0	8	1000	8
1	0001	1	9	1001	9
2	0010	2	10	1010	A
3	0011	3	11	1011	B
4	0100	4	12	1100	C
5	0101	5	13	1101	D
6	0110	6	14	1110	E
7	0111	7	15	1111	F

在不同数制的数值表示方法中,后缀为 B(Binary)表示该数字为二进制值,后缀为 D(Decimal)表示该数字为十进制值,后缀为 H(Hexadecimal)表示该数字为十六进制值。例如 12B、10D 及 2FH。在实际应用中,十进制的后缀 D 通常可以省略。

2. 不同进制的转换

任何一种数制都可以用公式 1-1 表示。

$$D = d_{p-1}d_{p-2}\cdots d_1 d_0.d_{-1}d_{-2}\cdots d_{-n} = \sum_{i=-n}^{p-1} d_i r^i \quad (1\text{-}1)$$

其中,d_i 为数 D 的第 i 位;r 为基数,二进制、十进制及十六进制的基数分别为 2、10 及 16;r_i 为该数第 i 位数的权值;p 与 n 分别表示该数整数部分和小数部分的位数。

由此可见，若将非十进制数转换为十进制数可首先将该数按权展开，而后相加即可。具体过程可参考例1-1和例1-2。

【例1-1】 将十六进制数0DF.8转换为十进制数。

$$0DF.8H=13\times 16^1+15\times 16^0+8\times 16^{-1}=223.5$$

【例1-2】 将二进制数0111 1001转换为十进制数。

$$01111001B=1\times 2^6+1\times 2^5+1\times 2^4+1\times 2^3+1\times 2^0=121$$

将十进制数转化为二进制数或十六进制数时，应重复进行除法，直到余数为0为止。而十进制小数转换为二进制小数的方法为"乘二取整法"。

【例1-3】 将十进制数325转化为二进制数。

$325\div 2=162$　余数1——LSB(Least Significant Bit,LSB)

$162\div 2=81$　0

$81\div 2=40$　1

$40\div 2=20$　0

$20\div 2=10$　0

$10\div 2=5$　0

$5\div 2=2$　1

$2\div 2=1$　0

$1\div 2=0$　1——MSB(Most Significant Bit,MSB)

得到325=1 0100 0101B。

【例1-4】 将十进制数0.473转化为二进制数。

$0.473\times 2=0.946=0.946+0$　整数　0——MSB

$0.946\times 2=1.892=0.892+1$　1

$0.892\times 2=1.784=0.784+1$　1

$0.784\times 2=1.568=0.568+1$　1

$0.568\times 2=1.136=0.136+1$　1

$0.136\times 2=0.272=0.272+0$　0

$0.272\times 2=0.544=0.544+0$　0

$0.544\times 2=1.088=0.088+1$　1——LSB

得到0.473=0.01111001B。

小数部分不一定为0，转换精度达到要求即可。

将二进制数转化为十六进制数的方法较为简单。可将二进制数从小数点开始，整数部分向左，小数部分向右，每4位分为一组，不够4位补0，则每组二进制数即为一组十六进制数。

【例1-5】 将二进制数0111 1001 1000 1101转化为十六进制数。

$$0111\ 1001\ 1000\ 1101B=798DH$$

1.5.2 常用编码

将不同事物赋予一定代码的过程称为编码。在计算机系统中，常用的编码有BCD

(Binary-Coded Decimalm，二进制编码的十进制)码及美国信息交换标准代码。

1. BCD 码

常用的 BCD 码为有权 8421 BCD 码。它和 4 位自然二进制码相似，各位的权值为 8、4、2、1，故称为有权 BCD 码。此外，BCD 码又可分为压缩 BCD 码与非压缩 BCD 码两种。压缩 BCD 码的每一位用 4 位二进制表示，每字节表示两位十进制数。例如 1001B 表示十进制数 9。而非压缩 BCD 码用 1B 长度表示一位十进制数，高 4 位总是 0000，例如 00001000B 表示十进制数 8。又例如，99 的压缩 BCD 码为 10011001B，而非压缩 BCD 码为 00001001 00001001B。

由于二进制数与十六进制数之间易于转换，相比二进制数十六进制数更易于记忆，在实际应用中通常将 BCD 码表示为十六进制数，如表 1-3 所示。但是，无论何种方式表示 BCD 码，其代表的仍为十进制数，计算法则仍应该遵照十进制数的运算法则，即“逢十进一”。例如，BCD 码加法 23H＋57H＝80H；55H＋37H＝92H。

表 1-3　部分数值的 BCD 码表

十进制数	压缩 BCD 码（二进制数表示）	压缩 BCD 码（十六进制数表示）	十进制数	压缩 BCD 码（二进制数表示）	压缩 BCD 码（十六进制数表示）
0	0000	00H	7	0111	07H
1	0001	01H	8	1000	08H
2	0010	02H	9	1001	09H
3	0011	03H	10	00010000	10H
4	0100	04H	11	00010001	11H
5	0101	05H	75	01110101	75H
6	0110	06H	98	10011000	98H

2. 美国信息交换标准代码

美国信息交换标准代码(American Standard Code for Information Interchange，ASCII)制定于 1963 年，是一套基于拉丁字母的现今最通用的单字节计算机编码系统，广泛用于微型计算机系统中。

美国信息交换标准代码由 7 位二进制数码构成，共有 128 个字符。字符一共分为两类：一类是图形字符，另一类为控制字符。

(1) 图形字符共 96 个，包括十进制数字符号 10 个、大小写英文字母 52 个以及其他字符 34 个，这类字符有特定形状，可以显示在 CRT 上和打印在打印纸上，编码可以存储、传送和处理。在美国信息交换标准代码中，10 个数字 1～10 表示为 30H～39H；26 个小写字母 a～z 表示为 61H～7AH；26 个大写字母 A～Z 表示为 41H～5AH。

(2) 控制字符共 32 个，包括回车符、换行符、退格符、设备控制符和信息分隔符等，这类字符没有特定形状，字符本身不能在 CRT 上显示和打印机上打印，但这些字符的编码可以存储、传送，在信息交换中起控制作用。常用控制字符的美国信息交换标准代码如表 1-4 所示。

表 1-4　常用控制字符的美国信息交换标准代码

字　符	ASCII 码	字　符	ASCII 码
SP(空格)	20H	BS(退格)	08H
CR(回车)	0DH	DEL(删除)	7FH
LF(换行)	0AH	ESC(换码)	1BH
BEL(响铃)	07H	FS(文字分隔符)	1CH

习　题　1

1. MCS-51 单片机由哪几部分组成？各个部分有什么功能？
2. 单片机有哪些应用领域？举例说明。
3. 简述 MCS-51 单片机的存储器的发展历程。
4. 简述 MCS-51 单片机的常见封装形式。
5. 将下列二进制数分别转换为十六进制数与十进制数。

(1) 10110111。

(2) 01110001。

(3) 01011010。

(4) 10000101。

6. 简述 8421 BCD 码与二进制码的区别。

第2章　MCS-51 单片机的结构与原理

MCS-51 单片机是计算机大家族中的一员，与其他类型的计算机一样，有相同的基本结构，但在细节上又有各自的不同和特点。本章将以主流的基本型 MCS-51 单片机为例，详细介绍单片机的内部结构、工作原理、存储器组织结构以及工作方式等内容。熟练掌握单片机的硬件结构知识和基本工作原理是单片机嵌入式系统设计的基本前提。

2.1　MCS-51 单片机的内部结构

MCS-51 单片机是美国 Intel 公司于 20 世纪 80 年代推出的一款 8 位高档单片机系列产品，虽然目前 Intel 公司不再生产该系列产品，但其授权生产的公司在原有基础上，不断开发出与 MCS-51 系列兼容、速度更快、功能更强的产品。该系列单片机有 HMOS 和 CHMOS 两种生产工艺。CHMOS 工艺是 CMOS 工艺和 HMOS 工艺的结合，既保持了 HMOS 工艺的高速度和高密度的特点，还具有 CHMOS 工艺低功耗的特点。早期 MCS-51 系列的典型代表产品是使用 HMOS 工艺的 8051，后来使用功耗更低的 CHMOS 工艺生产的 80C51 成为 MCS-51 系列的主流。目前 CHMOS 工艺的单片机占绝大多数。众多单片机芯片生产商以 80C51 为内核开发出了许多型号的 MCS-51 系列单片机，而且它们都具有 80C51 的基本结构和软件特征，功能更强、速度更快。本章将以 80C51 单片机作为 MCS-51 系列单片机的典型代表，介绍单片机的内部结构、引脚功能和工作方式。

MCS-51 系列单片机有基本型和增强型两大类，通常以型号的末位数字来区分。末位数字为 1 的型号为基本型，又称为 51 子系列，如 80C51、87C51 和 89C51；末位数字为 2 的型号为增强型，又称为 52 子系列，如 80C52、87C52 和 89C52。二者的区别主要在于内部存储器的容量大小和定时器/计数器个数的不同。同一个子系列中不同型号单片机的主要区别在于单片机所集成的程序存储器类型不同。例如 51 子系列中，80C51 单片机的程序存储器为 4KB 的掩膜型 ROM，87C51 单片机的程序存储器为 4KB 的 EPROM，89C51 单片机的程序存储器为 4KB 的 EEPROM 或 Flash ROM。52 子系列各型号单片机也是这样。

2.1.1　MCS-51 单片机的基本结构

在硬件基本结构上，MCS-51 系列单片机与通用微型计算机没有什么区别，都是由 CPU 加上存储器、输入输出设备、中断系统、定时器/计数器等一些必要的外围功能部件组成。单片机中的这些部件被集成到一块芯片上，使用时只需要在单片机的外围添加极少的元件就可以构成一个微型的计算机系统。

MCS-51 单片机的基本结构如图 2-1 所示。MCS-51 单片机内部包含了作为微型计算机硬件系统所必需的基本功能部件，各个基本功能部件通过内部三总线连接在一起，构成一个完整的计算机硬件系统。MCS-51 单片机是一个 8 位机，其内部数据总线为 8 位，地址总线为 16 位。

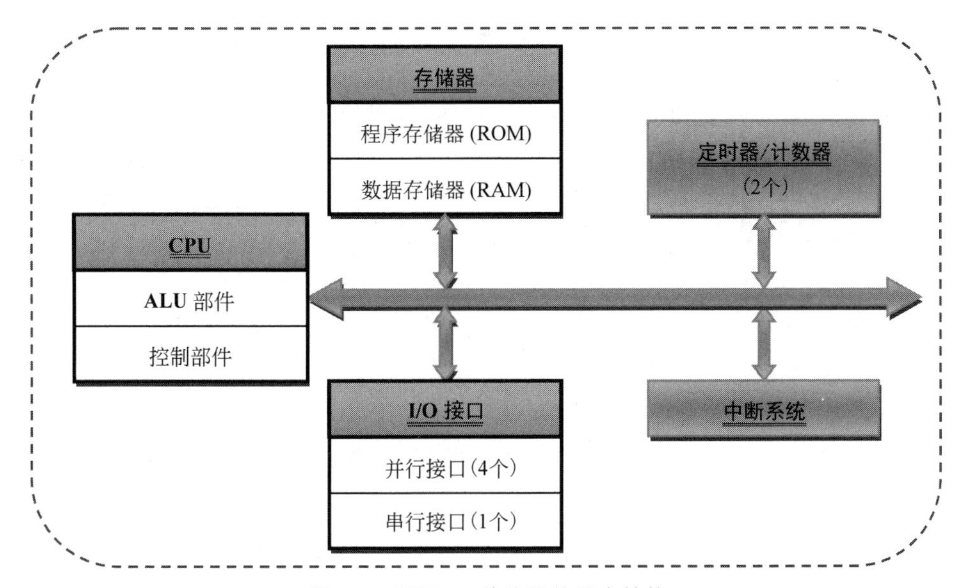

图 2-1　MCS-51 单片机的基本结构

MCS-51 单片机中有一个 8 位的中央处理器(CPU),可分为运算器和控制器两部分;其中还包含一个 1 位的 CPU,被称为布尔处理器。MCS-51 单片机集成有 4KB 的程序存储器(增强型为 8KB);128B 的数据存储器(增强型为 256B);4 个 8 位的并行接口(32 条数据线),其中还复用一个全双工的 UART 异步串行接口;2 个定时器/计数器(增强型为 3 个);具有 5 个中断源(增强型为 6 个)、两级优先级的中断机构;此外,还有时序电路需要的时钟振荡电路和时序电路以及连接各个功能单位的总线电路等。

2.1.2　MCS-51 单片机的内部结构

MCS-51 单片机的内部结构如图 2-2 所示,下面分别对内部各个部分结构予以简要介绍。

1. 中央处理器

计算机的核心器件是由控制器和运算器组成的中央处理器(CPU)。运算器用于完成算术运算和逻辑运算,是由算术逻辑单元(ALU)为核心的器件构成的。控制器称为计算机的"灵魂",主要作用是对指令进行译码解析,在时钟信号的同步作用下,控制运算器等部件完成相应的运算以及协调等工作。

2. 程序存储器

MCS-51 系列单片机中的 80C51 芯片有 4KB 的掩膜 ROM,一般用于存放程序,也常用来存放常量或常量表格,因此称为程序存储器。MCS-51 系列单片机中,除了 80C31/80C32 片内没有 ROM 外,51 子系列有 4KB 的 ROM,52 子系列有 8KB 的 ROM。除了片内 ROM,单片机还可以扩展片外 ROM。

3. 数据存储器

MCS-51 系列单片机内部数据存储器的地址总线为 8 位,内部数据存储器最多有 256B 的随机访问存储器(RAM)单元,用于暂时存放运行期间的数据,称为数据存储器。基本型

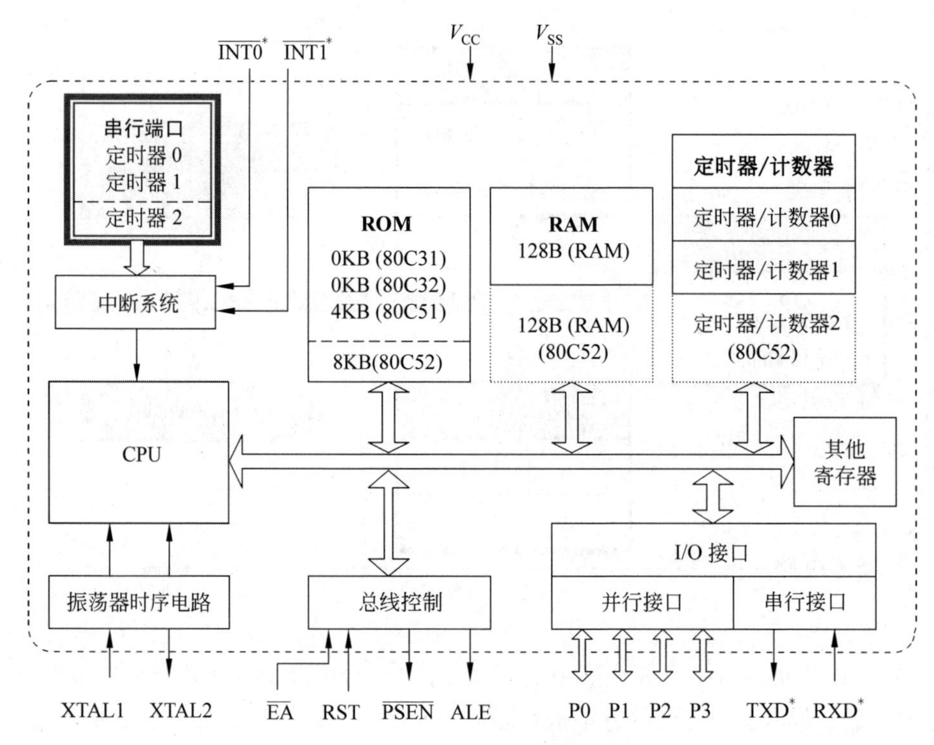

图 2-2　MCS-51 单片机的内部结构

注：带＊表示是复用引脚

单片机 51 子系列只有低 128B 的内部数据存储器 RAM 单元，增强型 52 子系列有 256B 的 RAM 单元。MCS-51 系列单片机无论基本型还是增强型，高 128B 的地址区都映射有特殊功能寄存器(SFR)区。因此，特殊功能寄存器(SFR)从地址上看，属于内部数据存储器。每个 SFR 有特定的功能和用途，用于相应功能硬件部件工作状态的保存、数据存储、方式配置以及电路控制等。

4. 并行接口

MCS-51 系列单片机有 4 个 8 位的并行接口，称为 P0、P1、P2、P3 口。除了 P1 口只有第一功能，即作为普通 I/O 接口外，其他三个都有第二功能。例如，P0 口的第二功能可作为数据/地址总线，P2 口的第二功能可作为高 8 位地址总线，P3 口的第二功能可作为串行接口的数据线、外部中断申请输入线、定时器外部计数脉冲输入线、外部数据存储器读写选通信号线。

5. 串行接口

MCS-51 单片机有一个可用于与外部远程设备进行远距离通信的异步全双工串行接口口。串行接口有多种工作方式，既可以工作于同步移位方式下来扩展 I/O 接口，也可以工作在双机或多处理机通信方式下，实现双机或多机间的通信。

6. 定时器/计数器

MCS-51 单片机基本型 51 子系列有 T0 和 T1 两个 16 位定时器/计数器，增强型 52 子系列有 T0、T1 和 T2 三个 16 位定时器/计数器。它们有多种工作方式，设置灵活，可用于定时、计数、产生周期性的脉冲信号、完成精确定时、对外部事件进行计数以及为串行接口提供时钟信号等。

7. 中断系统

MCS-51 单片机基本型中断系统有 5 个中断源，包括两个外部中断、两个定时器中断和一个串行接口中断；有两个中断优先级。中断系统还可以进行外部扩展。

8. 振荡器和时序电路

MCS-51 单片机内部有一个时钟振荡电路，只需在外部添加一个晶体振荡晶（简称晶振）、负载电容等少量器件就可以工作，产生单片机工作所需要的时钟信号。产生的时钟信号经时序电路分频后产生不同频率的时序信号供不同的时序电路使用。

时钟信号既可以利用单片机自身的时钟振荡电路产生，还可以由外部直接提供。

MCS-51 单片机在硬件结构上主要是由一个 8 位的 CPU、4KB 或 8KB 的 ROM、128B 或 256B 的 RAM、4 个 8 位的并行接口、1 个异步串行接口、2 个或 3 个 16 位定时器/计数器、中断系统以及振荡时序等电路组成的。本章将主要介绍单片机构成中计算机的 CPU、存储器和 I/O 接口三大硬件结构的组成以及工作原理，计算机的外围电路如中断系统、定时器/计数器等电路将在后面的章节中单独介绍。

2.2 MCS-51 单片机的引脚功能

MCS-51 单片机作为一种集成电路芯片，其封装与其他集成电路器件一样，主要分为直插式和贴片式两类。常用的封装有 40 引脚双列直插式（又称为 DIP40 封装）、44 引脚方形封装（如 PLCC 封装、QFP 封装、TQFP 封装）等。封装不论是 44 引脚还是 40 引脚的 MCS-51 单片机一般有效引脚为 40 个，因为封装引脚有 44 个的单片机，一般其中有 4 个为空引脚。本节将以 MCS-51 单片机的 DIP40 封装为例来介绍其引脚，MCS-51 单片机的 DIP40 封装形式如图 2-3 所示。这些引脚按照功能可以分为 4 类。

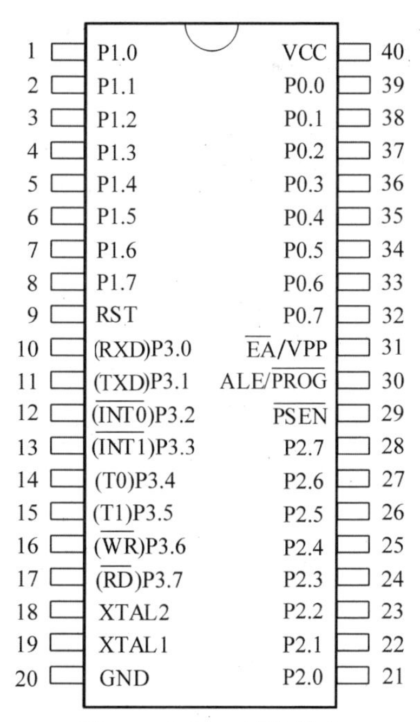

图 2-3　DIP40 封装形式

1. 电源引脚

(1) VCC 引脚(40 引脚)：电源正极。MCS-51 单片机工作电源供给端，一般接 5V；现在生产的单片机多为低功耗单片机，工作电压范围一般为 2.6～3.3V。

(2) GND 引脚(20 引脚)：电源负极。接地端实际上是直流电源的负极，通常设为零电位参考点，因此又称为接地端。

2. 外接晶振引脚

(1) XTAL1(19 引脚)：输入引脚。接外部晶振和负载电容的一端。它是振荡器反向放大电路和内部时钟发生器的输入端，振荡器的频率也就是晶振的固有频率。当采用外部振荡器时，此引脚为外部时钟脉冲输入引脚。

(2) XTAL2(18 引脚)：输出引脚。接外部晶振和负载电容的另一端。它是振荡器反向放大电路的输出端，并作为内部时钟发生器的输入。当采用外部时钟时，对于 CHMOS 单片机，该引脚应该悬空。通过示波器查看该引脚是否有周期性脉冲输出，可以确认 80C51 系列单片机的振荡电路是否正常工作。

3. 控制信号引脚

(1) RST(9 引脚)：复位信号输入端，高电平有效。当时钟电路正常工作时，在该引脚加上至少 24 个时钟周期(即 2 个机器周期)的高电平时，可以使单片机完成复位工作。

(2) ALE/$\overline{\text{PROG}}$(30 引脚)：地址锁存允许信号输出，正脉冲。CPU 在访问片外存储器或外部 I/O 接口时，ALE 引脚输出用于控制单片机外接的锁存器，将单片机数据/地址复用端口送出的低 8 位地址锁存在锁存器输出端口中。一般情况下，在每个机器周期中 ALE 引脚会输出两次锁存信号。即使不访问片外存储器或外部 I/O 接口，ALE 引脚仍然会周期性地输出正脉冲信号，频率为振荡频率的 1/6，可作为系统中其他电路的时钟信号，也可以用来检测单片机电路是否正常工作。ALE 引脚可以驱动 8 个 LS TTL(Low-Power Schottky Transistor-Transistor Logic，低功耗高速 TTL)输入。

对于内部有 EPROM 的单片机，在 EPROM 编程(固化)期间，该引脚定义为$\overline{\text{PROG}}$，用于输入编程脉冲。

(3) $\overline{\text{PSEN}}$(29 引脚)：外部程序存储器读选通信号输出。在 CPU 从外部程序存储器取指令或执行查表指令期间，每个机器周期会出现两次$\overline{\text{PSEN}}$负脉冲。但当 CPU 访问外部数据存储器时，该信号不会出现。若系统扩展了外部程序存储器时，该引脚应该作为外部程序存储器的读选通信号。$\overline{\text{PSEN}}$引脚同样可以同时驱动 8 个 LS TTL 负载。只要单片机正常工作，$\overline{\text{PSEN}}$引脚、ALE 引脚和 XTAL2 引脚都会有周期性的脉冲输出，因此检测这些引脚是否有周期性信号可作为判断单片机是否正常工作的依据。

(4) $\overline{\text{EA}}$/VPP(31 引脚)：外部访问信号输入。当$\overline{\text{EA}}$输入端为高电平时，CPU 复位后从单片机内部程序存储器 0000H 单元取指令执行；当 PC 的值超过片内程序存储器的最大地址(80C51 为 0FFFH，80C52 为 1FFFH)时，将自动转向片外程序存储器。当$\overline{\text{EA}}$输入端为低电平时，CPU 只能访问片外程序存储器。如果单片机内部没有程序存储器，只能使用外部扩展程序存储器时，则$\overline{\text{EA}}$输入端只能接低电平。

对于内部有 EPROM 的单片机，在 EPROM 编程期间，该引脚用于施加编程电压 V_{PP}，根据单片机型号的不同，有 12V 和 5V 两种。

4. 并行 I/O 接口的引脚

MCS-51 单片机有 P0、P1、P2 和 P3 这 4 个 8 位的并行接口，共有 32 条数据线。P0～P3 是单片机与外界联系的通道，也是 4 个寄存器，其编址属于片内 RAM 地址，因此可以像访问片内 RAM 一样访问并行接口。在功能上，4 个接口都有一个共同的基本功能，即第一功能，作为基本的并行 I/O 接口。除了 P1 口，其他接口都有第二功能。

P0 口，P0.7～P0.0(32～39 引脚)：P0 口的第一功能为一个基本的 I/O 接口，此时，是一个 8 位的漏极开路的双向 I/O 接口。第二功能是在访问片外存储器时作为分时复用的低 8 位地址总线和 8 位数据总线。在 ROM 编程时，它输入指令字节，而在验证程序即校验时，则输出指令字节。P0 口能以吸收电流的方式驱动 8 个 LS TTL 负载。

P1 口(P1.7～P1.0，8～1 引脚)：P1 口只有第一功能，此时 P1 口是一个带有内部上拉电路的 8 位准双向 I/O 接口。在 ROM 编程和程序校验时，它接收低 8 位地址。P1 口能以吸收或输出电流的方式驱动 4 个 LS TTL 负载。

P2 口(P2.7～P2.0,28～21 引脚)：P2 口的第一功能为一个带有内部上拉电路的 8 位准双向 I/O 接口。第二功能是在访问片外存储器时作为高 8 位地址总线输出高 8 位地址。在 ROM 编程和程序校验时,它接收高 8 位地址。P2 口能以吸收或输出电流的方式驱动 4 个 LS TTL 负载。

P3 口(P3.7～P3.0,17～10 引脚)：P3 口的第一功能为一个带有内部上拉电路的 8 位准双向 I/O 接口,P3 口能以吸收或输出电流的方式驱动 4 个 LS TTL 负载。第二功能如表 2-1 所示,P3 口的 8 根线按照功能可以分为 4 组。在实际应用中,大多情况下都是使用 P3 口的第二功能。

表 2-1　P3 口第二功能

功能分组	引　脚	第二功能	说　明
串行接口	P3.0	RXD	串行数据接收端线
	P3.1	TXD	串行数据发送端线
外部中断	P3.2	$\overline{\text{INT0}}$	外部中断 0 中断申请信号输入端
	P3.3	$\overline{\text{INT1}}$	外部中断 1 中断申请信号输入端
定时器/计数器	P3.4	T0	定时器/计数器 0 计数脉冲输入端
	P3.5	T1	定时器/计数器 1 计数脉冲输入端
RAM 控制信号	P3.6	$\overline{\text{WR}}$	外部数据存储器写选通信号输出
	P3.7	$\overline{\text{RD}}$	外部数据存储器读选通信号输出

2.3　MCS-51 单片机的 CPU

MCS-51 单片机的中央处理器(CPU)主要包括运算器和控制器,是单片机的核心部分。其中运算器负责算术运算和逻辑运算,控制器负责指挥整个单片机系统的各个微操作部件的同步运行。CPU 决定了单片机的字长、运算速度、数据处理能力等主要性能指标。

2.3.1　运算器

运算器的主要功能是完成算术运算、逻辑运算、位运算、利用程序状态寄存器记录程序状态或中间状态结果以及数据处理与中转等。运算器在硬件结构上主要包括算术逻辑运算单元(Arithmetic Logic Unit,ALU)、缓冲器、累加寄存器(Accumulator,ACC)、寄存器 B、程序状态字(Program Status Word,PSW)以及 BCD 码调整电路等。MCS-51 单片机的 ALU 结构如图 2-4 所示。

1. 算术逻辑运算单元

算术逻辑运算单元(ALU)是运算器的核心部件,实质是一个全加器,由加法器和其他逻辑电路(移位电路和判断电路等)组成。80C51 的 ALU 功能强大,在控制器发出的控制信号的作用下,既可以实现 8 位数据的加、减、乘、除算术运算和与、或、异或、循环、求补等逻

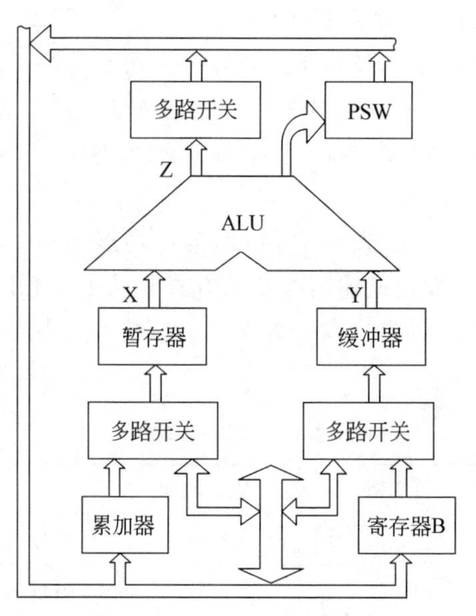

图 2-4　MCS-51 单片机的 ALU

辑运算，又可以实现一般微处理器所不具备的位处理功能。此外，通过对运算结果的判断，影响程序状态字的有关标志位。

2. 缓冲器

缓冲器(又称缓冲存储器)用以对数据总线或其他寄存器送来的进入运算器之前的数据进行缓冲。它作为 ALU 的数据输入源，向 ALU 提供操作数。

3. 累加器

累加器(ACC，A)是 CPU 中使用最频繁的 8 位寄存器，用于向 ALU 提供操作数和存放运算的结果。

在运算时，将一个操作数经缓冲器送至 ALU，与另一个来自缓冲器的操作数在 ALU 中进行运算，运算后的结果又送回累加器 ACC。同一般计算机一样，80C51 单片机在结构上也是以累加器 ACC 为中心，大部分指令的执行都要通过累加器 ACC 进行。为了提高实时性，MCS-51 单片机增加了一部分可以不经过累加器 ACC 的数据传送指令，例如内部 RAM 单元之间的数据传送、内部 RAM 到寄存器的传送、一些逻辑操作等。

4. 寄存器 B

寄存器 B 是为乘法、除法操作而设置的。在进行乘、除运算时用来存放一个操作数，也用来存放运算后的一部分结果，在不进行乘、除运算时，寄存器 B 可以作为 CPU 内部一个普通的寄存器使用。

5. 程序状态字寄存器

程序状态字(PSW)寄存器是一个 8 位的程序状态字专用寄存器，可以按位进行访问。主要用于存放 ALU 当前运算结果的某些状态特征，由硬件决定；其余一些位可以由软件设置。PSW 的各位定义如图 2-5 所示。

在图 2-5 中，CY、AC、OV 和 P 称为标志位，值由 ALU 决定，而 F0、RS1、RS0 则可以由软件设置，D1 位未定义，用户不可用。

PSW:	D7	D6	D5	D4	D3	D2	D1	D0	字节地址
	CY	AC	F0	RS1	RS0	OV	—	P	D0H

图 2-5 PSW 的各位定义

(1) CY(PSW.7)：进位标志位。在执行运算时，若最高位 D7 向前产生进位(加法)或借位(减法)，由硬件将其置"1"(写 1，以下同)，否则，清"0"(写 0，以下同)。在布尔处理器中，CY 还用于充当其位累加器，用 C 表示，可以用软件置"1"或清"0"。

(2) AC(PSW.6)：辅助进位标志位。又称为半字节进位标志位。在执行加减运算时，若低 4 位向高 4 位产生进位(加法)或借位(减法)，由硬件置位，否则清"0"。CPU 利用 AC 标志位可以对 8421 BCD 码的运算结果进行调整。

(3) F0(PSW.5)：用户标志位。用户可以把该位定义为位变量，用来保存需要存放的布尔量，还可以根据实际需要用指令将 F0 置"1"或清"0"。

(4) RS1(PSW.4)、RS0(PSW.3)：工作寄存器组选择位。用于选择当前工作寄存器组采用 MCS-51 单片机内部 4 组工作寄存器中的哪一组。MCS-51 单片机有 4 组名称同为 R0～R7 的工作寄存器，但在任意时刻，只能使用其中的一组。每组有 8 个工作寄存器，分别对应片内 RAM 的相应存储单元，地址从低到高分别称为 R0～R7。RS1、RS0 的取值、组名及在片内 RAM 中存储单元的对应关系如表 2-2 所示。

表 2-2　RS1、RS0 的取值、组名及在片内 RAM 中存储单元的对应关系

RS1	RS0	当前工作寄存器组	对应的内部 RAM 单元地址
0	0	0	00H～07H
0	1	1	08H～0FH
1	0	2	10H～17H
1	1	3	18H～1FH

(5) OV(PSW.2)：溢出标志位。用于带符号数运算的溢出标志。当单片机在执行加减运算并将参与运算的数看作有符号数时，如果运算的结果超出了 8 位有符号数表示的范围，由硬件将 OV 位置"1"，否则将其清"0"。具体来讲，如果两个 8 位有符号正数相加结果变成了负数、两个负数相加变成了正数、正数减去负数变成了负数或者负数减去正数变成了正数，则 OV 位将会被置"1"。在执行乘法运算时，若乘积的位数超过了 8 位，则 OV 位被置"1"，表示应从寄存器 B 中取高 8 位，否则，OV 位被清"0"，表示乘积只有 8 位，仅保存在累加器 A 中。当执行除法运算时，若除数为 0，则 OV 位被置"1"，否则 OV 位被清"0"。

(6) (PSW.1)：保留位。该位没有被定义，对该位的存取没有任何意义。

(7) P(PSW.0)：奇偶标志位。该位始终跟踪累加器 A 中内容的奇偶性。当累加器 A 中内容 1 的个数为奇数个时，P 位被置"1"，否则 P 位被清"0"。即当累加器 A 的 8 位内容与 P 位构成 9 位数时，则这 9 位数一定有偶数个 1。

2.3.2 控制器

控制器是单片机的指挥、控制部件，其主要功能是从程序存储器中读取指令到控制器后识别分析指令，并根据指令的性质控制单片机的各个功能部件使单片机各部分能自动而协调地工作。

MCS-51 单片机的控制器如图 2-6 所示。控制器在硬件结构上主要包括程序计数器 PC、指令寄存器 IR、指令译码器 ID、数据指针 DPTR、微操作控制部件、时序控制逻辑电路以及条件转移逻辑电路等。

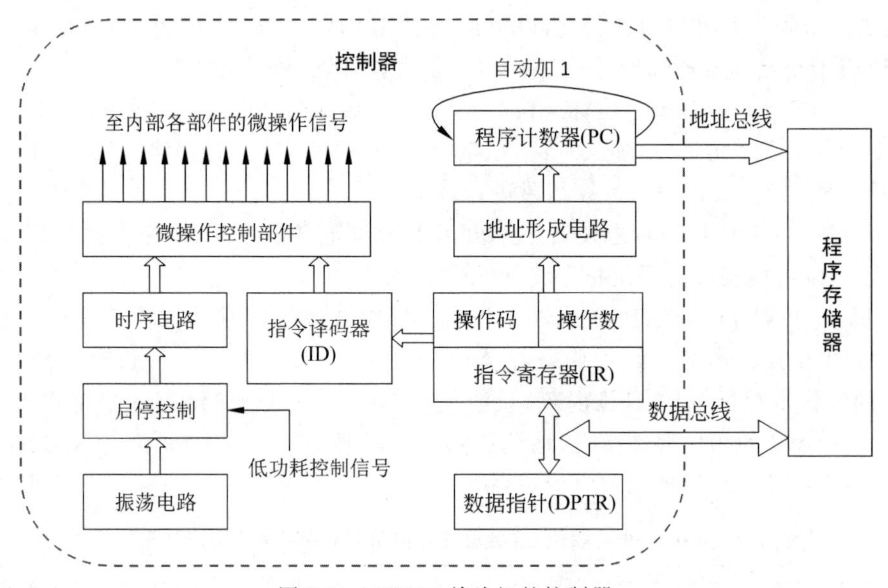

图 2-6 MCS-51 单片机的控制器

单片机指令的执行实际上是由控制器根据指令的含义在控制器的控制下完成的。首先在控制器控制下从程序存储器读取指令，送到控制器的指令寄存器(IR)保存，然后送指令译码器(ID)进行解析译码，译码结果被送至微操作控制部件，由微操作控制部件与时序电路相结合，产生各种控制信号和定时信号，再送到单片机的各个部件去执行相应的操作，完成指令的功能。这是一条指令执行的完整过程。程序是由一条一条的指令组成的，因此程序的执行就是不断地重复上述这一过程。

1. 程序计数器

程序计数器(Program Counter，PC)是一个 16 位的专用寄存器，用于存放下一条将要执行的指令的起始地址。PC 是控制器中最基本的寄存器，是一个独立的加 1 计数器，其工作的基本过程为，当读取指令时，将 PC 中即将执行的指令地址通过地址总线输出给程序存储器，读出该地址单元的指令代码并通过数据总线送往指令寄存器，同时程序计数器 PC 自动加 1 计数，指向下一个字节地址单元，直到读完本条指令代码，PC 继续指向下一条指令在程序存储器中的地址。周而复始，不断地从程序存储器中读取指令代码，实现计算机自动、连续地执行指令，运行程序。

在 MCS-51 单片机中，PC 为 16 位，这决定了单片机对程序存储器可以直接寻址的空间范围为 64KB(2^{16}=65 536B=64KB)。不同类型的单片机，PC 的位宽会有所不同，其寻址的存储空间也会不尽相同。

PC 中的内容代表着单片机即将执行的下一条指令的地址，也就是说，PC 值的变化决定了单片机执行指令的顺序，即程序的流向。

PC的基本工作方式有如下几种。

(1) 自动加1计数操作工作方式。这是PC的最基本最主要的工作方式，使得程序得以顺序执行。

(2) 复位工作方式。单片机上电工作总是先从复位工作方式开始。MCS-51单片机被复位后，PC的值被复位为全0状态，因此单片机执行程序总是从0000H地址单元开始读取和执行的，所以设计的程序必须从程序存储器的0000H单元开始固化。

(3) 赋值工作方式。PC的值会被重新赋予一个新的值，从而改变程序执行的流向。具体情形有两种。

① 在执行转移指令时，PC将被置入一个新的值，从而使程序发生跳转。

② 在执行子程序调用或相应中断，转向中断服务子程序时，PC也将会被重新赋予一个新的值，具体过程如下：首先PC的当前值，即主程序的下一条要执行的指令的地址(又称为断点)被计算机硬件自动压入堆栈保存；然后将子程序的起始地址或中断向量赋给PC，随后计算机将会转而执行子程序或中断服务子程序。

2. 指令寄存器

指令寄存器(IR)是用来专门存放从程序存储器中读取的指令代码字节的8位专用寄存器，因此每次计算机只能从程序存储器单元中读取1B内容。如果该字节是操作码字节，则该字节指令将被送往指令译码器进行译码；如果读取的字节是操作数字节，则将根据操作码的性质以及操作数字节的寻址方式传送数据。

3. 指令译码器

指令译码器(ID)用来完成对从指令寄存器发来的指令进行识别和译码，即将指令转变成完成此指令所需要的控制信号或相应微操作。当指令的操作码被送入译码器后，由指令译码器对其进行译码，CPU控制电路根据译码器的译码结果定时地产生执行该指令所需的各种控制信号，使得计算机正确执行并实现该指令的功能。

4. 数据指针

由于MCS-51单片机是8位机，绝大多数寄存器都是8位的，而数据指针(DPTR)是MCS-51单片机中唯一一个可以直接访问的16位寄存器，常用于存放16位的存储器单元的地址，来实现对存储器单元的间接访问。

DPTR和PC都是16位的寄存器，都可以存放16位的存储器单元的地址。但是，PC存放的只是程序存储器单元的地址，而DPTR不仅可以存放16位的程序存储器单元的地址，也可以存放16位的外部数据存储器单元的地址。当程序设计需要时，DPTR还可以存放16位的数据。此外，16位的DPTR寄存器还可以拆分成两个8位的寄存器DPH和DPL来使用，其编址位于内部RAM的特殊功能寄存器区，属于特殊功能寄存器；而PC为独立的16位寄存器，不属于特殊功能寄存器。

5. 微操作控制部件

微操作控制部件主要是按照指令译码器送来的信号和时序，向与其连接的单片机的各个部件送出控制信号，从而使单片机的各个部件有序、协调地完成有关微操作。微操作控制部件主要是由一些门电路组成的。

6. 时序部件

时序部件主要是由振荡电路、时序电路以及相关的控制电路组成。计算机是由时序数字电路构成的，因此计算机工作时需要在统一的时钟脉冲控制下一拍一拍地进行。时序部件是用来产生单片机所需要的各种时序信号的。

时序电路对时钟振荡电路产生的时钟信号进行分频，分解出单片机所需要的多种时序信号，并可接收外部的低功耗运行控制信号，使时序信号电路停止工作，实现节能功能。

2.3.3 布尔处理器

MCS-51 单片机是一个 8 位单片机，但其中还包含一个 1 位计算机，又称为布尔处理器或者位处理器。布尔处理器除了有自己的 1 位处理器外，还有自己的指令系统（位操作指令）、位累加器 C（利用 PSW 中的进位位 CY）、位数据存储器、程序存储器（存放布尔处理器程序，与 8 位机指令结构相同，程序共存于同一程序存储器）以及 I/O 引脚等，因此，布尔处理器是一个完整的、独立的、功能强大的 1 位（bit，b）计算机。1 位数据又称为布尔量，所以处理 1 位数据的计算机又称为布尔处理器，可以进行位寻址和位操作。

布尔处理器系统主要包括以下几个部分。

1. 位数据存储器

位数据存储器用于存放位数据的位单元位于可位寻址的字节单元中，又称为位寻址区，没有独立于字节单元的位存储空间。布尔处理器的位寻址空间有两个：一个位于片内 RAM 的位寻址区；另一个位于片内 RAM 特殊功能寄存器区中，字节地址能被 8 整除的字节单元的各个位。

2. 位累加器 C

布尔处理器采用 PSW 中的进位标志位 CY 作为其位累加器。许多位指令的操作都是针对位累加器 C 设计的。

3. 位操作指令系统

在 MCS-51 单片机的指令系统中，有专门一类针对布尔处理器设计的指令，称为位操作指令。位操作指令可以实现位传送、位赋值、位运算、位转移以及位的输入输出等操作。

布尔处理器为开关量（布尔量）基于 MCS-51 单片机的控制应用提供了最优化的设计手段，运行速度快。复杂的逻辑运算或逻辑函数也可以通过布尔处理器得到高效、快速地解决，避免了进行独立的大量的数据传送、字位屏蔽等操作，大大提高了实时性。

2.3.4 振荡器和时钟电路

时钟电路用于产生单片机工作时所需要的时钟信号。MCS-51 单片机内部有时钟电路，负责将内部振荡电路产生的或外部输入的时钟信号进行分频，送往 CPU 以及其他功能电路。时钟信号可以由两种方式产生：内部时钟方式和外部时钟方式。

1. 内部时钟方式

51 系列单片机内部有一个高增益反相放大器，用于构成片内振荡器，引脚 XTAL1 和引脚 XTAL2 分别是该放大器的输入端和输出端。但片内振荡器要产生时钟信号，还需要在外部引脚 XTAL1 和 XTAL2 两端跨接晶体或陶瓷谐振器，构成一个稳定的自激振荡器，其发出的脉冲直接送入内部时钟电路。单片机内部振荡电路如图 2-7 所示。

外接晶振时，C_1和 C_2为负载电容，通常电容值约为 20～50pF。晶振或陶瓷谐振器频率的选择范围为 0～33MHz。为了减少寄生电容，更好地保证振荡器稳定可靠地工作，晶振和电容应该尽可能靠近单片机的晶振引脚安装。

内部时钟发生器实质上是一个二分频的触发器，输出单片机工作所需的时钟信号。

2. 外部时钟方式

外部时钟方式采用外部振荡器，外部振荡器产生的脉冲信号由 80C51 的 XTAL1 引脚直接送至内部时钟发生器，如图 2-8 所示。输出引脚 XTAL2 应悬浮，由于 XTAL1 引脚的逻辑电平不是 TTL 电平，故建议外接一上拉电阻。

外部时钟信号通过一个二分频的触发器而成为内部时钟信号，要求高低电平的持续时间大于 20ns，一般为频率低于 24MHz 或 33MHz 的方波。这种方式适合于多块芯片同时工作，便于同步。

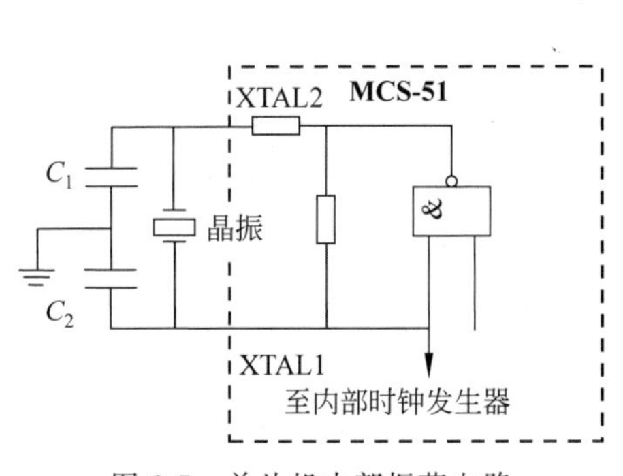

图 2-7　单片机内部振荡电路

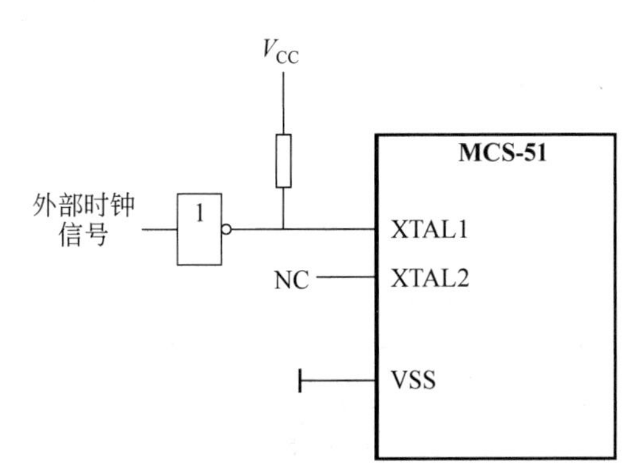

图 2-8　外部时钟脉冲源接法

2.3.5　CPU 的时序

单片机的时序是指 CPU 在执行指令时所需控制信号的时间顺序。为了保证各部件的同步工作，单片机内部电路应在唯一的时钟信号控制下严格地按时序进行工作。CPU 发出的时序信号有两类：一类是用于芯片内部各功能部件的控制；另一类是用于芯片外部存储器或 I/O 接口的控制，需要通过器件的控制引脚输出到片外。

1. 时序单位

为了便于对 CPU 时序进行分析，人们按照指令的执行过程规定了几种时序周期，即时钟周期、状态周期、机器周期和指令周期，也称为时序定时单位，下面分别予以说明。

(1) 时针周期。时钟周期常用 T_{osc}表示。时钟周期又称为振荡周期或节拍(用 P 表示)，定义为时钟脉冲频率的倒数，它是计算机中最基本的、最小的时间单位。在一个时钟周期内，中央处理器 CPU 仅完成一个最基本的动作。

(2) 状态周期。状态周期可用 T_s表示。在 80C51 系列单片机中，把一个时钟周期定义为一个节拍，两个节拍定义为一个状态周期(用 S 表示)。

(3) 机器周期。机器周期可用 T_m表示。在计算机中，为了便于管理，常把一条指令的执行过程划分为若干个阶段，每个阶段完成一个工作，例如取指令、存储器读、存储器写等，每一项工作称为一个基本操作。完成一个基本操作所需要的时间称为机器周期，一般情况下，一个机器周期由若干个状态周期 S 组成。80C51 系列单片机的一个机器周期由 6 个状态周期 S 组成。

(4) 指令周期。指令周期常用 T_i 表示。指令周期是指执行一条指令所需的时间，一般由若干个机器周期组成。51 单片机的指令按照指令周期分类可以分为单机器周期指令、双机器周期指令和四机器周期指令 3 种。

时钟周期、状态周期、机器周期之间的关系如图 2-9 所示。

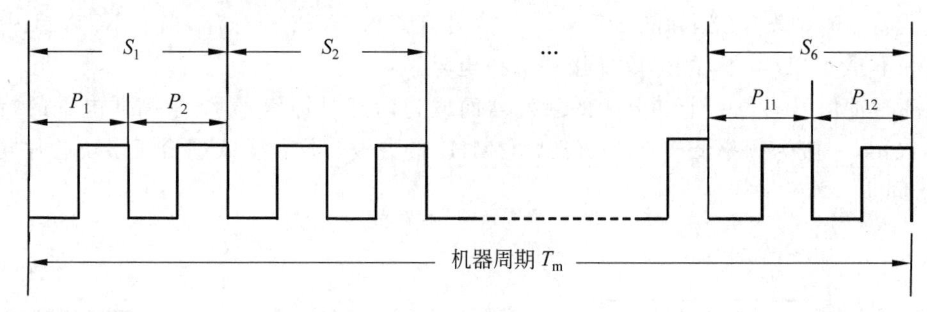

图 2-9 基本时序关系

2. 指令时序

80C51 单片机的一个机器周期包含 6 个状态周期 S，每个状态周期又分为两个节拍 P_1 和 P_2，如图 2-9 所示。因此一个机器周期可依次表示为 S_1P_1，S_1P_2，S_2P_1，S_2P_2，…，S_6P_1，S_6P_2，共 12 个节拍或时钟周期。

图 2-10 列举了几种典型指令的取指令和执行时序。通过观察 XTAL2 和 ALE 引脚信号，可以分析 CPU 取指令时序。由图可知，在每个机器周期内，地址锁存控制信号 ALE 两次有效，每次有效时都对应一次读指令操作，第 1 次出现在 S_1P_2 和 S_2P_1 期间，第 2 次出现在 S_4P_2 和 S_5P_1 期间。

下面对几种典型指令的取指令时序说明如下。

(1) 单字节单周期指令。如图 2-10(a)所示，例如 INC A 单字节单周期指令的读取始于 S_1P_2 接着锁存于指令寄存器内并开始执行。当第 2 个 ALE 有效时，在 S_4 虽仍有读操作，由于 CPU 封锁住程序计数器 PC，使其不增量，因而第 2 次读操作无效，指令在 S_6P_2 时完成执行。

(2) 双字节单周期指令。如图 2-10(b)所示，例如"ADD A，#data"双字节单周期指令，在执行时，对应的 ALE 的两次读操作都有效。在同一个机器周期的 S_1P_2 读取第一个字节即操作码，CPU 译码后便知道其为双字节指令，故使程序计数器 PC 加 1，并在 ALE 第 2 次有效时的 S_4P_2 期间读第 2 字节即操作数，在 S_6P_2 结束时完成操作。

(3) 单字节双周期指令。如图 2-10(c)所示，例如 INC DPTR 单字节双周期指令，执行指令时，在两个机器周期内共进行了 4 次读操作码操作，由于是单字节指令，CPU 字段封锁后面的读操作，故后 3 次读操作无效，并在第 2 个机器周期的 S_6P_2 结束时完成指令的执行。

(4) 单字节双周期指令。当访问外部数据存储器指令(如 MOVX 类，也是单字节双周期指令)时，时序有所不同，如图 2-10(d)所示。因为在执行这类指令时，是先从 ROM 中读

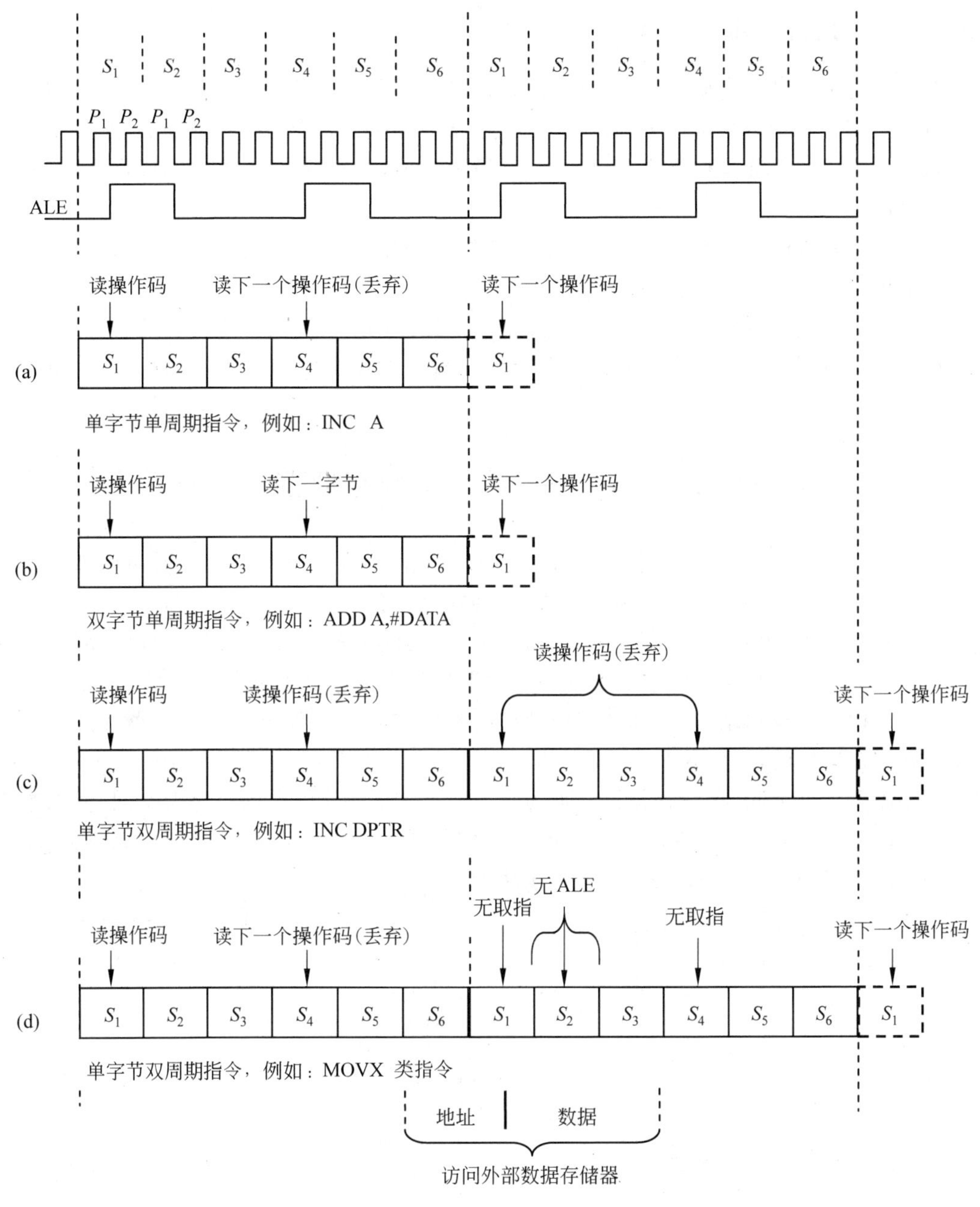

图 2-10 MSC-51 单片机典型指令的取指/执行时序

取指令，然后对外部 RAM 进行读写操作。在第 1 个机器周期，与其他指令一样，是第 1 次读指令字节(操作码)有效，第 2 次读取无效。在第 2 个机器周期，进行外部 RAM 的访问，此时与 ALE 信号无关，不产生取指令操作。

图 2-10 只表示了取指令操作的有关时序，而没有说明执行指令的时序，实际上，执行指令的操作是紧随取指令之后进行的，不同指令的操作时序是不同的。

2.3.6 CPU 执行程序的过程

单片机的工作过程实质就是执行人们所编制的程序的过程，即逐条执行指令的过程。计算机每执行一条指令都可以分为取指令、分析指令和执行指令三个阶段进行。

取指令阶段的任务是根据程序计数器（PC）中的值，从程序存储器读取现行指令，送到指令寄存器。

分析指令阶段的任务是将指令寄存器中的指令操作码取出后进行译码，分析其指令性质。如果指令要求操作数，则寻找操作数地址。

执行指令阶段的任务是取出操作数，然后按照操作码的性质对操作数进行操作。

计算机执行程序的过程实际就是逐条指令的重复上述操作的过程，直到遇到停机指令或循环等待指令。

2.4 MCS-51 单片机的存储器

MCS-51 单片机的存储器组织采用哈佛结构，数据存储器与程序存储器使用不同的物理存储、不同的逻辑空间、不同的寻址方式和不同的访问时序。

MCS-51 单片机在物理结构上有 4 个存储空间：片内程序存储器、片外程序存储器、片内数据存储器和片外数据存储器。这种在物理上把程序存储器和数据存储器分开的结构称之为哈佛结构。从逻辑结构看（即从用户使用的角度看），由于片外程序存储器和片内程序存储器是统一编址的，所以 80C51 系列单片机的存储空间有 3 个：片内外统一编址的 64KB 的程序存储器地址空间（程序存储器地址为 16 位）、256B 的片内数据存储器空间（片内数据存储器地址为 8 位）以及 64KB 的片外数据存储器地址空间（片外数据存储器地址为 16 位）。MCS-51 单片机的存储配置如图 2-11 所示。

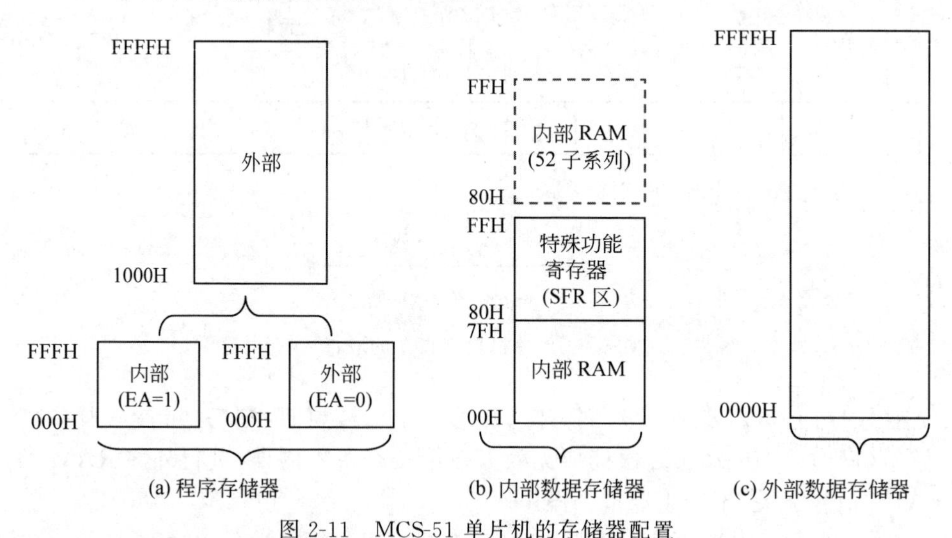

图 2-11 MCS-51 单片机的存储器配置

由于在采用哈佛结构的 MCS-51 单片机中，程序存储器与 ROM 是等价的，数据存储器与 RAM 是等价的，因此下文常将程序存储器简称为 ROM，数据存储器简称为 RAM。

2.4.1 程序存储器

程序存储器用于存放系统运行所需要的程序代码以及表格、常数数据等。程序存储器的地址为16位，所以程序存储器字节单元空间大小为64KB，地址范围为0000H～FFFFH。

MCS-51系列的单片机，程序存储器的配置主要有3种形式。

（1）无内部ROM型，例如80C31、80C32。

（2）4KB内部ROM型，例如80C51。

（3）8KB内部ROM型，例如80C52。

对于无内部ROM的单片机，必须使用外部扩展的程序存储器。这时，$\overline{EA}$引脚必须接低电平。当单片机上电复位时，则单片机直接从外部ROM单元取指执行。

对于内部有ROM的单片机，若使用内部ROM，$\overline{EA}$引脚必须接高电平。单片机上电复位进入程序运行工作方式后，从片内ROM的0000H单元处取指执行。若内部ROM容量为4KB，当程序执行或查表访问超过0FFFH的程序存储器单元地址时，单片机会自动转向外部ROM空间。当单片机读取外部ROM时，$\overline{PSEN}$引脚出现有效脉冲作为外部程序存储器的读选通信号。当然也可以不使用片内的ROM，此时，$\overline{EA}$引脚必须接低电平。

单片机访问程序存储器有两种情况：一种是CPU使用PC作为存储器地址读取指令时；另一种是使用PC或DPTR执行查表操作时，只能使用MOVC指令。

在64KB的程序存储器空间的低地址区中，有部分存储单元地址作为保留单元地址有着特殊的用途，具体内容如表2-3所示。

表2-3 程序存储器中具有专门用途的单元地址

序号	入口地址类型	入口地址	占用单元数/个	用　　途
1	复位入口	0000H	3	单片机复位后的入口地址
2	中断入口	0003H	8	外部中断0的入口地址
3		000BH		定时器/计数器0的入口地址
4		0013H		外部中断1的入口地址
5		001BH		定时器/计数器1的入口地址
6		0023H		串行接口中断的入口地址

2.4.2 数据存储器

数据存储器用于存放中间运算结果、标志位，进行数据暂存、数据缓冲等。MCS-51单片机的数据存储器在物理和逻辑上分为两个地址空间：内部数据存储器空间和外部数据存储器空间。80C51系列基本型（即51子系列）单片机内部有128B的RAM，地址为00H～7FH；增强型（即52子系列）单片机有256B的RAM，地址为00H～FFH。片外最多可以扩展64KB的RAM，地址为0000H～FFFFH。内外RAM地址重叠，可通过不同的指令来区分，MOV是对内部RAM进行读写操作的指令助记符；MOVX是对外部RAM进行读写操作的指令助记符。

1. 片内数据存储器

MCS-51 单片机片内 RAM 功能组成如图 2-12 所示。

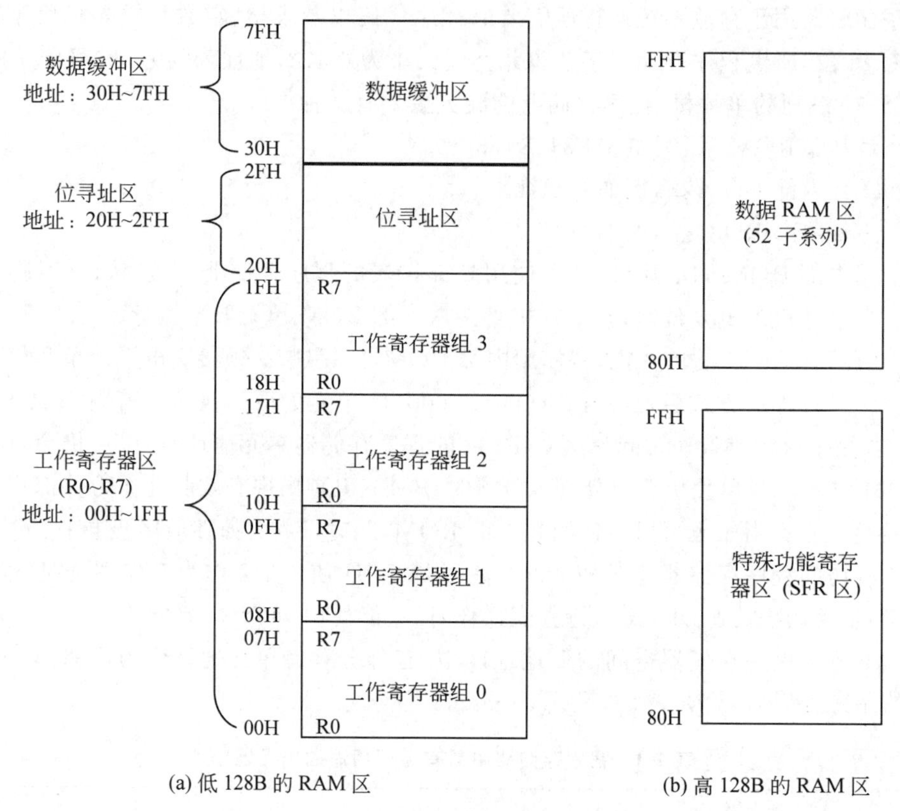

图 2-12　MCS-51 单片机片内 RAM 功能组成

内部数据存储器的地址为 8 位，因此地址空间为 256B(2^8B)的单元，地址范围为 00H～FFH。从功能和用途角度看，内部 RAM 的 256B 的地址空间，可以分为低 128B 的 RAM 区和高 128B 的 RAM 区两大部分。低 128B 的 RAM 区又可以分为工作寄存器区、位寻址区、数据缓冲区或堆栈区 3 个不同的区域。对于基本型的 MCS-51 单片机而言，高 128B 的 RAM 区对应的仅有特殊功能寄存器区(即 SFR 区)。

(1) 工作寄存器区。MCS-51 单片机内部 RAM 中，地址范围为 00H～1FH 的数据存储单元称为工作寄存器区，共占用 32B 的内部 RAM 单元，如图 2-11(a)所示。该区域又均匀划分为 4 个区，每个区分别有 8 个片内 RAM 存储单元，从低地址到高地址分别称为 R0～R7。工作寄存器与数据存储器单元间的对应关系如表 2-4 所示。

表 2-4　工作寄存器与数据存储器单元间的对应关系

寄存器组	R0	R1	R2	R3	R4	R5	R6	R7
0	00H	01H	02H	03H	04H	05H	06H	07H
1	08H	09H	0AH	0BH	0CH	0DH	0EH	0FH
2	10H	11H	12H	13H	14H	15H	16H	17H
3	18H	19H	1AH	1BH	1CH	1DH	1EH	1FH

程序当前正在使用的工作寄存器区可由程序状态字寄存器(PSW)的 D4(RS1)和 D3(RS0)位来设置决定。在每一个时刻,只能使用其中的一组寄存器,即当使用工作寄存器时,R0～R7 的具体位置是唯一确定的。PSW 中的 RS1 和 RS0 的状态值和各种寄存器组之间的对应关系如表 2-5 所示。在程序中根据需要改变 PSW 中的 RS1 和 RS0 的组合值来决定使用哪一组工作寄存器区的片内 RAM 单元作为实际使用的寄存器。

表 2-5　工作寄存器组的选择

PSW.4(RS1)	PSW.3(RS0)	当前使用的工作寄存器组的 R0～R7
0	0	0 组(00H～07H)
0	1	1 组(08H～0FH)
1	0	2 组(10H～17H)
1	1	3 组(18H～1FH)

在一个实际的应用系统中,若仅用到一组工作寄存器,则其他组对应的存储单元可以作为一般的数据存储器来使用。

MCS-51 单片机的 CPU 对工作寄存器的操作很频繁,涉及的指令数量多,程序代码短,执行速度快。在程序设计中,应尽可能使用工作寄存器保存最常用的数据。

(2) 位寻址区。MCS-51 单片机内部 RAM 地址为 20H～2FH 的数据存储区,称为位寻址区,共 16B,如图 2-11(a)所示。位寻址区的数据存储器单元既可以字节寻址(即字节访问)又可以位寻址。位寻址区共有 16 个字节单元,每个字节单元有 8 位,共有 128 位。每一位都有一个 8 位地址,地址范围为 00H～7FH。

字节地址与位地址之间的对应关系如表 2-6 所示。设字节地址为 ByteAddr,位序号为 n,则位地址 BitAddr＝(ByteAddr－20H)×8＋n;同样,根据位地址也可以计算出字节地址与位序号:字节地址 ByteAddr＝20H＋BitAddr/8,位序号 n＝BitAddr%8,其中的“/”和“%”表示整数的除法和取余数。

表 2-6　字节地址与位地址之间的对应关系

字节地址	位　地　址							
	D7	D6	D5	D4	D3	D2	D1	D0
2FH	7FH	7EH	7DH	7CH	7BH	7AH	79H	78H
2EH	77H	76H	75H	74H	73H	72H	71H	70H
2DH	6FH	6EH	6DH	6CH	6BH	6AH	69H	68H
2CH	67H	66H	65H	64H	63H	62H	61H	60H
2BH	5FH	5EH	5DH	5CH	5BH	5AH	59H	58H
2AH	57H	56H	55H	54H	53H	52H	51H	50H
29H	4FH	4EH	4DH	4CH	4BH	4AH	49H	48H
28H	47H	46H	45H	44H	43H	42H	41H	40H

续表

字节地址	位地址							
	D7	D6	D5	D4	D3	D2	D1	D0
27H	3FH	3EH	3DH	3CH	3BH	3AH	39H	38H
26H	37H	36H	35H	34H	33H	32H	31H	30H
25H	2FH	2EH	2DH	2CH	2BH	2AH	29H	28H
24H	27H	26H	25H	24H	23H	22H	21H	20H
23H	1FH	1EH	1DH	1CH	1BH	1AH	19H	18H
22H	17H	16H	15H	14H	13H	12H	11H	10H
21H	0FH	0EH	0DH	0CH	0BH	0AH	09H	08H
20H	07H	06H	05H	04H	03H	02H	01H	00H

位寻址区的每一位都可当作一个软件触发器、软件标志位使用或用于1位(布尔量)数据的处理。通常可以将各种程序状态标志、位控制变量存于位寻址区内。这种位寻址能力是80C51系列单片机的一个重要特点。此外,如果位寻址区不用于保存位变量,也可以作为普通的字节单元来使用。

(3) 数据缓冲区。MCS-51单片机内部RAM地址为30H～7FH的存储器单元称为数据缓冲区或堆栈区,共80个单元,如图2-11(a)所示。数据缓冲区的存储单元只能字节寻址,常用于存放程序运行期间的数据或者运算处理结果。

数据缓冲区又称为用户RAM区,这是用户可以真正使用的一般存储区,因为常把堆栈放在此存储区,因此也称为堆栈区。

(4) 特殊功能寄存器(SFR)区。特殊功能寄存器区位于MCS-51单片机片内RAM的高128B的RAM区,地址空间范围为80H～FFH,共128个字节单元地址。

如图2-11(b)所示,对于MCS-51系列单片机的基本型(即51子系列)而言,高128B的RAM区对应的是特殊功能寄存器区。对于MCS-51系列单片机的增强型(即52子系列)而言,高128B的RAM区对应两个物理区间:特殊功能寄存器区和数据存储器区。两个物理区间有着相同的地址,但通过不同的寻址方式,可以实现对二者的分别访问。特殊功能寄存器区的访问只能采用直接寻址方式,而数据存储区的访问则只能采用间接寻址方式。

特殊功能寄存器区中的特殊功能寄存器并未占满80H～FFH整个地址空间。

51子系列单片机有18个特殊功能寄存器,离散分布在80H～FFH这128B的地址空间中,对空闲地址的访问是没有意义的。增强型52子系列单片机有26个特殊功能寄存器。

52子系列单片机的片内RAM中的80H～FFH地址空间对应着特殊功能寄存器区和RAM区两个物理存储空间,即SFR区和RAM区的地址是重叠的。在访问特殊功能寄存器区和RAM区时,二者也是通过不同的寻址方式区分的。访问特殊功能寄存器区时,必须采用直接寻址方式,而在访问高128B的RAM区时,则只能采用间接寻址方式。

在特殊功能寄存器区中,字节地址可以被8整除的特殊功能寄存器内部每个位是可以单独访问的。

基本型 51 子系列单片机特殊功能寄存器区特殊功能寄存器的字节地址和位地址如表 2-7 所示。

表 2-7 特殊功能寄存器的字节地址和位地址

寄存器符号	D7	D6	D5	D4	D3	D2	D1	D0	字节地址
B	F7H	F6H	F5H	F4H	F3H	F2H	F1H	F0H	F0H
A(或 ACC)	E7H	E6H	E5H	E4H	E3H	E2H	E1H	E0H	E0H
	ACC.7	ACC.6	ACC.5	ACC.4	ACC.3	ACC.2	ACC.1	ACC.0	
PSW	D7H	D6H	D5H	D4H	D3H	D2H	D1H	D0H	D0H
	CY	AC	F0	RS1	RS0	OV	—	P	
IP	BFH	BEH	BDH	BCH	BBH	BAH	B9H	B8H	B8H
	—	—	—	PS	PT1	PX1	PT0	PX0	
P3	B7H	B6H	B5H	B4H	B3H	B2H	B1H	B0H	B0H
	P3.7	P3.6	P3.5	P3.4	P3.3	P3.2	P3.1	P3.0	
IE	AFH	AEH	ADH	ACH	ABH	AAH	A9H	A8H	A8H
	EA	—	—	ES	ET1	EX1	ET0	EX0	
P2	A7H	A6H	A5H	A4H	A3H	A2H	A1H	A0H	A0H
	P2.7	P2.6	P2.5	P2.4	P2.3	P2.2	P2.1	P2.0	
SBUF									99H
SCON	9FH	9EH	9DH	9CH	9BH	9AH	99H	98H	98H
	SM0	SM1	SM2	REN	TB8	RB8	TI	RI	
P1	97H	96H	95H	94H	93H	92H	91H	90H	90H
	P1.7	P1.6	P1.5	P1.4	P1.3	P1.2	P1.1	P1.0	
TH1									8DH
TH0									8CH
TL1									8BH
TL0									8AH
TMOD									89H
TCON	8FH	8EH	8DH	8CH	8BH	8AH	89H	88H	88H
	TF1	TR1	TF0	TR0	IE1	IT1	IE0	IT0	
PCON									87H
DPH									83H
DPL									82H

续表

寄存器符号	D7	D6	D5	D4	D3	D2	D1	D0	字节地址
SP									81H
P0	87H	86H	85H	84H	83H	82H	81H	80H	80H
	P0.7	P0.6	P0.5	P0.4	P0.3	P0.2	P0.1	P0.0	

51 子系列特殊功能寄存器共有 18 个,占用 21 个字节单元,按照功能可以分为 5 类。

① 与运算有关的 SFR。与运算有关的 SFR 有 3 个,占 3 个字节单元。

- 累加器(ACC 或 A)。累加器的字节单元地址为 E0H,当记为 ACC 时,属于直接寻址方式;当记为 A 时,属于寄存器寻址方式。字节地址可以被 8 整除,因此,其每一位都是可以单独访问的,又称为可位寻址。
- 寄存器 B。寄存器 B 的字节单元地址为 F0H,主要用于参与乘法、除法运算,可位寻址。
- 程序状态字(PSW)寄存器。程序状态字的字节单元地址为 D0H,字节地址可以被 8 整除,因此可位寻址。

② 指针类 SFR。指针类 SFR 有 2 个,占 3 个字节单元。

- 堆栈指针(SP)。SP 是一个 8 位的特殊功能寄存器,用来存放一个 8 位的地址,SP 总是指向栈顶的位置,字节地址为 81H。
- 数据指针(DPTR)。DPTR 是单片机唯一一个可以直接访问的 16 位寄存器,也可以分为两个 8 位寄存器来使用,高字节 8 位寄存器记为 DPH,字节地址为 83H;低字节 8 位寄存器记为 DPL,字节地址为 82H。

③ 与接口相关的 SFR。与接口相关的 SFR 有 7 个,占 7 个字节单元。

- 并行接口。80C51 单片机有 P0、P1、P2、P3 这 4 个并行接口,字节单元地址分别为 80H、90H、A0H、B0H,4 个并行接口的字节单元地址可以被 8 整除,因此都可以位寻址。
- 串行接口。与串行接口相关的特殊功能寄存器有 3 个,分别是串行接口数据寄存器 SBUF,字节单元地址为 99H;电源控制寄存器 PCON,字节单元地址为 87H;串行接口控制寄存器 SCON,字节单元地址为 98H,字节单元地址可以被 8 整除,因此可以位寻址。

④ 与中断相关的 SFR。与中断相关的 SFR 有两个,占两个字节单元。

- 中断优先级控制寄存器 IP。它的字节单元地址为 B8H,字节单元地址可以被 8 整除,因此可以位寻址。
- 中断允许控制寄存器 IE。它的字节单元地址为 A8H,字节单元地址可以被 8 整除,因此可以位寻址。

⑤ 与定时器/计数器相关的 SFR。与定时器/计数器相关的 SFR 有 4 个,占 6 个字节单元。

- 16 位的定时器/计数器 T0。它的高 8 位记为 TH0,字节地址为 8CH;低 8 位记为 TL0,字节地址为 8AH。
- 16 位的定时器/计数器 T1。它的高 8 位记为 TH1,字节地址为 8DH;低 8 位记为 TL1,字节地址为 8BH。

- 定时器/计数器方式控制寄存器 TMOD。它的字节地址为 89H。
- 定时器/计数器控制寄存器 TCON。它的字节地址为 88H，可以被 8 整除，因此可以位寻址。

(5) 堆栈。堆栈是指在内存中专门开辟出来的按照“先进后出、后进先出”的原则进行存取的一段连续的 RAM 区域。堆栈的主要用途是暂时存放数据和(或)地址，通常用来保护断点(将要执行的下一条指令的地址)和现场(主程序中应用到的寄存器和数据存储器中的数据)。一般用在子程序调用或中断系统响应等情况下。

堆栈中存入数据的操作，一般称为数据入栈或数据压栈；堆栈中取出数据的操作一般称为数据出栈或数据弹栈。

堆栈在结构上包括栈顶、栈底以及栈区几个部分。堆栈按照“先进后出、后进先出”的原则进行存取数据，数据的存取总是在存储区域的一端进行，该端称为栈顶。在对堆栈的出入栈操作中，CPU 需要通过 SP 指针知道栈顶的位置。而堆栈存储区域的另一端位置则固定，称为栈底。栈底与栈顶(包括栈顶)之间的部分称为栈区。需要注意的是，栈底并不保存数据，数据是从栈底下一个单元开始保存数据的。

计算机的堆栈有两种类型：向上生长型和向下生长型。向上生长型是指数据入栈时，SP 的值会自动增加，即堆栈是从沿数据存储器地址增大的方向保存数据的；向下生长型则是指 SP 的值会自动减小，即堆栈是从沿数据存储器地址减小的方向保存数据的。51 单片机的堆栈属于向上生长型。

在使用堆栈之前，一般要先给 SP 指针赋值，规定堆栈的起始位置即栈底。系统复位后，SP 指针的初始值是 07H，即栈底为 07H 单元。当有数据入栈时，SP 值会自动加 1，数据存入栈顶位置单元；当有数据要出栈时，栈顶单元的数据会被取出，SP 值会自动减 1，SP 的值还是指向栈顶位置单元。堆栈结构与操作示意图如图 2-13 所示。

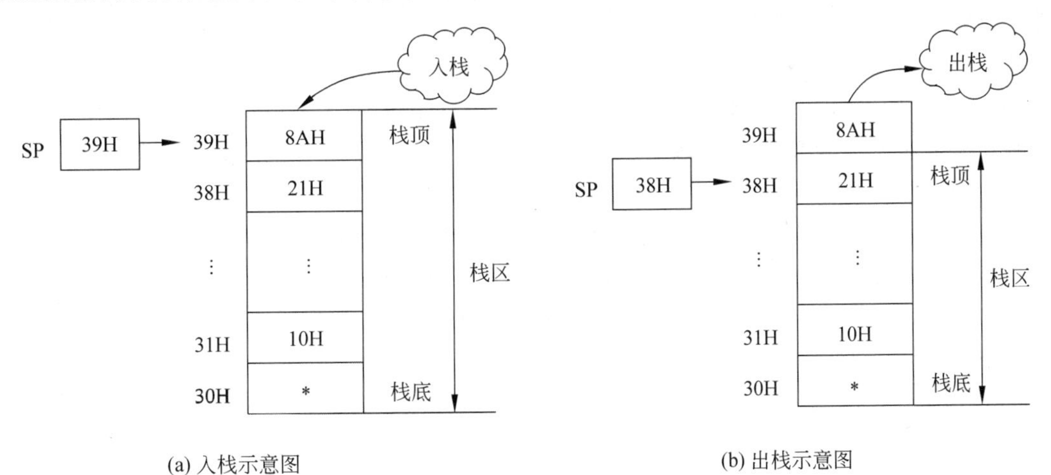

(a) 入栈示意图　　(b) 出栈示意图

图 2-13　堆栈结构与操作示意图

在 MCS-51 单片机中，实现对堆栈的操作有自动方式和指令方式两种方式。自动方式是指由硬件自动实现堆栈操作的方式。当在调用子程序或产生中断时，会由硬件自动完成堆栈操作，实现断点的保护与恢复。即进入子程序或中断服务子程序前，单片机硬件会自动将断点(PC 的当前值)压入堆栈；当程序返回时，会由硬件自动将压入堆栈的断点弹回 PC，使得 CPU 继续自断点处向下执行程序;另一种是指令方式,即由用户通过指令来向堆栈存取数据,常用来保护现场。实现堆栈压栈和弹栈操作的指令分别是 PUSH 和 POP 指令。

2. 片外数据存储器

外部 RAM 的地址范围为 0000H~FFFFH,共 64KB。当 MCS-51 单片机内部 RAM 不能满足实际需要时,可以在单片机外部扩展数据存储器。采用总线方式扩展时,8 位数据总线由 P0 口提供,16 位地址总线分别由 P2 口(提供高 8 位地址)和 P0 口(提供低 8 位地址)来提供。

MCS-51 单片机访问外部 RAM 只能采用间接寻址方式,指令助记符为 MOVX,间接寻址寄存器有 DPTR 和 R*i* 两种。

2.5 MCS-51 单片机的输入输出接口

在计算机系统中,输入输出接口(Input/Output Interface,简称 I/O 接口)是计算机重要的硬件结构之一,是 CPU 与外围硬件资源进行信息交换的通道。根据数据传输方式的不同,计算机的数据传输方式的分为并行和串行两种。并行传输是指一个完整数据中的各位二进制数是同时传输的,而串行传输是指一个完整数据中的各位二进制数是一位一位传输的。因为 CPU 的数据总线是以并行方式传输数据的,所以并行接口在计算机系统中最常用。本节将主要讲述 MCS-51 单片机的并行接口。

MCS-51 单片机共有 4 个 8 位的并行接口,分别记作 P0、P1、P2 和 P3,共有 32 条数据线。P0~P3 都是双向,都有一个锁存器用来保存数据,在编址上属于片内 RAM 的特殊功能寄存器区,既可以字节寻址又可以位寻址。

P0~P3 口在结构上大同小异,都包含 8 位,而且每一位的结构都是相同的,每一位都包含接口锁存器、输入缓冲器和输出驱动电路 3 部分。但由于它们的性质和功能不尽相同,所以在结构上也会有一定的差异。

P0~P3 口都有第一功能,即普通的输入输出功能接口。除 P1 口外,其他 3 个都有第二功能:P0 口的第二功能是用于数据/地址(低 8 位)分时复用;P2 口的第二功能是作为高 8 位地址输出接口;P3 口的第二功能可以细分为 4 组,如表 2-1 所示。当它们作为一般的输入接口使用时,都必须先向锁存器写 1,使接口处于输入状态。

本节详细介绍了接口的结构,以便于掌握它们的电路结构及其特点。通过学习,不但可以深入理解 I/O 接口的工作原理并进行正确、合理地使用,而且可以对单片机外围数字逻辑电路的设计提供帮助。

2.5.1 P0 口

P0 口是一个多功能的 8 位三态双向并行接口,可以按字节访问,也可以按位访问。字节地址为 80H,位地址为 80H~87H。P0 口有两个功能:第一个功能是作为普通的 I/O 接口使用;第二个功能是作为地址/数据分时复用口。当作为地址/数据分时复用口时,P0 口会分时送出低 8 位地址和双向传送数据。这种地址和数据共用一个并行接口的方式,称为地址/数据分时复用方式。

P0 口包含有 8 位,每一位的位结构是相同的,下面在介绍其结构(包括其他 3 个接口)

时，只给出其中一位的结构图，其他位的结构与之相同。

P0 口的位结构图如图 2-14 所示。在硬件结构上，主要包括两个输入缓冲器、一个输出锁存器、一个输出驱动电路和一个输出控制电路。

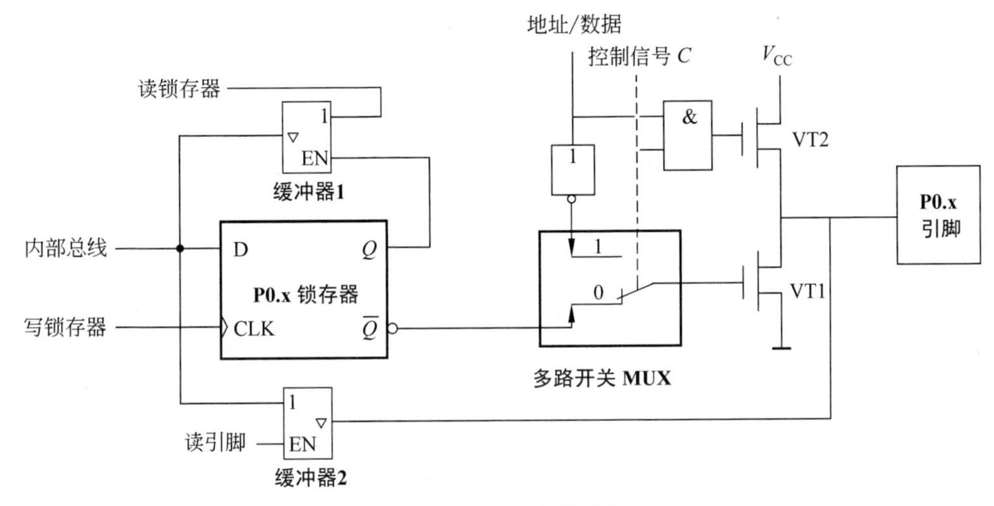

图 2-14　P0 口的位结构

输出驱动电路由一对场效应管(FET)VT1 和 VT2 组成，以增大带负载的能力，其工作状态由输出控制电路控制决定。

输出控制电路包括一个与门、一个反相器和一个多路开关。多路开关的位置由来自 CPU 的控制信号 C 决定。当控制信号 C 为 0 时，开关处于图中所示位置；当控制信号 C 为 1 时，开关处于图中另一位置。

当 P0 口作为普通 I/O 接口时，CPU 发出的控制信号 C 等于 0，多路开关 MUX 打到下端(即 0 端)的位置。这时与门输出为 0，场效应管 VT2 截止。

(1) P0 口作为输出口(写端口操作)。当 CPU 对 P0 口执行写操作命令时，写脉冲加在锁存器的 CLK 端，这样与内部数据总线相连的 D 端数据经 $\overline{Q}$ 端反相后，经多路开关 MUX 加在输出驱动电路场效应管 VT1 的输入端，经 VT1 管再次反相后，则 P0 口的数据与内部总线的数据恰好相同，从而实现了数据的输出。需要注意的是，P0 口作为普通 I/O 接口使用时，场效应管 VT2 是截止的，称为漏极开路；若要正常输出数据，P0 口引脚必须外接上拉电路(上拉电阻阻值一般为 5～10kΩ)。P0 口的输出电路可以驱动 8 个 LS TTL 负载。

(2) P0 口作为输入口(读端口操作)。当 P0 口作为输入口使用时，即 CPU 对 P0 口执行读操作时，具有读锁存器和读引脚两种操作，因此端口中设有两个三态缓冲器来实现两种读操作，输入缓冲器 1 用来实现读锁存器操作，输入缓冲器 2 用来实现读引脚操作。所谓读锁存器，则是通过输入缓冲器 1 将输出锁存器锁存的数据送入内部数据总线，最后再读到相应的寄存器中。所谓读引脚，就是读单片机芯片引脚的数据。当 CPU 执行读引脚操作时，会向输入缓冲器 2 发出读引脚控制信号，这时输入缓冲器 2 打开，引脚上的数据经输入缓冲器 2 输入到内部总线，然后再读到相应的寄存器中。

CPU 在执行读操作时，是如何区分读锁存器和读引脚的操作的呢？实际上，CPU 是通过指令操作数中不同的端口位置来区分的。

当读锁存器时，读指令是以接口作为目的操作数的指令。

例如：

```
ANL  P0,#0FH
```

CPU 执行该指令时，先读取 P0 口的数据，再与立即数 0FH 进行逻辑与运算，然后将运算结果写回 P0 口。简单来讲，读锁存器操作的过程就是“读—修改—写”的过程。

当读引脚时，读指令是以接口作为源操作数的指令。

例如：

```
ANL  A,P0
```

CPU 执行该指令时，直接读取的是 P0 口引脚的数据。需要注意的是，读引脚时，应先将 P0 口置“1”，即先向 P0 口锁存器写 1，此时会使场效应管 VT1 截止，P0 口处于悬浮状态，从而使 P0 口可以作为高阻抗输入。否则，P0 口数据为 0 时，会使场效应管 VT1 导通，从而将引脚箝位在 0 电平，使外部高电平即数据 1 无法通过引脚输入。

P0 口作为地址/数据分时复用口时，CPU 发出的控制信号 C 等于 1，多路开关 MUX 打到上端（即 1 端）的位置。这时，与门输出与地址/数据线一致。

当 CPU 输出地址/数据时，若输出逻辑 1（对应高电平），此时场效应管 VT1 截止，场效应管 VT2 导通，引脚输出电平接近于电源电压，即引脚电平为高电平，因此引脚输出逻辑值等于 1，与内部输出的地址/数据相同；若输出逻辑 0（对应低电平），此刻场效应管 VT2 截止，场效应管 VT1 导通，则引脚电平被箝位在 0 电平，因此引脚输出逻辑值为“0”，与内部输出的地址/数据相同。

由此可见，P0 口的输出驱动电路中的场效应管 VT1 和 VT2 实际上组成了一个推挽式输出电路，因此大大提高了 P0 口的负载能力。

注意： 当 CPU 输入数据时，因为地址信息是单向的，此时只有输出地址，而数据将通过输入缓冲器 2 将数据送入内部总线。

2.5.2 P1 口

P1 口是一个 8 位的准双向并行接口，可以按字节访问，也可以按位访问。字节地址为 90H，位地址为 90H～97H。P1 口只有第 1 功能，就是作为普通的 I/O 接口。

由于 P1 口只能用于普通的 I/O 接口，因此结构上没有由多功能转换开关 MUX 等部件构成的输出控制电路，其位结构如图 2-15 所示。图 2-15 中，P1 口在硬件结构上是由两个输入缓冲器、一个输出锁存器和一个输出驱动电路构成的。

在输出驱动电路部分，由图 2-15 可见，P1 口不同于 P0 口，P1 口内部接有上拉电阻，当然内部上拉电阻其实也是由场效应管等效形成的。

(1) P1 口用于输出。当从 P1 口输出逻辑“1”（高电平）时，输出锁存器反向输出端为逻辑“0”（低电平），场效应管 VT1 截止，电源电压通过内部上拉电阻向外部引脚输出逻辑“1”，因此可以向外提供拉电流负载。可见，P1 口与 P0 口不同，输出逻辑“1”（对应高电平）时芯片外部不必再外接上拉电阻。

(2) P1 口用于输入。当从 P1 口输入数据时，与 P0 口一样，硬件结构上都有两个输入

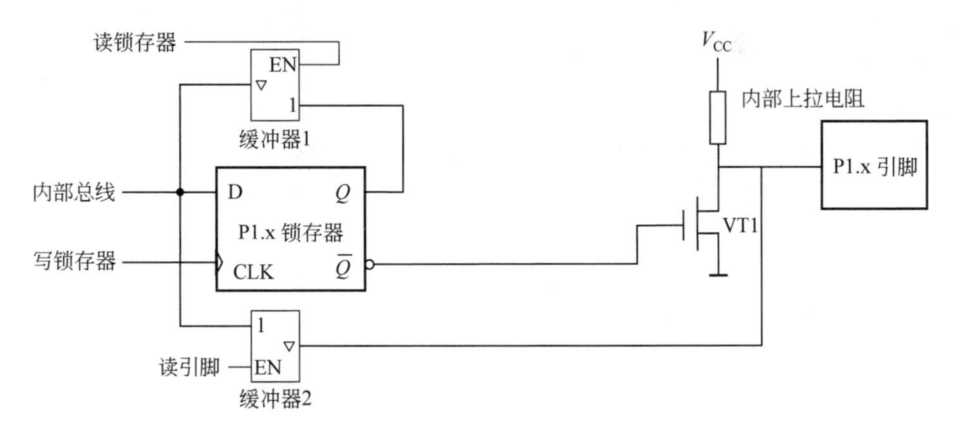

图 2-15 P1 口的位结构

缓冲器,因此同样有两种读操作,工作原理相同。同样需要注意的是,当读引脚时,需要在读操作前,先将 P1 口的锁存器写 1,使场效应管 VT1 截止,从而保证外部高电平(即逻辑 1 数据)的正确输入。

P1 口输出驱动电路由于不能实现高阻输出,因此 P1 口实际上是一个 8 位准双向并行接口。

2.5.3 P2 口

P2 口是一个多功能的 8 位准双向并行接口,可以按字节访问,也可以按位访问。字节地址为 A0H,位地址为 A0H～A7H。P2 口有两个功能:第一功能是作为普通的 I/O 接口使用;第二功能是作为高 8 位地址的输出接口。

由于 P2 口比 P1 口多了一个第二功能,因此,与 P1 口相比,P2 口增加了一个多功能转换开关 MUX 控制电路,其位结构图如图 2-16 所示。图中,P2 口在硬件结构上是由两个输入缓冲器、一个输出锁存器、一个输出驱动电路和一个多功能转换开关 MUX 构成的。

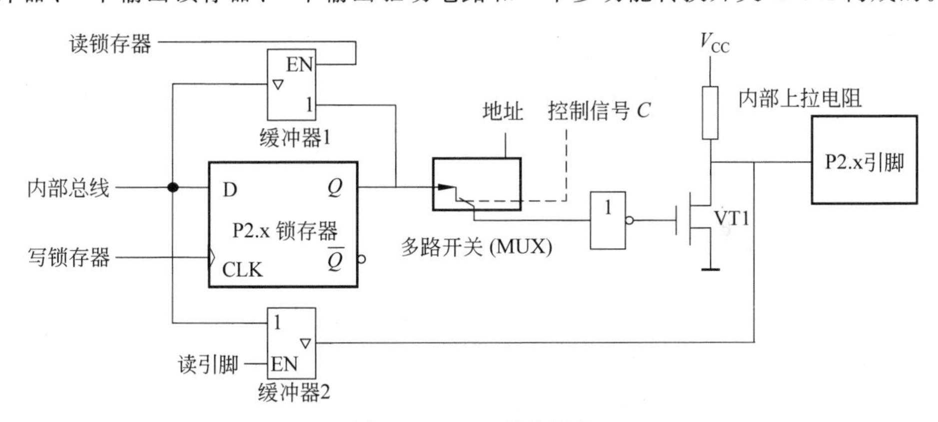

图 2-16 P2 口的位结构

当 P2 口作为普通 I/O 接口时,CPU 发出的控制信号 C 等于 0,多路开关 MUX 打到左端的位置。

(1) P2 口作为输出口。当 P2 输出数据时,P2 口输出锁存器的 Q 端连接到 MUX 的输入端,输出端经一个非门反相后接到场效应管 VT1 的栅极,数据经非门与 VT1 管两次反相后，送至引脚，因此引脚的数据与片内数据总线的数据一致，内部总线数据得以在P2口的引脚上正确输出。

(2) P2口作为输入口。当P2口输入数据时，与P0、P1口一样，硬件结构上都有两个输入缓冲器，同样有两种读操作，工作原理相同。同样需要注意的是，当读引脚时，需要在读操作前，先将P2口的锁存器写1，使场效应管VT1截止，从而保证外部高电平即逻辑1数据的正确输入。

当P2口作为高8位地址输出端口时，CPU发出的控制信号C等于1，多路开关MUX打到右端的位置，地址经反相器和输出驱动电路由P2口输出。此时，P2口可以输出片外ROM或片外RAM的高8位地址，与P0口输出的低8位地址一起构成完整的16位地址，从而可以寻址64KB的片外ROM或片外RAM，但需要注意的是，此时P2口不能再用作普通的I/O接口。

2.5.4 P3口

P3口是一个多功能的8位准双向并行接口，可以按字节访问，也可以按位访问。字节地址为B0H，位地址为B0H～B7H。P3口同样有两个功能：第一功能是作为普通的I/O接口使用；第二功能根据P3口各位引脚具体功能的不同可以细分为4组，每组两位，分别用作串口、外部中断申请信号输入端、定时器/计数器外部计数脉冲输入端和作为片外RAM读写选通信号的输出端。

P3口的位结构如图2-17所示。与P1和P2口相比，驱动电路是相同的，都是接有内部上拉电阻，不能实现高阻输入，因此P1、P2和P3口都属于准双向端口。与P0～P2口输入电路相比，P3口多了一个用于第二功能输入的输入缓冲器3。此外，P3口还有一个用于第二功能输出的与非门。

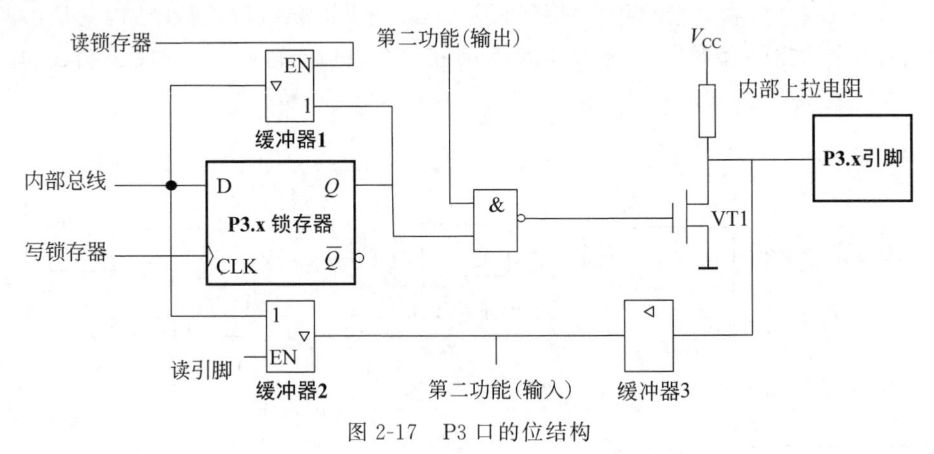

图2-17 P3口的位结构

当P3口作为普通I/O接口时，与非门的第二功能(输出)端将保持高电平，即与非门打开，使得锁存器Q端的内容能够输出到输出驱动电路，此时与非门相当于一个反向器。当P3口作为第一功能即通用I/O接口使用时，工作原理与P1、P2口类似，留作读者自己分析，在此不再赘述。

当P3口用作第二功能时，锁存器的输出端Q端输出应为1，此时与非门打开，第二功能输出就可以通过驱动电路送至 P3 引脚。

（1）当第二功能选择输出时，该位的锁存器需要置“1”，Q 端输出为 1，使与非门处于开启状态。当第二功能输出为 1（高电平）时，场效应管 VT1 截止，P3 口引脚输出为 1；当第二功能输出为 0（低电平）时，场效应管 VT1 导通，P3 口引脚输出为 0。

（2）当第二功能选择输入时，该位的锁存器和第二功能（输出）端都需要置“1”，使场效应管 VT1 截止，P3 口引脚的数据由输入缓冲器 3 输入至相应硬件资源。

2.5.5 接口的负载能力与要求

单片机复位后，P0～P3 口的各位锁存器内容为 1，即被定义为输入工作方式。

P0 口的输出驱动电路是由一对场效应管组成的推挽式电路，驱动能力强，P0 口的每一位都可以驱动 8 个 LS TTL 负载。P0 作为普通 I/O 接口时，其输出级是开漏电路，所以必须外加上拉电路。P1～P3 口输出级内部接有上拉电路，使用时不需要外接上拉电阻，就可以驱动 4 个 LS TTL 负载。

P0～P3 口用作普通的输入口时，应先向锁存器置“1”，即置为输入工作方式，然后再读引脚。

无论是 P0、P2 口的总线复用，还是 P3 口的第二功能的使用，内部硬件资源都会自动选择，无须通过指令选择状态。

2.6 MCS-51 单片机的工作方式

一个应用于嵌入式应用系统的单片机，在整个过程中的工作方式（或称工作状态）分为复位工作方式、程序执行工作方式、低功耗工作方式以及编程和校验工作方式 4 种。其中，前 3 种是嵌入式应用系统中单片机最主要最常见的。第 4 种工作方式只有在系统程序设计调试成功并将代码写入单片机的 ROM 中后才能应用到。当程序烧写到单片机的 ROM 中后，应用系统中的单片机将一直工作于前 3 种工作方式下。

2.6.1 复位工作方式

单片机上电后的工作总是先从复位工作方式开始的。为了使系统从一个确定的初始状态开始工作，单片机必须进行内部的复位操作。复位就是将单片机内部主要的功能寄存器设置成统一初始状态的过程。

MCS-51 单片机复位完成后，内部主要的功能寄存器的初始状态如表 2-8 所示。

表 2-8 主要功能寄存器的复位状态

寄存器	复位状态	寄存器	复位状态
PC	0000H	ACC	00H
SP	07H	B	00H
P0～P3	FFH	IP	×××0 0000B
PSW	00H	IE	0××0 0000B

续表

寄存器	复位状态	寄存器	复位状态
TMOD	00H	TL1	00H
TCON	00H	SCON	00H
TH0	00H	SBUF	不定
TL0	00H	PCON	0××× 0000B
TH1	00H		

可见，单片机复位后，特殊功能寄存器中除了串行接口的数据寄存器 SBUF 中的值以及特殊功能寄存器中未定义位的值不确定外，其他特殊功能寄存器都有确定值，除了 SP 的复位值为 07H，并口 P0～P3 的值为 FFH 外，其他特殊功能寄存器的值皆为 0。复位后 PC 的值为 0000H，因此，单片机在完成复位后，CPU 从程序存储器的 0000H 单元处开始取指执行，所以程序存储器的 0000H 地址又称为复位入口地址。

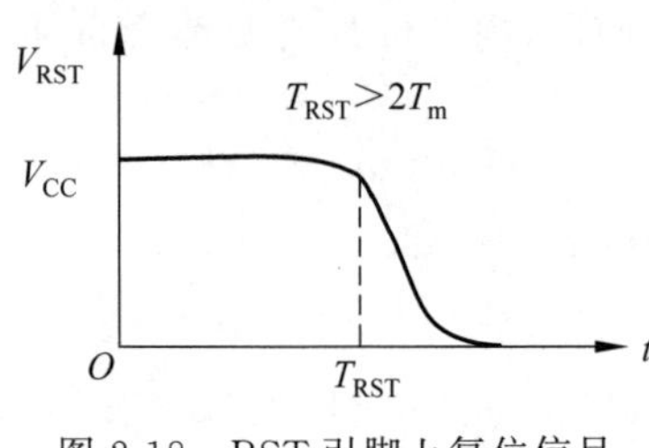

图 2-18　RST 引脚上复位信号

复位会使 ALE 和$\overline{PSEN}$信号变为无效（高电平），而内部 RAM 的内容不受影响，但若是由 V_{CC}上电复位，则 RAM 中的内容不确定。

复位操作是通过为单片机复位引脚 RST 输入高电平实现的。要在振荡器正常工作的情况下完成复位，RST 引脚上的高电平至少需要持续两个机器周期。RST 引脚上复位信号如图 2-18 所示。复位完成后，复位电平需要降低为低电平来结束复位操作。

复位操作有上电复位和手动复位两种形式。上电复位是指单片机在上电之后产生的复位操作；手动复位是指在单片机已经上电运行的状态下对单片机进行的复位操作。上电复位电路和手动复位电路如图 2-19 所示。电路中电容的容量一般是微法级（如 10μF），电阻一般是千欧级。在图 2-19(b)中，电阻 R_2用于在电容放电中限流以保护电容电路，按键开关 S 为复位按键。

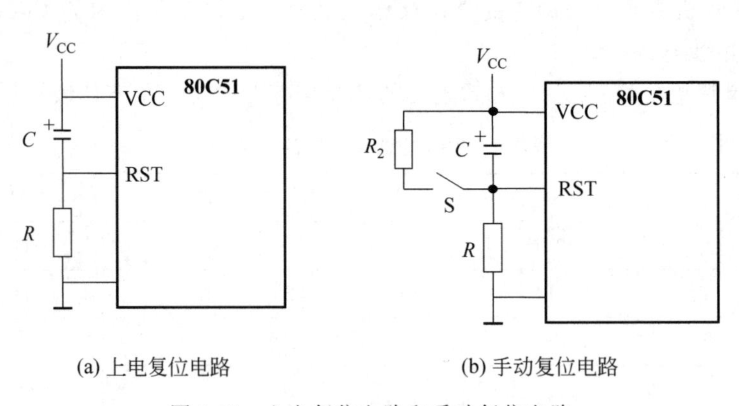

图 2-19　上电复位电路和手动复位电路

在图 2-19 复位电路中，R 和 C 构成 RC 充放电电路。上电后，R、C 在充放电过程中将会产生如图 2-18 所示的复位信号。加在 RST 引脚的高电平将会使单片机完成复位，复位完成后，RC 电路将 RST 引脚电平拉成低电平，从而结束单片机复位工作，进入单片机的第二种工作方式，即程序执行方式。

2.6.2 程序执行工作方式

程序执行工作方式是单片机最基本、最主要的工作方式。当复位引脚 RST 上的高电平撤销变为低电平后，单片机则进入程序执行工作方式。程序计数器(PC)复位后的值为 0000H，因此单片机从程序存储器的 0000H 单元取指令并开始执行程序。因为复位后 PC 指向地址为 0000H 的程序存储器单元，所以地址 0000H 称为复位入口地址。单片机在程序存储器中为复位入口预留了 3 个程序存储器字节单元，该处通常放一条转移指令，跳转到被执行程序的入口地址。

2.6.3 低功耗工作方式

低功耗工作方式是指在一定的场合条件下，当不需要单片机进行控制处理时，停止单片机内部部分或大部分部件的活动以降低单片机自身电能消耗的一种工作方式。单片机的低功耗工作方式在许多场合都有实际的意义，特别是在使用电池供电的智能设备中更有着实际价值和现实的意义。

MCS-51 系列的单片机有 HMOS 工艺和 CHMOS 工艺两种。HMOS 工艺的单片机只有一种低功耗工作方式，即掉电工作方式；而 CHMOS 工艺的单片机有两种低功耗工作方式：掉电工作方式和待机工作方式。下面主要讲述 CHMOS 工艺的单片机的低功耗工作方式。51 单片机内部硬件实现低功耗功能的电路如图 2-20 所示。

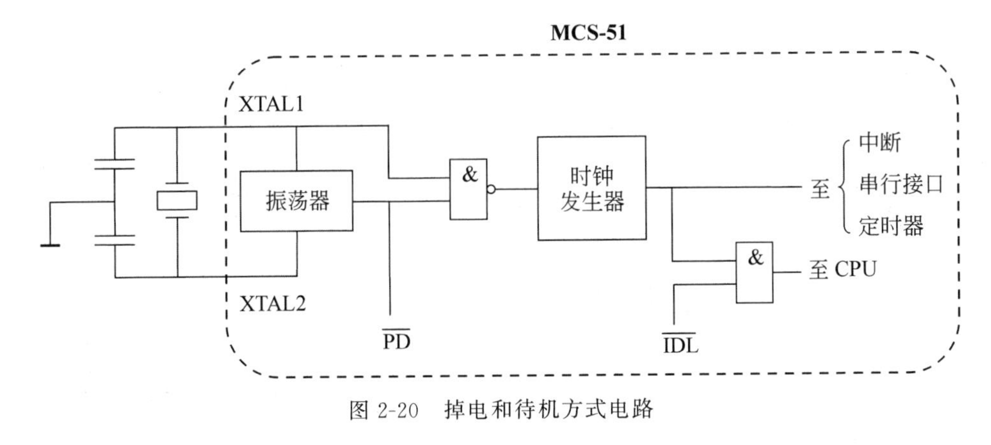

图 2-20 掉电和待机方式电路

掉电工作方式和待机工作方式都是由特殊功能寄存器电源控制器 PCON 的相关控制位来操作控制的。

电源控制器 PCON 的地址为 87H，不可位寻址，其格式及各位含义定义如图 2-21 所示。

D7	D6	D5	D4	D3	D2	D1	D0
SMOD	—	—	—	GF1	GF0	PD	IDL

图 2-21 电源控制器 PCON 的格式及各位含义定义

PCON.6、PCON.5、PCON.4 为保留位，未定义。其余 5 位用户可以用指令对其读出或修改，各位的含义具体如下。

- SMOD(PCON.7)：波特率倍增位。用于控制单片机串行口的波特率。
- GF1(PCON.3)：通用标志位 1。
- GF0(PCON.2)：通用标志位 0。
- PD(PCON.1)：掉电方式控制位。将该位置“1”，进入掉电工作方式。
- IDL(PCON.0)：待机方式控制位。将该位置“1”，进入待机工作方式。若 PD 和 IDL 位均被置“1”，则 PD 位优先。

1. 待机工作方式

待机工作方式又称为空闲方式，是指当 IDL 的值等于 1 的情况下，单片机的 CPU 时钟被切断，停止工作，但仍然继续为中断系统、串行接口及定时器提供时钟的工作方式。

由于在单片机的各个硬件资源中，通常 CPU 的功耗要占到整个芯片功耗的 80%～90%，所以当 CPU 的时钟被切断停止工作后，单片机芯片的功耗就会大大降低，此时芯片的工作电流一般为正常工作电流的 15%。

待机工作方式退出的方法有两种。

(1) 中断退出方式。在单片机待机期间，发生任何一个被允许的中断，IDL 位都会被硬件清“0”，从而结束待机方式。CPU 则响应中断，进入中断服务程序，最后执行中断返回指令 RETI 后，PC 恢复为进入待机方式时的值，即 CPU 要执行的指令为使单片机进入待机方式的指令后的第一条指令。

PCON 中的通用标志位 GF1 和 GF0 可以作为一般的软件标志，用来指示中断响应是发生在正常工作期间还是待机期间。例如，在启动待机方式时，同时也将 PCON 中的 GF1 或 GF0 置位(置“1”)，进入中断服务程序后，中断服务程序可以先检查该位，以确定服务的性质。中断结束后，程序将从待机方式启动指令之后的指令继续执行。

(2) 硬件复位退出方式。单片机复位时，各个 SFR(注意，PC 不属于 SFR)会被恢复为初始状态，电源控制寄存器 PCON 被清“0”，因此，IDL 被清“0”从而退出待机状态，CPU 从进入待机工作方式的启动命令之后继续执行。需要注意的是，为了防止对端口的操作出现错误，启动待机工作方式指令的下一条指令不应该为写端口或写外部 RAM 的指令。

2. 掉电工作方式

掉电工作方式，是指当电源控制寄存器 PCON 中 PD 位的值等于 1 时，单片机片内振荡器停止工作，使片内所有部件停止运行，特殊功能寄存器中的数据丢失，但只有片内 RAM 数据被保留的工作方式。

在掉电工作方式下，由于包括 CPU 在内的单片机的所有部件都已停止运行，使功耗减小到最小，单片机的工作电流约为 0.6～50μA，工作电压 V_{CC} 可降到 2V。

退出掉电工作方式的唯一方法是硬件复位。在进入掉电方式前，V_{CC} 不能降低；在退出掉电方式前，V_{CC} 应该恢复到正常的电压值。硬件复位 10ms 就能够令单片机退出掉电方式。复位后所有特殊功能寄存器的内容将被重新初始化，但内部 RAM 区的数据不变。

当单片机进入掉电方式时，必须使外围器件、设备处于禁止状态，因此在进入掉电方式前，应将一些必要的数据写入到 I/O 锁存器中，从而禁止外围器件或设备产生误动作。

2.6.4 编程和校验工作方式

编程和校验工作方式是指单片机系统程序设计、调试无误后，将编译好的可执行程序代码正确写入单片机程序存储器中的一种工作方式。将编译好的可执行程序代码正确写入单片机的程序存储器后，基于单片机的应用系统(又称嵌入式系统)就可以正常运行了，因此编程和校验工作方式是嵌入式应用系统设计中的一个必要步骤。

向单片机的程序存储器 ROM 中写入数据(包括程序代码和常量)的过程称为编程。将写入的数据(包括程序代码和常量)从程序存储器中读出，然后与原数据进行比较验证的过程，称为校验。

MCS-51 系列单片机的两个子系列(51 子系列和 52 子系列)和两种生产工艺(HMOS 工艺和 CHMOS 工艺)都分别有多种型号。在同一个子系列单片机中，先后出现的不同型号实际上是与程序存储器半导体器件 ROM 在器件技术发展中出现的不同类型的 ROM 相对应的。

程序存储器 ROM(即只读存储器)在半导体器件技术的发展中，先后从最初的掩膜 ROM 到 PROM、EPROM、EEPROM，再发展到现在的 Flash ROM，不仅应用越来越方便，而且编程的效率也越来越高。现在读写速度更快的 Flash ROM 已经慢慢取代先前其他不同类型的 ROM。不同类型的 ROM 的编程方法是不同的，因此当为单片机编程时，用户需要查阅相关用户手册，仔细了解编程校验的方法，在此不再赘述。

2.6.5 单片机的最小系统

单片机的最小系统是指单片机在最少外围配置的情况下构建而成的一个能够运行且可以实现简单功能的应用系统。由于单片机芯片集成了构成计算机硬件系统的基本结构以及外围必要的部件，因此单片机芯片本身就是一个小型的计算机硬件系统。可见，单片机芯片只要配合外围配置晶振电路、复位电路以及直流电源，就可以构成一个可以运行的硬件系统。该系统根据需要配置合适的软件就可以实现简单的应用。51 单片机的最小系统如图 2-22 所示。

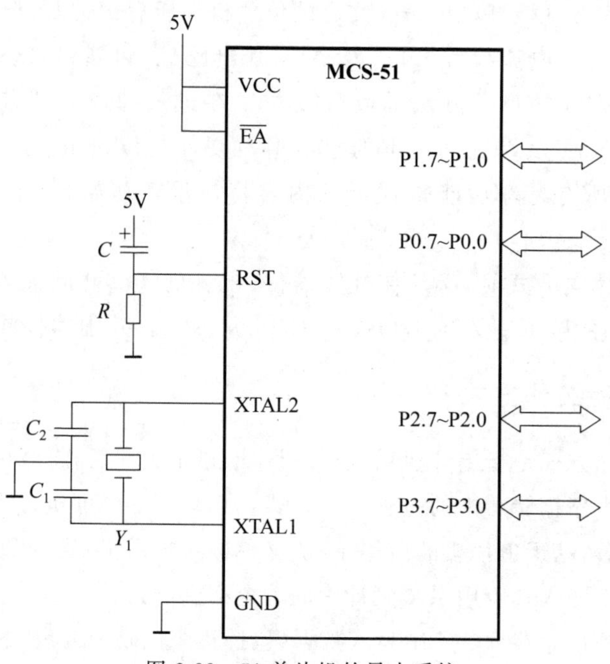

图 2-22 51 单片机的最小系统

习 题 2

1. MCS-51 单片机集成了哪些主要的功能部件？各有何作用？

2. MCS-51 单片机内部连接各功能部件的总线按照传输信号的不同可以分为哪几类？每种总线的位宽是多少？

3. PC 属于特殊功能寄存器吗？它的主要特性是什么？

4. MCS-51 单片机的引脚共有几个？可以分为哪几类？独立的控制引脚有哪几个？

5. 简述 51 单片机的并行接口的功能及其特点。

6. MCS-51 单片机的 CPU 是一个几位 CPU？最大寻址的范围是多少？

7. MCS-51 单片机的存储空间在物理结构上可以划分为哪几个空间？在逻辑结构上又可以划分为哪几个部分？

8. MCS-51 单片机的程序存储器在使用时，其内外 ROM 是通过什么控制引脚选择的？不同连接方式的含义是什么？

9. 在 MCS-51 单片机程序存储器的低地址空间，有一段保留地址，地址范围是什么？这段保留地址有何作用？具体是如何划分的？

10. 计算在 MCS-51 单片机的晶振频率分别为 6MHz 和 12MHz 时的时钟周期、状态周期和机器周期。

11. 什么是堆栈？它的功能是什么？堆栈是按照什么原则存取数据的？SP 的作用是什么？

12. 若 PSW 的值为 08H，则 R0 对应的内存单元是哪个单元？R6 对应的是哪个单元？

若 PSW 的值为 00H 呢？

13. 写出 MCS-51 单片机片内 RAM 的地址空间并简述按照功能片内 RAM 是如何进行分类以及单片机是如何解决地址重叠的问题的。

14. 对于某 51 单片机，在软件设计中 SP 的初始值设为 60H，则堆栈的栈底为哪个单元？堆栈的空间范围是什么？

15. MCS-51 单片机的 SFR 区应该采用何种寻址方式访问？为什么？

16. 写出下列几个位地址所对应的字节地址和序号。

30H，7FH，40H，60H，58H，28H，12H，6AH，62H

17. 画出程序状态字(PSW)寄存器的结构格式，并解释各位的含义。

18. MCS-51 单片机基本型有多少个 SFR？共占用多少个字节单元？按照功能可以将这些 SFR 划分为哪几类？

19. MCS-51 增强型单片机的高 128B 地址区 80H～FFH 对应哪几个物理空间？它们是如何区分的？

20. P3 口引脚的功能可以分为哪几类？具体功能是什么？

21. MCS-51 单片机有哪几种工作方式？单片机的工作总是先从哪种工作方式开始的？

22. MCS-51 单片机的并行接口有几个？是几位的？在硬件结构上各个接口的异同点是什么？

23. MCS-51 单片机的复位是如何实现的？复位后各个主要功能寄存器的初始状态是什么？

24. 画出 MCS-51 单片机复位电路的形式。RST 引脚的复位信号有何特点？

25. MCS-51 单片机有几种低功耗工作方式？分别有何特点？

26. 什么是单片机的最小系统？MCS-51 单片机需要添加哪些外围电路才能构建出一个最小系统？

27. MCS-51 单片机的工作寄存器区的地址范围是什么？可以分为几组？工作寄存器是如何选择分组的？

28. MCS-51 单片机复位后，CPU 使用的是哪一组工作寄存器？它们的地址是什么？

29. MCS-51 单片机如何进入待机模式？又是如何退出该模式的？

30. MCS-51 单片机如何进入掉电模式？又是如何退出该模式的？

31. 主机复位后，PC 的值是什么？PC 内容的具体含义是什么？

32. MCS-51 单片机复位后，堆栈指针 SP 的值是什么？为什么 SP 的值没有被清“0”？

第3章　MCS-51单片机的指令系统

人们是通过单片机的指令系统控制单片机工作的。人机之间进行交流信息、驱动单片机实现各种功能操作的最直接、最基本的命令是一种直接面向机器的语言。理解并熟练掌握单片机的指令系统是应用单片机的前提。本章将详细介绍MCS-51系列单片机指令系统的格式、寻址方式、各类指令及其功能特点。

3.1　指令系统概述

指令是直接控制单片机相关硬件完成基本操作的命令。一个单片机能够执行的所有指令的集合,称为该单片机的指令系统。指令系统与机器硬件密切相关,不同系列型号的单片机有不同的指令系统。指令系统是由单片机生产厂商定义并集成在单片机中的,体现单片机的主要功能,也是表征单片机性能的重要指标之一。专用于MCS-51系列单片机的指令系统(即MCS-51单片机指令系统)共有111条,是本章学习的主要内容。

指令系统作为一种直接面向机器的计算机语言,发展出了两种语言形式：机器语言指令和汇编语言指令,二者本质上都是面向机器的语言,即机器语言,它们之间存在一一对应的关系,下面将详述两种指令的特点。

3.1.1　机器语言指令与汇编语言指令

单片机作为现代计算机发展的一个分支,与现代计算机同属于冯·诺依曼体系计算机。因此,单片机的指令和所处理的数据均用二进制码表示。

机器语言指令用二进制码表示,又称为机器码指令或机器指令,能够直接被计算机硬件识别和执行,是唯一一种可以被计算机硬件直接识别和执行的计算机语言。

例如,执行累加器A内容加1操作的MCS-51单片机指令对应的二进制代码为

```
0000 0100B
```

为了书写和阅读方便,常把它写成十六进制形式,十六进制表示的机器码为04H。

机器语言是计算机自身固有的二进制形式的语言,可以被计算机直接识别并加以分析和执行,是计算机发展初期人们使用的编程语言。由于数字形式的指令很难与其功能联系起来,因此二进制形式的机器语言指令即便用十六进制去书写与记忆也是极其不方便且困难的。

为了克服机器语言指令难记、不易书写、难以阅读和调试、容易出错且不易查找错误、程序可维护性差等缺点,计算机制造厂家对指令系统的每一条机器语言指令都给出了助记符。助记符是用英文缩写来描述相应机器语言指令的功能,它不但便于记忆,也便于理解和分类。这种用指令助记符来表示的机器语言指令称为汇编语言指令。显然,汇编语言指令实际上是机器语言指令的符号化表示,故又称为符号语言。

例如上述指令：执行累加器 A 内容加 1 操作，机器码为 04H，汇编语言指令为

```
INC A
```

其中，助记符 INC 是英文单词增加的缩写，在此表示加 1 的意思。

由于汇编语言指令是机器语言指令的符号化表示，所以它与机器语言指令有着一一对应关系。与机器语言指令相比，汇编语言的特点是直观、易学习、易于记忆理解，编程方便；但用汇编语言编写的程序已不能被计算机识别和理解，须将其转换为对应的计算机唯一可以识别和执行的机器语言指令程序。将汇编语言源程序转换为机器语言程序的过程称为汇编。

可见，一条指令可以用机器语言和汇编语言两种语言形式表示。为了对指令有进一步理解，接下来详细分析指令的结构与格式。

3.1.2 指令格式

1. 机器语言指令格式

一条指令通常是由操作码和操作数两部分组成。操作码用来指明该指令所完成的操作，如传送、加法、减法、移位或转移等；通常，其位数反映了机器的操作种类；操作码的长度可以是固定的也可以是变化的。操作数用来指明操作码操作的对象；操作数可以是一个具体的数据，也可以是存储数据的地址或寄存器。指令的基本格式如图 3-1 所示。

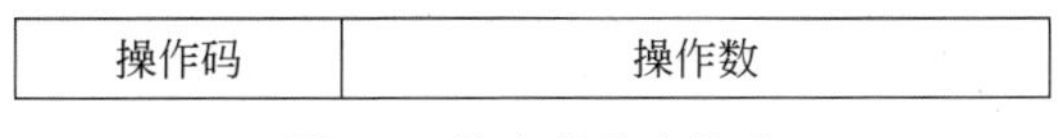

图 3-1 指令的基本格式

MCS-51 单片机作为一种典型的 8 位微控制器，指令的操作码长度为 8 位。8 位长度的操作码在理论上最多能提供 $2^8=256$ 种具体操作。在 MCS-51 单片机中，设置了 255 种具体操作，其中 A5H 编码未定义。在 MCS-51 单片机指令中，操作码可以带有 0～3B 的操作数。带 0B 的操作数即没有操作数的指令通常是没有意义的。在 MCS-51 单片机指令中，没有操作数的指令只有一条空操作指令，绝大多数指令的操作码通常带有 1～3B 的操作数。需要说明的是，有些特殊形式的操作数（如数据位于寄存器时）是可以隐含在操作码中的，即不单独占用存储空间。指令的长度（字节数）等于操作码长度（字节数）与操作数长度（字节数）之和。MCS-51 单片机指令长度最长为 3B。

MCS-51 单片机指令按指令字节长度分，可分为单字节指令、双字节指令和三字节指令 3 种。MCS-51 单片机作为一种 8 位机，其操作数绝大多数为单字节操作数。

(1) 单字节指令。指令长度只有一字节，除空操作指令外，操作数可以有 1 或 2 个，但都隐含在操作码中。例如指令

```
INC  A
MOV  @R0,A
```

(2) 双字节指令。一字节的操作码，可以有 1 或 2 个操作数。例如指令

```
ADD  A,#22H
```

其中，操作码为 24H，操作数为 22H，目的操作数 A 隐含在操作码中，这种指令在内存中占 2B。

(3) 三字节指令。一字节操作码，可以有 2 或 3 个操作数。例如指令

```
MOV  5EH,4FH
```

该指令执行时把 4FH 地址单元的内容送到 5EH 地址单元中，操作码为 85H，操作数分别为源操作数 4FH 和目的操作数 5EH，它在内存中占 3B。

图 3-2 给出了机器码指令的 3 种形式在内存中的数据安排。

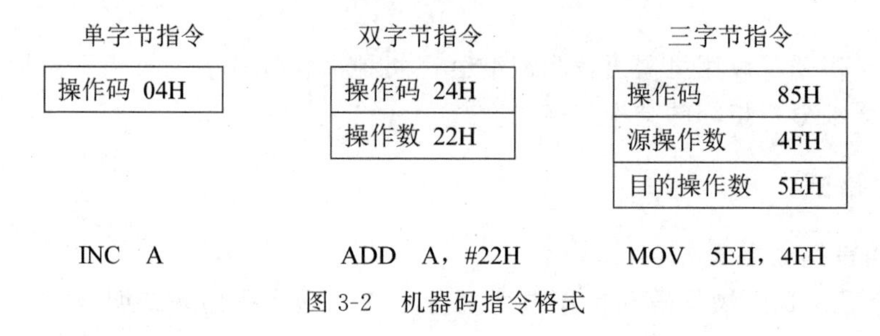

图 3-2　机器码指令格式

2. 汇编语言指令格式

通常，MCS-51 单片机典型汇编语言指令的格式如下：

```
[标号：] 操作码助记符 [目的操作数] [,源操作数] [;注释]
```

每一部分构成汇编指令的一个字段，各字段之间用空格或规定的标点符号隔开。方括号内的字段可以省略。

各字段的含义如下。

(1) 标号：指令的符号地址。它通常代表一条程序语句(助记符指令)的机器代码所在存储单元的地址。也就是说，在将汇编语言指令转换(即汇编)为机器代码时，它将被赋予该语句指令代码(首字节)存储单元的地址值。一条语句之前是否要冠以标号，根据程序的需要而定，当某条语句可能被调用或作为转移的目的地址时，通常要给该语句赋予标号，一旦某条语句被赋予标号，该标号就可作为其他语句的操作数使用。

标号书写时后面需要加冒号；标号可以单独占用一行；同一标号在同一程序中只能定义一次，不能重复定义；标号通常由 1～8 个 ASCII 码字符组成，第一个字符必须是字母，且标号名称不能是汇编语言保留字。

不同的机器对标号字段的长度和构成有不同的规定，使用时应注意。

(2) 操作码助记符：表示指令进行何种操作，用助记符形式给出。助记符一般为英语单词的缩写，是不可缺少的字段。MCS-51 单片机汇编语言指令中共有 42 种助记符，代表了 33 种不同的功能。

(3) 操作数：指令操作的对象。常见的指令操作数通常可分为目的操作数(如上例中累加器 A)和源操作数(如上例中的 5FH)，任何指令的操作都是实现“从源操作数到目的操作数”。因此，目的操作数和源操作数的书写顺序不能颠倒。操作数可以是数字(地址、数据)，也可以是标号或寄存器名等。也有些指令不需要指明操作数。

注意：目的操作数不仅是操作码操作对象的数据来源之一，而且还要具有保存操作结果的功能。

注释：对指令功能的说明，便于程序的阅读和维护，它不参与计算机的操作。

汇编指令各字段之间的标点符号应严格按照规定的格式书写。操作码助记符与目的操作数之间用空格分隔开。

例如指令：

```
START: MOV  A,5FH ;(A)←(5FH)
```

该指令表示将地址为5FH的内存单元的内容复制到累加器A中。

为了加深对指令的理解，在本书中MCS-51单片机指令的介绍以汇编语言指令讲述与分析为主、机器语言指令为辅，并将二者加以对照。

3.1.3 指令分类

指令一般有时间、空间和功能3种属性。时间属性是指一条指令执行所耗费的时间，一般用机器周期表示；空间属性是指一条指令在程序存储器中所占用的字节数；功能属性是指每条指令所实现的特定的功能。

MCS-51单片机汇编语言指令共有111条，包含有42种助记符，对应着255种具体的操作。根据指令属性的不同，111条汇编指令有3种不同的分类方法。

(1) 根据指令的时间属性不同，111条汇编指令可分为3种：单机器周期指令(64条)、双机器周期指令(45条)、四机器周期指令(2条)。

(2) 根据指令的空间属性不同，111条汇编指令可分为3种：单字节指令(49条)、双字节指令(45条)、三字节指令(17条)。

(3) 根据指令的功能属性不同，任何类型单片机的指令系统实现的基本功能至少应包含数据传输类指令、运算类指令(包括算术运算、逻辑运算和位运算等)以及转移类指令等。MCS-51单片机的111条汇编语言指令按照功能可以细分为5类。

(1) 数据传输类指令(29条)；

(2) 算术运算类指令(24条)；

(3) 逻辑操作类指令(24条)；

(4) 控制转移类指令(17条)；

(5) 位操作类指令(17条)。

3.3节中将按照上述指令功能的分类分别加以详述。

3.2 寻址方式

寻址方式是指在一条指令执行过程中，指令中操作数地址(存放位置)的寻找方式。操作数从内容上看可分为数据(地址)和指令地址两种类型，因此寻址方式可分为两类：一是数据寻址；二是指令寻址(如转移指令、调用指令)。一般来说，指令系统中，大多数的指令的寻址方式属于数据寻址，指令寻址仅仅限于部分转移类指令中。

在指令执行时，如果要对数据操作，就需要解决“数据在何处”的问题。这就涉及单片机的寻址方式。在单片机系统中,指令操作数的存放位置通常有几种方式：一是数据直接放在指令中,这种寻址方式称为常数寻址,又称为立即寻址;二是数据存放在寄存器中,然后寄存器出现在指令中,这种寻址方式称为寄存器寻址;三是数据存放在存储器单元中,存储器单元的地址出现在指令中,这种寻址方式称为直接寻址;四是数据存放在存储器单元中,存储器单元的地址再放在寄存器中,该寄存器出现在指令中,这种寻址方式称为寄存器间接寻址或者二次寻址。寄存器间接寻址方式可以衍生出多种变形,如基址变址寻址等。在MCS-51单片机中,数据寻址方式有立即寻址、寄存器寻址、直接寻址、寄存器间接寻址和变址寻址5种。

指令寻址用在控制转移指令中,其功能是得到转移的目的位置的地址。在MCS-51单片机中,根据目的位置提供方式的不同,指令寻址可分为3种：一是绝对寻址,仅用在AJMP指令和ACALL指令中;二是长寻址,仅用在LJMP指令和LCALL指令中;三是相对寻址。前两种方式比较简单,将在学习相关指令时详细介绍,第3种寻址方式在本节中介绍。

MCS-51单片机还包含有一个1位机,通常称为布尔处理器,其位操作数的存放形式称为位寻址方式。

在本节中,将详细介绍MCS-51单片机指令系统的立即寻址、寄存器寻址、直接寻址、寄存器间接寻址、变址寻址、相对寻址以及位寻址7种寻址方式,其中前6种为MCS-51单片机8位机的寻址方式,最后一种为布尔处理器的寻址方式。

3.2.1 立即寻址

立即寻址方式是指操作数直接出现在指令中。操作数可以是8位或16位(该数称为立即数)。立即数前面加符号#,以区别于操作数地址。例如：

```
MOV   DPTR,#2345H;   (DPTR)←2345H
```

的含义是把16位数2345H送入数据指针寄存器DPTR中,用符号表示为(DPTR)←2345H。又如：

```
MOV   A,#41H;   (A)←41H
MOV   A,41H;   (A)←(41H)
```

其中,第一条指令的含义是将立即数41H送累加器A中,第二条指令的含义是将片内RAM地址为41H单元中的内容送累加器A。可见,数41H之前有无#符号,其含义是不同的。

3.2.2 寄存器寻址

寄存器寻址是指以通用寄存器的内容作为操作数。在指令的助记符中直接以寄存器的名字来表示操作数的地址。在MCS-51单片机的CPU中,并没有专门的硬件通用寄存器,而是把片内数据RAM中的一部分(00H～1FH)作为工作寄存器来使用,每次都可以使用其中的任意一组,并以R0～R7来命名。至于具体使用哪一组,可在寄存器寻址指令前,通过PSW中的RS1和RS0来设定。例如：

```
MOV   A,R0
ADD   A,R0
```

这两条指令都属于寄存器寻址。前一条指令是将 R0 寄存器的内容传送到累加器 A，后一条则是对 A 和 R0 的内容做加法运算。

在 MCS-51 单片机中，用于寄存器寻址方式的寄存器有 Rn(n=0,1,2,…,7)、A、B、DPTR 和 C(位累加器)。

3.2.3 直接寻址

在指令中，直接给出操作数地址的寻址方式称为直接寻址，此时，指令的操作数部分就是操作数地址。例如：

```
MOV  A,3AH;
```

其中，源操作数 3AH 表示直接地址，即片内 RAM 的 3AH 单元。指令的功能是把片内 RAM 3AH 单元的内容传送到累加器 A，并可表示为(A)←(3AH)。

适用于直接寻址方式访问的存储单元有以下几种。

(1) 内部数据 RAM 的低 128B。例如：

```
MOV  A,78H
ORL  A,77H
```

其中，77H 和 78H 都是片内 RAM 单元的地址。

(2) 特殊功能寄存器。例如：

```
MOV  TCON,A
```

其中，TCON 属于特殊功能寄存器，为符号地址，它所代表的直接地址是 88H。

特殊功能寄存器的访问只能采用直接寻址方式。

(3) 特殊功能寄存器中可位寻址的位地址空间。例如：

```
SETB  EA
```

其中，EA 是 IE 寄存器的第 7 位，它相应的直接地址为 0AFH。

(4) 内部数据 RAM 地址空间子集的 128 位(位地址空间)。例如：

```
MOV    C,7EH;
SETB   20H
```

在单片机的指令系统中，直接寻址方式很有用，尤其是按位的直接寻址可使程序设计变得简单、灵活。

在实际使用中，还应注意区别如下两点：第一，要注意直接寻址与寄存器寻址的区别。例如，指令 INC A 和指令 INC ACC 并不相同。在指令 INC A 中，A 属于寄存器寻址，A 对应的机器码是 04H。而在指令 INC ACC 中，ACC 代表累加器 A 的直接地址 E0H，属于直接寻址，所产生的机器码是 05E0H。但两条指令的功能是一致的，都是将累加器 A 的内容加 1。第二，在直接寻址中，要注意字节地址与位地址的区别。试比较

```
MOV  A,20H
```

与

```
MOV  C,20H
```

在前一条指令中,20H 是字节地址,因为目的操作数在 A 中,是 8 位数据;后一条指令的 20H 是位地址(代表 24H 单元的 D0 位),因为目的操作数在进位位 C 中,是一位的数据。由此可见,区分的方法在于指令的形式。

3.2.4 寄存器间接寻址

寄存器间接寻址是指指令中一个寄存器的内容是操作数的地址。此类指令执行时,先取得该寄存器的内容作地址,然后再到该地址对应的存储单元取得操作数。这是一种二次寻址方式,故称为间接寻址。指定的寄存器前用@标识(在寄存器前加@表示寄存器间接寻址)。

可用于间接寻址的寄存器有以下几种。

(1) R0 或 R1,用 Ri 表示。可寻址内部低 128B 的 RAM 单元、增强型 51 单片机高 128B 内部 RAM 和外部 RAM 的 256 个单元。

格式:

```
MOV  A,@Ri
```

其中,Ri 为 R0 或 R1。

例如:

```
MOV  R0,#80H
MOV  R1,#0BBH
MOV  A,@R0
MOV  A,@R1
```

(2) DPTR 可访问外部 RAM 64KB 空间。

格式:

```
MOVX  A,@DPTR
```

例如:

```
MOV   DPTR,#1234H
MOVX  A, @DPTR
```

顺便指出,在执行 PUSH(压栈)和 POP(出栈)指令时,需采用堆栈指针 SP 作寄存器间接寻址。

3.2.5 变址寻址

变址寻址是以某个寄存器的内容为基本地址,然后在这个基本地址基础上加上地址偏移量才是真正的操作数地址。在 MCS-51 系统中没有专门的变址寄存器，而是采用数据指针 DPTR 或程序计数器 PC 的内容作为基本地址，地址偏移量则是累加器 A 的内容，并以 DPTR 或者 PC 的内容与 A 的内容之和作为实际的操作数地址。因此，这种寻址方式有两类：第一类用 PC 作为基地址加变址寄存器 A 的内容形成操作数地址。例如指令：

```
MOVC  A,@A+PC               ;(PC)←(PC)+1,(A)←((A)+(PC))
```

其中，指令操作码助记符号 MOVC 表示从程序存储器取数据。CPU 在读取本指令时，PC 已执行加 1 操作，指向下一条指令的首字节，所以作为基地址的已不是原来的 PC 值，而是 PC+1 值。A 中存放偏移量。偏移量加基地址就构成了所要读取的数据的地址。下面一段程序有助于对问题的说明：

```
地址          机器代码          源程序
0100H         7402            MOV   A,#02H
0102H         83              MOVC  A,@A+PC
0103H         00              NOP
0104H         00              NOP
0105H         32              DB    32H
```

当执行到“MOVC A,@A+PC”时，(A)= 02H，(PC)= 0103H，因此@A+PC 所指的地址应为 0103H+02H=0105H。该指令执行的结果是把 0105H 单元的内容 32H 送到 A 中。

第二类变址寻址是用 DPTR 作为基地址，A 作为变址寄存器，由@A+DPTR 形成操作数的地址。例如：

```
          MOV   A,#01H
          MOV   DPTR,#TABLE
          MOVC  A,@A+DPTR
TABLE:    DB    41H
          DB    42H
```

在该段程序中，表的首地址 TABLE 送到 DPTR 中作基地址，偏移量 01H 送到 A 中，因此@A+DPTR 形成操作数的地址为 TABLE+01H。执行该指令的结果是将数据 42H 送到 A 中。这两类变址寻址的方法，特别适用于对固定在程序存储器中的常数表格进行查表操作，因此上述两类指令又常称为查表指令。

必须指出，由于这两类查表指令各自的基址寄存器不同，其查表范围也不同。第一类查表指令的基址寄存器是程序计数器 PC。由于 PC 的内容是不能随意变更的，故查表范围只能由累加器 A 的内容来决定，所以使用本指令的表格只能存放在以 PC 当前值为起始地址的 256B 范围内。显然，这使表格的地址空间分配受到严格限制。以 DPTR 为基址寄存器的第二类查表指令，由于可以给 DPTR 赋予任意值，所以查表范围可达全部 64KB 的程序存储器空间。在每次查表前，只需对 DPTR 设置表首地址即可。如果 DPTR 已有他用，则在对 DPTR 装入新值前必须先保存其原值。

3.2.6 相对寻址

相对寻址是以 PC 的当前值为基准，加上指令中给出的相对偏移量 rel 形成有效的转移地址。这里所讲的当前PC值是指执行相对转移指令时PC的值。一般将相对转移指令所在的地址称为源地址,转移后的地址称为目的地址,故有

目的地址 = 源地址 + 转移指令字节数 + rel

其中,rel是一个带符号的8位二进制数,常以补码的形式出现,因此程序的转移范围是以PC的当前值为起始地址,相对偏移范围为-128~127B。例如执行指令:

```
SJMP  rel
```

的机器码是80H、rel共2B。设指令所在地址为2000H,rel的值为54H,则转移地址为2000H+02H+54H=2056H,故指令执行后,PC的值变为2056H。

顺便指出一点,在MCS-51系统中,指令助记符号中的rel值和指令机器码中的rel值是相同的,不像某些系统中,这两者之间相差一个指令字节数。

3.2.7 位寻址

为了更好地面向控制,MCS-51单片机内部专门设置了一个独立的位处理器——布尔处理器。它设有独立的位处理指令系统(共17条)。位处理指令采用位寻址方式来获得操作数,因此其操作数就是8位二进制数中的某一位。在指令系统中,位地址用bit表示。

在MCS-51系统的内部数据RAM有两个可以按位寻址的区域。其一是20H~2FH共16个单元中的每一位,共128位(对应的位地址是00H~7FH),都可以单独作为操作数;其二是某些特殊功能寄存器。凡是单元地址能被8整除的特殊功能寄存器都可以进行位寻址,其位寻址是80H~FFH中的一部分。

在MCS-51系统中,位地址的表示可以采用以下4种方式。

(1) 直接使用00H~FFH范围内的某一位的位地址来表示。

(2) 采用第几单元第几位的表示方法。例如,25H.5表示25H单元的D5位。这种表示方法可以避免查表或计算,比较方便。

(3) 对于特殊功能寄存器,可直接用寄存器名加位数的表示法,例如TCON.3、P1.0等。

(4) 位名称方式,例如PSW中的D7位:CY。

3.3 MCS-51单片机指令集

按照指令的功能,可以把MCS-51单片机指令系统的111条指令分为5类。

(1) 数据传送类指令(29条)。

(2) 算术运算类指令(24条)。

(3) 逻辑操作类指令(24条)。

(4) 控制转移类指令(17条)。

(5) 位操作类指令(17条)。

在介绍指令之前,先对指令中的操作数约定符号进行简单介绍。

Rn,n=0,1,…,7:当前被选定寄存器组的8个工作寄存器R0~R7。

Ri,i=0,1:当前被选定寄存器组的两个工作寄存器R0和R1。

direct:为8位内部数据存储器单元的地址,它可以是内部RAM(00H~7FH)某个单

元，或是一个特殊功能寄存器（SFR）的地址。

＃data：为指令中的8位立即数。

＃data16：为指令中的16位立即数。

addr16：表示16位目标地址，用于LCALL和LJMP指令，能调用或转移到64KB程序存储器地址空间的任何地方。

addr11：为11位目标地址，用于ACALL和AJMP指令。

rel：带符号的8位偏移地址，用于SJMP指令和所有条件转移指令中。偏移量从下一条指令的第一个字节单元开始计算，偏移量的取值范围为－128～127。

bit：表示位地址。

@：为寄存器间接寻址符号，如@R*i*表示用寄存器R*i*间接寻址。

/：为位操作的前缀，表示对该位操作数取反，如/bit。

（X）：表示X单元中的内容。

（（X））：表示以X单元中的内容为地址的单元中的内容。

←：表示左边的内容被右边的内容代替。

↔：表示数据交换。

$：表示当前指令的地址。

3.3.1 数据传送类指令

1. 概述

数据传送操作是单片机系统中最频繁、最基本的操作，因此单片机指令系统中的数据传送类指令通常是最多的一类指令，也是编程时使用最多的一类指令。同样，MCS-51指令系统中的数据传送指令也最多，有29条。

数据传送指令一般是把源操作数传送到目的操作数，指令执行后，源操作数内容不变，目的操作数单元的内容被源操作数内容取代。数据传送指令不影响标志位C、AC、OV（写PSW除外）。这类指令的汇编语言格式如下：

```
操作码助记符    目的操作数［，源操作数］
```

数据传送类指令的操作码助记符共有8种，按照功能可将其分为5类。

（1）访问片内RAM指令助记符：MOV。

（2）访问片外RAM指令助记符：MOVX。

（3）访问片内外程序存储器指令助记符：MOVC。

（4）访问堆栈指令助记符：PUSH和POP。

（5）数据交换类指令助记符：XCH、XCHD和SWAP。

数据传送类指令操作码助记符只有8种，为何其指令却有29条，原因就在于其操作数因其具有的多种寻址方式而带来的多样性。由3.2节可知，MCS-51单片机之8位机指令操作数的寻址方式中，除仅用于转移类指令的指令寻址外，其他类指令的操作数均为数据寻址，即立即寻址、寄存器寻址、直接寻址、寄存器间接寻址、变址寻址5种，其中，变址寻址可以看作是寄存器间接寻址的一种变形。因此，绝大多数指令操作数的寻址方式可以归为立即寻址、寄存器寻址、直接寻址和寄存器间接寻址4类。

在 MCS-51 单片机中，寄存器只有 A、B、DPTR、R*n* 这 4 种，而寄存器 B 仅用于乘、除两条指令中；可以用于间接寻址的寄存器有 R*i*、DPTR 两种。根据由操作数寻址方式得到的操作数的具体形式，结合源操作数和目的操作数的特点，可以分析出，作为源操作数的具体形式有累加器 A，工作寄存器 R*n*，直接地址 direct，间接寻址寄存器@DPTR/@R*i* 和立即寻址 #data8/#data16 这 5 种；可以作为目的操作数的具体形式有累加器 A、工作寄存器 R*n*、直接地址 direct、间接寻址寄存器@DPTR/@R*i* 和 DPTR 这 5 种。

MCS-51 单片机汇编语言指令系统将 42 种操作码助记符结合上述操作数寻址方式的具体形式构造出了 MCS-51 单片机的 5 类功能指令共计 111 条。理解并熟记 42 种操作码助记符以及各种操作数的具体形式，同时注意分析不同功能指令的组合特点，可以帮助人们准确快速地记忆理解这 111 条汇编指令。在 MCS-51 单片机指令中，目的操作数与源操作数不允许出现完全相同的操作数形式，如同为累加器 A；若一方操作数为 R*n*，@R*i* 中任何一种形式的工作寄存器时，则另一方操作数不允许使用任何形式的工作寄存器，如源操作数为 R7，则目的操作数不能再使用工作寄存器 R*n*，以及@R0 或@R1。

根据数据传送类指令操作码助记符的不同功能分类，29 条指令可以分为 5 类。

(1) 片内 RAM 数据传送指令(16 条)。

(2) 片外 RAM 数据传送指令(4 条)。

(3) 片内外程序存储器访问指令(2 条)。

(4) 堆栈操作指令(2 条)。

(5) 数据交换指令(5 条)。

2. 指令详解

(1) 片内 RAM 数据传送指令(16 条)。

根据目的操作数的不同，又可分为以下 5 类。

① 以累加器 A 为目的操作数的指令(4 条)，如表 3-1 所示。

表 3-1　以累加器 A 为目的操作数的指令

汇编语言格式	机器码格式	十六进制机器码格式	操　　作
MOV　A,R*n*	1110 1*rrr*	E8H～EFH	(A)←(R*n*)，*n*=0～7
MOV　A,direct	1110 0101 direct	E5H direct	(A)←(direct)
MOV　A,@R*i*	1110 011*i*	E6H～E7H	(A)←((R*i*))，*i*=0,1
MOV　A,#data	0111 0100 #data	74H #data	(A)←#data

上述指令的注释中，符号()←()表示左边的内容被右边的内容代替；如(A)←(R*n*)，表示累加器 A 中的内容被 R*n* 的内容取代，即 R*n* 的内容送累加器 A 中。其余注释类推，以下同。第一条机器码指令中的 *rrr* 为工作寄存器地址，*rrr* ＝ 000～111，对应工作寄存器 R0～R7。R*i* 为间接寻址寄存器，*i*=0 或 1，即 R*i* 为 R0 或 R1。如上所述，在给出机器码指令时，多字节指令的机器码在存储器中的存放顺序按以下规则说明：

每条指令的第一字节操作码放在第一行，第二字节操作数放在第二行，第三字节放在第三行；如双字节指令“MOV A,direct”，该指令的第一字节是 E5H，第二行的 direct 为其第二字节。以下机器码指令描述类同。

【例 3-1】 已知(R1)＝ 30H，(R6) ＝ 18H，(30H)＝ 78H，(60H) ＝ 12H，则执行下列指令后，各指令累加器 A 中的值是多少？并写出各条指令的机器码。

```
MOV  A,@R1
MOV  A,60H
MOV  A,#56H
MOV  A,R6
```

解：指令执行结果如下。

第 1 行：(A)＝ 78H ；机器码为 E7H。

第 2 行：(A)＝ 12H ；机器码为 E560H。

第 3 行：(A)＝ 56H ；机器码为 7456H。

第 4 行：(A)＝ 18H ；机器码为 EEH。

② 以工作寄存器 R*n* 为目的操作数的指令(3 条)，如表 3-2 所示。

表 3-2　以工作寄存器 R*n* 为目的操作数的指令

汇编语言格式	机器码格式	十六进制机器码格式	操　　作
MOV　R*n*,A	1111 1*rrr*	F8H～FFH	(R*n*)←(A)
MOV　R*n*,direct	1010 1*rrr* direct	A8H～AFH direct	(R*n*)←(direct)
MOV　R*n*,#data	0111 1*rrr* #data	78H～7FH #data	(R*n*)←#data

【例 3-2】 已知(40H)＝30H，求执行下面指令后，(R7)和(40H)的值。

```
MOV R7,40H
```

解：指令执行结果如下：

(R7)＝30H，(40H)＝ 30H。

③ 以直接地址 direct 为目的操作数的指令(5 条)，如表 3-3 所示。

表 3-3　以直接地址 direct 为目的操作数的指令

汇编语言格式	机器码格式	十六进制机器码格式	操　　作
MOV　direct,A	1111 0101 direct	F5H direct	(direct)←(A)
MOV　direct,R*n*	1000 1*rrr* direct	88H～8FH direct	(direct)←(R*n*)
MOV　direct1,direct2;	1000 0101 direct2 direct1	85H direct2 direct1	(direct1)←(direct2)

续表

汇编语言格式	机器码格式	十六进制机器码格式	操　作
MOV　direct,@Ri	1000 011i direct	86H～87H direct	(direct)←((Ri))
MOV　direct,#data	0111 0101 direct #data	75H direct #data	(direct)←#data

上述最后一条指令是一条三字节指令，机器码在存储器中的存放顺序是，75H 操作码为第一字节，direct 为第二字节，立即数 #data 为第三字节。

【例 3-3】 已知(A)=21H，(R0)= 5AH，(5AH)= 0B8H，(3FH)= 19H，则执行下列指令后，求目的操作数(68H)的值及相应指令的机器码。

```
MOV 68H,A;
MOV 68H,@R0;
MOV 68H,3FH;
MOV 68H,#56H;
MOV 68H,R0  ;
```

解：指令执行结果如下。

第 1 行：(68H)=21H；机器码为 F568H。

第 2 行：(68H)=0B8H；机器码为 8668H。

第 3 行：(68H)=19H；机器码为 853F68H。

第 4 行：(68H)=56H；机器码为 756856H。

第 5 行：(68H)=5AH；机器码为 8868H。

④ 以间接地址@Ri 为目的操作数的指令(3 条)，如表 3-4 所示。

表 3-4　以间接地址@Ri 为目的操作数的指令

汇编语言格式	机器码格式	十六进制机器码格式	操　作
MOV　@Ri，A	1111 011i	F6H～F7H	((Ri))←(A)
MOV　@Ri，direct	1010 011i direct	A6H～A7H direct	(Ri))←(direct)
MOV　@Ri，#data	0111 011i #data	76H～77H #data	((Ri))←#data

【例 3-4】 已知(R1)= 32H，(32H)= 82H，(40H)= 90H，则执行指令后，(R1)、(40H)、(32H)的值是多少？

```
MOV @R1,40H
```

解：指令执行结果如下：

(R1)=32H，(40H)= 90H，(32H)=90H。

⑤ 16 位数据传送指令(1 条),如表 3-5 所示。

表 3-5　16 位数据传送指令

汇编语言格式	机器码格式	十六进制机器码格式	操　作
MOV　DPTR,#data16	1001 0000 高位字节 低位字节	90H 高位字节 低位字节	(DPTR)←#data16

这是 8 位 MCS-51 单片机指令中唯一的一条 16 位数据传送指令,其功能是把 16 位常数送入 DPTR。DPTR 由 DPH 和 DPL 组成。这条指令执行的结果是,将高 8 位立即数送入 DPH,低 8 位立即数送入 DPL。在译成机器码时,也是高位字节在前,低位字节在后。

例如:

```
MOV DPTR,#56A1H
```

的机器码是 90 56 A1H。

【例 3-5】 已知(30H)=40H,(40H)= 10H,(10H)=08H,(P1)= 0CAH 有如下程序,则程序执行后(R1)、(A)、(B)、(P2)、(40H)、(30H)的值是多少?

```
MOV R1,#30H
MOV A,@R1
MOV R1,A
MOV B,@R1

MOV @R1,P1
MOV P2,P1
MOV 10H,#20H
MOV 30H,10H
```

解:指令执行结果如下:

(A)=(R1)= 40H,(B)= 10H,(40H)= 0CAH,(P2)= 0CAH,(30H)= 20H。

(2) 片外 RAM 数据传送指令(4 条),如表 3-6 所示。

表 3-6　片外 RAM 数据传送指令

汇编语言格式	机器码格式	十六进制机器码格式	操　作
MOVX　A,@DPTR	1110 0000	F0H	(A)←((DPTR))
MOVX　@DPTR,A	1111 0000		((DPTR))←(A)
MOVX　A,@R*i*	1110 001*i*	F2H～F3H	(A)←((R*i*))
MOVX　@R*i*,A	1111 001*i*		((R*i*))←(A)

访问片外数据存储器只能采用间接寻址方式,而且无论读写都需要借助于片内寄存器 A、间接寻址寄存器 DPTR 或 R*i*,且片外 RAM 可读写,因此共有上述 4 条指令。

【例 3-6】 编程把外部 RAM 的 0FAH 单元的内容传送到片内 RAM 的 30H 单元。

方法1(用DPTR作为地址指针):

```
MOV   DPTR,#0FAH        ;设置地址指针
MOVX  A,@DPTR           ;取出0FAH单元的内容送累加器A中
MOV   30H,A             ;把A中的内容即0FAH单元的内容送30H单元
```

方法2(用R0作为地址指针):

```
MOV   R0,#0FAH          ;设置地址指针的低8位
MOV   P2,#00H           ;送出源指针的高8位
MOVX  A,@R0             ;取出0FAH单元的内容送累加器A中
MOV   30H,A             ;把A中的内容即0FAH单元的内容送30H单元
```

(3) 片内外程序存储器访问指令(2条)。片内外程序存储器访问指令又称为查表指令,如表3-7所示。

表3-7 片内外程序存储器访问指令

汇编语言格式	机器码格式	十六进制机器码格式	操　作
MOVC　A,@A+DPTR	1001 0011	93H	(A)←((A)+(DPTR))
MOVC　A,@A+PC	1000 0011	83H	(A)←((A)+(PC))

助记符MOVC表示指令要访问的是程序存储区ROM。这两条指令均采用变址寻址方式,以DPTR或本条指令执行完以后的PC值作基地址,累加器A的内容作偏移量,它们的和就是要访问的程序存储器单元的地址。

【例3-7】 在ROM区从0800H开始的15个单元中依次存放着1~15的平方数表,要求查表求工作寄存器R1的内容(其值不超过15)的平方值,并回送给R1。

程序如下:

```
MOV   DPTR,#800H        ;设置地址指针
MOV   A,R1
MOVC  A,@A+DPTR         ;查表
MOV   R1,A
```

需要指出的是,若用PC作基地址,PC是由指令在程序中的位置确定的,不可随意更改,否则会影响程序的正常执行。

(4) 堆栈操作指令(2条),如表3-8所示。

表3-8 堆栈操作指令

汇编语言格式	机器码格式	十六进制机器码格式	操　作
PUSH　direct	1100 0000 direct	C0H direct	(SP)←(SP)+1 ((SP))←(direct)
POP　direct	1101 0000 direct	D0H direct	(direct)←((SP)) (SP)←(SP)−1

注意:堆栈操作指令的操作数只采用直接寻址方式。

【例 3-8】 设(SP)=32H,内部 RAM 的 30H~32H 单元的内容分别为 20H、23H、01H。执行下列指令:

```
POP DPH     ;((SP))=(32H)=01H→(DPH),(SP)-1→(SP),
            ;即把 32H 堆栈单元的内容 01H 送 DPH,SP 内容减 1
            ;当前值为 (DPH)=01H,(SP)=31H
POP DPL     ;((SP))=(31H)=23H→(DPL),(SP)-1→(SP)
            ;即把 31H 堆栈单元的内容 23H 送 DPL,SP 内容减 1
            ;当前值:(DPL)=23H,(SP)=30H
POP SP      ;(SP)-1→(SP),((SP))=(30H)=20H→(SP)
            ;先把 SP 内容减 1,后将原 SP 内容 20H 送 SP
```

执行结果为(DPTR)=0123H,(SP)=20H。

(5) 数据交换指令(5 条)。

① 字节交换指令(3 条),如表 3-9 所示。

表 3-9　字节交换指令

汇编语言格式	机器码格式	十六进制机器码格式	操　　作
XCH　A, R*n*	11001*rrr*	C8H~CFH	(A)↔(R*n*)
XCH　A, direct	11000101 direct	C5H direct	(A)↔(direct)
XCH　A, @R*i*	1100011*i*	C6H~C7H	(A)↔((R*i*))

这 3 条指令为累加器 A 的内容与源操作数的内容互换。

② 半字节交换指令(1 条),如表 3-10 所示。

表 3-10　半字节交换指令

汇编语言格式	机器码格式	十六进制机器码格式	操　　作
XCHD　A, @R*i*	1101011*i*	D6H~D7H	(A_3~A_0)↔((Ri_3~Ri_0))

本条指令是累加器 A 内容的低 4 位与源操作数内容的低 4 位互换,高 4 位不变。

③ 累加器 A 的低 4 位与高 4 位互换指令(1 条),如表 3-11 所示。

表 3-11　累加器 A 的低 4 位与高 4 位互换指令

汇编语言格式	机器码格式	十六进制机器码格式	操　　作
SWAP　A	11000100	C4H	(A_3~A_0)↔(A_7~A_4)

【例 3-9】 编程将片外 RAM 地址为 1000H 单元的内容与片内 RAM 地址为 60H 单元的内容互换。

程序如下:

```
MOV   DPTR,#1000H        ;设置地址指针
MOVX A,@DPTR             ;读取外部 RAM 的 1000H 单元的值
XCH   A,60H              ;交换
MOVX @DPTR,A             ;60H 单元内容写回片外 RAM 的 1000H 单元
```

3.3.2 算术运算类指令

1. 概述

算术运算类指令主要是用于实现对 8 位无符号数进行加、减、乘、除等算术运算;借助 OV 溢出标志位,可对有符号数进行补码运算;借助 CY 进位标志位,可进行多精度(字节)加、减运算;借助十进制调整指令可以对压缩 BCD 数进行运算。此外,还可以实现加 1、减 1 运算。

算术运算指令都会影响程序状态寄存器 PSW 中的有关标志位,如进位标志位 CY 位、溢出标志位 OV 位、辅助进位位 AC 位和奇偶校验位 P 等。

MCS-51 单片机算术运算类指令共有 24 条,有 8 种操作码助记符(以下简称助记符),根据功能不同可以将其分为 6 类。

(1) 加法指令助记符:ADD、ADDC。

(2) 减法指令助记符:SUBB。

(3) 加 1 和减 1 指令助记符:INC、DEC。

(4) 乘法指令助记符:MUL。

(5) 除法指令助记符:DIV。

(6) 十进制调整指令助记符:DA。

在 MCS-51 单片机的算术运算指令中,加、减、乘、除这 4 种指令的目的操作数有个共同特征:目的操作数只有一种具体形式,即累加器 A。

根据指令助记符的功能分类,24 条算术运算指令可以分为 6 类。

(1) 加法指令(8 条)。

(2) 减法指令(4 条)。

(3) 加 1 和减 1 指令(9 条)。

(4) 乘法指令(1 条)。

(5) 除法指令(1 条)。

(6) 十进制调整指令(1 条)。

2. 指令详解

(1) 加法指令(8 条)。加法指令分为不带进位加法指令和带进位加法指令两种。

① 不带进位加法指令(4 条),如表 3-12 所示。

表 3-12 不带进位加法指令

汇编语言格式	机器码格式	十六进制机器码格式	操　作
ADD　A,R*n*	0010 1*rrr*	28H～2FH	(A)←(A)+(R*n*)
ADD　A, direct	0010 0101 direct	25H direct	(A)←(A)+(direct)

续表

汇编语言格式	机器码格式	十六进制机器码格式	操　作
ADD　A，@R*i*	0010 011*i*	26H～27H	(A)←(A)+((R*i*))
ADD　A，#data	0010 0100 #data	24H #data	(A)←(A)+#data

这4条指令使得累加器A可以和内部RAM的任何单元的内容进行相加，也可以和一个8位立即数相加，相加结果存放在A中。无论是哪一条加法指令，参加运算的都是两个8位二进制数。对于指令的使用者来说，这些8位二进制数既可以看作无符号数(0～255)，也可看作带符号数，即补码数(－128～127)，这完全由使用者事先设定。但计算机在进行加法运算时，总是按以下规定进行：在求和时，总是把操作数直接相加，而无须进行任何变换。例如，假设相加的结果为1011 1011，若认为是无符号数相加，则这个结果代表十进制数187；若认为是带符号数相加，则它代表十进制数－69；在相加过程中，当D6到D7有进位，而D7到CY无进位；或者D6到D7无进位，但D7到CY有进位时，均使溢出标志位OV=1。

假定使用者处理的是无符号数，那么8位二进制数表示的范围为00H～FFH(即0～255)，超过此范围就溢出。在这种情况下，采用(CY)=1表示数据有溢出。如果使用者处理的是带符号数，则数的D7位用作符号位，数的表示范围为－128～127。这种情况下，数据溢出与否不能用CY表示，而要用OV表示，而且以(OV)=1表示数据溢出。加法指令还会影响辅助进位标志位AC和奇偶标志位P。在相加过程中，当D3位产生对D4的进位时，(AC)=1。如果相加后A中1的个数为偶数，则(P)=0，否则(P)=1。

【例3-10】 已知(A)=0C3H，(R0)=0AAH。则执行指令

```
ADD A,R0
```

后，A、CY、OV、AC和P的值是多少。

```
        (A)：  1100  0011
  +) (R0)：  1010  1010
  ---------------------
          1    0110  1101
```

结果为(A)=6DH，(CY)=1，(OV)=1，(AC)=0，(P)=1。

② 带进位加法指令(4条)，如表3-13所示。

表3-13　带进位加法指令

汇编语言格式	机器码格式	十六进制机器码格式	操　作
ADDC A,R*n*	0011 1*rrr*	38H～3FH	(A)←(A)+(R*n*)+(CY)
ADDC　A,direct	0011 0101 direct	35H direct	(A)←(A)+(direct)+(CY)
ADDC　A,@R*i*	0011 011*i*	36H～37H	(A)←(A)+((R*i*))+(CY)
ADDC　A,#data	0011 0100 #data	34H #data	(A)←(A)+#data+(CY)

这4条指令的操作，除了指令中所规定的两个操作数相加外，还要加上进位标志位CY的值。带进位加法指令主要用于多字节加法。

【例3-11】 30H、31H单元和40H、41H单元各存放一双字节数(低位在前，高位在后)，编程实现这两个双字节数的相加，和保存在30H和31H单元中(设和仍为双字节数)。

程序如下：

```
MOV  A,30H
ADD  A,40H      ;低字节求和
MOV  30H,A
MOV  A,31H
ADDC A,41H      ;高字节求和
MOV  31H,A
```

(2) 减法指令(4条)。MCS-51系统的减法指令只有带借位减，共有4条指令，如表3-14所示。

表3-14 减法指令

汇编语言格式	机器码格式	十六进制机器码格式	操 作
SUBB A,R*n*	1001 1*rrr*	98H～9FH	(A)←(A)－(CY)－(R*n*)
SUBB A,direct	1001 0101 direct	95H direct	(A)←(A)－(CY)－(direct)
SUBB A,@R*i*	1001 011*i*	96H～97H	(A)←(A)－(CY)－((R*i*))
SUBB A,#data	1001 0100 #data	94H #data	(A)←(A)－(CY)－#data

因为在减法操作中必须减去CY，所以在不需要CY参与运算时应先把CY清“0”，指令为CLR C，这条指令属于位操作指令，将在后续小节进行介绍。两数相减时，如果D7有借位，则CY置“1”；否则清“0”。若D3位有借位，则AC置“1”；否则清“0”。两数看作带符号数相减时，还要考查OV标志。标志位OV位的判断标准如下。

正数减正数或负数减负数都不可能溢出，故一定有OV=0。

若正数减负数，差值为负(符号位为1)，则一定溢出，故OV=1。

若负数减正数，差值为正(符号位为0)，也一定溢出，使OV=1。

【例3-12】 被减数存于40H、41H单元，减数存于30H、31H单元，编程实现两个数的相减，要求差存于40H、41H单元中(低位在前，高位在后)。

程序如下：

```
CLR   C
MOV   A,40H
SUBB  A,30H    ;低字节求差
MOV   40H,A
MOV   A,41H
```

```
SUBB    A,31H          ;高字节求差
MOV     41H,A
```

(3) 加 1 和减 1 指令(9 条)。

① 加 1 指令(5 条),如表 3-15 所示。

表 3-15 加 1 指令

汇编语言格式	机器码格式	十六进制机器码格式	操 作
INC A	0000 0100	04H	(A)←(A)+1
INC R*n*	0000 1*rrr*	08H～0FH	(R*n*)←(R*n*)+1
INC direct	0000 0101 direct	05H direct	(direct)←(direct)+1
INC @R*i*	0000 011*i*	06H～07H	((R*i*))←((R*i*))+1
INC DPTR	1010 0011	A3H	(DPTR)←(DPTR)+1

这组指令的功能是将操作数所指定的单元内容加 1,加法按无符号数二进制进行。除 INC A 指令会影响奇偶标志位 P 外,其余加 1 指令均不影响各个标志位。注意,当用本指令使并行 I/O 接口的内容加 1 时,原始值从 I/O 接口的数据锁存器读入,而不是从 I/O 接口的引脚读入。

② 减 1 指令(4 条),如表 3-16 所示。

表 3-16 减 1 指令

汇编语言格式	机器码格式	十六进制机器码格式	操 作
DEC A	0001 0100	14H	(A)←(A)−1
DEC R*n*	0001 1*rrr*	18H～1FH	(R*n*)←(R*n*)−1
DEC direct	0001 0101 direct	15H direct	(direct)←(direct)−1
DEC @R*i*	0001 011*i*	16H～17H	((R*i*))←((R*i*))−1

这组指令的功能是将操作数所指定的单元内容减 1,与加 1 指令一样,除 DEC A 指令会影响奇偶标志位 P 外,其余减 1 指令均不影响各个标志位。注意,执行并行 I/O 接口内容的减 1 操作,是将该口的锁存器内容读出减 1,再写入该锁存器,而不是对该 I/O 接口引脚上的内容进行减 1 操作。

(4) 乘法指令(1 条),如表 3-17 所示。

表 3-17 乘法指令

汇编语言格式	机器码格式	十六进制机器码格式	操 作
MUL AB	1010 0100	A4H	$\left.\begin{matrix}(A)_{7\sim0}\\(B)_{15\sim8}\end{matrix}\right\}\leftarrow(A)\times(B)$

这条指令的功能是，将累加器A和寄存器B中的两个8位无符号数相乘，所得16位积的低8位存于A中，高8位存于B中。如果乘积大于255(0FFH)，即B的内容不为0时，则置位溢出标志位，OV=1，否则将溢出标志清“0”，OV=0。进位标志总是清“0”。

例如，设执行前(A)=50H(80)，(B)=0A0H(160)，执行指令 MUL AB 后得到乘积为3200H(12800)。它的低8位放在A中，高8位放在B中。所以(B)=32H，(A)=00H。由于乘积的高8位不为0，故OV=1，且CY=0。

(5) 除法指令(1条)，如表3-18所示。

表3-18 除法指令

汇编语言格式	机器码格式	十六进制机器码格式	操　作
DIV　AB	1000 0100	84H	(A)商 (B)余数 } ←(A)/(B)

使用本指令时，将被除数存于累加器A，除数存于寄存器B中。相除后，商存于累加器A，余数存于B中，清“0”CY位和OV位(只有在除数为0时，才会置位OV标志)。

例如，设执行前(A)=0FBH(251)，(B)=12H(18)，执行指令 DIV AB 后得到结果为(A)=0DH(13)(商)，(B)=11H(17)(余数)。标志位CY=0，OV=0。

注意：由于乘、除指令只能进行两个8位的数乘、除运算，因此如果要进行多字节的乘、除运算，必须另外编写相应的程序。

(6) 十进制调整指令(1条)，如表3-19所示。

表3-19 十进制调整指令

汇编语言格式	机器码格式	十六进制机器码格式	操　作
DA　A	1101 0100	D4H	DA(累加器内容为BCD码)

若[$(A)_{3\sim0}>9$]或[(AC)=1]，则$(A)_{3\sim0}\leftarrow(A)_{3\sim0}+06H$；同时，若[$(A)_{7\sim4}>9$]或[(CY)=1]，则$(A)_{7\sim4}\leftarrow(A)_{7\sim4}+06H$。

本指令是对累加器A的BCD码相加结果进行调整。两个压缩型BCD码按二进制数相加之后，必须经本指令调整才能得到压缩型BCD码的和。

本指令的操作为，若累加器A的低4位数值大于9，或D3向D4有进位(即AC=1)，则需将A的低4位内容加6调整，以产生正确的低4位BCD码值。如果加6调整后，低4位产生进位，且高4位在进位之前均为1，则将CY置“1”。在十进制加法中，若CY=1，则表示相加后的和已等于或大于十进制数100。若累加器A的高4位值大于9，或CY=1，则高4位需加6调整，以产生正确的高4位BCD码值。同样，如果加6调整后产生最高进位，则将CY置“1”。

由此可见，本指令是根据累加器A的原始数值和PSW的状态，对累加器A进行06H、60H或66H的操作的。必须注意，本指令不能简单地把累加器A中的十六进制数变换成BCD码，也不能用于十六进制减法的调整。

【例3-13】 已知累加器A的内容为010100110B，即为56(BCD)，寄存器R3内容为01100111B，为67(BCD)，CY内容为1。分析执行下列指令结果：

```
ADDC  A, R3
DA    A
```

相加过程见下述算式：

```
           (A) =  0101 0110
          (R3) =  0110 0111
     +) (CY) =  0000 0001
    ───────────────────────
            和  =  1011 1110
  调整 +) 66H =  0110 0110
  ─────────────────────────
                1 0010 0100   (BCD:124)
```

第一条指令执行带进位的二进制加法，相加后 A 的内容为 1011 1110B，且(CY)=0，(AC)=0。显然，累加器 A 中的高 4 位值和低 4 位值均大于 9，所以需要由第二条指令执行加 66H 的操作，结果得到 124 BCD 码值。

3.3.3 逻辑运算类指令

1. 概述

MCS-51 单片机逻辑操作类指令能够对 8 位二进制操作数进行与、或、异或 3 种逻辑运算；此外，将对累加器 A 清“0”、求反和移位操作指令共 6 条也归于此类。

逻辑操作类指令共有 9 种助记符，按照功能可以分为 3 类。

(1) 逻辑运算类：ANL、ORL 和 XRL。

(2) 对 A 清“0”取反类：CLR 和 CPL。

(3) 移位类：RL、RLC、RR 和 RRC。

逻辑操作类指令共有 24 条。根据指令助记符的功能分类，MCS-51 单片机的 24 条逻辑操作指令可以分为 3 类。

(1) 逻辑运算类指令(18 条)。

(2) 对 A 清“0”取反类指令(2 条)。

(3) 移位类指令(4 条)。

2. 指令详解

(1) 逻辑运算指令(18 条)。与算术运算类指令所不同的是，逻辑运算指令的目的操作数有两种，一个是累加器 A，另一个是直接地址 direct。当目的操作数为直接地址 direct 时，源操作数只能为累加器 A 和立即数 #data。

① 逻辑“与”运算指令(6 条)。

- 以累加器 A 为目的操作数(4 条)，如表 3-20 所示。

表 3-20　逻辑“与”运算指令(以累加器 A 为目的操作数)

汇编语言格式	机器码格式	十六进制机器码格式	操　　作
ANL A,R*n*	0101 1*rrr*	58H～5FH	(A)←(A)∧(R*n*)
ANL A,direct	010 10101 direct	55H direct	(A)←(A)∧(direct)

续表

汇编语言格式	机器码格式	十六进制机器码格式	操　作
ANL A,@Ri	0101 011i	56H～57H	(A)←(A)∧((Ri))
ANL A,#data	0101 0100 #data	54H #data	(A)←(A)∧#data

• 以直接地址为目的操作数(2条),如表3-21所示。

表3-21　逻辑"与"运算指令(以直接地址为目的操作数)

汇编语言格式	机器码格式	十六进制机器码格式	操　作
ANL　direct,A	0101 0010 direct	52H direct	(direct)←(direct)∧(A)
ANL　direct,#data	0101 0011 direct #data	53H direct #data	(direct)←(direct)∧#data

【例3-14】 已知(P1)= 1010 1101B,(A)= 73H,(R1)= 3AH,(3AH)= 26H,(60H)= 76H,分析执行下列指令后A、60H、P1的值。

```
ANL A,R1
ANL A,60H
ANL A,#0E0H
ANL A,@R1
ANL 60H,A
ANL P1,#0111 0011B
```

指令执行的结果如下。

第1行:(A)= 32H。

第2行:(A)= 32H。

第3行:(A) = 20H。

第4行:(A)= 20H。

第5行:(60H)= 20H。

第6行:(P1)= 21H。

② 逻辑"或"运算指令。

• 以累加器A为目的操作数,如表3-22所示。

表3-22　逻辑"或"运算指令(以累加器A为目的操作数)

汇编语言格式	机器码格式	十六进制机器码格式	操　作
ORL A,Rn	0100 1rrr	48H～4FH	(A)←(A)∨(Rn)
ORL A,direct	0100 0101 direct	45H direct	(A)←(A)∨(direct)
ORL A, @Ri	0100 011i	46H～47H	(A)←(A)∨((Ri))

续表

汇编语言格式	机器码格式	十六进制机器码格式	操　　作
ORL A，#data	0100 0100 #data	44H #data	(A)←(A)∨#data

- 以直接地址为目的操作数，如表 3-23 所示。

表 3-23　逻辑“或”运算指令(以直接地址为目的操作数)

汇编语言格式	机器码格式	十六进制机器码格式	操　　作
ORL direct，A	0100 0010 direct	42H direct	(direct)←(direct)∨(A)
ORL direct，#data	0100 0011 direct #data	43H direct #data	(direct)←(direct)∨data

【例 3-15】 已知(A)＝23H，(R1)＝38H，(38H)＝80H，(60H)＝26H，分析顺序执行下列指令后，A 和 60H 的值。

```
ORL  A,R1
ORL  A,60H
ORL  A,#62H
ORL  A,@R1
ORL  60H,A
ORL  60H,#08H
```

指令执行的结果如下。

第 1 行：(A)＝3BH。

第 2 行：(A)＝3FH。

第 3 行：(A)＝7FH。

第 4 行：(A)＝0FFH。

第 5 行：(60H)＝0FFH。

第 6 行：(60H)＝0FFH。

③ 逻辑“异或”运算指令(6 条)。

- 以累加器 A 为目的操作数，如表 3-24 所示。

表 3-24　逻辑“异或”运算指令(以累加器 A 为目的操作数)

汇编语言格式	机器码格式	十六进制机器码格式	操　　作
XRL　A，R*n*	0110 1*rrr*	68H～6FH	(A)←(A)⊕(R*n*)
XRL　A，direct	0110 0101 direct	65H direct	(A)←(A)⊕(direct)
XRL　A，@R*i*	0110 011*i*	66H～67H	(A)←(A)⊕((R*i*))
XRL　A，#data	0110 0100 #data	64H #data	(A)←(A)⊕#data

• 以直接地址为目的操作数，如表 3-25 所示。

表 3-25　逻辑异或运算指令(以直接地址为目的操作数)

汇编语言格式	机器码格式	十六进制机器码格式	操　　作
XRL　direct,A	0110 0010 direct	62H direct	(direct)←(direct)⊕(A)
XRL　direct,#data	0110 0011 direct #data	63H direct #data	(direct)←(direct)⊕data

【例 3-16】 已知(A)= 73H,(R1)= 36H,(36H)= 35H,(60H)=76H,分析顺序执行下列指令后,各条指令中 A 和 60H 的值。

```
XRL  A,R1
XRL  A,60H
XRL  A,#62H
XRL  A,@R1
XRL  60H,A
XRL  60H,#08H
```

指令执行的结果如下。

第 1 行:(A)= 45H。

第 2 行:(A)= 33H。

第 3 行:(A)= 51H。

第 4 行:(A)= 64H。

第 5 行:(60H)= 12H。

第 6 行:(60H)= 1AH。

上述的与、或、异或 3 种逻辑运算都是按位进行的,而且不影响标志位 CY、AC 和 OV。逻辑运算除了可用累加器 A 为目的操作数之外,每一种逻辑运算还有两条以直接地址单元为目的操作数的指令,这样就便于对各个特殊功能寄存器的内容按需要进行变换,甚至比使用加减指令还要灵活方便。注意,如果某一操作数为并行输入输出接口的内容,则原始值是该输入输出接口的锁存器内容,而不是该输入输出接口引脚上的内容。

【例 3-17】 已知(A) = 0A1H,(P1) = 19H,试编程把累加器 A 中的低 4 位送入 P1 口的低 4 位,P1 口的高 4 位不变。

本题有多种编程方法,现介绍其中一种。

程序如下:

```
MOV  R0,A       ;A 中的内容暂存 R0
ANL  A,#0FH     ;取出 A 中低 4 位,高 4 位为 0
ANL  P1,#0F0H   ;取出 P1 口高 4 位,低 4 位为 0
ORL  P1,A       ;字节装配
MOV  A,R0       ;恢复 A 中原数
SJMP $          ;停机
```

【例 3-18】 编程实现：使地址为 30H 的内部 RAM 单元内容低 2 位清“0”，高 2 位置“1”，其余 4 位取反。

程序如下：

```
ANL 30H,#0FCH         ;低 2 位清"0"
ORL 30H,#0C0H         ;高 2 位置"1"
XRL 30H,#3CH          ;中间 4 位取反
```

(2) 累加器 A 清“0”与取反指令(2 条)。

① 累加器 A 清“0”指令(1 条)，如表 3-26 所示。

表 3-26 累加器 A 清“0”指令

汇编语言格式	机器码格式	十六进制机器码格式	操　　作
CLR A	1110 0100	E4H	(A)←0

清“0”累加器 A，只影响标志位 P，不影响标志位 CY、AC 和 OV。

② 累加器 A 取反指令(1 条)，如表 3-27 所示。

表 3-27 累加器 A 取反指令

汇编语言格式	机器码格式	十六进制机器码格式	操　　作
CPL A	1111 0100	F4H	(A)←(/A)

对累加器 A 逐位取反，不影响标志位 CY、AC 和 OV。

(3) 移位指令(4 条)。

① 循环左移指令(1 条)，如表 3-28 所示。

表 3-28 循环左移指令

汇编语言格式	机器码格式	十六进制机器码格式	操　　作
RL A	0010 0011	23H	(A(n+1))←(An)，(A0)←(A7)

指令功能是，A 中内容左移一位，D7 循环回 D0。

② 循环右移指令(1 条)，如表 3-29 所示。

表 3-29 循环右移指令

汇编语言格式	机器码格式	十六进制机器码格式	操　　作
RR A	0000 0011	03H	(An)←(A(n+1))，(A7)←(A0)

指令功能是，A 中内容右移一位，D0 循环回 D7。

③ 带进位循环左移指令(1 条)，如表 3-30 所示。

指令功能是，A 中内容左移一位，D7 进入 CY，原 CY 内容循环回 D0。

表 3-30 带进位循环左移指令

汇编语言格式	机器码格式	十六进制机器码格式	操 作
RLC A	0011 0011	33H	(A(n+1))←(An),(CY)←(A7) (A0)←(CY)

④ 带进位循环右移指令(1 条),如表 3-31 所示。

表 3-31 带进位循环右移指令

汇编语言格式	机器码格式	十六进制机器码格式	操 作
RRC A	0001 0011	13H	(An)←(A(n+1)),(A7)←(CY) (CY)←(A0)

指令功能是,A 中内容右移一位,D0 进入 CY,原 CY 内容循环回 D7。

利用左移指令可以实现乘 2 操作,利用右移指令可以实现除以 2 操作。

【例 3-19】 30H、31H 单元存放有一个双字节无符号数(低位在前,高位在后),编程使其除以 2,余数存入 CY,商仍存于原单元中。

程序如下:

```
CLR  C
MOV  A,31H
RRC  A
MOV  31H,A       ;高字节右移 1 位
MOV  A,30H
RRC  A
MOV  30H,A       ;低字节右移 1 位
```

3.3.4 控制转移类指令

1. 概述

控制转移指令用于控制程序的走向,改变程序执行的顺序,控制程序从原顺序执行的指令转移到其他地址指令上。通常情况下,程序的执行是按顺序进行的,这是由程序计数器 PC 自动加 1 实现的。但在实际应用中,经常遇到需要改变程序执行顺序的情况,由于单片机即将执行的指令的地址是由 PC 来提供的,因此这时就需要改变 PC 中的内容。MCS-51 单片机没有专门用来修改 PC 内容的指令,但 MCS-51 单片机提供的控制转移类指令可以修改 PC 中的内容来实现程序的转移。只要修改 PC 的值,程序执行顺序就会改变。所以,在这类指令中,操作数寻址方式为指令寻址,即操作码所寻址的操作数不是普通的数据,而是指令的地址(准备存入 PC 的值)或指令地址的修正值(针对 PC 值的修正值)。

MCS-51 单片机有丰富的控制转移指令,其中包括无条件转移指令、条件转移指令以及子程序调用及返回指令。此外为分类方便将空操作指令也归于这类指令中。这些指令的执行一般都不会影响标志位。

MCS-51 单片机指令系统的控制转移类指令共有 17 条,13 种操作码助记符,按照功能可以分为以下 4 类。

(1) 无条件转移指令(4 条),指令助记符 4 种: LJMP、AJMP、SJMP 和 JMP。

(2) 条件转移指令(8 条),指令助记符 4 种: JZ、JNZ、CJNE 和 DJNZ。

(3) 子程序调用及返回指令(4 条),指令助记符 4 种: ACALL、LCALL、RET 和 RETI。

(4) 空操作指令(1 条),指令助记符 1 种: NOP。

2. 指令详解

(1) 无条件转移指令。

① 长转移指令。这是一条 3B 的长转移指令,如表 3-32 所示。执行这条指令后,PC 的值就被修改为指令中提供的 16 位地址,即 addr16。所以,用这条指令可转移到 64KB 程序存储区的任意位置。

表 3-32 长转移指令

汇编语言格式	机器码格式	十六进制机器码格式	操　作
LJMP addr16	0000 0010 addr15～addr8 addr7～addr0	02H addr15～addr8 addr7～addr0	(PC)←addr16

② 绝对转移指令。这是一条双字节的绝对转移指令,如表 3-33 所示。由机器码格式可见 11 位地址 addr11(A10～A0)在指令码中的分布,其中,00001 为 AJMP 指令的操作码。该指令执行时,先将 PC 的内容加 2,然后由加 2 后的 PC 值的高 5 位与 A10～A0 的 11 位地址拼装成 16 位绝对地址: PC15～PC11A10～A0 并将它写入 PC 中。11 位地址的范围为 2K,因此可转移的范围是 2K 区域内。转移可以向前,也可以向后,但要注意,转移到的目的地址必须和 PC 内容加 2 后的地址处在同一个 2K 区域。例如 AJMP 指令的地址为 1FFFH,加 2 后为 2001H,因此可以转移的区域为 2×××H 区域。

表 3-33 绝对转移指令

汇编语言格式	机器码格式	操　作
AJMP addr11	A10A8～00001 addr7～addr0	(PC)←(PC)+2, (PC10～PC0)←addr10～addr0, (PC15～PC11)不变

③ 短转移指令。短转移指令是一条双字节的指令,如表 3-34 所示。转移的目的地址如下:

```
目的地址 =源地址 +2 +rel
```

表 3-34 短转移指令

汇编语言格式	机器码格式	十六进制机器码格式	操　作
SJMP rel	1000 0000 rel	80H rel	(PC)←(PC)+2, (PC)←(PC)+rel

源地址是 SJMP 指令第一个字节所在的地址,rel 是一个 8 位带符号数,因此可向前或向后转移,转移的范围为 256 个字节单元,即(PC)+2−128～(PC)+2+127,其中(PC)是

源地址。因为本指令给出的是相对转移地址,因此在修改程序时,只要是相对地址不变,就不需要作任何修改,用起来很方便。

④ 间接转移指令。该指令转移的地址由 A 的内容和数据指针 DPTR 的内容之和来决定,且两者都是无符号数,如表 3-35 所示。这是一条极其有用的多分支选择指令;由 DPTR 决定多分支转移程序的首地址,由 A 的不同值实现多分支转移。

表 3-35　间接转移指令

汇编语言格式	机器码格式	十六进制机器码格式	操　作
JMP　@A+DPTR	0111 0011	73H	(PC)←(A)+(DPTR)

【例 3-20】 已知累加器 A 中放有待处理命令编号 0～3,程序存储器中放有始址为 PJ 的三字节长转移指令表,试编一程序使机器按累加器 A 中的命令编号转去执行相应的命令程序。

程序如下:

```
ST:  MOV   R1,A
     RL    A
     ADD   A,R1            ;(A)←(A) * 3
     MOV   DPTR,#PJ        ;转移指令表的起始地址送 DPTR
     JMP   @A+DPTR
PJ:  LJMP  PM0             ;转入 0#命令程序
     LJMP  PM1             ;转入 1#命令程序
     LJMP  PM2             ;转入 2#命令程序
     LJMP  PM3             ;转入 3#命令程序
```

(2) 条件转移指令。条件转移指令是指当某种条件满足时才进行转移,条件不满足时就顺序执行。

① 累加器判零条件转移指令。这是一组以累加器 A 的内容是否为零作为条件的转移指令,如表 3-36 所示。在 MCS-51 的标志位中没有零标志,因此这组指令不是以标志作为条件的。只要前面的指令能使累加器 A 的内容为零或非零,就可以使用本组指令。

表 3-36　累加器判零条件转移指令

汇编语言格式	机器码格式	十六进制机器码格式	操　作
JZ　rel	0110 0000 rel	60H rel	当(A)=全"0" 则(PC)←(PC)+2+rel 当(A)≠全"0"则(PC)←(PC)+2
JNZ　rel	0111 0000 rel	70H rel	当(A)≠全"0"则(PC)←(PC)+2+rel 当(A)=全"0" 则(PC)←(PC)+2

② 比较条件转移指令。比较条件转移指令共有 4 条,它们之间除操作数的寻址方式不同外,指令的操作都是相同的,而且它们都为三字节指令,如表 3-37 所示。

这是 MCS-51 单片机指令系统中唯一一组有三个操作数的指令,这三个操作数从左至右分别称为第一操作数、第二操作数、第三操作数。第一操作数即靠近指令助记符的操作数,又称为目的操作数,第二操作数又可称为源操作数。

表 3-37 比较条件转移指令

汇编语言格式	机器码格式	十六进制机器码格式	操　作
CJNE　A,#data,rel	1011 0100 #data rel	B4H #data rel	累加器内容与立即数不等就转移
CJNE　A,direct,rel	1011 0101 direct rel	B5H direct rel	累加器内容与内部 RAM(包括特殊功能寄存器)内容不等就转移
CJNE　R*n*,#data,rel	1011 1rrr #data rel	B8H～BFH #data rel	工作寄存器内容与立即数不等就转移
CJNE　@R*i*,#data,rel	1011 011*i* #data rel	B6H～B7H #data rel	内部 RAM 单元内容与立即数不等就转移

这组指令是先对两个规定的操作数进行比较,然后根据比较的结果来决定是否转移到目的地址:若两个操作数相等,则不转移;若两个操作数不相等,则转移。值得注意的是,这种比较还影响 CY 标志:若目的操作数大于源操作数,则将 CY 清"0";若目的操作数小于源操作数,则将 CY 置"1"。因此,如果再选用以 CY 作为条件的转移指令(后述),就可以实现进一步的分支转移。以上 4 条指令都执行以下操作:

若目的操作数=源操作数,则(PC)←(PC)+3;

若目的操作数>源操作数,则(CY)← 0,(PC)←(PC)+3+rel;

若目的操作数<源操作数,则(CY)← 1,(PC)←(PC)+3+rel。

③ 减 1 条件转移指令。在 MCS-51 系统中,加 1 或减 1 指令都不影响标志位,然而有一组把减 1 功能和条件转移功能结合在一起的减 1 条件转移指令,这组指令共两条,如表 3-38 所示。

表 3-38 减 1 条件转移指令

汇编语言格式	机器码格式	十六进制机器码格式	操　作
DJNZ　R*n*,rel	1101 1*rrr* rel	D8H～DFH rel	(R*n*)←(R*n*)−1 若(R*n*)≠0,则(PC)←(PC)+2+rel 若(R*n*)=0,则(PC)←(PC)+2
DJNZ direct,rel	1101 0101 direct rel	D5H direct rel	(direct)←(direct)−1 若(direct)≠0,则(PC)←(PC)+3+rel 若(direct)=0,则(PC)←(PC)+ 3

这组指令的操作是先将操作数减 1,并保存结果。若减 1 后操作数不为 0,则转移到规定的地址单元;若操作数减 1 后为 0,则继续向下执行。第一条指令是工作寄存器减 1 条件转移指令,属双字节指令;第二条指令是直接地址单元内容减 1 条件转移指令,属于三字节指令。

(3) 子程序调用及返回指令。

① 调用指令。子程序调用指令有两个功能,其一是将断点地址推入堆栈保护。断点地址(或称断点)是子程序调用指令的下一条指令的地址,根据调用指令的字节数,可以是(PC)+2

或(PC)+3,这里的(PC)是调用指令的第一字节所在存储单元的地址。其二是将所调用的子程序的入口地址写入程序计数器(PC)中。子程序调用指令有两条,如表 3-39 所示。

表 3-39　调用指令

汇编语言格式	机器码格式	操　　作
ACALL addr11	A10～A8 10001 $addr_7$～$addr_0$	(PC)←(PC)+2, (SP)←(SP)+1,((SP))←(PC7～PC0) (SP)←(SP)+1,((SP))←(PC15～PC8) (PC10～PC0)←addr10～addr0,(PC15～PC11)不变
LCALL addr16	0001 0010 addr15～addr8 addr7～addr0	(PC)←(PC)+3 (SP)←(SP)+1,((SP))←(PC7～PC0) (SP)←(SP)+1,((SP))←(PC15～PC8) (PC)←addr15～addr0

第一条称为短调用指令,第二条称为长调用指令。短调用指令的转移范围与 AJMP 指令的转移范围相同;长调用指令的转移范围与 LJMP 指令的转移范围相同。

【例 3-21】 已知 DEL=0500H,试问执行如下指令后堆栈中数据如何变化? PC 中内容是什么?

```
        MOV    SP,#70H
DEL:    LCALL  8132H
```

结果为(SP)=72H,(71H)=03H,(72H)=05H,(PC)=8132H。

② 返回指令。返回指令的功能是从堆栈中取出断点地址,写入程序计数器(PC),使程序从断点处继续执行,如表 3-40 所示。

表 3-40　返回指令

汇编语言格式	机器码格式	十六进制机器码格式	操　　作
RET	00100010	22H	子程序返回 (PC15～PC8)←((SP)),(SP)←(SP)-1 (PC7～PC0)←((SP)),(SP)←(SP)-1
RETI	00110010	32H	中断返回 (PC15～PC8)←((SP)),(SP)←(SP)-1 (PC7～PC0)←((SP)),(SP)←(SP)-1

RET 应写在子程序的末尾,而 RETI 应写在中断服务程序的末尾,不可混用。

(4) 空操作指令。空操作指令是一条控制指令,即控制 CPU 不作任何操作,而只占用这条指令执行所需的一个机器周期时间,因此这条指令可用于等待、延迟等情况,如表 3-41 所示。

表 3-41　空操作指令

汇编语言格式	机器码格式	十六进制机器码格式	操　　作
NOP	0000 0000	00H	(PC) ←(PC)+1

【例 3-22】 根据累加器 A 中命令键键的值,设计命令键操作程序入口跳转表。

```
        CLR   C                ;进位位 CY 清"0"
        RLC   A                ;键值乘 2
        MOV   DPTR,#JPTAB      ;指向命令键跳转表首
        JMP   @A+DPTR          ;跳转入命令键入口
PJ:     AJMP CCS0
        AJMP CCS1
        AJMP CCS2
        ...
```

从程序中可以看出,当(A)=00H 时,跳转到 CCS0;当(A)=01H 时,跳转到 CCS1……由于 AJMP 是双字节指令,所以在跳转前累加器 A 中的键值应先乘 2。程序中还先借用布尔变量操作指令 CLR C 将 CY 清“0”。

【例 3-23】 编程测试由 P1 口读入 0～9 各数的概率分布。

```
          MOV   40H,#100        ;(40H)←100
READ:     MOV   A,P1            ;(A)←(P1)
CHK0:     CJNE A,#0,CHK1        ;(P1)与 0 比较
          INC   30H             ;统计 0 的次数
          DJNZ 40H,READ         ;未统计完继续输入
          SJMP ENDP
CHK1:     CJNE A,#1,CHK2
          INC   31H             ;统计 1 的次数
          DJNZ 40H,READ         ;未统计完继续输入
          SJMP ENDP
CHK2:     CJNE A,#2,CHK3
          INC   32H             ;统计 2 的次数
          DJNZ 40H,READ
          SJMP ENDP
CHK3:     CJNE A,#3,CHK4
          INC   33H             ;统计 3 的次数
          DJNZ 40H,READ
          SJMP ENDP
CHK4:     CJNE A,#4,CHK5
          INC   34H             ;统计 4 的次数
          DJNZ 40H,READ
          SJMP ENDP
CHK5:     CJNE A,#5,CHK6
          INC   35H             ;统计 5 的次数
          DJNZ 40H,READ
          SJMP ENDP
```

```
CHK6: CJNE  A,#6,CHK7
      INC   36H              ;统计 6 的次数
      DJNZ  40H,READ
      SJMP  ENDP
CHK7: CJNE  A,#7,CHK8
      INC   37H              ;统计 7 的次数
      DJNZ  40H,READ
      SJMP  ENDP
CHK8: CJNE  A,#8,CHK9
      INC   38H              ;统计 8 的次数
      DJNZ  40H, READ
      SJMP  ENDP
CHK9: CJNE  A, #9, NEXT      ;统计 9 的次数
      INC   39H
NEXT: DJNZ  40H,READ
ENDP: SJMP  ENDP             ;结束统计
```

以上程序是对从 P1 口输入的 100 个 0～9 数的概率统计,统计的次数分别存储在 30H～39H 单元。其中,DJNZ 为循环转移指令,每循环一次,40H 单元的内容自动减 1,并判断是不是等于 0。若不为 0,则转移到 READ,继续 P1 口的输入和统计;若为 0,则结束循环,表示从 P1 口已输入完 100 个数,并完成对这 100 个数的统计。

3.3.5 位操作类指令

位操作又称为布尔操作,它是以位为单位进行的各种操作。MCS-51 单片机有一个布尔处理器,它实际上是一个 1 位微处理器。这个布尔处理器有自己的累加器(借用进位标志 CY)、存储器(位寻址区中的各位)以及实现位操作的运算器等。与此相应,有一个专门处理布尔变量的指令子集,以完成对布尔变量的传送、运算、转移控制等的操作。这个子集的指令就是布尔变量操作类指令。布尔变量即开关变量,它是以位(bit)作为单位来进行运算和操作的。由于 MCS-51 系统中有了这个颇具特色的布尔变量处理子系统,使得程序设计变得更加方便和灵活。例如,在许多情况下可以避免不必要的大范围的数据传送、屏蔽字节、测试和转移,在外围控制的"位-检测"应用中,提供了最佳的代码和速度。利用位逻辑运算指令,可以实现对各种组合逻辑电路的模拟,即用软件方法来获得组合电路的逻辑功能。所有这些都是 MCS-51 单片机的一个很重要的特点。

布尔处理器的存储空间有两个:一是内部 RAM 中的位寻址区,字节地址为 20H～2FH,位地址为 00～7FH;二是特殊功能寄存器区可位寻址的位,位地址为 80H～F7H。

在位操作指令中,布尔量的存储方式(即寻址方式)有两种形式:一是位累加器 C;一是位地址单元。位地址可以有以下几种方式表示。

(1) 直接(位)地址方式,如 0D6H。

(2) 点操作符号方式,即"字节地址.位序号"方式,例如:

```
0D0H.6,20H.0;
```

(3) 位名称方式,例如 AC。

(4) 可位寻址寄存器名加位序号方式,例如:

```
PSW.6;
```

(5) 用户自定义名方式，例如用伪指令 bit 定义

```
SUB.REG  bit  AC
```

后可以用 SUB.REG 替代 AC，例如：

```
CLR SUB.REG
```

MCS-51 单片机的位操作指令共有 17 条，操作码助记符（指令助记符）有 11 种，根据功能可以分为两大类。

(1) 位传送运算操作类（12 条），指令助记符有 6 种。

① 位传送指令（2 条），指令助记符：MOV。

② 位赋值指令（4 条），指令助记符：CLR、SETB。

③ 位逻辑运算指令（6 条），指令助记符：ANL、ORL 和 CPL

(2) 位控制转移类（5 条），指令助记符有 5 种。

① 以 CY 内容为条件的指令（2 条），指令助记符：JC、JNC。

② 以 BIT 内容为条件的指令（3 条），指令助记符：JB、JNB 和 JBC。

下面分别介绍这个子集的指令。

1. 位传送运算类指令（12 条）

(1) 位传送指令（2 条），如表 3-42 所示。

表 3-42 位传送指令

汇编语言格式	机器码格式	十六进制机器码格式	操　作
MOV　C,bit	1010 0010 bit	A2H bit	(C) ←(bit)
MOV　bit,C	1001 0010 bit	92H bit	(bit) ←(C)

在指令中，CY 直接用 C 表示。注意，如果要进行两个可寻地址之间的位传送，则要通过 CY 作为中间媒介才能实现。

【例 3-24】 编程实现将 P1.0 引脚的内容复制到 P1.6 脚。

程序如下：

```
MOV  C,P1.0
MOV  P1.6,C
```

【例 3-25】 比较下面

```
MOV  28H,A
```

和

```
MOV  28H,C
```

两条指令中的 28H 指的是同一地址单元吗？

解：两条指令中的 28H 指的不是同一地址单元，第一条指令中的 28H 是 RAM 的字节地址单元，而第二条指令中的 28H 是位单元，即字节单元 25H 的第 0 位(D0)。

(2) 位赋值指令(4 条)。

① 置位指令(2 条)，如表 3-43 所示。

表 3-43　置位指令

汇编语言格式	机器码格式	十六进制机器码格式	操　　作
SETB　C	1101 0011	D3H	(C)←1
SETB　bit	1101 0010 bit	D2H bit	(bit)←1

② 位清“0”指令(2 条)，如表 3-44 所示。

表 3-44　位清“0”指令

汇编语言格式	机器码格式	十六进制机器码格式	操　　作
CLR　C	1100 0011	C3H	(C)← 0
CLR　bit	1100 0010 bit	C2H bit	(bit)←0

【例 3-26】　设(P1)= 1110 1011B，(CY)= 0，(P3)= 1110 1011B，则执行下列指令后 P1、P3 和 CY 的值是多少？

```
CLR  P1.7,
SETB P3.2
SETB CY
```

指令执行结果如下。

第 1 行：(P1)= 0110 1011B。

第 2 行：(P3)= 1110 1111B。

第 3 行：(CY)= 1。

【例 3-27】　编程实现，在 89C51 单片机的 P1.0 引脚输出一个方波，该方波的周期为 4 个机器周期。

程序如下：

```
SETB  P1.0        ;使 P1.0 位输出高电平
NOP               ;延迟一个机器周期
CLR   P1.0        ;使 P1.0 位输出低电平
NOP               ;延迟一个机器周期
SETB  P1.0        ;使 P1.0 位输出高电平
```

(3) 位运算指令(6 条)。位运算都是逻辑运算，有与、或、非 3 种。与、或运算时，以布尔累加器 C 为目的操作数，源操作数为位地址或位地址内容的取反，逻辑运算的结果仍送回 C。“非”运算可对每一位地址内容进行运算。

① 位逻辑与指令(2 条),如表 3-45 所示。

表 3-45　位逻辑与指令

汇编语言格式	机器码格式	十六进制机器码格式	操　作
ANL　C,bit	1000 0010 bit	82H bit	(C)←(C)∧(bit)
ANL　C,/bit	1011 0000 bit	B0H bit	(C)←(C)∧(/bit)

② 位逻辑或指令(2 条),如表 3-46 所示。

表 3-46　位逻辑或指令

汇编语言格式	机器码格式	十六进制机器码格式	操　作
ORL　C,bit	0111 0010 bit	72H bit	(C)←(C)∨(bit)
ORL　C,/bit	1010 0000 bit	A0H bit	(C)←(C)∨(bit)

③ 位取反指令(2 条),如表 3-47 所示。

表 3-47　位取反指令

汇编语言格式	机器码格式	十六进制机器码格式	操　作
CPL　C	10110011	B3H	(C)←(/C)
CPL　bit	10110010 bit	B2H bit	(bit)←(/bit)

指令中的"/bit"表示将位单元的内容取反后再进行逻辑操作。另外,如果要进行位异或运算,则需要用若干条位操作指令才能实现。

【例 3-28】　设(CY)= 0,(P1)= 0110 1011B,则执行指令后(CY)、(P1.0)的值为多少?

```
CPL C
CPL P1.0
```

指令执行结果如下:

(CY)= 1,(P1.0)= 0,即(P1)= 0110 1010B。

【例 3-29】　设 E、F、D 都代表位地址,试编写对 E、F 内容实行异或运算的程序,结果存储在 D 中。

因为 $D=\bar{E}F+E\bar{F}$,由此程序如下:

```
MOV   C,F
ANL   C,/E      ;(C)←(F)∧(/E)
MOV   D,C       ;暂存
MOV   C,E
ANL   C,/F      ;(C)←(E)∧(/F)
ORL   C,D       ;异或操作结果存到 C
MOV   D,C       ;传送到 D
```

2. 控制转移指令(5 条)

位控制转移指令都是条件转移指令,即以进位标志 CY 或者位地址 bit 的内容作为转移的条件。可以是位内容为 1 转移,也可以是为 0 就转移。

(1) 以 CY 内容为条件的转移指令(2 条),如表 3-48 所示。

表 3-48 以 CY 内容为条件的转移指令

汇编语言格式	机器码格式	十六进制机器码格式	操　作
JC rel	0100 0000 rel	40H rel	若(C)=1,则(PC)←(PC)+2+ rel 若(C)=0,则(PC)←(PC)+2
JNC rel	0101 0000 rel	50H rel	若(C)=0,则(PC)←(PC)+2+ rel 若(C)=1,则(PC)←(PC)+2

这两条指令均为双字节指令。

(2) 以位地址内容为条件的转移指令(3 条),如表 3-49 所示。

表 3-49 以位地址内容为条件的转移指令

汇编语言格式	机器码格式	十六进制机器码格式	操　作
JB bit,rel	0010 0000 bit rel	20H bit rel	若(bit)=1,则(PC)←(PC)+3+ rel 若(bit)=0,则(PC)←(PC)+ 3
JNB bit,rel	0011 0000 bit rel	30H bit rel	若(bit)=0,则(PC)←(PC)+3+ rel 若(bit)=1,则(PC)←(PC)+3
JBC bit,rel	0001 0000 bit rel	10H bit rel	若(bit)=1,则(PC)←(PC)+3+ rel, (bit)←0 若(bit)=0,则(PC)←(PC)+3

以上 3 条指令均是三字节指令。注意,JBC 指令在执行转移操作后还会将被检测位清零。

【例 3-30】 编写实现 $Q=U\cdot(V+W)\cdot(X+/Y)\cdot/Z$ 逻辑功能的程序。其中,输入量 U 和 V 分别表示 P1.1 和 P2.2 的状态;W 表示定时器 0 的溢出标志 TF0(TCON.5);X 表示外部中断标志位 IE1(TCON.3);Y 和 Z 分别表示 20H.0 和 21H.1 位布尔变量;输出 Q 为 P3.3。

程序如下:

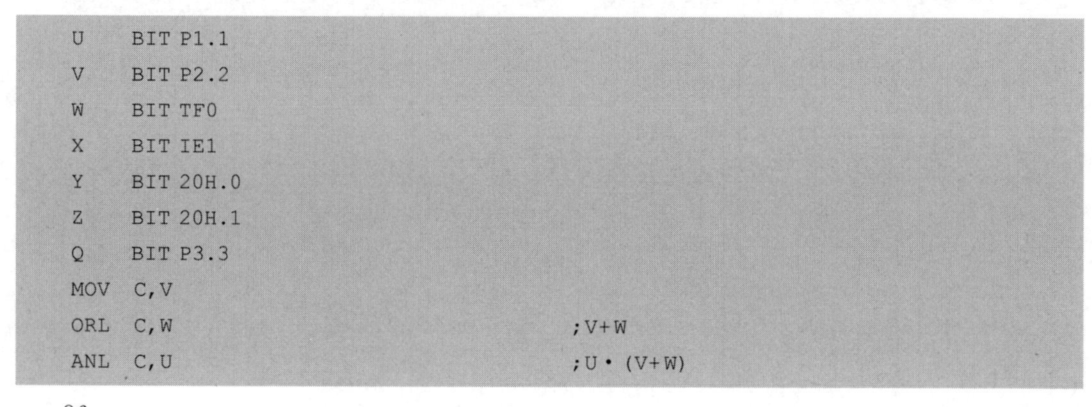

```
U     BIT P1.1
V     BIT P2.2
W     BIT TF0
X     BIT IE1
Y     BIT 20H.0
Z     BIT 20H.1
Q     BIT P3.3
MOV   C,V
ORL   C,W                                   ;V+W
ANL   C,U                                   ;U • (V+W)
```

```
MOV  F0,C
MOV  C,X
ORL  C,/ Y                              ;X+/Y
ANL  C,F0                               ;U·(V+W)·(X+/Y)
ANL  C,/ Z                              ;U·(V+W)·(X+Y)·/Z
MOV  Q,C                                ;Q =U·(V+W)·(X+/Y)·/Z
```

上述程序占用 18B 的存储空间，耗时 18 个机器周期。如果用字节型逻辑指令来编写这个程序，则大约要占用 50B 的存储空间，耗时 65 个机器周期。

【例 3-31】 试分析下列程序运行结果。

• 设(CY)= 0，分析执行下列指令的结果。

```
JC   LABEL1
CPL  C
JC   LABEL2
```

执行后，第一条因(CY)= 0 指令顺序执行，CY 取反后变为 1，程序转向标号为 LABEL2 的地址处执行程序。

• 设(CY)= 1，分析执行下列指令的结果。

```
JNC  LABEL1
CLR  C
JNC  LABEL2
```

执行后，第一条因(CY)= 1 指令顺序执行，CY 变为 0，程序转向标号为 LABEL2 的地址处执行程序。

• 设(ACC)= FEH，分析执行下列指令的结果。

```
JB   ACC.0, LABEL1
JBC  ACC.1, LABEL2
```

执行后，第一条因(ACC.0)= 0 指令顺序执行，(ACC.1)= 1，程序转向标号为 LABEL2 的地址处执行程序并将 ACC.1 位清“0”。

3.4　MCS-51 单片机汇编语言程序设计

3.4.1　概述

在基于单片机的嵌入式应用系统中，单片机及其外围硬件电路是实现应用系统功能的硬件支撑，而针对硬件应用系统的单片机程序则是实现应用功能的灵魂。本节主要讨论 MCS-51 单片机应用系统软件程序的设计。

1. MCS-51 单片机程序设计语言

MCS-51 单片机的程序设计语言大致可以分为 3 类：机器语言、汇编语言和高级语言。如前节所述，单片机作为计算机体系的一种，同样可用机器语言、汇编语言和高级语言进行嵌入式系统软件设计。

(1) 机器语言。机器语言是MCS-51单片机唯一可以理解和执行的一种二进制语言。一段用机器语言写成的程序就是一段可被计算机直接执行的二进制代码,但却很难为人们理解和辨认,给程序的编写、阅读和修改带来很多的困难,程序编写的效率也因此大大降低。为了克服这些缺点,从而有了汇编语言和高级语言。

(2) 汇编语言。汇编语言用人们容易理解、记忆的助记符替代机器语言的二进制代码,令每条指令的含义一目了然,从而为程序的编写、阅读和修改带来很大方便。与机器语言编程相比,用汇编语言编程显然大大提高了编程的效率;而且由于汇编语言与机器语言一一对应,用汇编语言编写的程序与机器语言一样,具有占用内存少,执行速度快的优点,尤其适用于实时应用场合的程序设计,因此在单片机应用系统中常用汇编语言编写程序。这也是本书主讲的内容。

用汇编语言编写程序显然要比机器语言方便,但单片机不能直接执行汇编语言编写的程序,必须翻译成机器语言程序才能在单片机上执行。将用汇编语言编写的源程序翻译成机器语言程序的过程,称为汇编。简单的程序可以通过人工查指令系统代码对照表翻译,称为人工汇编。这种方法易出错、效率低。现在常采用机器汇编,即由专门的程序进行汇编,这种程序称为汇编程序,又称为汇编器。

汇编语言也有其明显的缺点:缺乏通用性,不易移植,是一种面向机器的低级语言。利用汇编语言编程对编程人员要求较高,编程人员需要熟悉计算机的硬件资源。通用性强、对硬件依存很低的程序可以采用高级语言编写。

(3) 高级语言。高级语言是一种面向算法、过程和对象的独立于计算机硬件结构的通用程序设计语言,例如BASIC、Pascal和C语言等。高级语言采用更加接近于人们自然语言和习惯的数学表达式描述算法、过程和对象,对编程者要求低。编程者不需要了解计算机的内部硬件结构,比汇编语言易学易懂,通用性强,易于移植到不同的计算机上。高级语言的缺点是编译后的目标程序大,占用内存多,运行速度较慢,适用于对实时性要求不高的程序设计中。

在单片机应用系统的程序设计中,当编写大型或复杂程序时,可采用高级语言。单片机应用系统的程序设计经常需要涉及对硬件的操作,因此单片机高级编程语言一般选择具有对硬件直接操作功能的C语言。但针对单片机编程的C语言与通用的C程序设计语言不完全相同,它实际是C程序设计语言的超集,主要是增加了有关单片机硬件操作的一些语法。不同系列型号的单片机由于硬件资源的不同,基于单片机的C语言程序设计语言是有差异的。MCS-51单片机的C程序设计语言称为C51语言。有关C51语言的语法与程序设计将在第12章中详细讲述。

2. 单片机应用系统软件开发过程

在基于单片机的嵌入式应用系统开发过程中,从概念到产品的开发周期可以分为两大内容:一是单片机嵌入式应用系统的硬件开发;二是单片机应用系统的软件开发。硬件开发是软件开发的前提,本节不涉及硬件开发的问题,主要讨论硬件开发完成后,基于硬件系统的软件开发过程。MCS-51单片机软件开发的计算机语言可以是汇编语言,也可以是C51语言,不论采用哪一种语言,开发过程是相似的。本节主要分析基于汇编语言的软件程序开发,流程如图3-3所示。

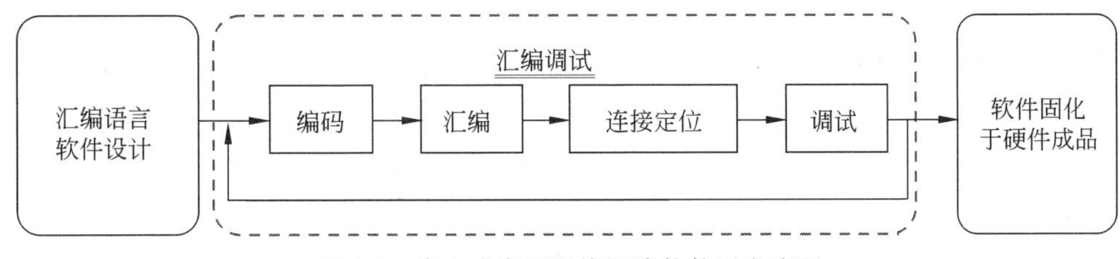

图 3-3　嵌入式应用系统汇编软件开发流程

由图 3-3 可见，嵌入式系统软件的开发可以分为汇编语言软件设计、汇编调试以及软件固化于硬件成品 3 个阶段。

(1) 汇编语言软件设计。汇编语言软件设计是软件开发过程中必不可少的重要步骤。开发人员要开发出高效、合理、规范的软件代码，不仅需要采取合理的方法，而且还需要采用合理的软件设计技术。在接下来的内容中将分别对二者予以详细阐述。

(2) 汇编调试。在软件开发过程中，编写程序代码(简称为编码)、汇编、连接和定位、调试、验证这几个流程将会可能多次重复。软件设计阶段设计好的汇编语言源程序通过编辑软件编辑输入为源程序文件后，由汇编器汇编并检查代码是否有误，汇编器只能检查出源代码语法错误，也叫汇编错误。如果由汇编器在汇编时发现代码中有错误，就需要重新修改源代码，之后再次进行汇编；如还有错误则重复上述过程，直至没有任何错误为止。汇编无误只能说明源程序没有语法错误，不能验证程序功能是否实现，因此需要调试运行来验证程序功能是否实现，如果无法达到预期结果，则需重新修改代码，然后汇编、调试直至实现要求的功能。

将汇编语言源程序转换成具有绝对地址的可以被单片机直接执行的机器语言程序，根据编译的复杂程度，可能需要一个或多个步骤，通常需要汇编器来完成，时常还需要另一种工具软件即连接/定位器将零散的不同文件的程序段落连接起来，形成一个具有绝对地址可被单片机直接执行的程序。为能够正确理解有关概念，下面明确其相关定义。

① 机器语言程序。机器语言程序是由代表指令的二进制代码构成的程序，又称为目标代码，当具有绝对地址(即固定地址)时，可以在计算机上执行。

② 汇编语言程序。汇编语言程序是用标号、助记符等编写而成的程序。程序中的每条语句对应一条机器指令。汇编语言程序常称为源代码或符号代码，不能在计算机上直接执行。

③ 汇编器。汇编器是用来将汇编语言程序翻译成机器语言程序的程序。汇编器生成的机器语言程序(又称为目标代码)既可以采用绝对地址，又可以采用浮动地址(或者称为“能重新定位的”)。前者程序可以直接执行，后者需要连接器将这些目标文件链接定位生成一个绝对地址目标文件，才可以执行。

④ 连接器。连接器是一个程序，用于将可重新定位的目标程序(或模块)连接组合起来，生成具有绝对地址(即定位)的可执行的目标程序。又称为连接/定位器，连接器用于连接可重新定位的模块；定位器用于确定执行时的地址。

⑤ 段。段是程序存储空间或数据存储空间的单位。段可以是采用绝对地址的段，也可以是可重新定位的段。采用绝对地址的段，没有名字，连接器不能把该段和其他段连接起来。可重新定位的段，具有名称、类型以及其他一些属性；连接器借助这些属性可以将该段和其他段连接起来。如果需要还可以重新定位段。

⑥ 模块。模块由一个或多个段组成。模块有自己的名称，可以由用户来定义。定义的模块决定了本地符号的作用范围。一个目标文件可以包含一个或多个模块。很多情况下，可以把一个模块看作一个文件。

⑦ 程序。程序包含一个采用绝对地址的模块，该模块由所有输入模块的绝对地址段和可重新定位段整合而成。程序仅包含可被计算机识别理解的二进制指令代码(包括地址和常数)。

MCS-51 单片机典型的汇编器是 Intel 公司的 ASM51 汇编器。ASM51 是一个配置齐全、功能强大的汇编器。接下来介绍的汇编器指令都是以 ASM51 汇编器为例说明的。有关汇编器的工作原理和流程可参考有关手册和文献。

由编辑软件编码生成的汇编源程序文件扩展名通常为.ASM、.A51 或.SRC。在系统提示符下输入命令：

```
ASM51 Sourse_file [assembler_controls]
```

即可调用 ASM51 汇编器，该命令完成源文件的汇编而且性能受汇编器控制选项的影响(本章后续将讨论汇编器控制选项)。汇编后会生成目标文件(扩展名为.OBJ)和列表文件(扩展名为.LST)，链接定位后生成绝对地址目标程序(扩展名.BIN)，支持写入单片机或仿真调试的文件除了.BIN 文件还有 Intel 公司定义的.HEX 文件。调试是为了验证程序功能上的完备性。调试方式有软件仿真和硬件仿真两种，前者是在计算机上对目标单片机进行软件模拟。后者是借助于仿真器将目标程序下载到基于单片机的目标系统上去执行。

目前很多公司将编辑器、编译器、连接/定位器、符号转换程序集成于同一个开发环境，称之为集成开发环境(IDE)。用户进入该集成环境，上述操作可以在同一窗口下，通过单击相应的菜单命令就可以完成上述所有操作，如 Keil、WAVE 软件等。第 4 章将介绍 Keil C51 软件的使用方法。

(3) 软件固化于硬件成品。当软件经多次调试，实现了设计要求的功能后，就可以将完善后的软件烧录入目标硬件电路中的单片机，从而成为最终的产品。

3. 汇编程序软件设计方法与技术

(1) 汇编程序设计步骤与方法。使用汇编语言设计一个汇编程序大致可以分为以下几个步骤。

① 分析任务，确定算法或解题思路。

② 根据功能划分模块，确定各个模块间的相互关系及参数传递。

③ 根据算法和解题思路画出程序流程图。

④ 合理分配内存单元和寄存器单元，编写汇编语言源程序，并要加以必要的注释，以方便阅读、调试和后续的程序维护。

⑤ 将汇编源程序进行汇编、链接，然后仿真调试、修改，直至满足任务要求。

⑥ 将调试好的目标文件烧录进单片机内，上电运行。

(2) 汇编程序设计技术。

① 结构化程序设计。结构化程序设计是一种对程序进行组织和编码的技术，它强调程序设计风格和程序结构的规范化，提倡清晰的结构。采用了结构化技术的程序便于编写、阅读，便于修改和维护，有利于减少程序出错的机会，提高了程序的可靠性，保证了程序的质

量。几乎所有的程序设计领域都强调遵循这一技术，汇编语言编程也同样如此。

结构化程序设计基本思想是把一个复杂问题的求解过程分阶段进行，每个阶段处理的问题都控制在人们容易理解和处理的范围内；基本方法是采用顺序结构、分支结构和循环结构3种基本结构来组织程序实现算法。实际上，3种基本结构组合起来可足以实现所有的算法及其相应的程序。每一种结构要求只能有一个入口和一个出口，如图3-4所示。

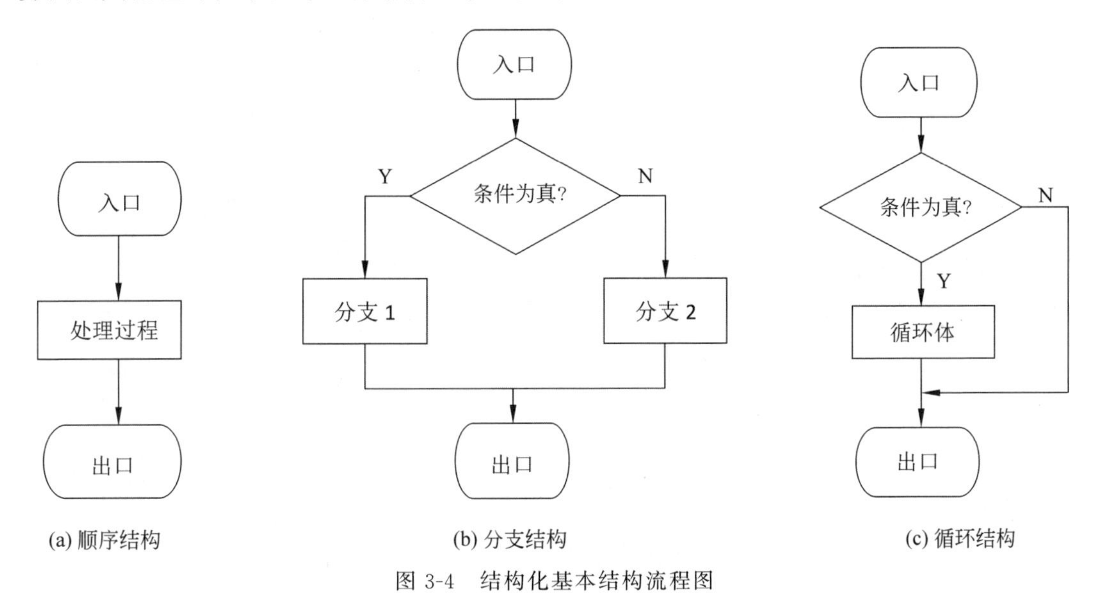

图3-4　结构化基本结构流程图

高级语言(如C语言、Pascal语言等)通过while、for等语句以及约定俗成的字符排列(即字符缩进)来实现结构化程序设计。也就是说，高级语言一般遵循结构化设计思想，设计了相应的语法结构来贯彻这一技术。但汇编语言本身并不存在类似的语言特性来帮助实现结构化程序设计，因此在3.4.3节将详细讲述如何在汇编语言编程中贯彻实现结构化程序设计的思想。

② 模块化程序设计。模块化程序设计是指把一个功能复杂较长的程序划分为若干简单、功能单一的相对独立的小程序模块，对各个程序模块分别进行设计、编程和调试，最后把各个功能模块连接起来成为所需要的程序。采用模块化设计，单个功能明确的程序模块设计和调试会比较方便、容易完成。一个模块可以被多个程序共享，而且利用已经编制好的成熟模块可以大大缩短开发程序的时间，提高程序开发的效率。

模块化程序设计的思想体现在具体程序结构上，就是采用主程序和子程序的程序设计结构。计算机的程序一般是由主程序和各种子程序构成的。每个子程序实现某个单一、明确的功能；主程序调用子程序来实现应用系统的功能。高级语言中都有相应的语法结构来实现主程序和子程序的结构。在MCS-51单片机的汇编语言指令中没有如高级语言那样明确实现主程序的指令，但汇编语言指令系统提供了实现子程序的调用与返回指令来实现子程序结构。具体设计方法将在3.4.3节中详述。

3.4.2　汇编语言程序的格式

在汇编语言程序设计完成后，源程序的汇编一般采取机器汇编的方式来实现的，即由汇编程序(通常称为汇编器)来完成。汇编器在提供翻译工具的同时,还提供了一些自定义命令(称为汇编器命令),这些命令可以帮助编程者提高编程的效率,增强程序的可读性并加强汇编过程的可控性等。因此,在一个典型的汇编程序中,程序语句除了单片机指令语句外还会有不同形式的汇编器指令语句。

1. 汇编语言程序语句的构成

(1) 一个典型的汇编程序例子。先来看一个 MCS-51 单片机的完整的汇编程序例程。

```
行号                程序语句                                  ;注释
1                   $DEBUG
2                   $include(stc11.inc)
3                   Var1    DATA 30H                          ;定义变量 1
4                   Var2    DATA 31H                          ;定义变量 2
5                   SUM     DATA 32H                          ;定义和变量
6                   DSEG    AT 70H                            ;堆栈起始地址
7       STACK:      DS      10H                               ;堆栈长度

8                   CSEG    AT 0000H
9                   LJMP    MAIN
10                  ORG     0030H
11      MAIN:       MOV     SP, #STACK-1                      ;设置堆栈栈底
12                  MOV     A,Var2
13                  LCALL   GetSum                            ;调用求和子程序
14                  MOV     SUM, Var1                         ;保存结果
15                  SJMP    $                                 ;程序停止向下运行
16      ;GetSum 子程序的功能是将两个数求和,子程序入口参数是 A, Var1,
17      ;出口参数是 Var1,即结果存放在参数 Var1 中
18      GetSum:     PUSH    ACC
19                  ADD     A, Var1
20                  MOV     Var1, A
21                  RET
22                  END
```

本例是一个实现两个数求和的一段完整程序,程序采用主程序和子程序模块化编程结构。汇编语言程序共有 22 行,每一行可以称为一条汇编语言程序语句。第 9 行、第 11~15 行以及第 18~21 行都是熟悉的单片机汇编语言指令语句。第 1~8 行、第 10 行以及第 22 行是在 MCS-51 单片机指令系统中没有的指令,不属于 MCS-51 单片机指令,是由汇编器提供的命令,可分为两类:一类是汇编器伪指令;另一类是汇编器控制项。可见,在由机器汇编的汇编源程序中,程序语句不仅只有 MCS-51 单片机的汇编指令语句一种,而且还有汇编器指令语句。接下来详细分析一个典型汇编程序中的程序语句的种类。

(2) 汇编程序语句的种类。由上述例程可见,一个完整的基于机器汇编的汇编程序,其语句具体可以分为以下几类。

① 汇编语言指令语句。该语句即单片机汇编指令语句,又称机器指令。每条汇编语言指令语句在汇编后会产生一条机器码指令,这是程序的主体。如第 9 行、第 11~15 行以及

第 18～21 行的语句。

② 汇编器伪指令语句。这是由汇编器提供的一种指令，称为汇编器指令，为与机器指令区分，该类指令一般称为伪指令。汇编器伪指令是一种说明语句，主要是为汇编程序服务的，用来定义程序结构、符号、常量等。显然，汇编时不会产生机器码指令，例如第 3～8 行、第 10 行以及第 22 行的语句。汇编器伪指令将在指令格式中作详细介绍。

③ 汇编器控制项语句。这是也由汇编器提供的一组控制选项，用来设置汇编器的工作模式以及控制汇编器的工作流程等。例如上述例程中的第 1～2 行。

④ 注释语句。注释语句是对以上程序语句或某段程序所做出的解释，用以提高程序的可读性。良好、规范的程序必然要有合理的注释。汇编程序的注释以"；"开始，可以单独成行，例如第 16～17 行；也常紧随其他语句之后，与其位于同一行，例如第 3～7 行、第 11 行、第 13～15 行。在汇编时，注释语句会被忽略，对程序的功能没有任何影响。

每行语句必须根据汇编器规定的格式去书写，由空格或制表符将语句分割成不同的字段。下面详细分析汇编语言指令语句、汇编器伪指令语句及汇编器控制项 3 种语句的格式。

2. 汇编语言程序语句格式

1）汇编语言指令的语句格式

汇编语言指令的一般格式如下：

```
[标号：]  操作码助记符  [操作数][，操作数][…][；注释]
```

汇编语言指令一般由标号、操作码助记符、操作数以及注释 4 部分组成，每一部分称为一个字段，其中带方括号的字段表示是可有可无的字段，不带方括号的字段是不可缺少的字段。操作码助记符字段和操作数字段之间由空格间隔开，操作数多于一个时，用逗号（，）分隔。需要特别强调的是，标号字段不需要从第 1 列开始，而且可以和操作码助记符与操作数字段不在同一行，但是操作码助记符字段必须和其对应的操作数字段在同一行。下面进一步详述各个字段。

（1）标号字段。标号代表了紧随其后的指令或数据的地址。标号若是用在转移类指令中的操作数字段，则标号代表的是指令转移的目的地址（例如 LJMP、SJMP 等）。

"标号"实际是"符号"的一种，其特点是必须以冒号（：）作为结尾，而且"标号"总是代表地址。"符号"可以代表地址，也可以代表数据常数、段名或其他编程者自定义的结构的名称，一般的符号不需要以冒号（：）结尾。

"符号"（包括标号）必须以字母、问号（?）或下画线开始，其后可以是字母、数字、问号（?）或下画线，长度不能超过 31 个字符（注：针对 ASM51 汇编器而言，本书有关汇编器的规则仅以 ASM51 汇编器为例）。符号可以使用大写或小写字母，汇编器不区分大小写（即对大小写不敏感）。汇编器中的保留字（如指令助记符、伪指令、预定义符号、运算符等）不能作为符号。

以下符号：ABD、? XYZ、_ ISIT、WJY _ 197205、YEAR20170731 都是合法的，而 59H12、THAN(YOU)、MOV、YES+NO、LJMP 都是不合法的。

（2）操作码助记符字段。操作码助记符字段又称为指令助记符，字段紧跟在标号字段之后，是必需的一个字段。其后的字段是操作数，与指令助记符是通过空格间隔开的。

MCS-51单片机共有42种指令助记符，前已详述，在此不再赘述。

(3) 操作数字段。操作数字段在操作码助记符的后面，与助记符之间用空格分隔开；当有多个操作数时，操作数之间应该用逗号(,)分隔开。该字段包含指令用到的数据或地址。

不论何种寻址方式，该字段的操作数书写表述形式可归纳为3种格式形式。

① 显示记法形式。即位于操作数字段的数据或地址的数值直接写在此字段。如指令：

```
MOV 30H,#0A0H
```

的两个操作数都是显示记法。

显示记法表述操作数时要注明数值常数的数基。采用二进制则在常数尾部加后缀B，八进制则在常数尾部加后缀Q(或O)，十进制则在常数尾部加后缀D(可省略)，十六进制则在常数尾部加后缀H，如果常数尾部没有加任何后缀，则默认采用十进制。

例如：

```
MOV  30H,#0A0H
MOV  30H,#10100000B
MOV  30H,#240Q
MOV  30H,#160D
MOV  30H,#160
```

以上指令都是等价的。需要说明的是，十六进制常数，最高位数大于9时，该数字前需要加数值“0”，目的是为了与字符串相区分。例如“A0H”应写为“0A0H”。

② 预定义符号形式。该方式是指操作数是用预先定义的符号来表示的。根据定义者的不同可以为两种。

- 系统定义符号。系统定义符号是指由编译系统即汇编器预先定义好的操作数符号，例如ACC、P0、PSW、R0等。
- 自定义符号。为了提高程序的可读性以及编程的灵活性，汇编器为编程者提供了用于自定义符号的汇编器伪指令，相关伪指令将在接下来的相关内容中讲述。

③ 表达式形式。表达式形式是指操作数也可以写成表达式的形式。表达式是指用运算符号连接起来的式子。运算符连接的字段除了数字外还可以是字符或者字符串；汇编器允许的运算有算术运算、逻辑运算、关系运算以及特殊运算等。汇编器允许操作数可以写成表达式的形式，大大增强了程序设计的灵活性、便利性以及程序的可读性。

需要强调的是，表达式形式仅出现在汇编语言源程序中，在汇编后的机器程序中，表达式形式的操作数会被表达式的值所取代。即汇编器会先求出表达式的值，然后将该值再插入到指令中取代表达式。所有表达式的求值都是按16位的规格进行运算的，但所求出的16位的表达式的值在插入指令时，插入的数据既可能是8位的，也可能是16位的，这取决于实际的指令。

表达式中的数值表示方法前已介绍，接下来将详细介绍表达式中字符和字符串的表示方法以及各种运算。

• 字符和字符串。可用在操作数字段表达式中的字符和字符串都是用单引号(' ')引起来的,字符串中单引号引起来的字符至少 1 个最多 2 个。例如,'10'和'ab''w'是合法的;而' '和'abc'是不合法的。汇编时,汇编器会将字符或字符串中每个字符用其对应ASCII 码值取代。例如:

```
1    MOV  A,#'D'          ;(A)=44H
2    MOV  A,#'1'          ;(A)=31H
3    MOV  A,#'9'          ;(A)=39H
4    MOV  DPTR,#'10'      ;(DPTR)=3130H
5    MOV  DPTR,#'AB'      ;(DPTR)=4142H
6    MOV  DPTR,#'ab'      ;(DPTR)=6162H
7    MOV  DPTR,#6162H     ;(DPTR)=6162H
```

第 6 行代码和第 7 行代码的执行结果相同,因此这两行指令是等价的。

• 算术运算。算术运算包括加、减、乘、除和求模 5 种运算,其运算符分别是+、−、*、/、MOD(求模即为求除法的余数)。例如:

```
1    MOV  A,#'3'-'1'        ;(A)=02H
2    MOV  A,#'a'-'A'        ;(A)=20H
3    MOV  A, #20H+6         ;(A)=26H
4    MOV  A, #26H           ;(A)=26H
5    MOV  A, #9 MOD 2       ;(A)=1
6    MOV  A, #6/6           ;(A)=1
```

第 3 行代码和第 4 行代码的执行结果相同,因此这两行指令是等价的;第 5 行代码和第 6 行代码也是等价的。

• 逻辑运算。逻辑运算包括逻辑或、与、异或和非 4 种运算,运算符分别是 OR、AND、XOR 和 NOT。逻辑运算实现的是操作数按位的运算。逻辑运算符与其运算对象要用空格符或制表符号分隔开。

举例如下:

```
1    MOV  A,#10H OR 0FH        ;(A)=1FH
2    MOV  A,#16H AND 0FH       ;(A)=06H
3    MOV  A, #NOT 0F0H         ;(A)=0FH
```

• 关系运算。关系运算包括等于、不等于、小于、小于或等于、大于和大于或等于 6 种运算,运算符分别是 EQ、NE、LT、LE、GT 和 GE,也可以分别写为=、<>、<、<=、>和>=。关系运算符的结果只有两种:不是"假"(0000H),就是"真"(FFFFH)。注意有的汇编器的逻辑运算结果与之不同,如 Keil 公司的 A51:"真"为 0001H;"假"为 0000H。

```
1    MOV A,#10H LE 0FH       ;(A)=00H
2    MOV A,#16H>=0FH         ;(A)=FFH
```

• 特殊运算。特殊运算包括右移、左移、取高字节、取低字节和优先求值 5 种运算，运算符分别是 SHR、SHL、HIGH、LOW 和()。除()运算符外，其他运算符和运算对象间要用空格、制表符或括号分隔开。

```
1   MOV A,#10H SHR 1        ;(A)=08H,1 是移位的位数,为 1 位
2   MOV A,#10H SHR 2        ;(A)=04H,2 是移位的位数,为 2 位
3   MOV A, #08H SHL 1       ;(A)=10H,1 是移位的位数,为 1 位
4   MOV A,#HIGH 7896H       ;(A)=78H
5   MOV A,#LOW 7896H        ;(A)=96H
6   MOV A, #LOW(7896H)      ;(A)=96H
```

• 运算符的优先级。表达式中的运算符的优先级从高到低排列如下，同一行的为同级别的运算符，同级别的运算符，从左到右依次运算。

```
1   ( )
2   HIGH LOW
3    * / MOD SHL SHR
4   +-
5   EQ(=) NE(<>) LT(<) LE(<=) GT(>) GE(>=)
6   NOT
7   AND
8   OR  XOR
```

下面是表达式的例子及其表达式的结果。

```
1   MOV  DPTR,#-100          ;(DPTR)=FFf9CH
2   MOV  DPTR,#LOW(-100)     ;(DPTR)=009CH
3   MOV  DPTR,#NOT 1         ;(DPTR)=FFFEH
4   MOV  DPTR,#'B'-'A'       ;(DPTR)=0001H
5   MOV  DPTR,#'a' SHL 8     ;(DPTR)=6100H
6   MOV  DPTR,#(2+0AH)* 2    ;(DPTR)=0018H
```

(4) 注释字段。注释必须以分号(;)开始，且一般位于每行语句的最后；如果一行语句以分号(;)开始，则该行为注释行。子程序和较大代码段常有一个注释块，即通过几个注释行来说明随后一段程序的指令功能及其传递参数等(如果有函数且有参数时)。

2) 汇编器伪指令的语句格式

汇编器伪指令语句的一般格式如下：

```
[符号或标号:]    伪指令    表达式    [;注释]
```

汇编器伪指令语句一般是由符号或标号字段、伪指令字段、表达式字段和注释字段组成，其中伪指令字段和表达式字段是必需的字段。汇编器伪指令语句在汇编时不会产生在单片机上可执行的机器语言程序，而是用以指导汇编器汇编单片机汇编语言源程序，并提供了改变汇编器状态、定义用户符号、为变量分配存储空间等功能。除了 DB 和 DW，其他伪

指令都不会对程序存储器内容产生直接的影响。

ASM51 伪指令按照功能可以分为如下 5 类。

- 汇编器地址、状态控制伪指令(3 种)：ORG、END 和 USING。
- 符号定义伪指令(8 种)：EQU、SET、DATA、IDATA、XDATA、BIT、CODE 和 SEGMENT。
- 存储空间初始化/预留伪指令(4 种)：DB、DW、DS 和 DBIT。
- 程序链接伪指令(3 种)：PUBLIC、EXTRN 和 NAME。
- 段选择伪指令(6 种)：RSEG、DSEG、CSEG、ISEG、XSEG 和 BSEG。

下面对以上各类别伪指令分别进行详述。

(1)发汇编器地址、状态控制伪指令。

① ORG(set origin)伪指令。ORG(set origin)伪指令的格式如下：

```
ORG  expression
```

ORG 伪指令用来修改当前段的定位计数器的值，为紧随其后的程序语句设置一个起始地址，这里表达式 expression 的值必须是一个确定的数值。

例如：

```
ORG   0000H
LJMP  MyMain
```

汇编后，则指令 LJMP　MyMain 的第一个字节(即操作码)在程序存储器的存放起始地址为 0000H 单元。

又如：

```
        ORG  0100H
START:
        MOV  SP,#6FH
        MOV  R0,#30H
        …
```

上述程序汇编后，从 START 开始的程序从程序存储器的 0100H 单元开始连续存放，即标号 START 的值等于 0100H。注意，ORG 的特点是地址要从小到大，可在程序中多次出现。

② END 伪指令。END 伪指令的格式如下：

```
END
```

END 伪指令出现在汇编源程序中标志着汇编源程序的结束，因此 END 伪指令应该是汇编源程序的最后一条语句。任何出现在 END 伪指令后面的语句都会被汇编器忽略，即汇编器不会汇编 END 伪指令后面的语句。

③ USING 伪指令。USING 伪指令的格式如下：

```
USING  expression
```

USING 伪指令是用来通知汇编器工作寄存器 R0～R7 采用的是哪一组地址。工作寄存器采用哪一组地址取决于程序状态寄存器 PSW 中 RS1、RS0 的值。汇编器汇编时若需要寄存器的地址时,而汇编器不会执行指令获取 PSW 中 RS1 和 RS0 的值,因此可以用 USING 伪指令通知汇编器。表达式 expression 的取值是 0～3。

(2) 符号定义伪指令。

① EQU(Equate)伪指令。EQU 伪指令的格式如下:

```
Symbol  EQU  expression
Symbol  EQU  register
```

EQU 伪指令是用来定义一个符号,并为该符号分配一个数值(表达式的值)或一个寄存器的符号。符号 Symbol 为定义符号的名称;表达式 expression 是一个数字表达式且必须有确定的数值;寄存器 register 只能为 A,R0～R7 之中某个寄存器的名称。

例如:

```
VALUE   EQU  LIMIT-200+'A'
SERIAL EQU  SBUF
LIMIT   EQU  1200
ACCU    EQU  A
COUNT   EQU  R7
```

注意:EQU 伪指令已定义的符号不允许修改或重新定义。

② SET 伪指令。SET 伪指令的格式如下:

```
Symbol  SET  expression
Symbol  SET  register
```

SET 伪指令与 EQU 伪指令的格式与功能是类似的,也是用于定义一个符号,并为该符号分配一个数值(表达式的值)或一个寄存器的符号。符号 Symbol 为定义符号的名称;表达式 expression 是一个数字表达式且必须有确定的数值;寄存器 register 只能为 A,R0～R7 之中某个寄存器的名称。

SET 伪指令与 EQU 伪指令的唯一不同在于 SET 伪指令可以重新定义已经定义的符号,而 EQU 伪指令却不能。SET 伪指令定义的符号可以用另一条 SET 语句重新定义,也可以用 EQU 语句定义,反之不可以。

例如:

```
VALUE   SET  100
VALUE   SET  100/2
VALUE   EQU  R2
```

③ DATA、IDATA、XDATA、BIT、CODE 伪指令。DATA、IDATA、XDATA、BIT、CODE 伪指令是用来定义一个与相应段(存储空间)内地址值相等的符号。用该伪指令定

义符号后，这些符号不能再被修改或重新定义。

语句格式如下：

```
symbol    DATA    data_address     ;定义一个 DATA 类型的地址符号
symbol    IDATA   idata_address    ;定义一个 IDATA 类型的地址符号
symbol    XDATA   xdata_address    ;定义一个 XDATA 类型的地址符号
symbol    BIT     bit_address      ;定义一个 BIT 类型的地址符号
symbol    CODE    code_address     ;定义一个 CODE 类型的地址符号
```

其中参数含义如下。

symbol：要定义的符号的名称，在相应类型的存储空间都是可以合法使用的。

data_address：DATA 类型的地址，对应内部 RAM 地址空间 00H～7FH 或者 SFR 特殊功能寄存器区的地址空间 80H～FFH。

idata_address：IDATA 类型的地址，对应可间接寻址的内部 RAM 地址空间 00H～FFH。

xdata_address：XDATA 类型的地址，对应外部 RAM 地址空间 0000H～FFFFH。

bit_address：BIT 类型的地址，对应内部 RAM 两个可位寻址区。

code _address：CODE 类型的地址，对应程序存储器地址空间 0000H～FFFFH。

例如：

```
RESTART     CODE    0000H
INT0_ISR    CODE    RESTART+3
T0_ISR      CODE    RESTART+8
P0          DATA    80H
SBUF        DATA    99 H
PA0         XDATA   1000H
```

④ SEGMENT 伪指令。SEGMENT 伪指令的格式如下：

```
Symbol  SEGMENT   segment_type
```

SEGMENT 伪指令可重新定位段名，其中 Symbol 是可重新定位段的名字；segment_type 用来指明定义的段的类型，具体类型如下。

- DATA：直接寻址内部 RAM 空间，地址为 00H～7FH 以及 SFR 区。
- IDATA：间接存取 RAM 空间，地址为 00H～7FH 以及 52 子系列内部 RAM 空间 80H～FFH。
- XDATA：外部 RAM 空间，地址为 0000H～FFFFH。
- BIT：内部 RAM 位寻址区，位地址为 00H～FFH。
- CODE：代码段，程序存储器空间，地址为 0000H～FFFFH。

例如：

```
EEPROM   SEGMENT   CODE
BITSEG   SEGMENT   BIT
XRAM     SEGMENT   XDATA
```

(3) 存储空间初始化/预留伪指令。在存储空间初始化/预留类伪指令的 4 种指令中，DB 和 DW 伪指令属于存储空间初始化伪指令，是分别以字节和字为单位初始化程序存储器空间；DS 和 DBIT 伪指令属于存储空间预留伪指令，通常用以在数据存储器空间为变量预留存储单元，相当于高级语言的定义变量。下面详述这些伪指令的格式。

① DB(Define Byte)伪指令。DB 伪指令的格式如下：

```
[Lable:] DB expression [, expression] [ … ]
```

DB 伪指令以字节为单位，用其后跟随的列表值初始化程序存储器空间；标号 Lable 代表了第一个字节数的地址；表达式 expression 列表可由单字节或多字节组成，各个表达式之间用逗号分隔开。每个表达式 expression 可以是一个数字、一个符号、一个字符串或者一个某一运算表达式。注意，此时的字符串可以多于 2 个字符。

【例 3-32】 试分析下列存储器单元的值。

程序如下：

```
        ORG  0120H
TAB1:   DB   10,'1',' ','Shiep! '
        ORG  1260H
TAB2:   DB   LOW TAB1,HIGH(TAB1),78H
        DB   LOW(TAB2),HIGH(TAB2)
```

这些常量列表存放在何种存储器中，访问它的指令码助记符是什么？

写出下列存储单元 0120H、0121H、0122H、0123H、1260H、1261H、1262H、1263H 中的值。

答：这些常量列表存放在程序存储器中，访问它的指令码助记符是 MOV C。

存储单元的值：(0120H)＝ 0AH，(0121H)＝ 31H，(0122H)＝ 20H，(0123H)＝ 73H，(1260H)＝ 20H，(1261H)＝ 01H，(1262H)＝ 78H，(1263H)＝ 60H。

② DW(Define Word)伪指令。DW 伪指令的格式如下：

```
[Lable:]  DW   expression  [,  expression]  [… ]
```

DW 伪指令与 DB 伪指令的功能相同，但 DB 伪指令以字节为单位，而 DW 伪指令是以字单位(即以双字节为单位)用表达式列表的值初始化代码存储器空间；标号 Lable 代表了第一个字的地址；表达式 expression 列表可由一个字或多个字组成，各个表达式之间用逗号分隔开。每个表达式 expression 可以是一个数字、一个符号、一个字符串或者一个某一运算表达式。

【例 3-33】 试分析下列存储器单元的值。

程序如下：

```
        ORG  1020H
TAB1:   DW   5678H,'0',1234H
        ORG  1160H
TAB2:   DW   TAB2,TAB2+10
```

这些常量列表存放在何种存储器中，访问它们的指令码助记符是什么？

写出下列存储单元(1020H)、(1021H)、(1022H)、(1023H)、(1160H)、(1161H)、(1162H)、(1163H)的值。

答：这些常量列表存放在程序存储器中，访问它们的指令码助记符是 MOVC。

存储单元的值：(1020H)＝ 56H，(1021H)＝78H，(1022H)＝00H，(1023H)＝30H，(1160H)＝11H，(1161H)＝60H，(1162H)＝11H，(1163H)＝6AH。

③ DS(Define Storage)(定义存储空间)伪指令。DS 伪指令的格式如下：

```
[Lable:]  DS  expression
```

DS 伪指令以字节为单位保留存储器空间，存储器空间大小等于表达式 expression 的值；标号 Lable 表示所保留存的储器空间的第一个单元的地址；表达式 expression 的值为一个无符号数。

【例 3-34】 解释每行指令的含义。

程序如下：

```
1              DSEG  AT 30H      ;内部 RAM 绝对地址的段选择从 30H 单元开始
2    Buffer:   DS    1           ;从标号 Buffer 即 30H 开始预留 1 个单元
3    Var1:     DS    1           ;从标号 Var1 开始预留 1 个单元
4              XSEG  AT 1000H    ;选择外部 RAM 段，地址从 1000H 开始
5    XBuf:     DS    10          ;XBuf =1000H
6    XVar:     DS    2           ;XVar =100AH
7              CSEG  AT 0050H    ;选择程序存储器段，地址从 0050H 开始
8              MOV   Buffer,A    ;等价于 MOV 30H,A
9              MOV   Var1, A     ;等价于 MOV 31H,A
```

答：第 1 行和第 4 行中的 DSEG 和 XSEG 伪指令为绝对地址的段选择指令，其意义将在接下来的内容中学习，每行语句的含义请看每条语句后的注释。

④ DBIT 伪指令。DBIT 伪指令的格式如下：

```
[Lable:]  DBIT  expression
```

DBIT 伪指令以位为单位保留存储器空间，存储器空间必须是位存储空间，只能用于 BIT 类型的段内。存储空间的大小等于表达式 expression 的值；标号 Lable 表示所保留存的储器空间的第一个单元的地址；表达式 expression 的值在汇编时必须是可以确定的值。例如：

```
1              BSEG  AT 00H      ;位单元绝对地址的段选择从 00H 单元开始
2    KBFlag:   DBIT  1           ;从标号 KBFlag 即 00H 开始预留 1 个单元
3    DKFlag:   DBIT  1           ;从标号 DKFlag 即 01H 开始预留 1 个单元
               …
               SETB  KBFlag
               CLR   DKFlag
```

（4）程序连接伪指令。程序连接伪指令允许各个独立汇编的模块通过模块的命名和模块内部间的互相引用来实现相互通信。如果软件规模很大（源程序代码几千行以上），可以将其划分为几个不同的模块，每个模块可能包含几个文件，其中包含若干用于共同目的的例程，这种情况下模块的使用显得很有必要，否则无须使用。如果源程序文件中没有明确的模块定义，则汇编器默认将整个文件作为一个模块。在下面的讨论中，为了简化，模块认为与文件等同（实际上一个模块可能会涉及多个文件）。

① NAME 伪指令。NAME 伪指令的格式如下：

```
NAME   module_name
```

NAME 伪指令是为一个模块定义一个名称。模块名称的命名规则与符号的命名规则相同。如果编程者没有给出一个模块的名字，则该模块默认的名称和文件名相同（不包括盘符、路径名和文件的扩展名）。如果源程序文件中没有 NAME 伪指令，则汇编器会默认整个文件就是一个模块。对于那些规模相对较小的程序而言，没有必要使用 NAME 指令；即使对于那些中等规模（例如，源程序包括几个文件）的程序而言，通常也没必要使用 NAME 指令。

② PUBLIC 伪指令。PUBLIC 伪指令的格式如下：

```
PUBLIC   symbol [,symbol] [⋯]
```

PUBLIC 伪指令是用来定义在其他目标模块中使用的公共符号。在当前模块中定义的符号，如果允许也可以在其他模块中使用，就可以用该伪指令来定义。例如：

```
PUBLIC  INCHAR,OUTCHAR,PUTCHARS
PUBLIC  ASCBIN,BINASC
```

③ EXTRN 伪指令。EXTRN 伪指令的格式如下：

```
EXTRN   segment_type(symbol [,symbol] [⋯])
```

EXTRN 伪指令是用来列出在当前模块中使用但在其他目标模块中定义的公共符号，所列出的符号还必须同时给出其段的类型（存储类型）：DATA、IDATA、XDATA、BIT、CODE 等。例如：

```
EXTRN  CODE(INCHAR,OUTCHAR,PUTCHARS)
EXTRN  CODE(ASCBIN,BINASC)
```

【例 3-35】 在一个文件中定义了子程序 ASCBIN，内部 RAM 符号 Var1，二者都是公共符号，允许其他模块使用，该如何实现？

答：程序如下：

```
PUBLIC   ASCBIN,Var1
```

【例 3-36】 在某模块文件中需要使用在上述模块文件定义的子程序 ASCBIN，内部 RAM 符号 Var1，请问如何实现？

答：若要实现，首先需要在使用前进行如下声明：

```
EXTRN   CODE(ASCBIN),DATA(Var1)
```

（5）段选择伪指令。段选择伪指令是用来将紧随其后的代码或数据置于新选择的段内，直至遇到另外一个段选择伪指令，本段才结束。段选择伪指令选择的段，既可以是前面定义过的可重新定位的段，也可以是刚刚定义的，使用绝对地址的段。段有绝对地址段和可重新定位的段之分，所以段选择伪指令也分为可重新定位段的段选择伪指令和绝对地址段的段选择伪指令两种。

① 可重新定位段的段选择伪指令 RSEG。RSEG 伪指令的格式如下：

```
RSEG   segment_name
```

其中，segment_name 是用 SEGMENT 伪指令定义的段名，是可重新定位的段的；RSEG 伪指令是一个段选择伪指令，目的是将紧随其后的代码或数据置于段名为 segment_name 段内，该段碰到下一个段选择伪指令该段才结束。

② 绝对地址段的段选择伪指令 DSEG、ISEG、XSEG、BSEG 和 CSEG。绝对地址段的选择伪指令根据段的不同存储空间类型而不同，DSEG、ISEG、XSEG、BSEG 和 CSEG 伪指令分别用来选择绝对地址段内部数据段、间接寻址内部数据段、外部数据段、位寻址段和代码段。它们的格式如下：

```
DSEG    [AT  address]
ISEG    [AT  address]
XSEG    [AT  address]
BSEG    [AT  address]
CSEG    [AT  address]
```

其中，AT 用于给定绝对地址 address。也可以不指定绝对地址，此时编器会选择前面最后选定的同类型的段并依照该同类型的段的最后地址给出本段的起始地址。如果同类型的地址没有或也没有给出绝对地址，则汇编器会生成一个新的使用绝对地址的段。此时，该段的初始地址为 0。

每个段都有属于自己的定位计数器，初始值为 0。默认的段类型是使用绝对地址的代码段，因此汇编器的初始状态是使用绝对地址的代码段 0000H 单元。绝对地址段的应用例程参见例 3-33。

3）汇编器控制选项的语句格式

汇编器控制选项用来对 ASM51 汇编器的行为进行调控，使其可以按照一定的格式生成列表和目标文件。在绝大多数情况下，汇编器控制选项对单片机程序的执行及其结构没有任何影响，有影响的是输出列表的格式。在汇编器汇编程序时，控制选项可以直接应用在命令行中，也可以放置在源程序文件中。当在汇编源程序中使用汇编控制选项时，汇编器控制选项的前面必须加美元符号（$）作为命令前缀，且必须位于第一列。

汇编器控制选项根据应用特点的不同可以分为两类，一类是基本的（primary），一类是通用的（general）。基本的控制选项（P）可以从命令行输入，也可以放置于源程序起始处；通用的控制选项(G)可以放置于源程序的任何位置。

表 3-50 列出了 ASM51 汇编器所支持的基本型控制选项。

表 3-51 列出了 ASM51 汇编器所支持的通用型控制选项。

表 3-50　ASM51 支持的汇编器控制项(基本型)

控制项名	控制选项	默认值	控制项缩写	功　能
DEBUG	P	NODEBUG	DB	输出相应调试符号信息到目标文件中
NODEBUG			NODB	目标文件不包含相应的调试符号信息
MOD51		MOD51	MO	汇编器能够识别 8051 所专用的、预定义的特殊功能寄存器
NOMOD51			NOMO	汇编器不支持 8051 所专用的、预定义的特殊功能寄存器
SYMBOLS		SYMBOLS	SB	为程序中所有的符号,生成一张格式化表
NOSYMBOLS			NOSB	不生成符号表
XREF		NOXREF	XR	生成一个程序中所有符号的交叉引用列表文件
NOXREF			NOXR	不会生成交叉引用列表文件
MACRO(mem_percent)		MACRO(50)	MR	求值并展开所有的宏调用,指定可用内存中,用于宏处理的内存占的百分比
NOMACRO(mem_percent)			NOMR	不对宏调用进行求值
OBJECT(file)		OBJECT(source.obj)	OJ	指定目标代码文件名
NO OBJECT(file)			NOOJ	不生成目标代码文件
PRINT(file)		PRINT(source.LST)	PR	指定列表文件的名字
NOPRINT(file)			NOPR	不生成列表文件
PAGING		PAGING	PI	列表文件分页,每页带有一个页头
NOPAGING			NOPI	列表文件不包含分页中断标记
PAGELENGTH(N)		PAGELENGTH(60)	PL	指定列表文件分页后,每页的最大行数(10~65 536)
PAGEWIDTH(N)		PAGEWIDTH(120)	PW	指定列表文件每行的最大字符数(72~132)
ERRORPRINT(file)		NOERRORPRINT	EP	除了列表文件,指定一个接受错误信息的文件(默认是控制台)
NOERRORPRINT(file)			NOEP	指定只有列表文件能接受错误信息

续表

控制项名	控制选项	默认值	控制项缩写	功能
REGISTERBANK(rb,…)	P	REGISTERBANK(0)	RB	表明程序中使用了寄存器组
NOREGISTERBANK			NORB	表明程序中没有使用寄存器组
DATE(date)		DATE()	DA	将字符串置于列表文件的文件头,最多9个字符
WORKFILES(path)		Same as source	WF	指定临时工作文件的替代文件

表3-51　ASM51支持的汇编器控制项(通用型)

控制项名	控制选项	默认值	控制项缩写	功能
GEN	G	GENONLY	GO	展开宏调用,列出所有的宏展开后的源代码
NOGEN		GENONLY	NOGO	仅列出初始的源代码
LIST		LIST	LI	在列表文件中,列出LIST控制项后的源代码
NOLIST		LIST	NOLI	在列表文件中,不列出LIST控制项后的源代码
SAVE		不存在	SA	将当前控制项设置保存在SAVE堆栈中
RESTORE		不存在	RS	从SAVE堆栈中恢复控制项设置
EJECT		不存在	EJ	在下一页中继续列出
INCLUDE(file)		不存在	IC	指定一个可以嵌入于初始源文件的文件
TITLE(string)		TITLE()	TT	在接下来的每一页的页头都添加一个字符串(最长不超过60个字符)

3.4.3　汇编语言程序的模块化结构化设计

在利用汇编语言编程时,应树立模块化、结构化设计的思想。模块化、结构化设计是指在程序主体结构上采用主程序与子程序的结构,在算法实现、代码组织上采用顺序结构、分支结构以及循环结构的编程方式。高级语言有专门的语法结构和语句来实现模块化、结构化设计,汇编语言作为一种直接面向机器的低级语言,没有专门的语句,因此接下来将详细分析在汇编语言程序设计中,顺序结构、分支结构和循环结构3种基本结构化设计结构以及子程序结构的程序设计方法。

1. 顺序结构程序设计

顺序结构是一种最简单、最基本的程序结构,是一种无分支的直线型程序,是按照程序编写的顺序(或者说按照程序在程序存储器中的存放顺序)逐条依次进行,直至程序结束。顺序结构是最基本最重要的程序结构形式,也是单片机默认的执行程序的方式,在程序设计中使用最多。

顺序结构的程序设计难度虽然并不大，但要设计出高质量的程序还是需要掌握一定的技巧。首先应该熟悉单片机的指令系统，分析理解项目要求并确定出正确合理的算法，算法复杂的话可以先绘制出流程图；其次在实际编程中，编写顺序结构的程序应注意正确地选择指令、寻址方式，合理使用工作寄存器、数据存储单元，提高程序执行的效率。

顺序结构虽然简单，但在程序中所占空间比例很大。因此，顺序结构程序设计的好坏，涉及整个程序的质量和效率。一个好的顺序程序段，应该具有占用存储空间少，执行速度快等特点。

【例 3-37】 编程实现两个双字节无符号数的相加，设被加数存放在内部 RAM 的 30H、31H 单元，加数放在内部 RAM 的 32H、33H 单元，要求运算结果保存在内部 RAM 的 34H、35H 单元中，每个双字节数都是按低字节放在低地址存储单元，高字节放高地址存储单元的规则存放。假设所求的和仍然为双字节数。

分析：由于 MCS-51 单片机指令系统只有单字节加法指令，因此对于多字节的相加运算必须从低位字节开始分字节进行(即从低位字节开始一对字节一对字节的加)。对于本例，完成运算需要两次加法运算才能完成。实现两数相加的指令助记符有 ADD 和 ADDC 两种，前者是不带进位的加法指令助记符，后者是带进位的加法指令助记符。因此，实现多字节加法运算，指令的选择可有多种组合。一是都用 ADDC 指令来完成两次运算，但低字节运算由于没有更低字节向它进位，因此用 ADDC 指令时需要先将 CY 清“0”；二是除最低字节可以使用 ADD 指令外，其他字节相加时要把低字节的进位考虑进去，这时就应该选用 ADDC 指令；三是两次运算都选择 ADD 指令，但是需要注意的是，第二个字节进行求和运算时需要先判断低字节在求和时有没有产生进位，即判断 CY 是否为 1，从而确定第二个字节的和是否需要加 1。显然，选择第 3 种指令组合，程序设计上比前两种要复杂。本例中选择第一种指令组合来完成运算，另外两种设计方案的程序设计留作课下练习。

功能程序如下：

```
CLR     C               ;进位位清"0",为第一字节求和作准备
MOV     A,30H           ;被加数低字节送累加器
ADDC    A,32H           ;被加数和加数低字节进行求和运算
MOV     34H,A           ;和的低字节送 34H 单元保存
MOV     A,31H           ;被加数高字节送累加器
ADDC    A,33H           ;被加数和加数高字节进行求和运算
MOV     35H,A           ;和的高字节送 35H 单元保存
```

以上程序实现了设计要求的功能，如果需要上机调试运行程序，还需要增加一些汇编器伪指令和单片机的汇编语言指令来为程序设置在程序存储器的存放地址，并在相关的程序存储器的入口地址处放置相应的转移指令或中断处理程序。

可上机运行的程序如下：

```
        ORG     0000H           ;ORG 伪指令
        SJMP    Main;           复位入口地址处放一条转移至用户程序的
                                ;转移指令
```

```
        ORG     0050H           ;用户程序从 0050H 单元开始存放,目的是
Main:                           ;避开中断入口地址

        CLR     C               ;进位位清"0",为第一字节求和最准备
        MOV     A,30H           ;被加数低字节送累加器
        ADDC    A,32H           ;被加数和加数低字节进行求和运算
        MOV     34H,A           ;和的低字节送 34H 单元保存
        MOV     A,31H           ;被加数高字节送累加器
        ADDC    A,33H           ;被加数和加数高字节进行求和运算
        MOV     35H,A           ;和的高字节送 35H 单元保存
        SJMP    $               ;死循环,停止程序向下运行以防止程序跑飞
                END             ;汇编结束
```

在上述程序中,粗体部分是为了能够上机调试运行或者在单片机硬件电路板上运行而增加的相应的汇编器伪指令和单片机指令。

为了节省篇幅起见,接下来的例题程序只给出实现功能的程序代码,若要上机调试可以自行添加如上述程序中的入口地址代码和代码存放地址设置伪指令。

【例 3-38】 编程将外部 RAM 的 0010H 和 0020H 单元中的内容互换。

分析:由于在 MCS-51 单片机的指令中没有可以直接实现外部数据存储器的内容互换的指令而只有访问片外数据存储器的 MOVX 指令,因此只能与片内寄存器 A 之间进行数据传送。要实现两个外部数据存储器单元间的内容互换,就必须有个中间环节作为暂存,可选用内部 RAM 某个单元,例如 30H 单元。访问片外 RAM 单元只能采用间接寻址,间接寻址寄存器有 DPTR 和 R*i*,因此,同一个问题选择不同的指令就有不同的程序实现。下面分别用 DPTR 和 R*i* 作为间接寄存器的指令来实现上述功能。

方法 1:用 DPTR,程序如下:

```
MOV     DPTR,#0010H     ;修改地址指针为外部 RAM 的 0010H 单元
MOVX    A,@DPTR         ;读取 0010H 单元的内容到累加器 A
MOV     30H,A           ;0010H 单元的内容暂存到内部 RAM 30H 单元
MOV     DPTR,#0020H     ;修改地址指针为外部 RAM 的 0020H 单元
MOVX    A,@DPTR         ;读取 0020H 单元的内容到累加器 A
MOV     DPTR,#0010H     ;修改地址指针为外部 RAM 的 0010H 单元
MOVX    @DPTR,A         ;将 0020H 单元的内容写到 0010H 单元
MOV     A,30H           ;将暂存到 30H 单元的 0010H 单元内容送 A
MOV     DPTR,#0020H     ;修改地址指针为外部 RAM 的 0020H 单元
MOVX    @DPTR,A         ;将 0010H 单元的内容写到 0020H 单元
```

方法 2:用 R*i*,程序如下:

```
MOV     R0,#10H         ;选用 R0 作为地址指针寄存器存放低 8 位地址
MOV     P2,#00H         ;高 8 位地址由 P2 口送出
MOVX    A,@R0           ;读取 0010H 单元的内容到累加器 A
MOV     30H,A           ;0010H 单元的内容暂存到内部 RAM 30H 单元
```

```
MOV     R0,#20H         ;修改地址指针为外部 RAM 的 0020H 单元
MOV     P2,#00H         ;高 8 位地址由 P2 口送出
MOVX    A,@R0           ;读取 0010H 单元的内容到累加器 A
MOV     R0,#10H         ;修改地址指针为外部 RAM 的 0010H 单元
MOV     P2,#00H         ;高 8 位地址由 P2 口送出
MOVX    @R0,A           ;将 0020H 单元的内容写到 0010H 单元
MOV     A,30H           ;将暂存到 30H 单元的 0010H 单元内容送 A
MOV     R0,#20H         ;修改地址指针为外部 RAM 的 0020H 单元
MOV     P2,#00H         ;高 8 位地址由 P2 口送出
MOVX    @R0,A           ;将 0010H 单元的内容写到 0020H 单元
```

上述程序中是用 R0 作为间接寻址寄存器,同样也可以采用 R1 来完成。由 R1 作为间接寻址寄存器实现上述功能的程序留作课下练习。

【例 3-39】 设有一个 16 位的二进制负数(原码)保存在 R7、R6(低字节存放于 R6)中,编程实现对这个 16 位负数的求补码运算,结果保存在 R1、R0(低字节存放于 R0)中。

分析:二进制负数的补码算法可归结为一句话,即“取反加 1”。取反可以用指令 CPL 来实现。由于这是一个双字节数,加 1 运算必须注意要加在低字节,如果加 1 后低字节向高字节产生进位,则高字节也必须加 1。实现加 1 的指令有 ADD(或 ADDC)以及 INC 两种,但由于后者加 1 不会影响标志位,因此,在指令的选择上只能是 ADD(或 ADDC)加法运算指令一种情况。

程序如下:

```
;第一步:先进行取反运算,即求反码
MOV     A,R6    ;R6 中低字节数据送累加器 A
CPL     A       ;累加器 A 内容取反,即低字节取反
MOV     R0,A    ;低字节取反结果保存在 R0 中
MOV     A,R7    ;R7 中高字节数据送累加器 A
ANL     A,#7FH
CPL     A       ;累加器 A 内容取反,即高字节取反
MOV     R1,A    ;高字节取反结果保存在 R1 中
;第二步:再进行加 1 运算,完成求补码运算
MOV     A,R0    ;取低字节反码到累加器 A 中
ADD     A,#1H   ;将累加器 A 内容加 1,即反码低字节加 1
MOV     R0,A    ;低字节加 1 结果保存在 R0 中
MOV     A,R1    ;取高字节反码到累加器 A 中
ADDC    A,#0    ;将低字节及进位加到高字节中
MOV     R1,A    ;高字节加进位位结果保存在 R1 中
```

此外,上述实现求补码的算法是分“求双字节数的反码”和“双字节数的反码加 1”两步完成的。实际上,也可以在求完低字节反码后直接加 1,即取反和加 1 同时进行,完成后再对高字节进行同样的运算。这种算法的程序设计留作课下练习。

【例 3-40】 将片内数据存储器 RAM 的 20H 单元中的两位压缩型 BCD 码转换成二进制数并保存到片内 RAM 的 30H 单元中。

分析：两位压缩 BCD 码转换为二进制数的算法为

```
BCD =10×a1+a0
```

程序如下：

```
MOV     A, 20H       ;读取保存在 20H 单元的 BCD 码到累加器 A
ANL     A,#0F0H      ;准备取出高位 BCD 码 a1：将两位压缩型
SWAP    A            ;BCD 码低 4 位清零后,高低 4 位互换即可
MOV     B,#0AH       ;将要乘的位权数 10 送到寄存器 B 中
MUL     AB           ;将 a1 与 10 相乘并将结果送到寄存器 BA 中
MOV     30H,A        ;将 a1 与 10 相乘的中间结果送到 30H 单元中
MOV     A,20H        ;读取保存在 20H 单元的 BCD 码到累加器 A
ANL     A,#0FH       ;清零高 4 位得到低位 BCD 码 a0
ADD     A,30H        ;实现 10×a1+a0,结果保存在累加器 A 中
MOV     30H,A        ;将压缩 BCD 码的二进制转换结果保存于 30H
        ;单元中
```

【例 3-41】 编写程序,将存放于片内 RAM 地址为 31H、30H 单元中的 4 位 BCD 码与存放于 3FH、3EH 单元中的 4 位 BCD 码相加,和存放于 31H、30H 单元中。注意,低位 BCD 码存放于低地址单元,高位 BCD 码存放于高地址单元。

分析：存放于各个内部数据存储单元中的 BCD 码为压缩 BCD 码,BCD 码在进行求和运算时,需要调用十进制调整指令“DA A”来对运算结果进行修正。

程序如下：

```
;用伪指令符号定义变量 BCD1 和 BCD2,目的是提高程序可读性
BCD1     DATA  30H         ;用伪指令符号定义符号地址 BCD1
BCD2     DATA  3EH         ;用伪指令符号定义符号地址 BCD2
                           ;开始 4 位 BCD 码数的运算
MOV      A,BCD1            ;取出 BCD1 送累加器 A
ADD      A,BCD2            ;将低字节的两个压缩 BCD 码进行相加运算
DA       A                 ;对结果进行十进制调整
MOV      BCD1, A           ;根据题目要求,将结果保存到 30H 单元
MOV      A,BCD1+1          ;取出 BCD2 送累加器 A
DDC      A,BCD2+1          ;将高字节的两个压缩 BCD 码进行相加运算
DA       A                 ;对结果进行十进制调整
MOV      BCD1+1,A          ;根据题目要求,将结果保存到 31H 单元
```

2. 分支结构程序设计

在很多实际问题中,经常需要根据不同的情况进行不同的处理。这种情形体现在程序设计中,即为程序需要根据不同条件的判断结果而转到不同的程序段去执行,这就构成了分支结构程序。分支结构可以分为单分支结构、双分支结构和多分支结构 3 种基本结构,分支结构的各个分支是相互独立的,根据判断的结果,最终只能有一个或零个(单分支情况下)分支得以执行,即最多会有一个程序段被执行。

需要强调的是,结构化程序中的每种基本结构都只有一个入口一个出口,不论是单分支结构、双分支结构还是多分支结构都须遵循这一基本规则。单分支结构、双分支结构和多分支结构的结构示意图如图 3-5～图 3-7 所示。从各种分支结构的示意图中可以看出,各分支结构都只有一个入口一个出口;各个分支程序段是相互独立且相斥的。不论哪一种分支结构,当条件满足时,只有一个程序段会被执行,如果没有条件满足,则没有或只有一个程序段得以执行。在如图 3-7 所示的多分支结构中,程序段有多个而且是并行的,判断的条件也有多个,但最多会有一个条件满足,即在这么多个程序段中,最多只有一个程序段会被执行。

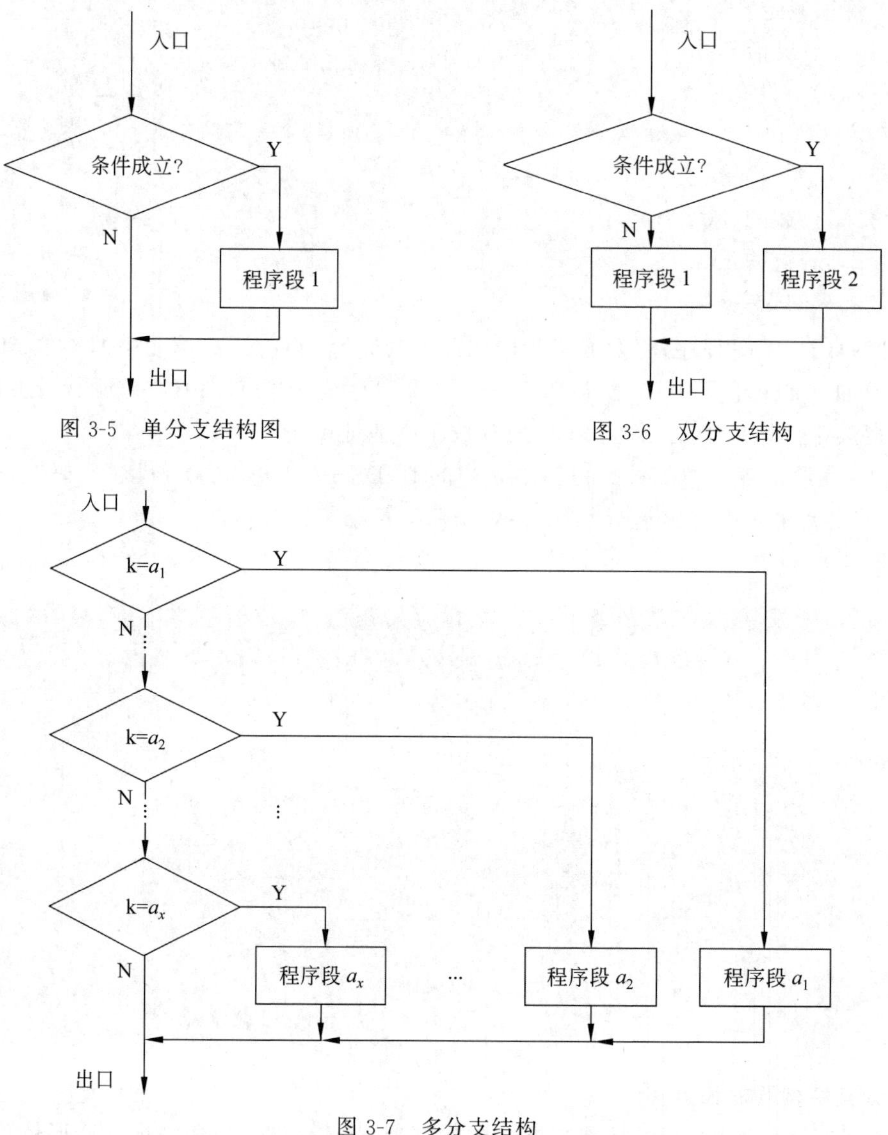

图 3-5　单分支结构图

图 3-6　双分支结构

图 3-7　多分支结构

在高级语言中,有专门用来实现分支结构的语法结构。如在 C 语言中,有 if 语句来实现单分支结构,有 if…else…语句来实现双分支结构,有 if…else if…语句或 switch 语句来实现多分支结构。但在 MCS-51 单片机汇编语言指令中,并没有专门用来实现各种分支结构的汇编指令。分支结构的程序在运行时，当满足某一条件时，单片机实际上是打破了顺序执行的次序，发生了程序的转移。而在单片机的汇编语言中，有一类指令能够改变单片机默认的顺序执行的结构，实现程序执行的转移，这类指令叫做程序转移类指令。分支结构程序的特点是首先判断条件是否成立，然后再去决定去执行哪一个程序段，因此要实现分支结构，显然应该选择程序转移类指令中的条件转移类指令。MCS-51 单片机条件转移类指令根据条件的不同有累加器 A 判零条件转移指令、位累加器(即 C)或位地址判零条件转移指令以及比较转移类指令三类。在分支结构程序设计中，选择何种指令需要编程者根据实际的要求以及条件来决定。当然，对于同一个问题，实现算法的方式以及选择的指令并不是唯一的，需要编程者灵活掌握。

【例 3-42】 设有一个 16 位的二进制数(可正可负且为原码)保存在 R7、R6(低字节存放于 R6)中，编程实现对这个 16 位负数的求补码运算，结果保存在 R1、R0(低字节存放于 R0)中。

分析：本题与例 3-38 的内容要求相似，差别是本题没有指明所求数的正负。根据补码的概念可知，正数的补码等于它本身，负数的补码算法可归结为一句话，即“取反加 1”。可见，一个二进制数的正负数补码算法是不同的。因此，在求解一个二进制数的补码前，应该先判断这个数的正负，再选择不同的算法。本例可认为是一个双分支结构的程序设计。根据题意可以先画出流程图，再进行程序设计。在此直接给出源程序。

程序如下：

```
InG:    ;入口：先判断数的正负再决定求反码的方法
        MOV   A,R7          ;取含有符号位的高字节数送累加器 A
        JNB   ACC.7,Po      ;根据符号位判断数的正负,ACC.7 为 0 则为正数,
                            N;程序转移,否则为负,顺序执行,求补
        ;分支 1: ACC.7 为 1 则为负数,顺序执行,利用取反加一算法求负数补码
NeN:    MOV   A,R6          ;R6 中低字节数据送累加器 A
        CPL   A;            ;累加器 A 内容取反,即低字节取反
        MOV   R0,A          ;低字节取反结果保存在 R0 中
        MOV   A,R7          ;R7 中高字节数据送累加器 A
        ANL   A,#7FH
        CPL   A             ;累加器 A 内容取反,即高字节取反
        MOV   R1,A          ;高字节取反结果保存在 R1 中
        MOV   A,R0          ;取低字节反码到累加器 A 中
        ADD   A,#1H         ;将累加器 A 内容加 1,即反码低字节加 1
        MOV   R0,A          ;低字节加 1 结果保存在 R0 中
        MOV   A,R1          ;取高字节反码到累加器 A 中
        ADDC  A,#0          ;将低字节的进位加到高字节中
        MOV   R1,A          ;高字节加进位位结果保存在 R1 中
        ;分支 1 完成,即人负数补码计算完成,然后跳转到出口
        SJMP  OutG          ;分支 1 结束,跳转到与分支 2 的同一出口 OutG
        ;分支 2: ACC.7 为 0 则为正数,程序转移到此,求正数补码,等于它本身
PoN:    MOV   A,R6
        MOV   R0,A          ;低字节补码送 R0
```

```
        MOV   A, R7
        MOV   R1,A        ;高字节补码送 R1;分支 2 完成,然后跳转到与分支 1 的同一出
                          ;口 OutG
OutG:                     ;出口: 分支 1 和分支 2 的共同出口
        SJMP  $           ;程序结束,停止向下运行,结果保存于 R1R0 中
```

从上述程序可以看出,该程序严格遵循了结构化程序设计的思想,分支结构程序在设计过程中做到了一个入口一个出口的原则,特别是在一个出口上,这样可以保证程序结构的条理与清晰,便于程序的阅读以及日后的程序维护。

在本例中,由于正数的补码是它本身,所以分支 2 没有具体算法的实现,只是将原数复制到了要求存放结果的寄存器 R1、R0 中,如果题目中结果也保存在与原数相同的位置,则本例就是一个典型的单分支结构程序设计。

接下来我们分析一个典型的双分支结构程序设计。

【例 3-43】 设 60H 单元有一个变量 $X(X<255)$,编程实现下列分段函数,结果存入 61H 单元中。

$$Y=\begin{cases}X+1, & X=10\\ 6, & X\neq 10\end{cases}$$

分析:本题是一个典型的双分支结构程序设计。自变量 X 和函数变量 Y 在汇编语言中的定义实际上是利用汇编器伪指令为内存单元地址定义符号地址。就本例中的条件来讲,是自变量 X 与一个常量比较是否相等。比较两个数是否相等,MCS-51 单片机汇编指令中有这样指令,即 CJNE 指令,有 4 条指令,其功能是对第一操作数和第二操作数进行比较,两数不相等,则转移;否则,若相等,则顺序执行。CJNE 指令是个功能很强大的指令,指令执行时,它会将第一操作数减去第二操作数,从而去影响 PSW 中的标志位 CY,因此通过判断 CY 位值还可以判断两个数的大小。CJNE 指令的第一操作数可以是

```
A,Rn,@Ri;
```

当第一操作数是

```
A,Rn,@Ri
```

时,第二操作数都可以是立即数,即 #data。另外,当第一操作数是 A 时,第二操作数还可以是直接地址 direct,这样,CJNE 共 4 条指令。有关 CJNE 指令的详情请查阅比较条件转移指令一节。在程序设计前,特别是复杂的程序,可以先画一个简单的流程图,在此省略,直接给出源程序。

程序如下:

```
        ;用伪指令符号定义自变量 X 和函数 Y,目的是提高程序可读性
        X     DATA 60H            ;用伪指令符号定义符号地址即变量 X
        Y     DATA 61H            ;用伪指令符号定义符号地址即变量 Y
;入口: 开始比较运算
        MOV   A,X                 ;取出自变量 X 的值送累加器 A,准备比较
```

```
        CJNE  A,#10,BR2         ;将自变量的值与常量 10 进行比较
BR1:    ;分支 1: X =10
        INC   A                 ;根据函数式要求,将自变量值加 1
        MOV   Y,A               ;累加器 A 中的函数式结果保存
        SJMP  OutG              ;分支 1 程序结束,跳转到同一个出口 OutG
        ;分支 2: X <>10
BR2:    MOV   Y,#6              ;根据函数式要求,将结果保存到 Y 中
;出口: 分支 1 和分支 2 的共同出口
OutG:   SJMP  $                 ;程序结束,停止向下运行
```

在上述程序中,标号 BR1 在程序中并没有用到,但依然标注上,实际上是为了增强程序的可读性,有助于看清程序的两个分支程序段结构。

【例 3-44】 设自变量 X 的值存放在内部 RAM 中的 50H 单元,函数值 Y 存放在内部 RAM 中的 60H 单元,编程实现下列分段函数。

$$Y=\begin{cases}X+2, & X>12\\ 6, & X=12\\ X+6, & X<12\end{cases}$$

分析:本题是一个有 3 个分支的多分支结构程序设计。根据题意可知,需要判断自变量 X 的值与常数 12 的大小从而去计算函数的值。由例 3-43 的分析已知,比较条件转移指令 CJNE 指令既可以实现两数是否相等的比较,还可以实现两数大小的比较,因此在本例中,选择比较条件转移指令 CJNE 指令来实现比较判断条件。选择自变量 X 作为 CJNE 指令的第一操作数(又可称为目的操作数),常数 12 作为第二操作数(又可称为源操作数),执行比较条件转移指令 CJNE 指令后,如果 $X\geqslant 12$,则(CY)= 0,否则,$X<12$,则(CY)= 1。因此,当两个数不相等时,可以利用 JC 或 JNC 指令判断 CY 的值来判断两个数的大小。

程序的流程图如图 3-8 所示。

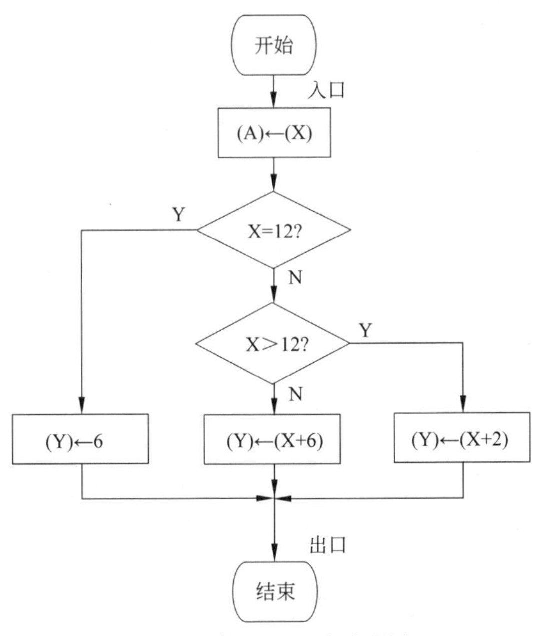

图 3-8 例 3-43 程序流程图

程序如下：

```
        ;用伪指令符号定义自变量 X 和函数 Y,目的是提高程序可读性
        X      DATA 50H              ;用伪指令符号定义符号地址即变量 X
        Y      DATA 60H              ;用伪指令符号定义符号地址即变量 Y
;入口：开始比较运算
        MOV    A,X                   ;取出自变量 X 的值送累加器 A,准备比较
Jdg1:   ;第 1 次判别
        CJNE   A,                    #12,Jdg2;将自变量的值与常量 12 进行比较
BR1:    ;分支 1: X =12
        MOV    Y,#6                  ;累加器 A 中的函数式结果保存
        SJMP   OutG                  ;分支 1 程序结束,跳转到同一的出口 OutG
Jdg2:   ;第 2 次判别
        JNC    BR3
        ;分支 2: (CY)=1,X <12
BR2:    ADD    A,#6
        MOV    Y,A                   ;根据函数式要求,将结果保存到 Y 中
        SJMP   OutG
        ;分支 3: (CY)=0,X >12
BR3:    ADD    A,#2
        MOV    Y,A                   ;根据函数式要求,将结果保存到 Y 中
;出口：分支 1、分支 2 和分支 3 的共同出口
OutG:   SJMP   $                     ;程序结束,停止向下运行
```

3. 循环结构程序设计

在很多实际应用中,经常会遇到需要重复执行某种操作的情况;而在解决实际问题的程序设计中,也会经常遇到同一段实现某一特定功能的程序需要被重复执行的情况,这时可以把这段程序设计成循环结构。把需要不断重复执行的某段程序采用循环结构设计,有助于缩短程序长度、节省程序的存储空间。虽然循环结构并不会节省执行的时间,但优化了程序,使程序结构更加简洁。

循环结构程序一般包括以下 4 个部分。

① 循环初始化部分。本部分主要是用来完成循环过程中有关变量的初始化设置,如循环次数的初始值设置、地址指针变量的初始值设置以及相关寄存器、存储器单元的初始设置等。

② 循环体部分。循环体是指重复执行的部分,是循环结构的主体,完成主要的操作或计算任务。由于循环体部分一般会被重复执行多次,因此循环体程序的优化显得尤为重要。减少不必要的冗余指令会减少程序执行的时间,从而可以有效地提高程序执行的效率。

③ 循环控制部分。循环控制部分位于循环体内,主要用来修改循环过程中的循环变量和控制变量,如循环次数的修改、地址指针的修改以及其他相关变量的修改等。

④ 循环结束部分。根据循环结束的条件,判断循环是否结束。

如果循环体中不包含其他的循环程序,这种循环结构的程序称为单循环结构程序。如果循环体中还包含着其他的循环程序,这种循环结构的程序称之为循环程序的嵌套。这种循环嵌套程序根据嵌套的层数,又称为二重循环程序、三重循环程序等,统称为多重循环程

序。在多重循环程序中，只允许外重循环嵌套内重循环，而不允许内重循环嵌套外重循环，也不允许从循环的外部跳入循环的内部。也就是说，要保证每层或每个循环结构只有一个入口和一个出口。

循环程序设计的一个主要问题是循环次数的控制，有两种控制方式：第一种方式是先判断再执行循环体，即先判断是否满足循环条件，若不满足，则不执行循环体，一般常在未知具体循环次数的情况下，用某条件是否满足作为循环是否执行的控制条件；第二种方式是先执行循环体再判断，即先执行完一次循环体再进行判断是否进行下一次循环，一般常在已知循环次数的情况下，用循环次数作为循环是否执行的控制条件。

循环程序结构的流程图如图 3-9 所示。

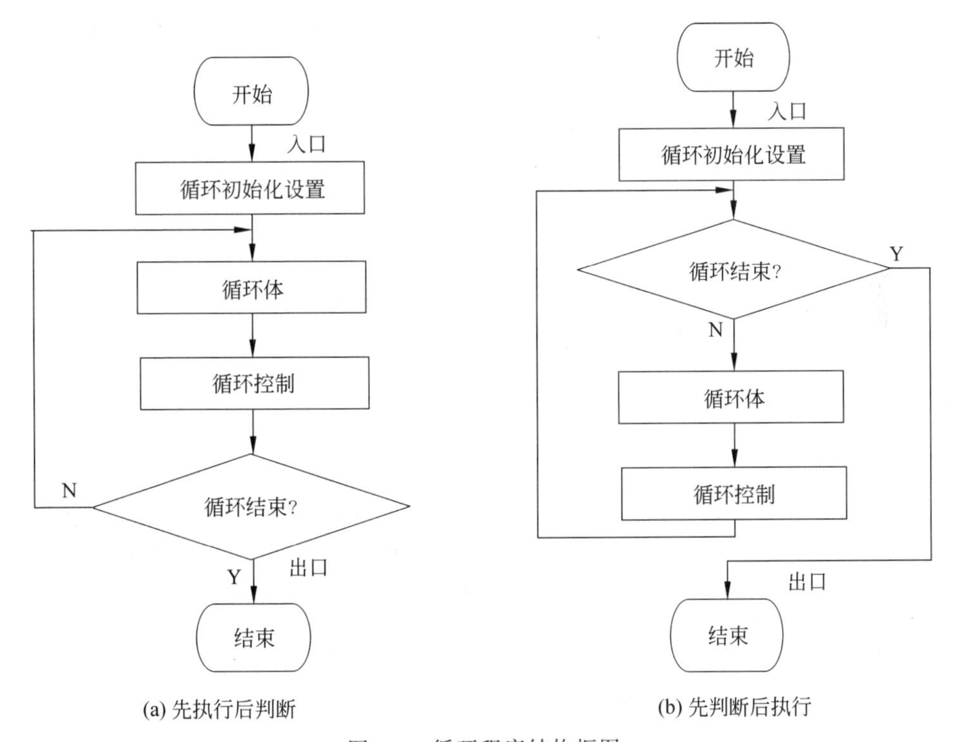

图 3-9　循环程序结构框图

图 3-9(a)结构是先执行后判断，在循环次数可以确认已知的情况下常采用这种结构。其特点是先执行一次循环体再判断结束条件是否满足。在 MCS-51 单片机中，可以采用 DJNZ 指令实现这一结构。

图 3-9(b)结构是先判断后执行，适用于循环次数无法确认的情况。其特点是先判断循环条件是否满足，若不满足，则循环体一次也不会执行。而图 3-9(a)结构即使条件不满足也会执行一次循环体，这是这两种结构的差别，在编程时需要注意二者的差异。在 MCS-51 单片机程序设计中，图 3-9(b)这种循环结构常用 CJNE、JZ、JNZ、JC 和 JNC 等指令来实现。

循环结构程序按照循环的次数来分，可分为无限循环和有限次循环两种。无限循环又叫死循环，是没有结束条件的永久循环，这类循环可以用 MCS-51 单片机的无条件转移指令实现，即利用 LJMP、AJMP 和 SJMP 等指令实现。有限次循环是指可以结束的循环，根据循环条件的不同又可分为两种形式：一种是计数式循环，即事先可以确定循环的次数，这类循环可以通过 DJNZ 类指令来实现;另一种是条件式循环,即根据某种条件是否满足来确定是否结束循环,这类循环可以利用 CJNE、JZ、JNZ、JC 和 JNC 类指令来实现。

【例 3-45】 编程实现:将片内 RAM 的 50H～5FH 地址区间的数据缓冲区内容初始化为 0～15,即(50H)= 0,(51H)= 1,…,(5FH)= 15,然后将该区间 50H～5FH 数据缓冲区的内容复制到片内 RAM 的 30H～3FH 单元。

分析:本例是一道数据传送类题目。由于操作具有重复性,显然利用循环结构可以方便地实现题目要求,而且重复的次数很明确,因此这是一道典型的计数式循环题目,可以用 DJNZ 指令实现循环结构。题目中要求对一段地址连续的内存区进行初始化设置,设置的常量也具有连续递增的规律,因此地址、初始化设置的常量都应分别存放于寄存器并作为循环变量。这样,当完成一次数据传送时,只要修改寄存器中的地址和数据,就可以很方便的得到下次传输的目标地址和数据。为实现循环结构,需要将内部 RAM 区地址存放于寄存器,即访问内部 RAM 区需要采用间接寻址方式,寄存器只能采用 R*i*,数据缓冲区的初始化部分选用 R0,复制数据块时 R0 和 R1 都将用到;初始化常量存放于累加器 A 中;在本例中,循环次数等于 16,计数寄存器选用 R7。根据题意,程序将首先完成内部 RAM 区 50H～5FH 地址区间的数据缓冲区的初始化工作,然后再将 50H～5FH 数据缓冲区的内容复制到片内 RAM 的 30H～3FH 单元,因此整个程序包含两部分循环结构,第一部分循环程序完成数据缓冲区的初始化,第二部分循环程序完成数据复制。下面给出实现上述功能的完整的程序段。

程序如下:

```
;第 1 个循环程序: 完成对内存数据缓冲区的初始化
        ;循环结构初始化
        MOV     R7,#16     ;设置循环计数器 R7, 程序循环次数为 16 次
        MOV     R0,#50H    ;为地址指针变量设置初值
        MOV     A,#0H      ;为数据变量 A 设置初值
Lp1:    MOV     @R0,A      ;将累加器的初始值写到 R0 指向的目标单元中
        INC     A          ;修改数据变量累加器 A 中的值,指向下个数据
        INC     R0         ;修改地址指针变量寄存器 R0 的值
        DJNZ    R7,Lp1     ;计数器的值减 1 并判断是否为 0,不为 0,继续
                           ;执行循环体,否则循环结束,完成初始化
;第 2 个循环程序: 完成数据缓冲区数据的复制
        MOV     R7,#16     ;设置循环计数器 R7, 程序循环次数为 16 次
        MOV     R0,#50H    ;为源数据缓冲区地址指针变量设置初值 50H
        MOV     R1,#30H    ;为目的数据缓冲区地址指针变量设置初值 30H
Lp2:    MOV     A,@R0      ;将源数据区单元中的数据读到累加器 A
        MOV     @R1,A      ;将读到累加器的值写到 R1 指向的目标单元中
        INC     R0         ;修改地址指针变量寄存器 R0 中的值
        INC     R1         ;修改地址指针变量寄存器 R1 中的值
        DJNZ    R7,Lp2     ;计数器的值减 1 并判断是否为 0,不为 0,继续
                           ;执行循环体,否则循环结束,完成数据复制
```

上述程序采用两个循环完成了题目要求,当然也可以通过一个循环结构来实现本例题

中的要求，这种方式的程序设计读者可自行练习，在此不再赘述。

【例 3-46】 编程实现：将片内 RAM 的 26H～2FH 地址区间的数据缓冲区内容初始化为 12H、03H、97H、61H、20H、60H、51H、88H、71H 和 32H，然后将该区间 26H～2FH 数据缓冲区的内容复制到片外 RAM 地址从 10H 开始的存储单元中。

分析：本例与例 3-45 类似，也是一道数据传送类题目，是典型的计数式循环程序设计，可采用 DJNZ 指令实现循环结构。题目要求的第一步也是对内部数据缓冲区进行初始化，但与例 3-45 不同的是，初始化的数据常量没有规律性，显然无法采取与例 3-45 相同的利用数据变量作为循环变量的方式进行初始化内存。既然初始化数据没有规律，那能不能采用循环结构呢？答案是肯定的。那就是利用 MOVC 查表指令采用查表方式来实现。具体来讲，就是先将数据常量存放于程序存储器，利用查表指令按顺序查出相应的常量值，然后再送内存单元，这样完成一次初始化操作，重复执行该过程可完成全部内存单元的初始化工作。题目的第二项要求是将内存数据块内容复制到片外数据存储区，显然也是重复性的操作，次数可以计算出，因此也是计数式循环程序设计。在进行循环程序设计前，可先思考单一一次数据的传送是如何完成的，如内部 RAM 的 26H 单元内容送片外 0010H 单元。

程序如下：

```
MOV    A, 26H
MOV    DPTR,#0010H
MOVX   @DPTR,A
```

然后修改源数据区和目的数据区的地址，重复上述操作，即可实现全部数据区的数据传输。要想利用循环结构实现上述操作，需要将单次传输的程序修改为适合重复操作的循环体程序。基于例 3-45 的分析，对内部 RAM 单元的访问需要由直接寻址方式改为采用间接寻址方式。因此上述单次传输程序修改为

```
1    MOV    R0,#26H
2    MOV    DPTR,#0010H
3    MOV    A, @R0
4    MOVX   @DPTR,A
```

上述程序执行完后，只要修改地址指针变量 R0 和 DPTR，即二者内容分别加 1，则两个寄存器的地址就分别指向了下一个源数据区和目的数据区的地址，然后只要重复执行第 3 句和第 4 句就可以完成数据传送操作。下面给出完整的例程。

程序如下：

```
;第 1 个循环程序：完成对内存数据缓冲区的初始化
       ;循环结构初始化
       MOV    R7,#10         ;设置循环计数器 R7，程序循环次数为 10 次
       MOV    R0,#26H        ;为地址指针变量设置初值
       MOV    DPTR,#TAB      ;为地址指针变量设置初值
Lp1:   CLR    A              ;清"0"偏移量 A
       MOVC   A,@A+DPTR      ;查表读取初始化常量
       MOV    @R0,A          ;将累加器的初始值写到 R0 指向的目标单元中
```

```
        INC     DPTR            ;修改基址寄存器 DPTR 中的值
        INC     R0              ;修改地址指针变量寄存器 R0 中的值
        DJNZ    R7,Lp1          ;计数器的值减 1 并判断是否为 0,不为 0,继续
                                ;执行循环体,否则,循环结束,完成初始化
;第 2 个循环程序: 完成数据缓冲区数据的复制
        MOV     R7,#10          ;设置循环计数器 R7, 程序循环次数为 10 次
        MOV     R0,#26H         ;为源数据缓冲区地址指针变量设置初值 26H
        MOV     DPTR,#10H       ;为目的数据缓冲区地址指针变量设置初值 10H
Lp2:    MOV     A,@R0           ;将源数据区单元中的数据读到累加器 A
        MOVX    @DPTR,A         ;将累加器的值写到 DPTR 指向的目标单元中
        INC     R0              ;修改地址指针变量寄存器 R0 中的值
        INC     DPTR            ;修改地址指针变量寄存器 DPTR 中的值
        DJNZ    R7,Lp2          ;计数器的值减 1 并判断是否为 0,不为 0,继续
                                ;执行循环体,否则,循环结束,完成数据复制
TAB:    DB      12H,03H,97H,61H,20H,60H,51H,88H,71H,32H
```

【例 3-47】 已知 80C51 单片机的系统时钟频率为 12MHz,设计一软件延迟程序,延迟时间为 10ms。

分析:软件延迟程序是在应用程序设计中经常会用到的一类小程序。软件延迟时间实际上是利用指令执行需要耗费一定的时间来实现的。具体来讲,就是可以通过反复执行空操作指令 NOP 来实现。因为空操作指令 NOP 执行时不会产生任何操作结果,但会耗费一个机器周期的时间,因此选择空操作指令 NOP 作为重复执行的操作是一种理想的选择。

延迟程序的延迟时间主要与两个因素有关,一个单片机的晶振频率,它决定了机器周期也就是一条指令执行的时间;二是循环次数,即指令被循环重复执行的次数。在本例中,时钟频率为 12MHz,则可很容易计算出一个机器周期为 1μs,定时 10ms,重复执行空操作指令 NOP 时需要 1 万次,这是个很大的数字,若采用单循环结构,也可以实现,但循环体程序会很长,为了简化程序结构,可考虑采用多重循环。可以先考虑实现 1ms 的定时,需要 1000 个机器周期,显然需要利用 DJNZ 指令的计数式循环结构来设计。DJNZ 指令最多可以实现 256 次循环,在此选择计数器计数次数为 200 次,则循环体需要的机器周期数=1000/200=5,即在循环体内只要有 5 个机器周期的指令就可以,DJNZ 指令本身也是循环体的一部分,其指令周期为 2 个机器周期,因此循环体中只要 3 条 NOP 指令即可。因此可写出如下 1ms 的延迟程序段:

```
        ;延迟 1ms 的程序,选用 R7 作为循环计数器
DL1ms:  MOV     R7, #200        ;为 R7 赋值指令,指令周期: 1 个机器周期
DL5us:  NOP                     ;空操作, 指令周期: 1 个机器周期
        NOP                     ;空操作, 指令周期: 1 个机器周期
        NOP                     ;空操作, 指令周期: 1 个机器周期
        DJNZ    R7, DL5us       ;DJNZ 指令, 指令周期: 2 个机器周期
```

上述程序总的机器周期数为 $1+5\times200=1001$,执行时间即延迟时间为 $1001\times1\mu s=1001\mu s$,约等于 1ms。接下来要实现 10ms 定时,则只需要将上述程序循环执行 10 次即可,即在其外面嵌上一层外循环即采用双重循环就实现 10ms 的软件延迟。下面给出完整的

10ms 延迟程序。

程序如下：

```
         ;外循环,实现延迟 10ms 的程序,选用 R6 作为外循环计数器
DL10ms: MOV    R6,#10
         ;内循环,实现延迟 1ms 的程序,选用 R7 作为内循环计数器
DL1ms:  MOV    R7,#200        ;为 R7 赋值指令,指令周期: 1 个机器周期
DL5us:  NOP                   ;空操作, 指令周期: 1 个机器周期
        NOP                   ;空操作, 指令周期: 1 个机器周期
        NOP                   ;空操作, 指令周期: 1 个机器周期
        DJNZ   R7, DL5us      ;DJNZ 指令, 指令周期: 2 个机器周期
        DJNZ   R6, DL1ms      ;外循环判断控制
```

在设计多重循环结构的软件延迟程序时,需要注意的是循环转移的目标地址不要出错,否则一旦转移目标地址错误,很容易变成死循环,这是设计此类程序时容易出错的地方。

【例 3-48】 编程实现,将片内 RAM 中起始地址为 Str1,结束字符为'$'的字符串复制到片外 RAM 中起始地址为 Buf1 的存储区内。

分析：这是一个有限次条件式循环设计。由于循环次数事先不知道,但循环条件可以明显看到,具有循环结束的明显条件,即以'$'为字符串结束标志,所以采用先判断后执行的结构是比较合适的。

程序如下：

```
       MOV    R0, #Str1            ;设置源数据区地址指针
       MOV    DPTR,#Buf1           ;设置目的数据区地址指针
Lop1:  MOV    A, @R0               ;将源数据区单元数据读到累加器 A
       CJNE   A, #'$', Lop2        ;判断读取的数据是否是'$'字符
       SJMP   OutG                 ;跳转到出口,字符串复制结束
Lop2:  MOVX   @DPTR, A             ;不是'$'字符,则执行传送复制
       INC    R0                   ;修改地址指针,指向下一个单元
       INC    DPTR                 ;修改地址指针,指向下一个单元
       SJMP   Lop1                 ;循环继续
OutG:  SJMP   $                    ;循环结束
```

4. 子程序设计

子程序结构是单片机模块化程序设计中的一种重要程序结构。在实际应用中,经常会遇到一些带有通用性的问题,例如延迟处理、字符处理、数值转换以及运算等操作。在一个程序中出现了多次相同功能的操作时,如果每次都重写具有相同功能操作的程序,就会使得整个程序变得越来越冗长。重复性的工作不仅浪费了编写者大量的时间,而且冗长的程序还会占用大量的内存。把这些具有功能相对完整、结构相对独立的而且经常会用到的公用程序按照一定结构写成固定的程序段,当需要时,可以直接调用,即可解决上述问题。这种能够完成一定功能、可以被其他程序调用的公共程序段称为子程序。子程序可以被主程序或其他子程序调用。采用子程序结构设计,可以使得程序总体架构更加清晰,简化了程序的逻辑结构,而且还便于分块调试,可有效地提高编程效率。现代计算机语言,不论低级语言

或高级语言，都支持主程序、子程序的设计结构，而且高级语言还有专门的语法结构来构建主程序、子程序结构。在 MCS-51 单片机的汇编指令中，虽然没有构建主程序的指令，但却提供了子程序的构建指令即返回指令，因此汇编语言也可以实现子程序的设计。

在 MCS-51 单片机的汇编程序设计中，子程序和主程序结构的一个主要差别就是子程序程序段最后一句有一个子程序返回指令 RET，这是区分主程序和子程序的唯一标志。MCS-51 单片机汇编程序中的子程序的结构格式如下：

```
子程序名:    …          ;子程序代码
             …          ;子程序代码
             …          ;子程序代码
             RET        ;子程序返回
```

由上述结构格式可以看出，子程序名实际是子程序段中第一条指令的标号，即第一条指令的符号地址。其实这一点不难理解，因为只要告知单片机子程序第一条指令的地址，则所有的子程序指令都会被逐一执行，直至碰到子程序返回指令 RET 后自动返回。注意，子程序返回的位置是断点位置。

编写子程序时，需要注意以下几个问题。

(1) 每个子程序必须有个名称，称为子程序名。子程序命名时应尽量体现其功能，以便于程序的阅读和维护。子程序名实际是子程序第一条指令的符号地址。

(2) 明确入口参数与出口参数。入口参数实际上是指程序运行时需要外部输入到子程序的数据以及存放的位置。出口参数则表明了子程序运行完成后的结果存放何处。由于子程序是主程序的一部分，在程序运行时必然会经常发生数据上的联系。在主程序调用需要传递数据(称为参数)的子程序时，主程序需要以某种方式把有关参数(即子程序的入口参数)传递给子程序，当子程序执行完毕时，若需传回子程序的处理结果时，又需要通过某种方式把有关参数(即子程序的出口参数)传递给主程序。在 MCS-51 单片机中，传递参数的方法有以下 3 种：

① 利用累加器 A 或工作寄存器 R*n* 传递。即子程序的入口参数和出口参数都放在累加器 A 或工作寄存器 R*n* 中。当主程序调用子程序时，应把子程序需要的数据送入子程序约定的入口参数寄存器中，当子程序执行时，会到事先约定的寄存器中取出数据进行运算处理，最终的处理结果通过约定的出口参数寄存器传送给主程序。具体应用可参看例 3-49。

② 利用指针寄存器传递参数(指针传递)。一般情况下，数据都是放在数据存储器中的。如果子程序需要处理的数据较多而寄存器不够用时，这就需要直接用存储器来传递参数。利用存储器来传递参数时，主程序只需要将存放数据的起始地址传递给子程序即可，因此利用指针寄存器 R*i*(存放 8 位地址)和 DPTR(存放 16 位地址)传递参数显然方便得多。具体应用可参看例 3-50。

③ 利用堆栈传递参数。利用堆栈传递参数，可以节省工作寄存器，使程序设计更加灵活。利用堆栈传递参数是在子程序嵌套中常采用的一种方法。基本过程是，在主程序调用子程序前，用 PUSH 指令将子程序中所需要的数据压入堆栈，进入子程序后，再用 POP 指令从堆栈中弹出数据，数据处理后，将结果在返回前再压入堆栈。

(3) 注意保护现场和恢复现场。现场是指调用子程序时需要用到的寄存器或存储区。

现场和断点的保护是利用堆栈来实现的，断点的保护和恢复是由硬件自动完成的；而现场的保护需要编程者利用 PUSH 和 POP 指令根据实际情况进行。需要保护的寄存器或者存储单元可以由 PUSH 指令压入堆栈；但在子程序完成工作后，要利用 POP 弹栈指令恢复现场，即把保护到堆栈的数据恢复到原保存位置。PUSH 和 POP 指令是成对出现的，要遵循先出后进的原则。

子程序可以被其他子程序或主程序调用。MCS-51 单片机提供了两种调用指令 LCALL（长调用）和 ACALL（绝对调用），二者只是调用的子程序离主程序的限定距离不同。调用指令的调用格式很简单，即

```
LCALL    Sub1(子程序名)
ACALL    Sub2(子程序名)
```

在一个子程序中可以调用另一个子程序，这种情况称为子程序的嵌套。子程序的嵌套理论上是无限的，但实际上，由于子程序的每次调用都会需要利用堆栈保存断点，受堆栈深度的限制，嵌套次数是有限的，因此嵌套的次数是与设置的堆栈深度直接相关的。

【例 3-49】 编程设计一个子程序，实现对数字 0～9 的平方进行查表。设变量 x 的值存放在累加器 A 中，查表后所求的 x^2 的值放在累加器 A 中。

分析：这是一个利用查表求值的例子。查表程序是一种很有用的程序，利用它可以完成数据转换、补偿与计算功能，特别是复杂的运算。利用查表方式编程，具有程序简单、执行速度快的特点。查表的意义就是根据变量 x 的值，查表求出 $y=f(x)$的值。通常在程序存储器中留出一定的空间，存放所需要的数据表，表中第一个数据的地址称为该表的首地址。

本例中，0～9 数字平方的值放在程序存储器中，可以用

```
MOVC A,@A+DPTR
```

查表，也可以用

```
MOVC A,@A+PC
```

查表。而后者需要考虑指令与常量表的存放位置，为正确查表需要经常修改偏移量 A，使用起来相对麻烦些，所以常用前者，程序设计相对简单灵活。在此，分别用两种指令给出查表子程序。

方法 1（用 DPTR 作为基址寄存器）。

程序如下：

```
;子程序名:     GetSqaVal1
;子程序功能:   求 0～9 的平方子程序
;子程序入口:   (A)=待处理的数
;子程序出口:   (A)=平方值(结果)
               ORG     0100H               ;子程序存放位置,可不写
GetSqaVal1:    MOV     DPTR, #TABsq1       ;设置表格地址
```

```
        MOVC     A, @A+DPTR      ;开始查表
                 RET             ;子程序返回
TABsq1: DB       1, 4, 9, 16     ;平方表格
        DB       25,36,49,64,81
```

方法 2(用 PC 作为基址寄存器)。

程序如下：

```
;子程序名:      GetSqaVal2
;子程序功能:    求 0～9 的平方子程序
;子程序入口:    (A)=待处理的数
;子程序出口:    (A)=平方值(结果)
                ORG     0100H               ;子程序存放位置,可不写
GetSqaVal2:     MOV     DPTR, #TABsq2       ;设置表格地址
                INC     A                   ;修正偏移量 A,查表指令执行时 PC 值指向 RET
                                            ;指令,没有指向表格,A 加 1 后即指向表格
                MOVC    A, @A+PC            ;开始查表
                RET                         ;子程序返回
TABsq2:         DB      1, 4, 9, 16         ;平方表格
                DB      25,36,49,64,81
```

【例 3-50】 设计一个多字节求补的子程序,要求低字节存放在低地址,高字节存放在高地址。

分析：求补码的算法比较简单,即数据“取反加一”。多字节数据的求法在例 3-39 和例 3-42 中已详细讨论过,在此不再赘述。本例要求写成子程序,由于需要子程序处理的数据比较多,因此,数据参数的传递采用利用指针寄存器传递参数的方式(或称为指针传递方式)。入口参数主要有两个：一个是数据首地址指针变量 R0;一个是数据的字节数 R2。出口参数一个：结果存放区的首地址 R1。

程序如下：

```
;子程序名:      GetNegs
;子程序功能:    多字节数的补码子程序
;子程序入口:    (R0)=处理前的数据块首地址
;               (R1)=处理后的数据块首地址
;               (R2)=数据块长度(数据字节数)
;子程序出口:    (R1)=处理后的数据块首地址(返回主程序)
GetNegs:         PUSH    ACC                 ;保护现场
                 MOV     A, R1
                 MOV     R3, A               ;暂存 R1 参数到 R3 中
                 MOV     A, R2               ;计算有符号字节的地址
                 DEC     A
                 ADD     A, R0
                 MOV     R1, A
                 MOV     A, @R1              ;读取带有符号位的字节数据
                 JB      ACC.7, CalNegs      ;负数则开始求补码
```

```
              MOV     A, R0
              MOV     R1, A          ;正数无须求补码,子程序直接
              SJMP    ExitNegSub     ;返回源数据区地址
              ANL     A,#7FH
              MOV     @R1  A
CalNegs:      MOV     A, R3
              MOV     R1, A          ;恢复 R1 参数
              MOV     A, @R0
              CPL     A
              ADD     A, #1
              MOV     @R1, A
              INC     R0
              INC     R1
              DEC     R2
ConT:         MOV     A, @R0
              CPL     A
              ADDC    A, #0
              MOV     @R1, A
              INC     R0
              INC     R1
              DJNZ    R2, ConT
              MOV     A, R3
              MOV     R1, A
ExitNegSub:   POP     ACC            ;恢复现场
              RET                    ;子程序返回
```

【例 3-51】 设计一个延迟 50ms 的子程序,已知单片机的晶振频率是 12MHz。

分析:例 3-47 已经详细分析了 10ms 延迟程序的编程方法,在本例中要求编写 50ms 的延迟子程序,有了延迟 10ms 程序的设计经验,50ms 实际变得很简单了,只要修改一下外循环的循环次数即可,然后给程序的第一条语句加上标号(标号最好能表达程序的功能),最后在延迟程序的末尾加上子程序返回指令就完成了 50ms 延迟子程序的设计。下面给出完整的延迟子程序。

程序如下:

```
;子程序名:     DL50ms
;子程序功能:   实现延迟 50ms 的子程序
;子程序入口:   无
;子程序出口:   无

DL50ms:       MOV    R6,#50      ;外循环,实现延迟 50ms
              ;内循环,实现延迟 1ms 的程序,选用 R7 作为循环计数器
DL1ms:        MOV    R7,#200     ;为 R7 赋值指令,指令周期: 1 个机器周期
DL5us:        NOP                ;空操作, 指令周期: 1 个机器周期
              NOP                ;空操作, 指令周期: 1 个机器周期
```

```
        NOP                         ;空操作，指令周期：1个机器周期
        DJNZ    R7, DL5us           ;DJNZ 指令，指令周期：2个机器周期
        DJNZ    R6, DL1ms           ;外循环判断控制
                RET                 ;子程序返回
```

【例 3-52】 电路如图 3-10 所示，已知单片机的晶振频率是 12MHz，编程实现发光二极管 VL 亮 0.1s 灭 0.1s 的闪烁现象，要求采用模块化技术设计。

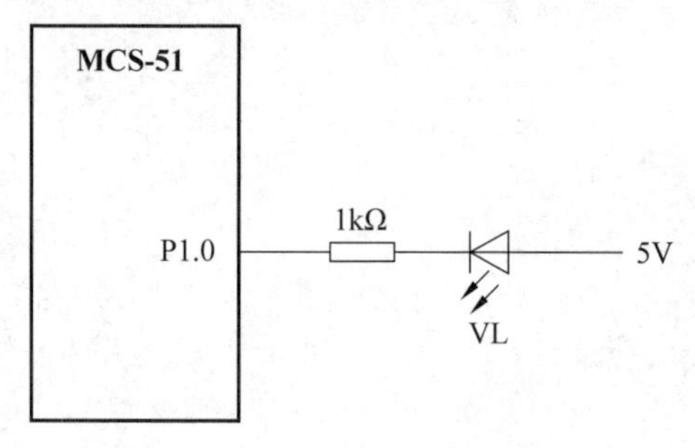

图 3-10　例 3-51 电路图

分析：要求采用模块化设计技术设计，实际是要求采用主程序、子程序结构设计。在本例中，为实现题目要求显然需要 0.1s 的延迟程序，而且在程序中多次用到，因此可以设计一个延迟 0.1s 的子程序，然后在主程序中调用。根据电路，VL 点亮需要令 P1.0 脚为低电平，即送逻辑“0”，可以用位赋值指令实现：

```
CLR  P1.0
```

熄灭 VL 需要令 P1.0 脚为高电平，即送逻辑“1”，可以用位赋值指令实现。

```
SETB  P1.0
```

下面是完整的程序：

```
        ORG     0000H               ;ORG 伪指令
        SJMP    Main                ;复位入口地址处放一条转移至用户程序的
                                    ;转移指令
        ;主程序
        ORG     0030H               ;用户程序从 0030H 单元开始存放，目的是
Main:                               ;避开中断入口地址
        MOV     SP, #6FH            ;设置堆栈地址
        SETB    P1.0                ;设置 VL 的初始状态，熄灭状态
LpLED:  CLR     P1.0                ;点亮 VL
        LCALL   DL100ms             ;调用延迟 0.1s 的子程序，令 VL 亮 0.1s
        SETB    P1.0                ;熄灭 VL
        LCALL   DL100ms             ;调用延迟 0.1s 的子程序，令 VL 灭 0.1s
```

```
            SJMP    LpLED               ;重复上述过程
            ;子程序
            ;子程序名: DL100ms
            ;子程序功能: 实现延迟 0.1s 的子程序
            ;子程序入口: 无
            ;子程序出口: 无
DL100ms:    MOV     R6, #100            ;外循环,实现延迟 100ms,即 0.1s
            ;内循环,实现延迟 1ms 的程序,选用 R7 作为循环计数器
DL1ms:      MOV     R7, #200            ;为 R7 赋值指令,指令周期: 1 个机器周期
DL5us:      NOP                         ;空操作,指令周期: 1 个机器周期
            NOP                         ;空操作,指令周期: 1 个机器周期
            NOP                         ;空操作, 指令周期: 1 个机器周期
            DJNZ    R7, DL5us           ;DJNZ 指令, 指令周期: 2 个机器周期
            DJNZ    R6, DL1ms           ;外循环判断控制
                    RET                 ;子程序返回
            END                         ;程序汇编结束
```

这是一个结构完整的程序,增加了相应的伪指令设置和入口指令,因此可以上机直接调试运行。此外,在主程序中改变 P1.0 的状态还可以用 CPL 指令去实现,这样可以简化程序。

5. 汇编程序综合设计举例

以上各节主要是从某一特定技术结构角度讲解了相应的编程技巧与方法,本节将综合各种编程方法,通过一些应用实例的说明和分析,使读者进一步熟悉 MCS-51 单片机的汇编语言编程方法和技巧。本节中的例程都给出了完整结构,可以直接上机调试运行。

(1) 数据传送类程序设计。在单片机系统中,由于数据、程序都保存在 CPU 外部的存储器中,而程序的执行和数据的处理都是由 CPU 来完成的,因此数据(包括指令的读取)传送类操作是计算机最常见、最频繁的一类操作。MCS-51 单片机同样如此,单片机系统内的数据传输主要是内部数据存储器(即内部 RAM)、外部数据存储器(外部 RAM)以及程序存储器之间的数据传输。单片机的输入输出接口从编址上看属于内部 RAM,因此对于输入输出接口的操作也属于存储器间数据传输的范畴。由此可见,掌握单片机的存储器之间数据传输指令以及编程对于学习应用单片机的重要性。

【例 3-53】 编写程序,首先将片外 RAM 地址 0000H～22FFH 单元的内容初始化为 0FFH,然后将片内 30H～60H 单元中数据搬迁到片外 RAM 中的 1000H～1030H 单元中,并将源数据区清“0”。

分析:本例包含两个任务要求,一是将外部 RAM 的 0000H～22FFH 单元初始化;二是数据搬迁。两个任务分别都具有重复性,而且重复次数可以很容易算出,显然,可以利用计数式循环结构实现任务要求。第一个任务中,循环次数大于 256 次(即 DJNZ 指令的最大计数值),因此必须用双重循环。下面给出完整程序,两个任务通过两个循环结构实现。

```
        ORG     0000H               ;ORG 伪指令
        SJMP    Main                ;复位入口地址处放一条转移至用户
                                    ;程序的转移指令

        ;主程序
        ORG     0030H               ;用户程序从 0030H 单元开始存放,
Main:   ;目的是避开中断入口地址
        MOV     SP,#6FH             ;设置堆栈地址
        ;初始化外部 RAM
        MOV     DPTR,#0000H         ;设置数据地址指针
        MOV     A,#0FFH             ;设置数据变量
        MOV     R7,#23H             ;设置外循环计数次数为 23H 次
LpEx0:  MOV     R6,#0               ;设置内循环计数次数为 256 次
LpIn0:  MOVX    @DPTR, A            ;初始化为 0FFH
        INC     DPTR                ;修改地址指针
        DJNZ    R6,LpIn0            ;内循环判断
        DJNZ    R7,LpEx0            ;外循环判断
        ;数据搬迁
        MOV     R7,#31H             ;设置循环计数次数 31H 次
        MOV     DPTR,#1000H         ;设置目的数据区起始地址指针
        MOV     R0,#30H             ;设置源数据区起始地址指针
LpExD:  MOV     A,@R0               ;读取源数据区数据
        MOVX    @DPTR,A             ;写入目的数据区
        CLR     A
        MOV     @R0,A               ;源数据区数据被清零
        INC     R0
        INC     DPTR
        DJNZ    R7,LpExD

        SJMP    $                   ;程序停止向下运行
        END     ;程序汇编结束
```

(2) 数据运算处理类程序设计。数据运算处理在这里既包括算术逻辑运算,还包括各种数值格式如二进制、十进制、十六进制以及 BCD 码、ASCII 码之间的转换等,涉及内容很多,在此仅举几个例子。

【例 3-54】 多字节数的加法运算。设有两个容量为 X 字节的无符号数分别放在地址以 DatAdr1 和 DatAdr2 开始的内部 RAM 中,相加后的结果要求存放在 DatAdr1 开始的单元。

分析:多字节数的加法运算前面已有例程讲解,在此不再分析,下面直接给出完整程序。

```
        ;用伪指令定义符号常量,使程序更有可读性和通用性
        DatAdr1     EQU     60H
        DatAdr2     EQU     20H
```

```
        X       EQU  8
        ORG     0000H                    ;ORG 伪指令
        SJMP    Main                     ;复位入口地址处放一条转移至用户
                                         ;程序的转移指令

        ;主程序
        ORG     0030H                    ;用户程序从 0030H 单元开始存放,
Main:   ;目的是避开中断入口地址
        MOV     SP, #6FH                 ;设置堆栈地址
        ;初始化部分
        MOV     R0, #DatAdr1             ;设置被加数数据地址指针
        MOV     R1, #DatAdr2             ;设置加数数据地址指针
        MOV     R7, #X                   ;设置字节数
        CLR     C
SumL:   MOV     A, @R0                   ;读取被加数
        ADDC    A, @R1                   ;求和
        MOV     @R0, A                   ;和保存回被加数位置
        INC     R0                       ;修改地址指针
        INC     R1                       ;修改地址指针
        DJNZ    R7, SumL                 ;未完继续
        SJMP    $                        ;程序停止向下运行
        END     ;汇编程序结束
```

【例 3-55】 多字节数的补码运算。设在内部 RAM 中的 30H 单元开始存放了一个 8B 的有符号数(原码),编程求取该原码的补码,结果请保存到内部 RAM 从 40H 开始的单元中。

分析:多字节数的补码的算法已在例 3-50 中进行了详细地分析讨论,把算法写成了一个子程序。求补码子程序在此不再给出,可参看例 3-50。下面例程中只给出了主程序。

```
        ;用伪指令定义符号常量,使程序更有可读性和通用性
        Buf1    EQU  30H
        Buf2    EQU  40H
        N       EQU  8
        ORG     0000H          ;ORG 伪指令
        SJMP    Main           ;复位入口地址处放一条转移至用户
                               ;程序的转移指令
        ;主程序
        ORG     0030H          ;用户程序从 0030H 单元开始存放,
Main:   ;目的是避开中断入口地址
        MOV     SP,#6FH        ;设置堆栈地址
        ;初始化部分
        MOV     R0,#Buf1       ;设置源数据区地址指针
        MOV     R1,#Buf2       ;设置目的数据区地址指针
        MOV     R2,#N          ;设置字节数
```

```
        LCALL    GetNegs                    ;调用求补码子程序
        SJMP     $                          ;程序停止向下运行

        ;子程序
;子程序名:  GetNegs
;子程序功能:求多字节数的补码子程序
;子程序入口:(R0)=处理前的数据块首地址;
;             (R1)=处理后的数据块首地址;
;             (R2)=数据块长度(数据字节数);
;子程序出口:(R1)=处理后的数据块首地址(返回主程序)
;子程序代码详见例 3-50
        END;汇编程序结束
```

【例 3-56】 在多个单字节无符号数中查找最大数。设内部 RAM 从 60H 开始的单元中存放着 8 个无符号数,找出最大数,并将其保存到片内 30H 单元中。

分析:本例要求查找无符号数最大数。本例采用以下算法:把相邻两个数比较,大数向下沉,最后找出最大数。设 R0 为数据指针变量;R2 为计数器,存放比较的次数,比较次数等于无符号个数减一。在此,采用子程序结构编写。

程序如下:

```
        ;用伪指令定义符号常量,使程序更有可读性和通用性
        Buf1     EQU  60H
        N        EQU  8

        ORG      0000H          ;ORG 伪指令
        SJMP     Main           ;复位入口地址处放一条转移至用户
                                ;程序的转移指令

        ;主程序
        ORG      0030H          ;用户程序从 0030H 单元开始存放
Main:                           ;目的是避开中断入口地址
        MOV      SP, #6FH       ;设置堆栈地址
        ;初始化部分
        MOV      R0, #Buf1      ;设置数据地址指针
        MOV      R2, #N         ;设置字节数
        LCALL    GetMAX         ;调用求最大数子程序
        MOV      30H, A         ;结果保存
        SJMP     $              ;程序停止向下运行

        ;子程序
子程序名:    GetMAX
;子程序功能: 查找无符号数最大值子程序
;子程序入口: (R0)=处理前的数据块首地址;
;            (R2)=数据块长度(数据字节数)
;子程序出口: (A)=处理后的结果(返回给主程序)
```

```
GetMAX:  CLR     C
MAX:     MOV     A,@R0            ;第 1 个数据送 R3
         MOV     R3,A
         INC     R0               ;指向下一个数
         MOV     A,@R0            ;取向下一个数
         SUBB    A,R3             ;后一位数据减前一位数
         JNC     Lop              ;后无借位,后一位数大,则不交换
         MOV     A,R3             ;否则,交换数据
         XCH     A,@R0            ;大数下沉
         DEC     R0
         XCH     A,@R0            ;小数则上浮
         INC     R0
         SJMP    Lop1
Lop:     ADD     A,R3
         MOV     @R0,A
Lop1:    DJNZ    R2,MAX           ;继续比较
         RET                      ;子程序返回

         END     ;汇编程序结束
```

本算法的特点是采用类似排序法来查找最大数,缺点是改变了原存储区数据。当然,也可以在排序前先读取到缓存区再排序。求取最大数算法很多,若要求不改变原存储区数据来查找最大值的算法留给读者思考完成。

【例 3-57】 编程将一个 8 位二进制数转化为三位 BCD 码。设内部 RAM 中的 30H 单元存放着一个 8 位二进制数,将其转换为 BCD 码,并将结果保存到片内 RAM 从 40H 开始的单元中。

分析:本例是将一个 8 位二进制数转化为三位 BCD 码的码制转换程序设计,算法是除以 100 取整则得百位数,余数除以 10 取整得十位数,余数即为个位数。算法写成子程序。

```
        ;用伪指令定义符号常量,使程序更有可读性和通用性
        Buf1    EQU     30H
        Buf2    EQU     40H
        ORG     0000H           ;ORG 伪指令
        SJMP    Main            ;复位入口地址处放一条转移至用户
                                ;程序的转移指令
        ;主程序
        ORG     0030H           ;用户程序从 0030H 单元开始存放,
Main:                           ;目的是避开中断入口地址

        MOV     SP,#6FH         ;设置堆栈地址
        ;初始化部分
        MOV     R0,#Buf2        ;设置被加数数据地址指针
        MOV     A,Buf1          ;传送 8 位二进制数
        LCALL   BinBCD          ;调用 BCD 码转换子程序
        SJMP    $               ;程序停止向下运行
```

```
    ;子程序;
子程序名:    BinBCD
;子程序功能:BCD码转换子程序
;子程序入口:; (A)=待处理后的二进制数
;子程序出口:(R0)=处理后的结果存放数据首地址(返回给主程序)

BinBCD:  MOV    B, #100
         DIV    AB            ;除以 100,求百位数
         MOV    @R0,          A ;存放百位
         INC    R0            ;指向下一个地址
         MOV    A, #10        ;除以 10,求十位数
         XCH    A, B
         DIV    AB            ;除以 10,A 中为十位数,B 为个位
         SWAP   A
         ADD    A, B
         MOV    @R0, A        ;保存转换结果
                RET           ;子程序返回
         END    ;汇编程序结束
```

(3) I/O 接口操作类程序设计。

【例 3-58】 编程实现下移跑马灯程序。即每个发光二极管点亮 0.2s 后熄灭,然后相邻的发光二极管再点亮 0.2s 后熄灭,方向自上而下。跑马灯控制电路如图 3-11 所示,当 P1.0 输出为高电平即逻辑"1"时,VL1 熄灭,否则,输出为低电平时即逻辑"0",VL1 点亮。

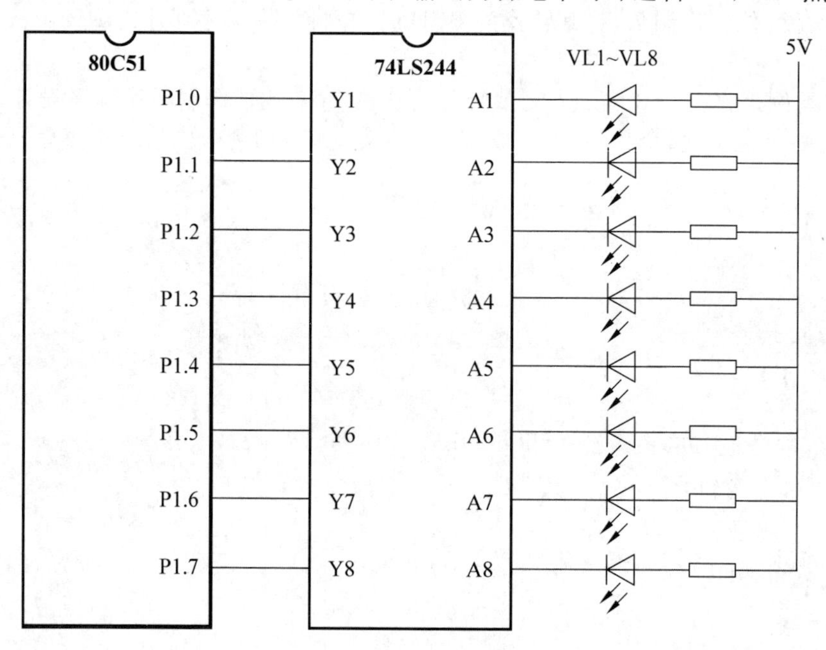

图 3-11 跑马灯电路

分析:本例是一个 I/O 控制操作的程序设计题。实现的思路是统一为 P1 口赋值

0FEH,点亮 VL1,然后 P1 口值循环右移,即可实现,每次移位的时间间隔 0.2s。

程序如下:

```
            ORG     0000H              ;ORG 伪指令
            SJMP    Main               ;复位入口地址处放一条转移至用户程序的
                                       ;转移指令
            ;主程序
            ORG     0030H;             用户程序从 0030H 单元开始存放,目的是
Main:       ;避开中断入口地址
            MOV     SP,#6FH            ;设置堆栈地址
            MOV     P1,#0FEH           ;设置跑马灯的初始状态,VD1 亮
LpLED:      LCALL   DL200ms            ;调用延迟 0.2s 的子程序,令其亮 0.2s
            MOV     A,P1               ;点读取 P1 的状态值
            RL      A                  ;循环左移
            MOV     P1,A               ;左移后的值写回 P1 口
            SJMP    LpLED              ;重复上述过程。

            ;子程序;
;子程序名:  DL200ms
;子程序功能:实现延迟 200ms 的子程序
;子程序入口:无
;子程序出口:无

DL200ms:    MOV     R6,#200            ;外循环,实现延迟 200ms,即 0.2s
            ;内循环,实现延迟 1ms 的程序,选用 R7 作为循环计数器
DL1ms:      MOV     R7,#200            ;为 R7 赋值指令,指令周期: 1 个机器周期
DL5us:      NOP                        ;空操作,指令周期: 1 个机器周期
            NOP                        ;空操作,指令周期: 1 个机器周期
            NOP                        ;空操作,指令周期: 1 个机器周期
            DJNZ    R7,DL5us           ;DJNZ 指令,指令周期: 2 个机器周期
            DJNZ    R6,DL1ms           ;外循环判断控制
                    RET                ;子程序返回
                    END                ;汇编程序结束
```

【例 3-59】 编程实现由外到里的双向跑马灯程序。即每个 VL 点亮 0.3S 后熄灭,然后相邻的 VL 再点亮 0.3s 后熄灭,方向自外而里。跑马灯的控制电路如图 3-9 所示,当 P1.0 输出为高电平即逻辑"1"时,VL1 熄灭,否则,输出为低电平时即逻辑"0",VL1 点亮。

分析:本例是一个 I/O 控制操作的程序设计题。实现的思路为 P1 口赋值 4 组值,分别是 7EH、0BDH、0DBH、0E7H 即可,改变的时间间隔是 0.3s。

程序如下:

```
            ORG     0000H              ;ORG 伪指令
            SJMP    Main               ;复位入口地址处放一条转移至用户程序的
                                       ;转移指令
```

```
            ;主程序
            ORG     0030H           ;用户程序从 0030H 单元开始存放,目的是
Main:       ;避开中断入口地址
            MOV     SP,#6FH         ;设置堆栈地址

LpLED:      MOV     P1,#7EH         ;点亮最外侧发光二极管,即 VL1 和 VL8 亮
            LCALL   DL300ms         ;调用延迟 0.3s 的子程序,令其亮 0.3s
            MOV     P1,#0BDH        ;点亮 VL2 和 VL7
            LCALL   DL300ms         ;调用延迟 0.3s 的子程序,令其亮 0.3s
            MOV     P1,#0DBH        ;点亮 VL3 和 VL6
            LCALL   DL300ms         ;调用延迟 0.3s 的子程序,令其亮 0.3s
            MOV     P1,#0E7H        ;点亮 VL4 和 VL5
            LCALL   DL300ms         ;调用延迟 0.3s 的子程序,令其亮 0.3s
            ;
            SJMP    LpLED           ;重复上述过程

            ;子程序
;子程序名:   DL300ms
;子程序功能: 实现延迟 300ms 的子程序
;子程序入口: 无
;子程序出口: 无

DL300ms:    MOV     R6,#240         ;外循环,实现延迟 300ms,即 0.3s
            ;内循环,实现延迟 1ms 的程序,选用 R7 作为循环计数器
DL1ms:      MOV     R7,#250         ;为 R7 赋值指令,指令周期: 1 个机器周期
DL5us:      NOP                     ;空操作, 指令周期: 1 个机器周期
            NOP                     ;空操作, 指令周期: 1 个机器周期
            NOP                     ;空操作, 指令周期: 1 个机器周期
            DJNZ    R7,DL5us        ;DJNZ 指令, 指令周期: 2 个机器周期
            DJNZ    R6,DL1ms        ;外循环判断控制
                    RET             ;子程序返回
                    END             ;汇编程序结束
```

习 题 3

1. 什么是单片机的指令和指令系统？
2. 简述 MCS-51 单片机汇编语言指令格式以及汇编语言程序语句的类别。
3. 简述 MCS-51 单片机的寻址方式以及各寻址方式所涉及的寻址空间。
4. 指明下列指令中的源操作数的寻址方式。

```
MOV    A,#18H
MOV    R6,29H
XCH    A,@R1
```

```
MOVX  @R0,A
ANL   A,R2
MOVC  A,@A+DPTR
MOV   C,ACC.0
```

5. 若要完成以下的数据传送，应如何用 MCS-51 单片机的指令来实现？

(1) R1 的内容传送到 R0；

(2) 外部 RAM 20H 单元的内容传送到 R0；

(3) 外部 RAM 20H 单元的内容传送到内部 RAM 20H 单元；

(4) 外部 RAM 1000H 单元的内容传送到内部 RAM 10H 单元；

(5) ROM 2000H 单元的内容传送到 R0；

(6) ROM 2000H 单元的内容传送到内部 RAM 20H 单元；

(7) ROM 2000H 单元的内容传送到外部 RAM 20H 单元。

6. 分析下列指令的执行结果，并写出每条指令的机器码。

```
MOV    A, #10H
MOV    DPTR,#2020H
MOVX   @DPTR, A
MOV    20H, #30H
MOV    R0, #20H
MOV    A,@R0
```

7. 间接转移指令 JMP @A+DPTR 有何优点？为什么它能代替众多的判跳指令？试举例说明。

8. 设内部 RAM 中的 30H 单元的内容为 40H，即(30H)＝40H，还知(40H)＝10H，(10H)＝00H，(P1)＝0CAH。执行以下指令后，各相关存储器单元、寄存器以及端口的内容(即 R0、R1、A、B、P2、40H、30H、10H 单元)。

```
MOV  R0, #30H
MOV  A, @R0
MOV  R1 , A
MOV  B, @R1
MOV  @R1, P1
MOV  P2, P1
MOV  10H,#20H
MOV  30H,10H
```

9. 指出以下程序依次执行后每一条指令的执行结果。已知(A)＝21H，(30H)＝19H，(44H)＝60H。

```
MOV  A, #0F0H
CPL  A
ANL  30H,A
ORL  30H,#00H
XRL  44H,A
```

10. 指出以下程序依次执行后每一条指令的执行结果。已知(CY)=1。

```
MOV  A,#0AAH
CPL  A
RLC  A
RL   A
CPL  A
RRC  A
RR   A
```

11. 若(SP)= 25H,(PC)= 2345H,标号 LABLE 代表的地址为 3456H,试判断下面两条指令的正确性,并说明原因。

(1) LCALL　LABLE

(2) ACALL　LABLE

12. 使用位操作指令实现下列逻辑操作,要求不得改变未涉及位的内容。

(1) 使 ACC.0 置"1";

(2) 清除累加器的高 4 位;

(3) 清除 ACC.0、ACC.1、ACC.2 和 ACC.3。

13. 试编写程序,将内部 RAM 的 20H～22H 这 3 个连续单元的内容依次存入数 2FH、2EH 和 2DH。

14. 编写程序,查找内部 RAM 20H～50H 单元中是否有 0AAH 这一数据。若有,则将 51H 单元置"1";否则,将其清"0"。

15. 编写程序,查找内部 RAM 20H～50H 单元中出现 00H 的次数,并将查找结果存入 51H 单元。

16. 内存中有两个长度为 4B 且以压缩型 BCD 码形式存放的十进制数,一个存放在 30H～33H 的单元中,一个存放在 40H～43H 单元中。试编写程序求二者之和,结果存放在 30H～33H 中。

17. 编写一个程序,把片外 RAM 从 2000H 开始存放的 8 个数传送到片内 RAM 从 30H 开始的单元中。

18. 设(R0)= 7EH,(DPTR)= 10FEH,片内 RAM 中 7EH 单元的内容为 0FEH,7FH 单元的内容为 38H。试为下列程序的每条指令注释其执行结果。

```
INC  @R0
INC  R0
INC  @R0
INC  DPTR
INC  DPTR
INC  DPTR
```

19. 编写程序,求全班数学课成绩之和与平均分。

20. 编程实现: 2168H+61A0H,结果存入以 30H 开始的内部 RAM 中,低字节存于低地址。

21. 编写程序，实现双字节无符号数的加法运算，要求(R1R0)+(R7R6)→(3130H)。

22. 编写程序，将片外 RAM 中地址为 0 单元的内容与地址为 1 单元的内容交换。

23. 编写程序，将一个保存在片内 RAM 地址 30H 单元中的二进制数转换为十进制数(BCD 码)。

24. 设 20H 单元有一个变量 X，编程实现下列分段函数，结果存入 21H 单元中。

$$Y=\begin{cases}X+1, & X=72\mathrm{H}\\ 26, & X\neq 72\mathrm{H}\end{cases}$$

25. 设自变量 X 存放在内部 RAM 中的 40H 单元，函数值 Y 存放在内部 RAM 中的 41H 单元，编程实现下列分段函数。

$$Y=\begin{cases}X, & X>0\\ 90\mathrm{H}, & X=0\\ X+2, & X<0\end{cases}$$

26. 编写程序，将内部 RAM 40H～60H 单元中的内容传送到外部 RAM 从 00H 开始的单元。

27. 编写程序，将片内 RAM 30H～4FH 地址区间数据缓冲区的内容初始化为 10～41，即(30H)= 10，(31H)= 11，…，(4FH)= 41，然后将该区间 30H～4FH 数据缓冲区的内容复制到片内 RAM 50H～6FH 单元。

28. 编写程序，将片内 RAM 30H～37H 地址区间的数据缓冲区内容初始化为 19H、85H、01H、26H、31H、68H、90H 和 78H，然后将该区间 30H～37H 数据缓冲区的内容复制到片外 RAM 地址从 1010H 开始的存储单元中。

29. 编写程序，将片外 RAM 地址 0100H～0130H 单元的内容搬迁到片内 RAM 30H～60H 的单元中，并将源数据区清“0”。

30. 已知 80C51 单片机的系统时钟频率为 6MHz，设计一软件延迟程序，使延迟时间为 60ms。

31. 已知 80C51 单片机的系统时钟频率为 6MHz，计算下列软件延迟程序的延迟时间。

```
Delay:    MOV     R7, #0F6
Loop:     MOV     R6, #0F0
          DJNZ    R6, $
          DJNZ    R7, Loop
```

32. 编写程序，将片外 RAM 中起始地址为 XBuf 的存储区内、结束字符为 0 的字符串传送到片内 RAM 起始地址为 String0 的存储单元中。

33. 设片内 RAM 60H～6FH 单元作为程序的数据缓冲区，请编程实现对这些单元进行使用前的初始化清“0”任务。

34. 用程序实现 $C=A^2+B^2$，设 A、B 均小于 10。A 存于 30H 单元，B 存于 31H 单元，C 的值保存至 35H 和 36H 单元。

35. 编程实现上移跑马灯程序，发光二极管控制电路如图 3-11 所示。具体要求是，每个发光二极管点亮 0.2s 后熄灭，然后相邻的灯再点亮 0.2s 后熄灭，方向自下而上。当 P1.0 输出为高电平即逻辑“1”时，VL1 熄灭，否则，输出为低电平时即逻辑“0”，VL1 点亮。

36. 编程实现由外到内的双向跑马灯程序，发光二极管控制电路如图3-11所示。具体要求是：每个发光二极管点亮0.5s后熄灭，然后相邻的发光二极管再点亮0.5s后熄灭，方向自外到内。当P1.0输出为高电平即逻辑“1”时，VL1熄灭，否则输出为低电平时即逻辑“0”，VL1点亮。

37. 比较内部RAM中的60H和61H单元中两个无符号数的大小，将大数存入片内RAM中的50H单元，小数存入片内RAM中的51H单元，若相等，则将F0置“1”。

38. 编写程序，将内部RAM 20H～4FH单元中的最大无符号数找出，然后存入片内RAM中的50H单元。

第4章 基于单片机的应用系统设计实例入门

单片机是一种实用性很强的芯片。在学习单片机的过程中,掌握单片机应用系统的设计方法及系统调试软件、设备的使用方法是很重要的一环。

4.1 单片机应用系统设计步骤

一个单片机应用系统应包括软件及硬件两个部分。设计单片机应用系统的步骤如图4-1所示。一般情况下,设计人员首先确定设计目标及电路板需要完成的主要功能,根据功能选择芯片型号,确定电路结构。可使用 Protel DXP 或 Candence 等软件设计电路板的原理图及 PCB(Printed Circuit Board)图,在交付工厂制版后即可制作出印刷电路板。同时,开发人员可利用 Keil 等软件工具设计应用在该电路板上的软件并在已制作完毕的电路板上进行调试,最终将调试成功的软件写入单片机,完成系统设计。

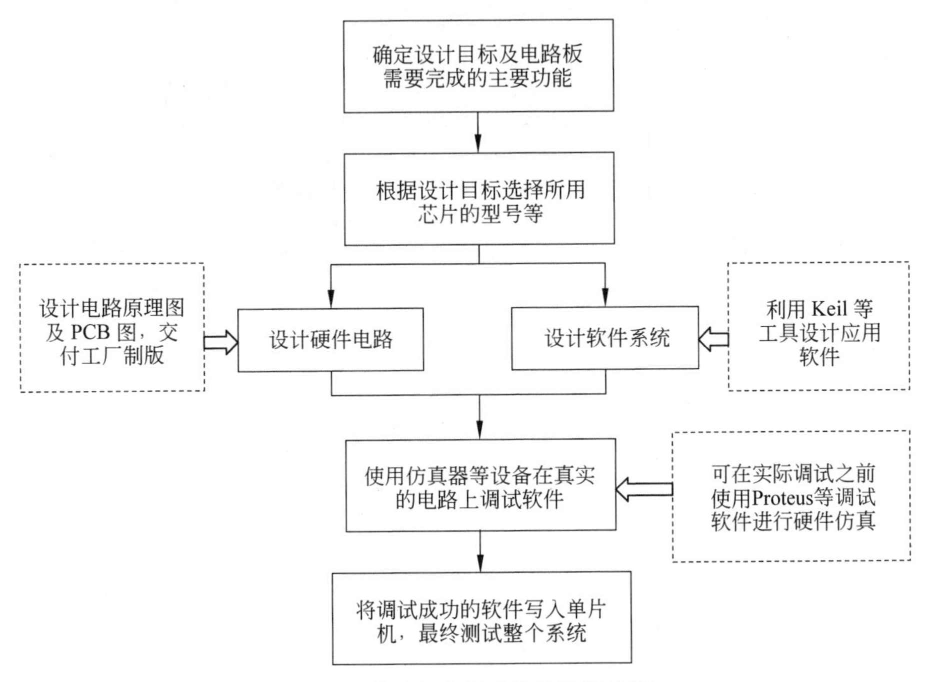

图4-1 单片机应用系统的设计步骤

随着时代的发展,一些 EDA(Electronics Design Automation,电子设计自动化)工具仿真软件逐步流行。如人们可使用 Proteus 软件直接在计算机上仿真单片机及外围器件的功能,不必在真实的电路板上调试即可找出软件存在的问题,降低了调试成本。

根据编写程序的需要,本书中将简要介绍使用 Keil 软件创建工程及调试系统的方法。

同时介绍 Proteus 仿真环境，便于在学习过程中仿真调试。

4.2　单片机应用系统开发环境 Keil C51

Keil C51 是美国 Keil Software 公司出品的 51 系列兼容单片机 C 语言软件开发系统。除了能够调试 C 语言之外，这款软件同样支持调试汇编语言。Keil 提供了包括 C 编译器、宏汇编、链接器、库管理和一个功能强大的仿真调试器等在内的完整开发方案，通过一个集成开发环境(μVision)将这些部分组合在一起。本书以 Keil μVision 5 为例，简单介绍该软件的用法。

4.2.1　Keil 软件建立工程的方法

Keil μVision 5 IDE(Integrated Development Environment)是 Keil Software 公司 2013 年发布的软件开发系统。可支持单片机 C 语言及汇编语言开发系统。本书利用一个例子来介绍该软件编写汇编语言的使用方法。

【例 4-1】　将 00H～09H 这 10 个数据送入内部 RAM 40H 开始的存储空间中。

```
        ORG   0000H
        AJMP  MAIN
        ORG   0030H
MAIN:   MOV   R7,#10        ;共需要存储 10 个数据
        MOV   R0,#40H       ;R0 作为指针指向内部 RAM 40H 单元
        MOV   A,#00H        ;累加器 A 中存入第一个立即数 00H
LOOP:   MOV   @R0,A         ;将第一个数据存入 R0 指向的 40H 单元
        INC   R0            ;指针加 1,指向下一个存储单元
        INC   A             ;准备好需要存入的下一个数据
        DJNZ  R7,LOOP       ;存储次数减 1,不为 0 则循环存储
WAIT:   SJMP  WAIT          ;10 个数据存储完成后在原地等待
        END
```

1. 建立工程

为了调试例 4-1 所示的程序并查看仿真结果，首先应在 Keil 中建立工程项目，而后建立汇编语言文件，写入程序并进行调试，如图 4-2(a)所示。首先新建一个工程文件，命名文件为 eg1.uvproj，并将其保存在指定文件夹中，如图 4-2(b)所示。单击“保存”按钮，会出现如图 4-2(c)所示的对话框，提示用户选择 CPU 型号。不同型号的 CPU 对应不同的运算速度、不同的 ROM/RAM 存储空间及不同的外围电路功能。

2. 新建汇编语言文件

如图 4-3 所示，新建汇编语言文件，命名为 eg1.asm，并保存在与工程项目文件相同的文件夹中。

3. 将文件加入工程项目

如图 4-4(a)所示，右击 Source Group1，在弹出的快捷菜单中选中 Add Existing Files to Group 'Soruce Group 1'，在弹出的对话框中将文件 eg1.asm 加入工程 eg1.uvproj 中，如图 4-4(b)所示。此时文件显示在左侧 Project(工程)窗口中，如图 4-4(c)所示，双击该文件即可编辑汇编语言文件，如图 4-4(d)所示，将要编译的程序输入到文件中，程序关键字将会被彩色显示。

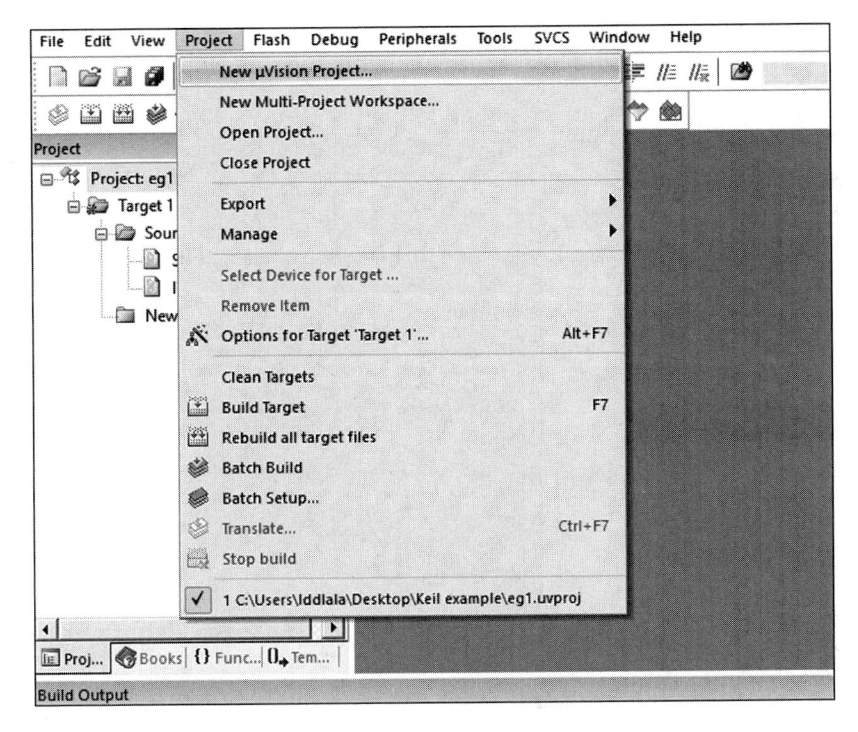

(a) 新建工程

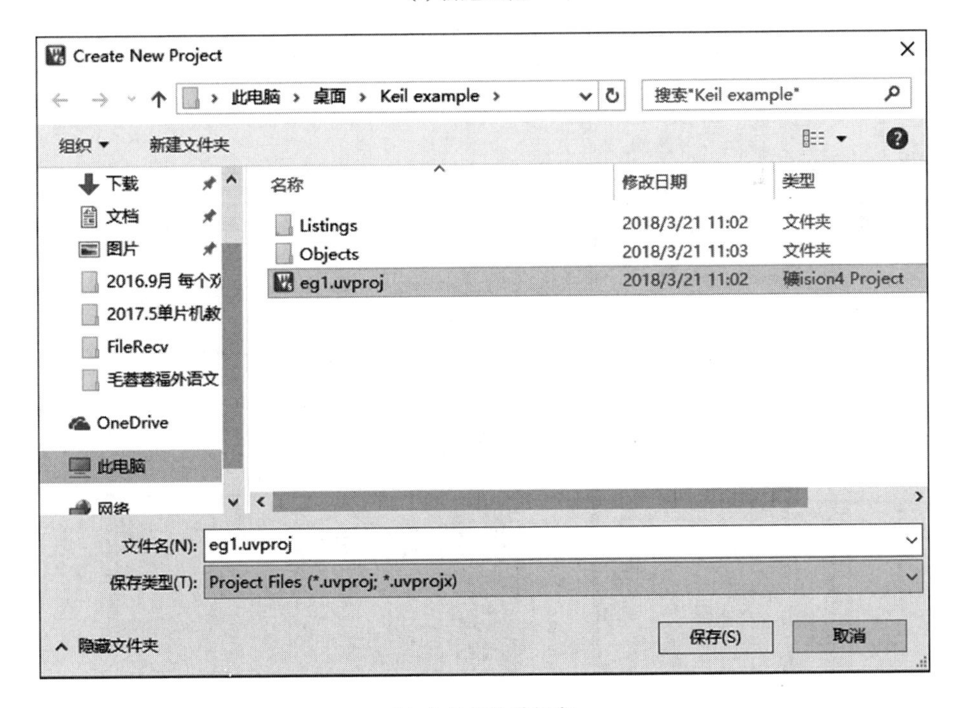

(b) 命名文件并保存

图 4-2 新建一个 Keil 工程项目

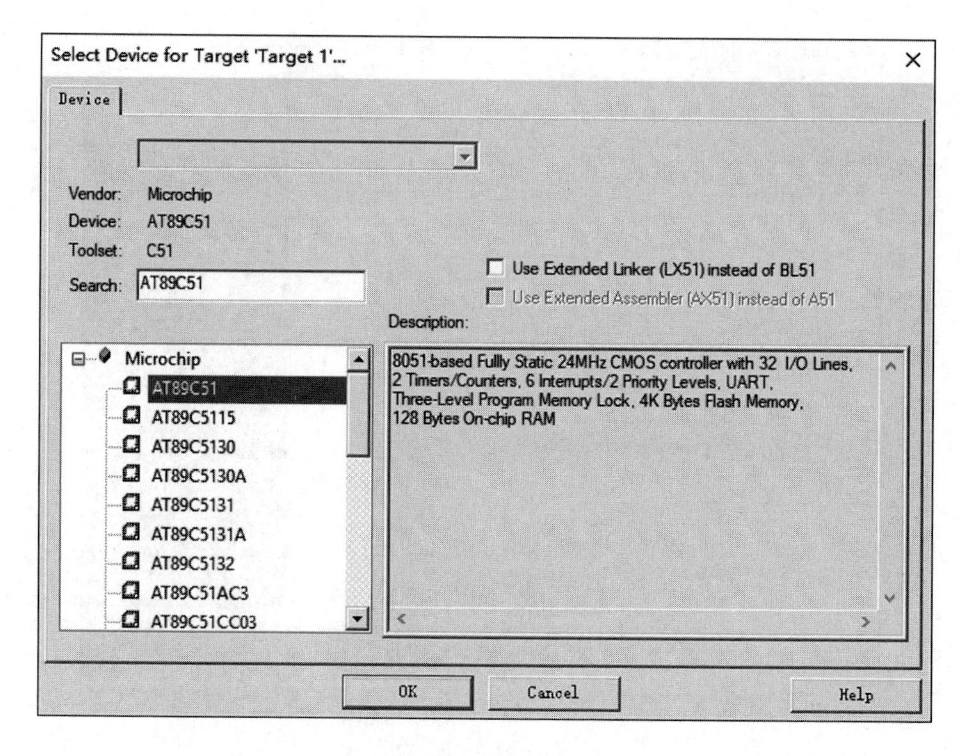

(c) 选择项目需要的 CPU 型号

图 4-2 （续）

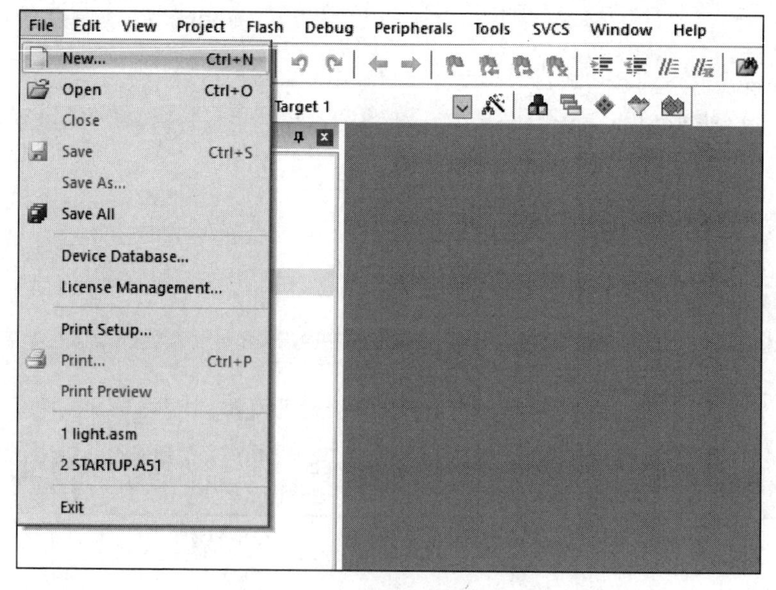

图 4-3 新建汇编语言文件并保存

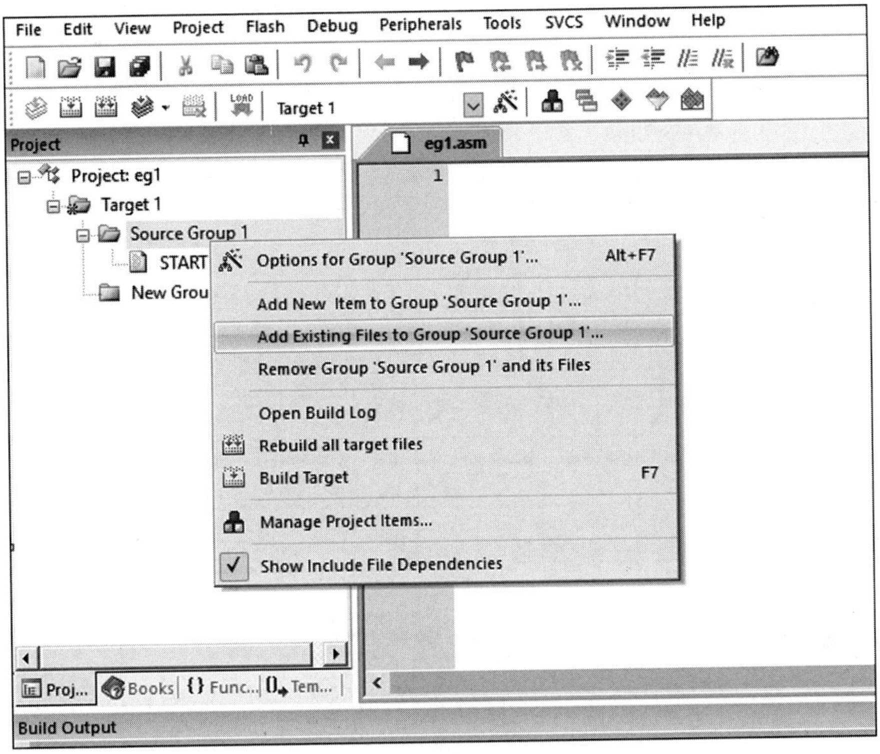

File Edit View Project Flash Debug Peripherals Tools SVCS Window Help

Target 1

Project

eg1.asm

1

Project: eg1

Target 1

Source Group 1

START

New Grou

Options for Group 'Source Group 1'... Alt+F7

Add New Item to Group 'Source Group 1'...

Add Existing Files to Group 'Source Group 1'...

Remove Group 'Source Group 1' and its Files

Open Build Log

Rebuild all target files

Build Target F7

Manage Project Items...

Show Include File Dependencies

Proj... Books {} Func... 0→ Tem...

Build Output

(a) 将文件加入工程

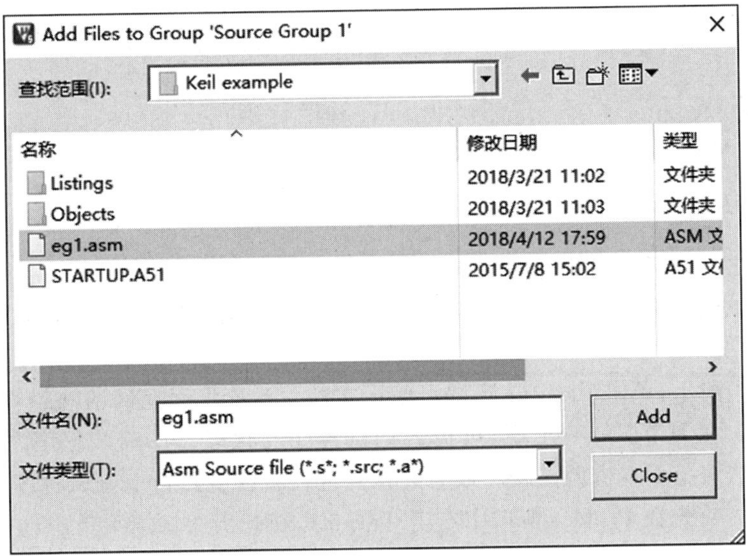

Add Files to Group 'Source Group 1'

查找范围(I): Keil example

名称	修改日期	类型
Listings	2018/3/21 11:02	文件夹
Objects	2018/3/21 11:03	文件夹
eg1.asm	2018/4/12 17:59	ASM 文
STARTUP.A51	2015/7/8 15:02	A51 文

文件名(N): eg1.asm

Add

文件类型(T): Asm Source file (*.s*; *.src; *.a*)

Close

(b) 选择文件并添加

图 4-4　将文件加入项目的过程

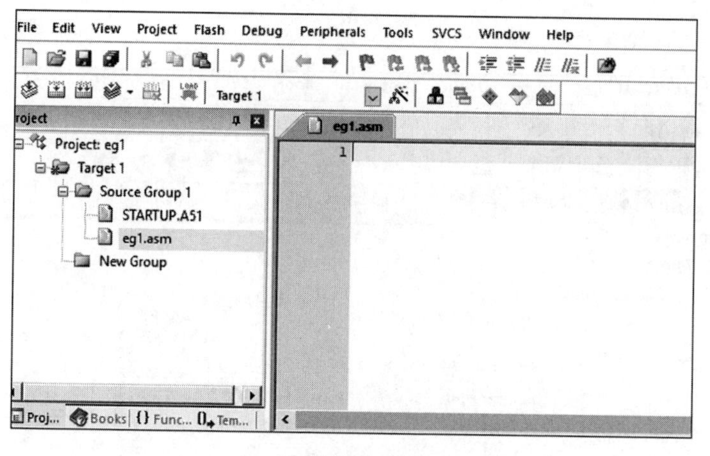

(c) 文件添加成功

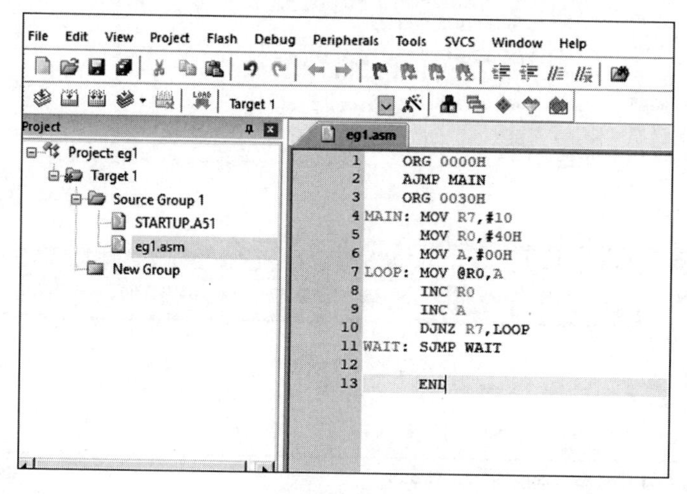

(d) 在文件中编辑汇编语言

图 4-4 （续）

4.2.2 软件仿真调试过程

程序写好之后即可进入软件调试步骤。对于初学者来讲，首次写出的程序大都存在问题，需要通过调试、分析对程序进行修改，更正其中存在的语法错误或逻辑错误，最终达到目标要求。

如图 4-5(a)所示，单击 Build 按钮即可编译文件。系统将存在的语法错误显示在 Build output 窗口中。在无错误的情况下，可进入调试程序的状态。在调试程序之前，可选择是否在软件仿真的情况下本机调试程序或者连接外部设备在电路板上调试程序。具体步骤如图 4-5(b)所示。首先在 Project 窗口中右击 Target1，在弹出的快捷菜单中选中 Options for Target 'Target1'，在弹出的对话框中选中 Debug 选项卡，如图 4-5(c)所示。选择对话框左侧按钮为使用软件模拟状态，右侧按钮则为使用外部仿真器及电路板。对于例题 4-1 而言，使用软件模拟即可查看全部结果。设置完毕后可单击 OK 按钮退出。

如图 4-5(d)所示，单击 Start/Stop Debug Session 按钮，即可开始调试程序。

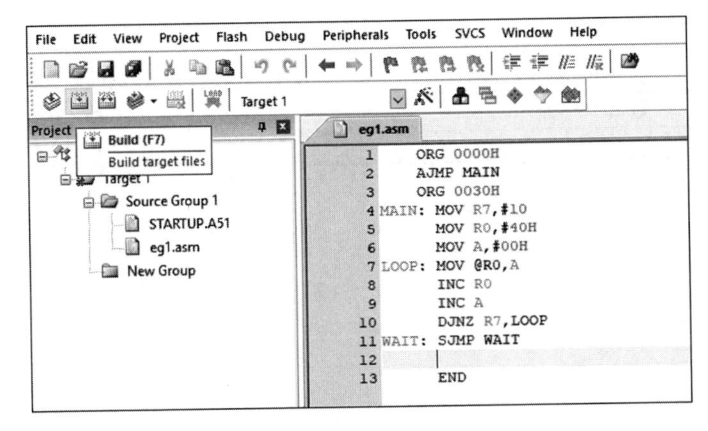

(a) 编译目标文件

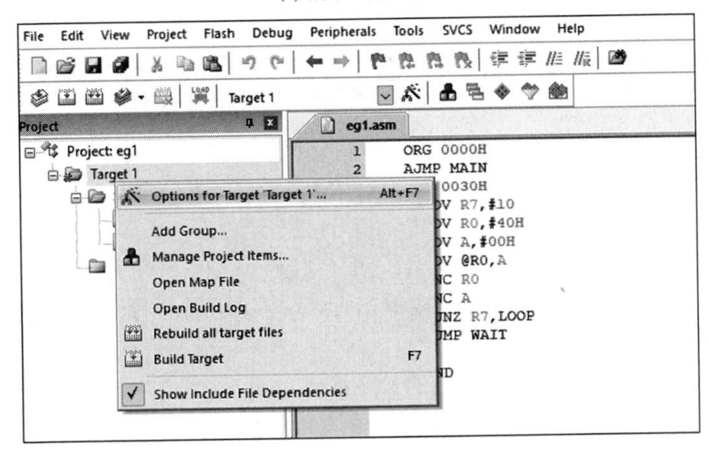

(b) 在文件中编辑汇编语言

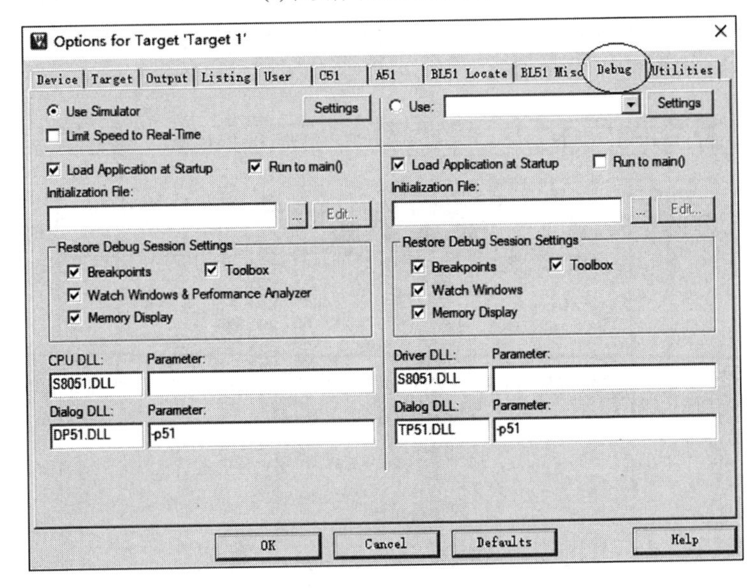

(c) 选择 Debug 选项卡

图 4-5　程序编译及进入调试状态的过程

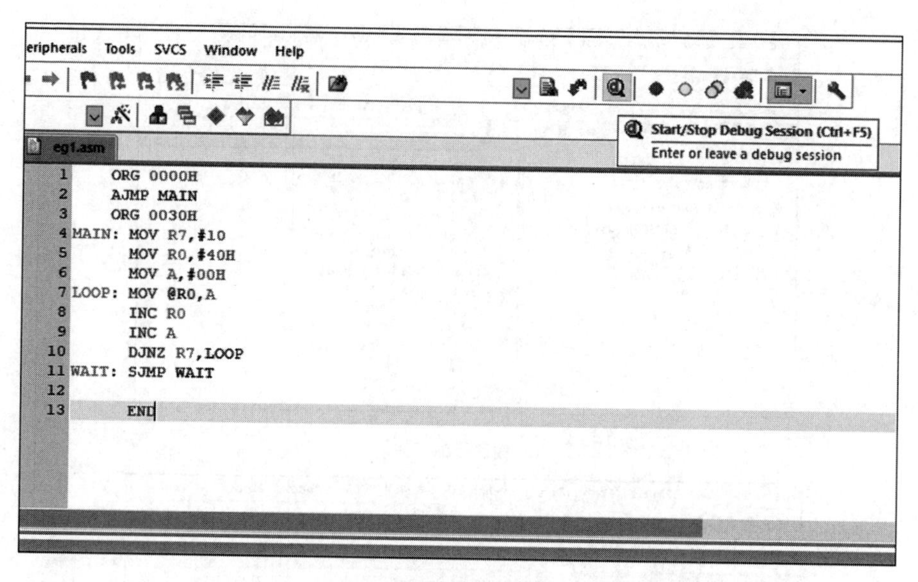

(d) 进入Debug 状态

图 4-5 （续）

进入调试状态之后，可以使用 Step(单步进入)、Step Over(单步跳出)或设置断点等方法分步调试程序查看中间结果。也可直接单击 Run 按钮运行程序。一般情况下，这些按钮快捷键的位置如图 4-6(a)所示。

在此选择设置断点。单击 Run 按钮，运行至断点处，而后在 Memory 窗口中输入地址“D：40H”，即可查看内存中以 40H 开始的存储空间的数据，如图 4-6(b)所示，其中“D”代表查看内部数据存储器中的内容。相应的，若需要查看外部数据存储器的内容，则可输入“X：xxH”；若需要查看程序存储器中的内容，则可输入“C：xxH”。

从程序的运行结果可知程序编写正确，可以进行下一步工作。

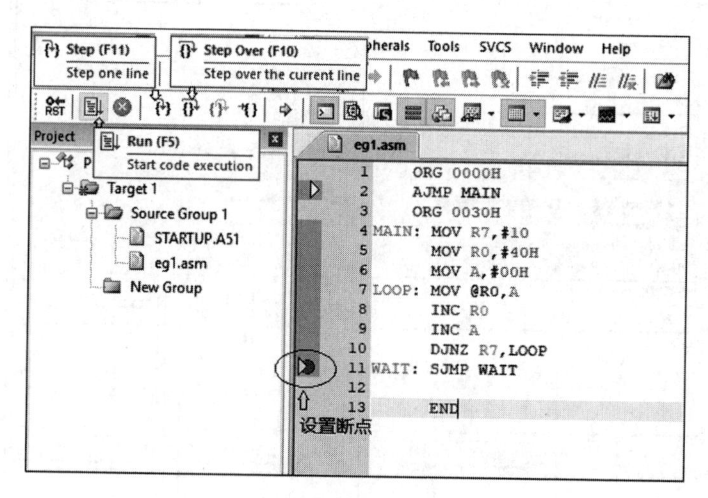

(a) 调试相关的按钮

图 4-6 调试程序

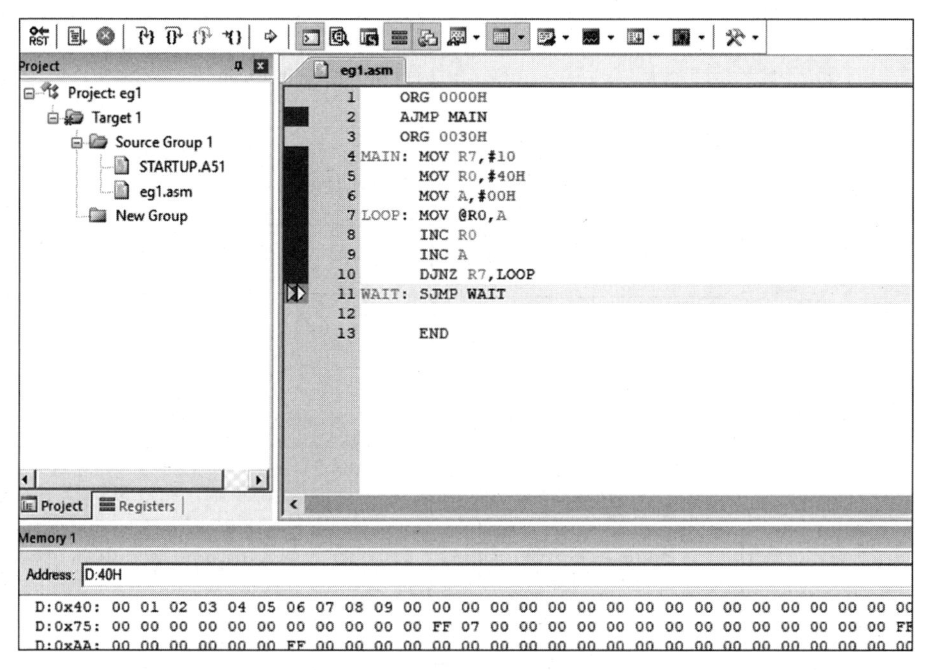

(b) 查看程序执行结果

图 4-6 （续）

4.3 Proteus 仿真平台

Proteus 软件是英国 Labcenter Electronics 公司推出的 EDA 软件。这款软件具备电路仿真、PCB 设计和虚拟模型仿真的功能，在同一平台上就可完成电路原理图设计、电路分析与仿真、电路程序调试与仿真及 PCB 设计的整个电子设计过程。该软件平台的结构如图 4-7 所示。

由图 4-7 可知，Proteus 具备丰富的微控制器库，可仿真 51 系列单片机、AVR 单片机及 ARM 等主流微处理器芯片，同时还可仿真单片机外围器件，例如 ROM、RAM、总线驱动器、可编程外围接口芯片、荧光数码管、液晶显示器、矩阵式键盘、模数转换器和数模转换器。除此之外，Proteus 还可以模拟示波器、逻辑分析仪、信号发生器、电压表及电流表等各种外部测试仪器及信号源，功能较为强大。

在程序调试方面，Proteus 本身可以提供虚拟仿真平台，可全速、单步及断点调试程序，查看寄存器状态。此外，Proteus 也支持如 Keil C51 等外部程序调试平台。

Proteus 还具备 PCB 设计系统，能高效、高质量地完成系统 PCB 设计。由于 Proteus 在没有硬件电路板的情况下可完成电路的仿真调试，有效降低了开发成本，因此该软件的应用也越来越广泛。

本节主要介绍利用 Proteus 进行设计、仿真及调试电路的过程，重点描述 Proteus VSM 的功能。本节首先利用一个虚拟仿真实例——“走马灯的控制”演示这个虚拟仿真平台各个模块的使用方法及整个调试过程。首先设计“走马灯的控制”电路图，而后通过仿真程序控

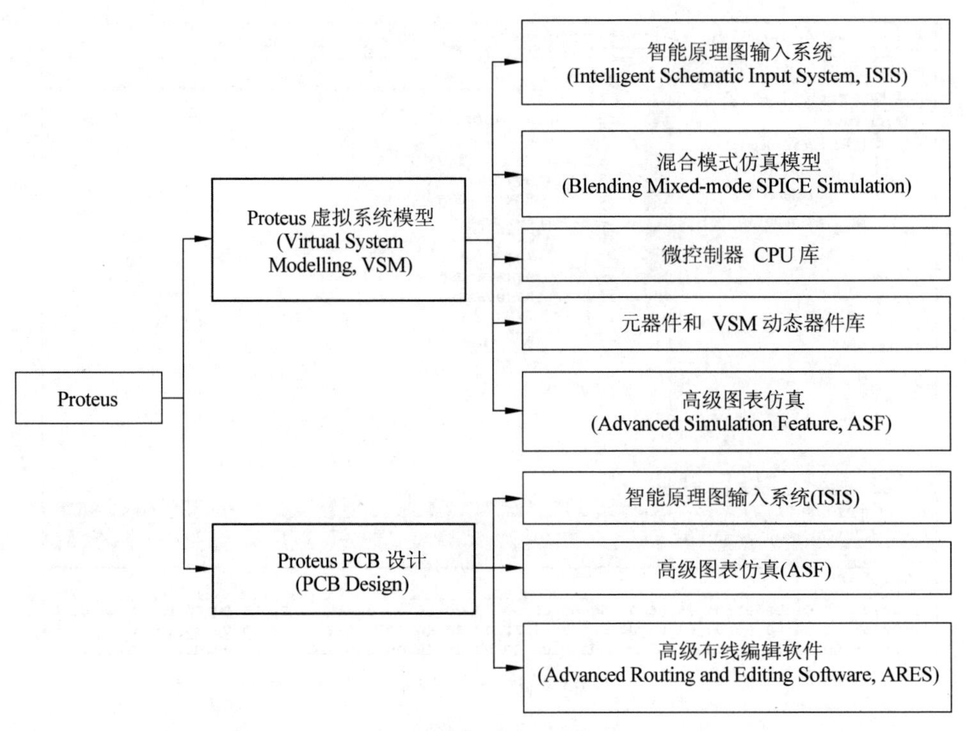

图 4-7 软件平台结构

制该电路,通过实时仿真结果判断电路及程序是否正确。Proteus 设计与仿真流程如图 4-8 所示。由图 4-8 可知,设计及调试源程序既可以使用 Proteus ISIS 平台完成,也可使用 Keil C51 平台完成。本节将对这两种方法分别进行介绍。

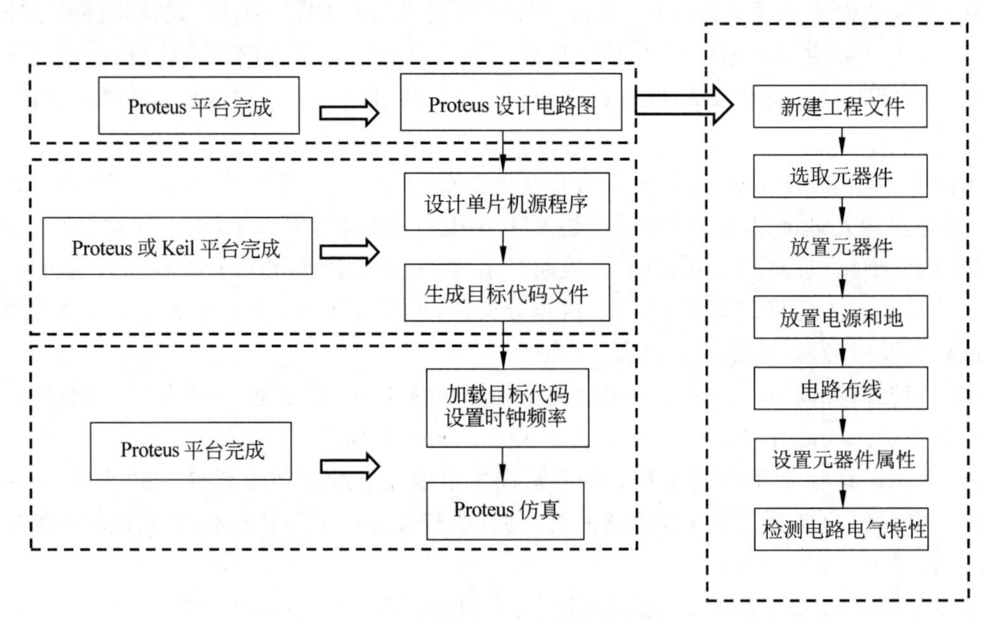

图 4-8 Proteus 设计与仿真流程

4.3.1 使用 Proteus 设计仿真电路图

仿真电路的第一步即为设计仿真电路图。图 4-8 详细说明了 Proteus 设计电路图的流程。首先新建工程文件，而后选取、放置元器件、电源和地，最后进行电路布线，设置元器件属性，并检测电路的电气特性。

1. 新建工程文件及主界面

打开已经安装的 Proteus 软件，选中 File|New Project 菜单选项，即可新建工程。将工程命名并存入合适的文件夹，如图 4-9 所示。单击 Next 按钮，打开 New Project Wizard: Schematic Design 对话框进行原理图设计，如图 4-10 所示。

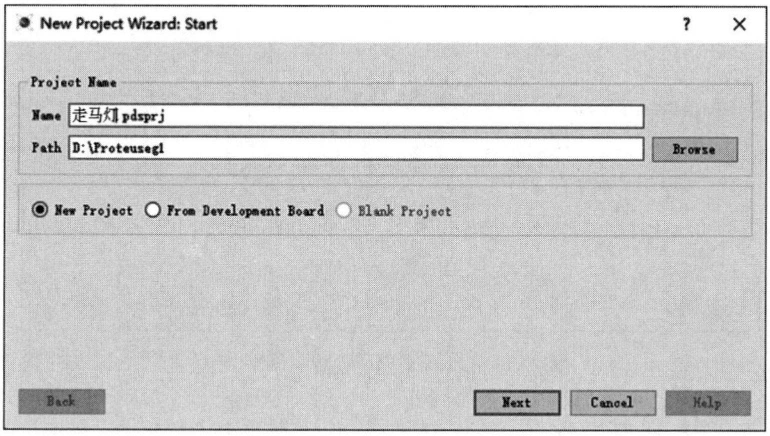

图 4-9　新建工程并命名

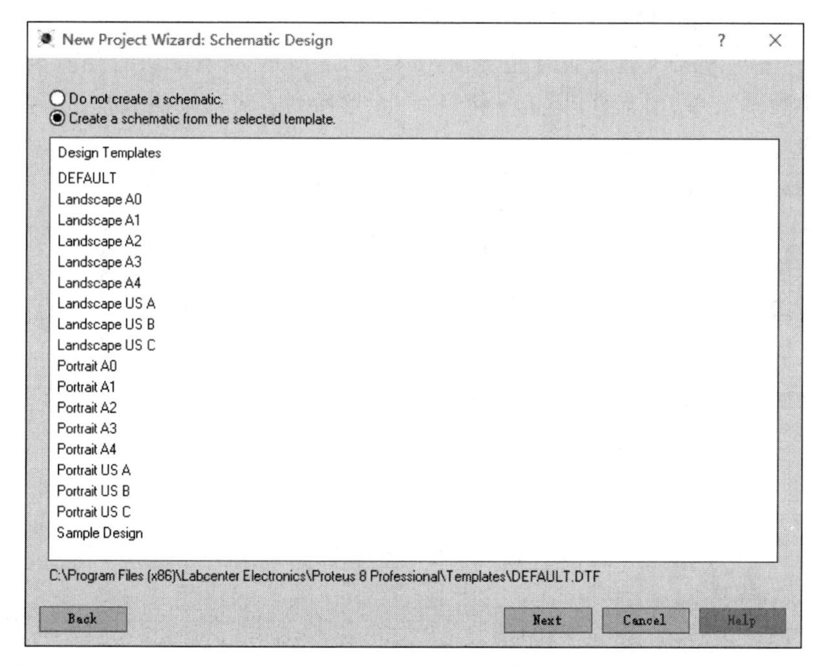

图 4-10　选择原理图模板

选中 Create a schematic from the selected template 单选按钮，即选择原理图模板。选择不同的模板，则原理图图纸会不相同。其中横向图纸以 Landscape 开头，纵向图纸以 Portrait 开头。一般情况下，可选择默认的 DEFAULT 选项，而后单击 Next 按钮，在 New Project Wizard: PCB Layout 对话框中进行 PCB 图纸模板选择，可选择的模板包括双层板、四层板等。如不需要制作 PCB 图，则可以选中 Do not creat a PCB layout 单选按钮，单击 Next 按钮，在 New Project Wizard: Firmware 对话框中进行固件的选择，如图 4-11 所示。

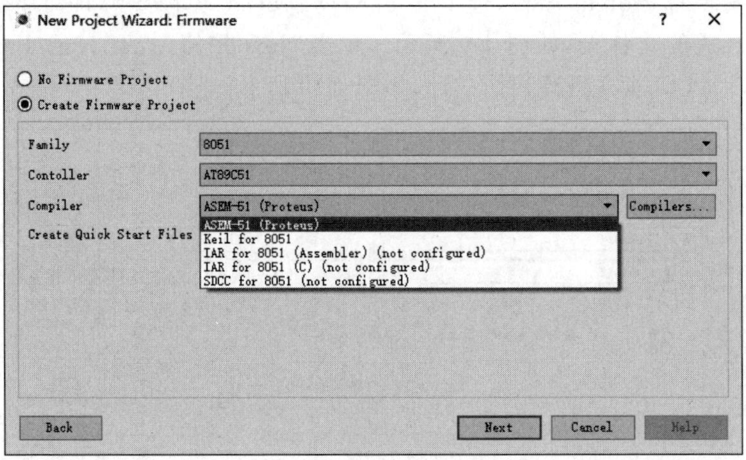

New Project Wizard: Firmware
No Firmware Project
Create Firmware Project
Family
8051
Contoller
AT89C51
Compiler
ASEM-51 (Proteus)
Compilers...
Create Quick Start Files
ASEM-51 (Proteus)
Keil for 8051
IAR for 8051 (Assembler) (not configured)
IAR for 8051 (C) (not configured)
SDCC for 8051 (not configured)
Back
Next
Cancel
Help

图 4-11　选择 CPU 及编译器型号

在此可选择 CPU 所属家族、CPU 具体型号及仿真工程使用的编译器。如图 4-11 所示，选中 8051 内核的 AT89C51 单片机，并选中 Proteus 自带的编译器。单击 Next 按钮，进入 Summary(总结)页面，核对无误单击 Finish 按钮，即可完成工程的建立。此时系统进入包含 AT89C51 单片机的原理图设计主界面，如图 4-12 所示，可开始设计仿真电路图。主界面包含工具栏快捷菜单、预览窗口、工具箱窗口、元器件列表窗口及仿真按钮等主要工具。

主菜单栏
工具栏
不同窗口选择标签
预览窗口
原理图编辑窗口
库管理按钮
元器件选择按钮
元器件列表
工具箱
仿真按钮

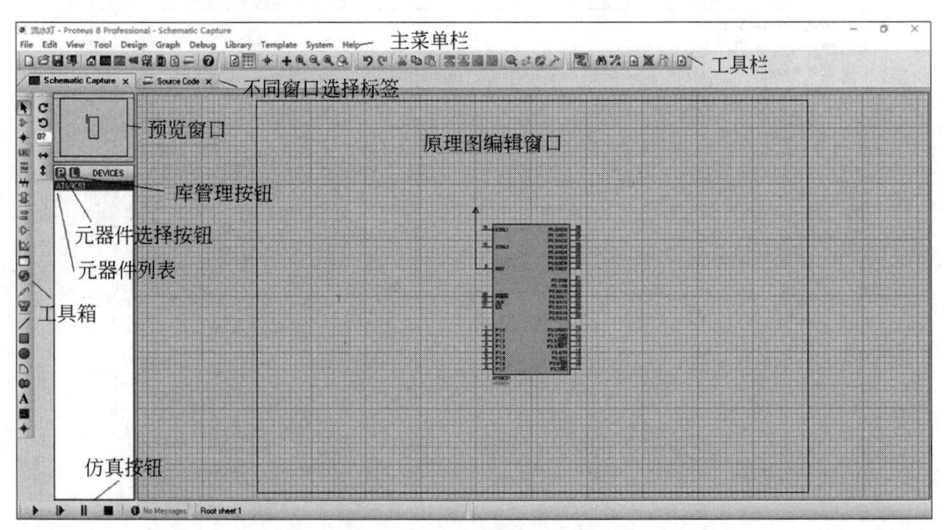

图 4-12　原理图设计主界面

2. 选取元器件

首先，根据仿真工程所要完成的目标确定工程所需要的元器件。对于“走马灯的控制”而言，所需要的元器件列表如表 4-1 所示。

表 4-1 流水灯的控制所需元器件表

器件名称	器件型号	器件名称	器件型号
单片机	AT89C51	发光二极管(红色)	LED-RED
电阻	RES	发光二极管(绿色)	LED-GREEN
排阻	RX8	电容	CAP
晶振	CRYSTAL	电解电容	CAP-ELEC

确定所需元器件之后，可打开 Pick Devices(元器件选择)对话框选取元器件。打开元器件选择窗口的方法有以下 3 种。

(1) 如图 4-13 所示，选中 Library|Pick parts from libraries 菜单选项，打开 Pick Devices 对话框。

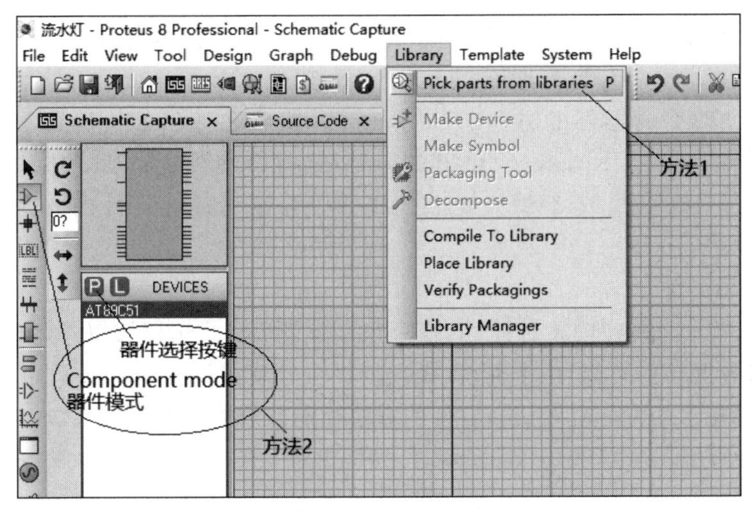

图 4-13 打开元器件选择窗口的方法

(2) 如图 4-13 所示，首先单击左侧工具栏中的器件模式按钮，而后单击 P 按钮进行器件选择，即可打开元器件选择窗口。

(3) 直接按下快捷键 P，也可打开元器件选择窗口。

在 Pick Devices 对话框中输入所需元器件的关键字，可在搜索结果中出现该元器件。双击元器件名称使得该元器件出现在原理图设计窗口的元器件列表中。这个过程如图 4-14 所示。以此类推，将所有的元器件集中在元器件列表中以供设计原理图使用。

3. 放置元器件

在元器件列表中单击需要的元器件，而后在原理图编辑窗口适当的位置单击，元器件就会被放置在编辑区。每单击一次，元器件就会被放置一次。

当用户需要改变元器件的位置时，首先单击该元器件使其处于高亮显示状态，而后拖曳

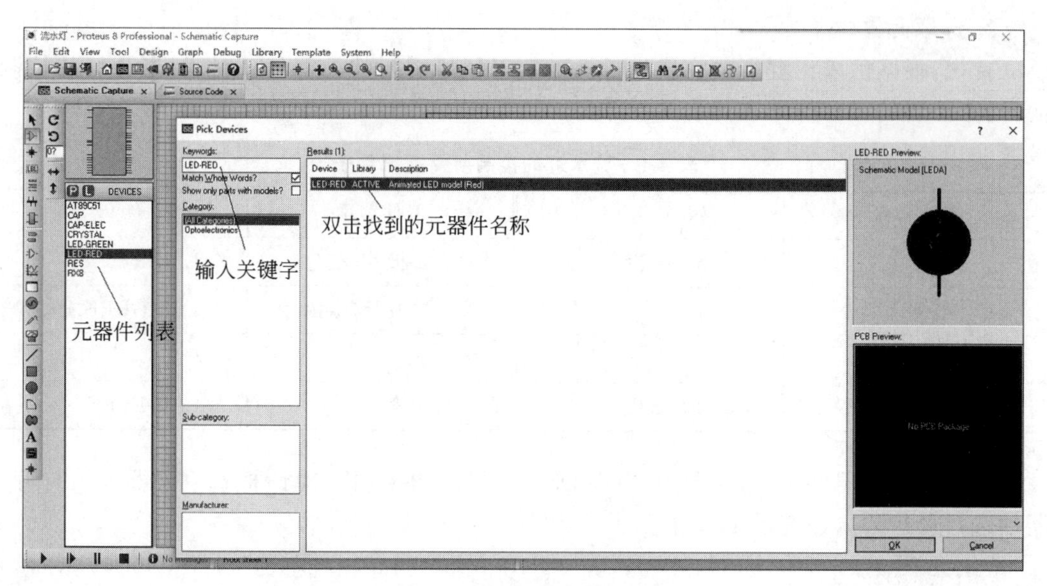

图 4-14　元器件的搜索与选取

鼠标,器件将会跟随鼠标移动到合适位置。如果需要同时移动多个器件,可移动鼠标拖出方形区域,同时选择多个器件拖曳即可。

若用户需要改变元器件的方向,可右击器件,然后在弹出的快捷菜单中选中 Rotate Clockwise(顺时针旋转)、Rotate Anti-Clockwise(逆时针旋转)、Rotate 180 degrees(180°翻转)、X-Mirror(X 轴镜像)或 Y-Mirror(Y 轴镜像)等按钮改变器件的方向。这些按钮如图 4-15 所示。

4. 放置电源和地

如图 4-16 所示,单击"模式选择"工具栏上的终端模式选择按钮,在列表中出现电源、地等选项。与放置器件类似,单击列表中的选项,在原理图编辑窗口合适的位置单击即可。旋转、移动终端标号的方法也与旋转器件的方法相同。放置元器件和电源、地终端之后的电路图如图 4-17 所示。

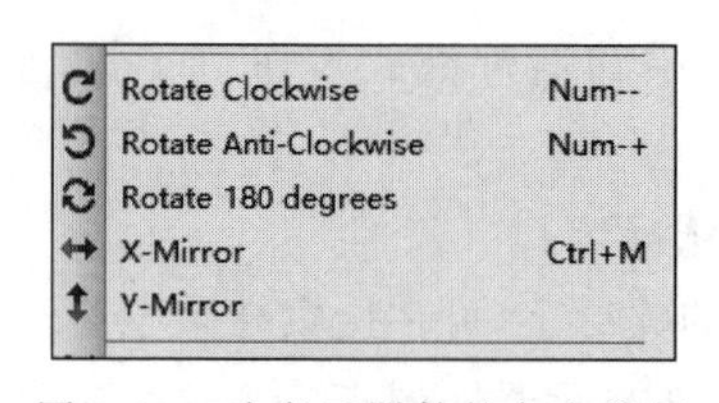

图 4-15　改变元器件的方向按钮

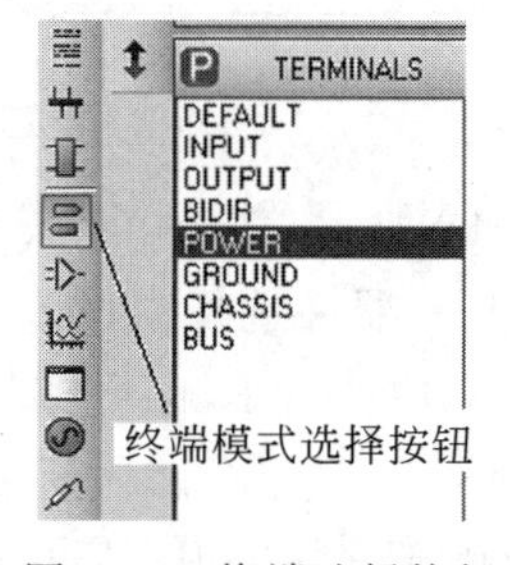

图 4-16　终端选择按钮

5. 电路布线

(1) 绘制导线。一般情况下,系统默认自动布线有效。自动布线按钮如图 4-18 所示。在这种情况下,将光标移动至元器件的引脚会出现红色圆点,单击该引脚,再单击需要连接的另外一个引脚即可出现导线连线。自动布线模式下,导线弯曲都会被系统自动处理为直

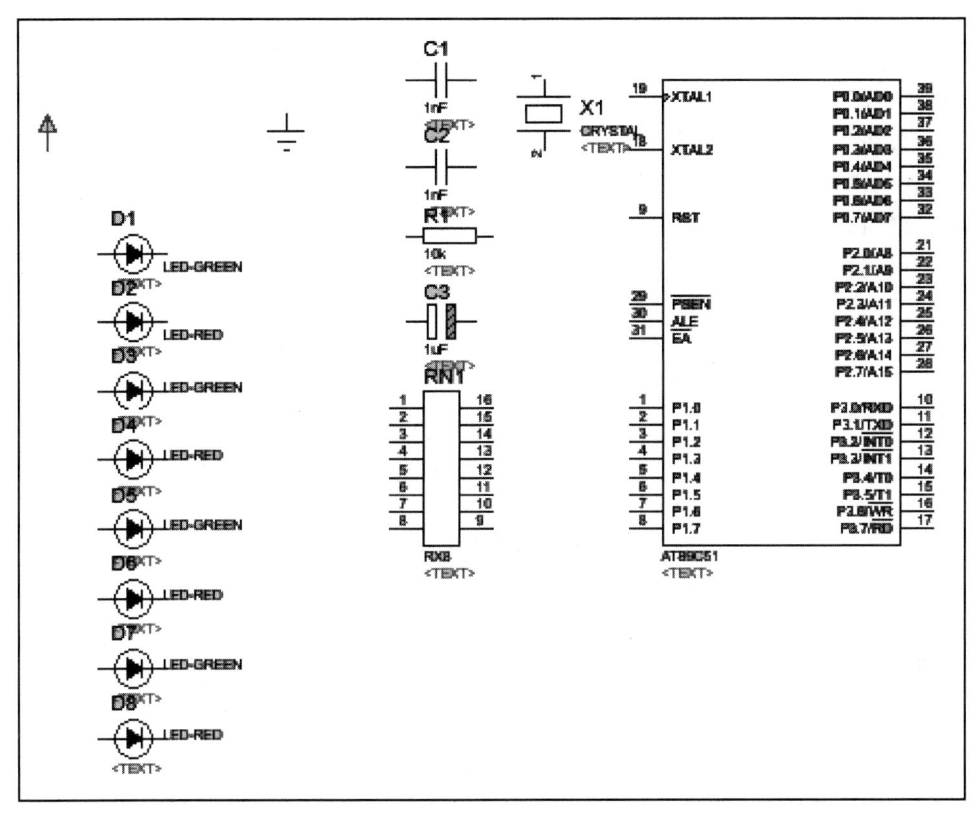

图 4-17　放置元器件及终端

角，遇到障碍物会自动躲避。若导线弯曲不想处理为直角，可单击 Wire Autorouter 按钮取消自动布线或者按住 Ctrl 并可将导线处理为任意角度连接。

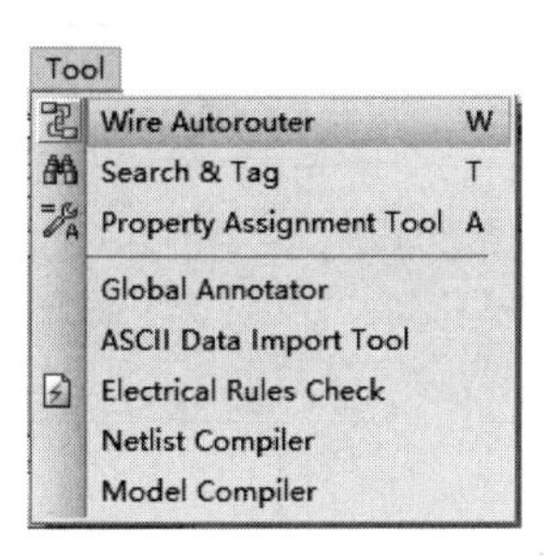

图 4-18　自动布线按钮

（2）绘制总线。为了电路图更加美观，一簇导线有时会被一根总线代替。单击工作模式工具栏上的按钮，即可在电路图绘制区域绘制总线。

在目标区域单击并拖曳即可开始绘制总线，在拐角处单击会产生拐点，在终点双击即可结束总线的绘制。为了使得电路图美观，可将总线的拐角处理为 45°而非 90°，此时与上文所述相同，按住 Ctrl 键或者取消自动布线可达到目的。

总线绘制完成以后，也可绘制总线分支，通常也会把总线分支画成与总线成 45°的相互平行的斜线，45°的拐角画法如上所述。多个总线分支平行，可仅将第一条导线画出，其余导线复制即可。如图 4-21 所示，首先绘出 D1 连接总线的总线分支线，而后双击 D2 需要引出导线的引脚，产生与第一条导线相同的第二条总线分支，以下导线的画法以此类推。在 Proteus 中，绘制电路图中的平行导线都可使用这种方法。

最后放置导线标签。单击"工作模式"工具栏上的LBL，选中 Wire Label Mode 导线标签模式，接着单击想要放置标签的导线的位置，将会出现 Edit Wire Label 编辑标签窗口，输入标签名称即可，已经输入的标签名称将会自动记录在下拉菜单中。如果再次输入同样的标签名称，可直接在下拉菜单中选择，如图 4-19 所示。

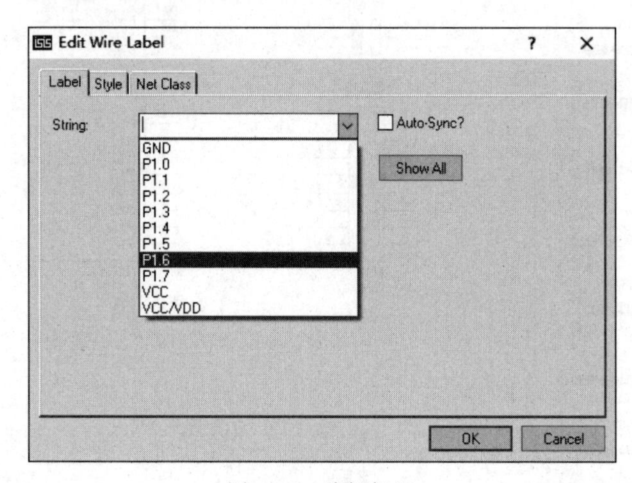

图 4-19 编辑标签

6. 设置元器件属性

双击元器件，出现 Edit Component 对话框，可编辑元器件的基本属性，如修改元器件的名称、数值及封装等，如图 4-20 所示。

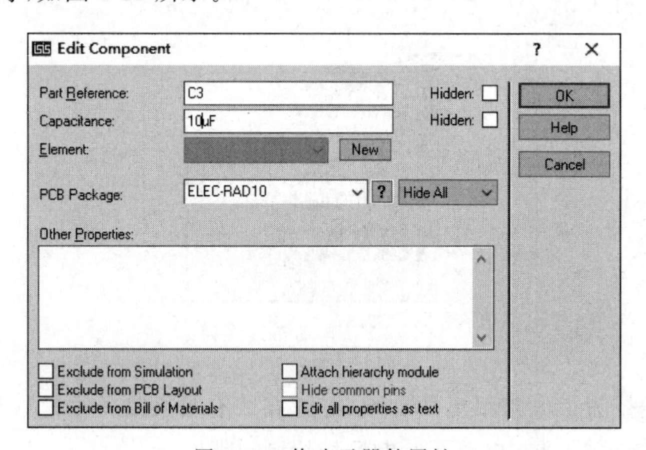

图 4-20 修改元器件属性

完成基本布线及属性修改的电路图如图 4-21 所示。

7. 检测电路电气特性

选中 Tool|Electrical Rules Check 菜单选项或单击相应快捷键，进行电路图的电气检测。本项目的电气检测结果如图 4-22 所示。其中，No ERC errors found 表示没有电气检

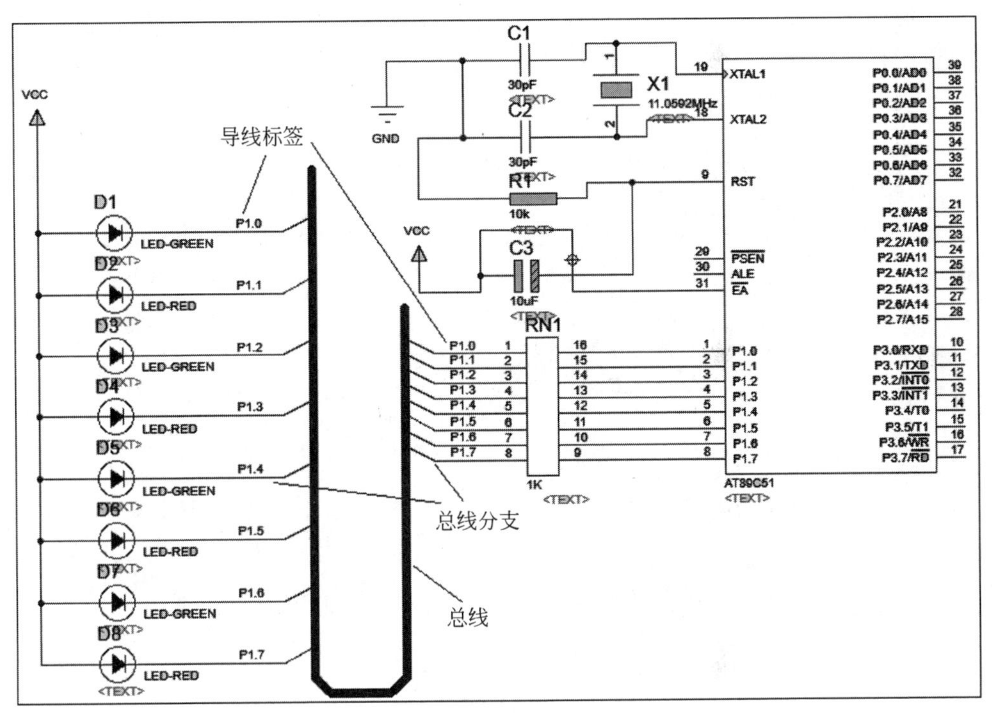

图 4-21　完成基本布线的电路图

测错误。

需要说明的是，若删除单片机最小系统电路，如晶振电路、复位电路及$\overline{\text{EA}}$引脚的电源输入信号，电气检测结果会提示出现错误，如图 4-23 所示，但 Proteus 允许不绘制单片机最小系统的基本电路，因此不会影响仿真结果。一般情况下，为了电路的完整性，建议仍然将单片机最小系统绘制完整。

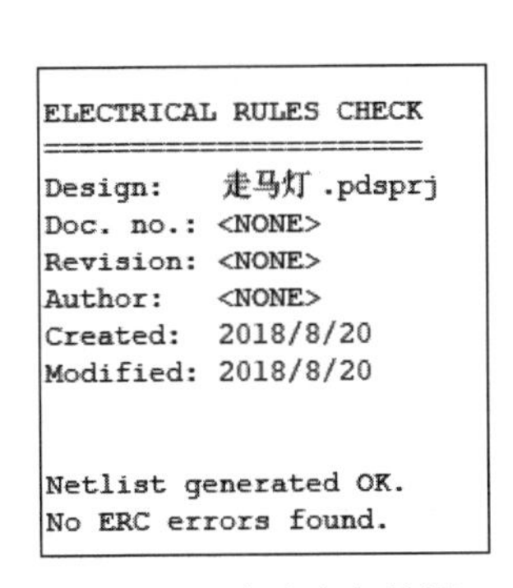
ELECTRICAL RULES CHECK
======================
Design: 走马灯 .pdsprj
Doc. no.: <NONE>
Revision: <NONE>
Author: <NONE>
Created: 2018/8/20
Modified: 2018/8/20

Netlist generated OK.
No ERC errors found.

图 4-22　完成电气检测

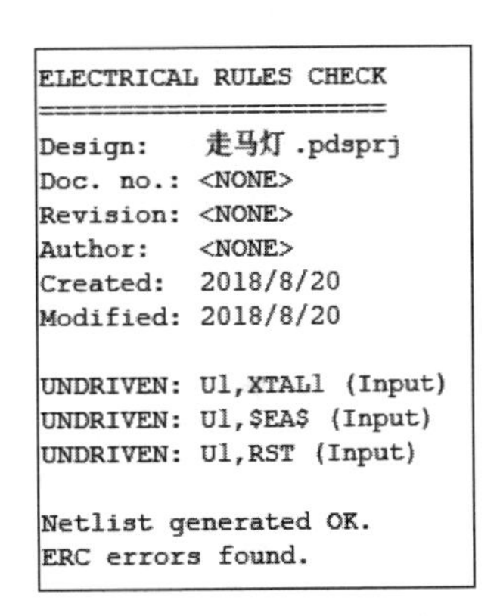
ELECTRICAL RULES CHECK
======================
Design: 走马灯 .pdsprj
Doc. no.: <NONE>
Revision: <NONE>
Author: <NONE>
Created: 2018/8/20
Modified: 2018/8/20

UNDRIVEN: U1,XTAL1 (Input)
UNDRIVEN: U1,EA (Input)
UNDRIVEN: U1,RST (Input)

Netlist generated OK.
ERC errors found.

图 4-23　电气检测的错误提示

4.3.2　使用 Proteus 设计源程序及调试方法

在工程建立之初，如果选中了 Proteus 自带编译器 ASEM-51，Source Code 窗口会在工程建立之后自动出现。用户也可右击 AT89C51 单片机，选中 Edit Source Code 菜单选项，也会进入源代码编辑窗口。代码编辑窗口如图 4-24 所示。用户可在代码编辑窗口编写该工程对应的代码。编辑完毕之后即可编译、运行,并在原理图编辑窗口查看程序运行结果。走马灯的程序可编写如下:

```
        ORG     0000H
JMP     START
ORG     0100h
START:  MOV     A,#11111110B
LOOP:   MOV     P1,A
        RL      A
        LCALL   DELAY
        LJMP    LOOP
DELAY:  MOV     R6,#0FEH
LOOP2:  MOV     R7,#200
LOOP1:  DJNZ    R7,LOOP1
        DJNZ    R6,LOOP2
        RET
        END
```

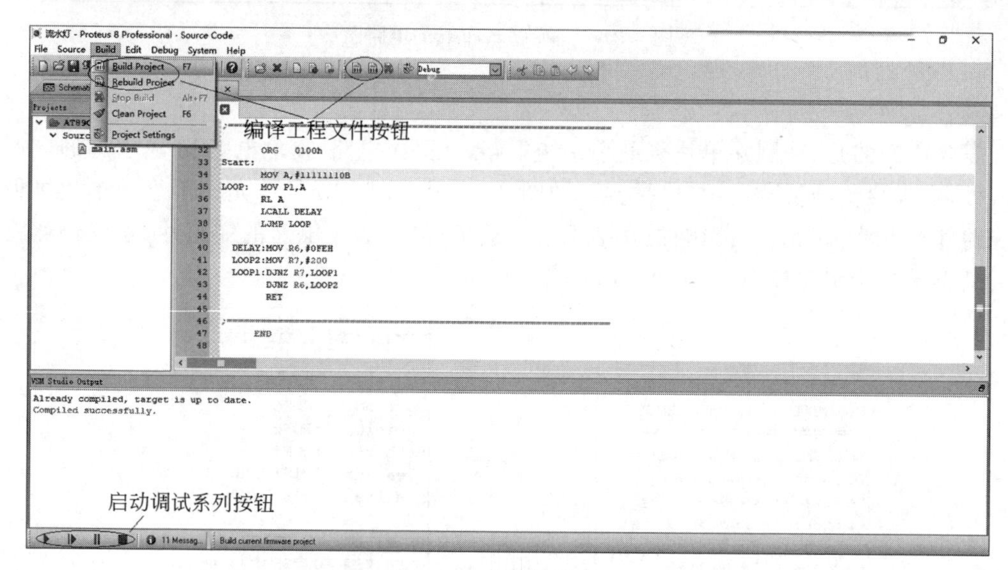

图 4-24　代码编辑窗口

单击编译工程文件按钮,可编译程序,并生成 HEX 文件。在没有错误的情况下,选中 Debug|Start VSM Debugging 菜单选项,进入程序调试状态。在程序调试状态下可以单步、全速或断点调试程序,并在原理图窗口实时观察调试结果。

同时,在调试状态下,选中 Debug|Watch Window 菜单选项,将观察窗口添加在主窗口下方。而后右击观察窗口,选中 Add Memory Item 菜单选项,在出现的观察条项列表中双击需要添加的特殊功能寄存器名称,该寄存器将会出现在观察窗口中,在合适的语句上设置断点,可以观察到寄存器中数据的变化过程,如图 4-25 所示。

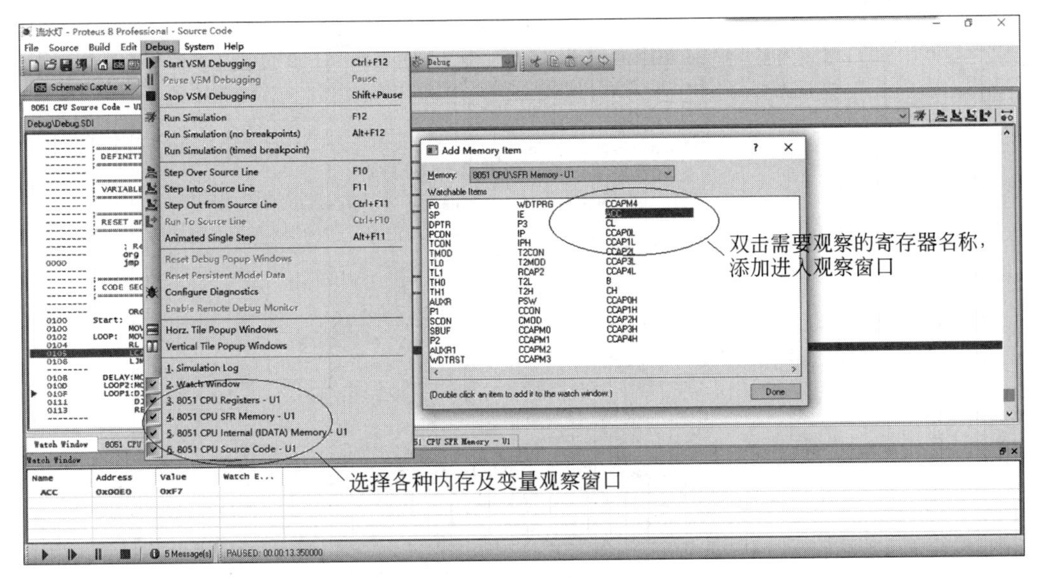

图 4-25　程序调试与观察窗口的添加

还可以在 Debug 菜单下选中各种内存及变量观察窗口并将其添加至主窗口下方。在程序单步、断点运行的过程中，这些子窗口也会实时显示单片机的内存变化过程，便于用户判断程序正确与否。

程序调试无误，全速运行可在原理图编辑窗口观察到发光二极管轮流闪烁的走马灯效果。根据仿真结果进一步验证了电路图与程序无误。在这种情况下，制作真正的电路板可避免不必要的错误带来的经济损失，也缩短了硬件开发的周期。

4.3.3　Proteus 与 Keil C51 的连接及程序调试方法

除了 Proteus 自带的编译器外，Proteus 支持第三方集成开发环境，如 Keil C51。本节在 Keil μVision 5 IDE 调试器下，仍然以“走马灯的控制”为例，介绍它与 Proteus 8 的联调方法。

1. Proteus 的设置

进入 Proteus ISIS，仍然打开“走马灯的控制”工程。在原理图编辑窗口下选中 Debug|Enable Remote Debug Monitor 菜单选项，如图 4-26 所示，即为启动了远程调试器模式。

2. Keil μVision 5 的设置

打开 Keil μVision 5，建立“走马灯的控制”工程，输入上述走马灯效果的控制程序后开始调试。

右击 Target 1，在弹出的快捷菜单中选中 Options for Target 'Target 1'弹出如图 4-27 所示的对话框，选中 Debug 选项卡，在 Use 下拉列表中选中 Proteus VSM Simulator。如果用户的 Keil 软件没有这个选项，则需要安装驱动 VDMAGDI.EXE，该驱动可在 Labcenter 公司的网站上下载。

单击 Settings 按钮，弹出如图 4-27 所示的 VDM51 Target Setup 对话框。若 Proteus 与 Keil 在同一台计算机上运行，则在 Host 栏输入“127.0.0.1”，Port 栏输入“8000”。若不在一台机器上，则输入另一台计算机的 IP 地址，Port 仍然为“8000”，然后单击 OK 按钮返回。

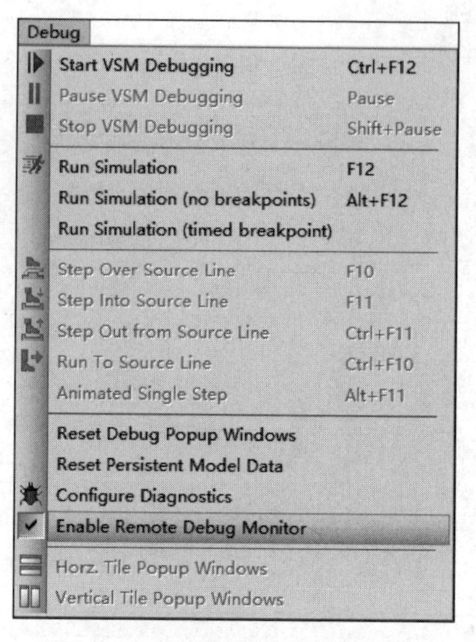

图 4-26 选择启动远程调试器

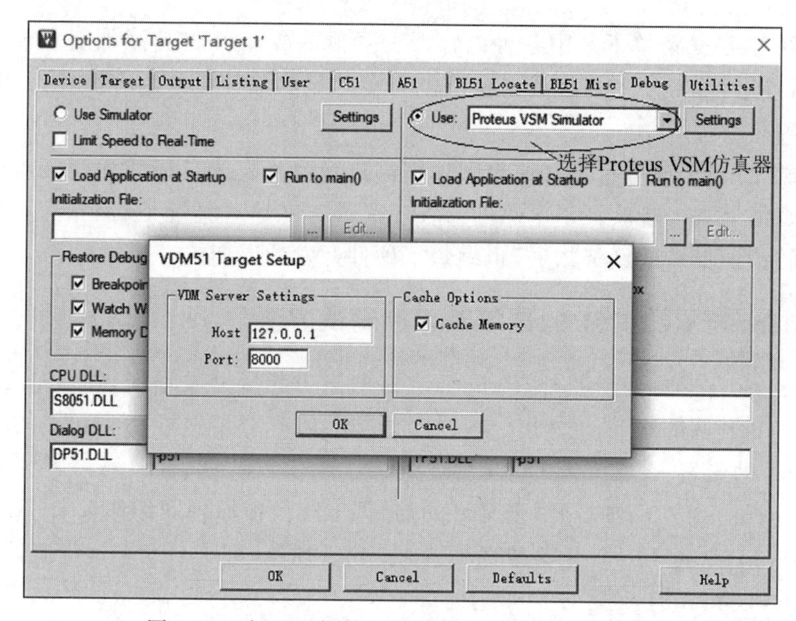

图 4-27 在 Keil 软件下设置 Proteus VSM 仿真器

最后选择 Output 选项卡，选中 Create HEX File，在编译后生成 HEX 文件，可取名为 eg1.hex。

3. Proteus 8 与 Keil μVision 5 的联调

设置完毕，在 Proteus 原理图编辑窗口右击 AT89C51，在弹出的快捷菜单中选中 Edit Properties，出现如图 4-28 所示窗口。选择 Program File 为 eg1.hex 文件，运行即可看到程序的执行结果。

也可在 Keil 中启动 Debug，单击 Run 按钮即可在 Proteus 中实时看到走马灯的效果。也可以使用 Keil 中的设置断点、Step、Step over 等调试按键，分步运行程序，在 Proteus 中

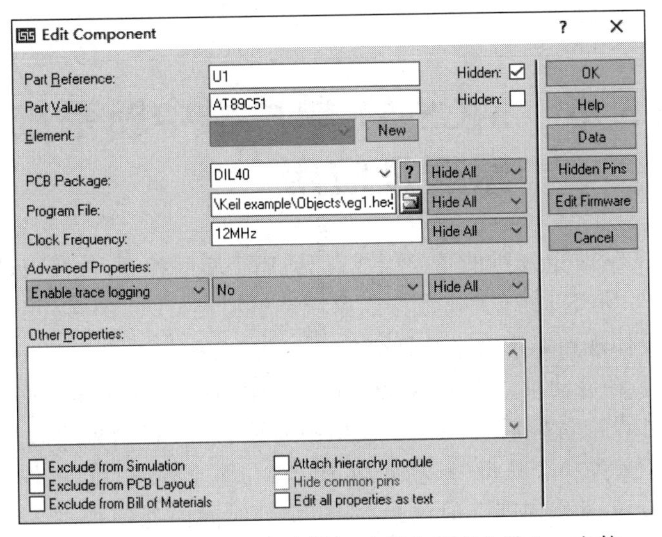

图 4-28　在 Proteus 中选择 Keil 平台下产生的 hex 文件

实时看到 Keil 软件中程序单步或断点运行的调试效果。

习　题　4

1. 描述单片机应用系统的设计步骤。

2. 单片机应用系统的软、硬件开发系统有哪些？

3. Proteus 软件有哪些优点？对单片机开发有哪些益处？

4. 在 Proteus 环境中设计一个发光二极管闪烁电路，要求写出汇编语言程序，并能够实现在 Proteus 环境下的编译调试及仿真。

5. 在 Proteus 环境中设计一个“走马灯”电路，要求在 Keil C 中写出由内到外的双向走马灯汇编语言程序，并在 Proteus 与 Keil C 中进行调试，在 Proteus 中观察程序实时运行及仿真结果。

第5章　MCS-51单片机中断系统的原理及应用

中断系统是MCS-51单片机的重要组成部分，用于实时控制、故障自动处理以及与外围设备间的数据传送。MCS-51单片机的中断系统能够提高CPU的多任务处理能力，大大提高了工作效率，主要体现在以下3个方面。

(1) 并行操作。在启动某外设后，CPU可以继续执行主程序而不必等待，二者处于并行工作状态；当某外设准备好后，向CPU发出中断请求，CPU暂停主程序去处理中断服务程序，此时又启动了另外一个外设……此时CPU可与多个外设并行工作。

(2) 实时处理。实时处理即及时处理(在规定的时间内处理)。有了中断功能后，当外设需要CPU处理时，向CPU发出中断请求，CPU立即响应中断，使该请求被立即处理，提高了系统的实时性。当程序在查询方式下工作时不能保证实时性，这是因为当某外设需要处理时，CPU可能正在查询其他外设。

(3) 故障处理。系统设计人员把系统中可能出现的故障的处理程序设计为中断处理程序，当出现故障时，CPU自动转入相应的中断处理程序对该故障进行处理，而不需要人工介入。

5.1　中断的基本概念

中断(Interrupt)是一个完整的过程。当CPU正在执行程序时，收到紧急求助信号，根据具体情况决定是否响应(处理)，如果CPU决定响应(处理)，则在执行完当前指令后，CPU首先暂停执行当前的程序，自动保存下一条将要执行指令的地址，而后转入“处理服务程序”。当CPU将“处理服务程序”执行完后，CPU重新返回到原来的程序处继续执行，这个完整的过程就叫做中断。整个中断过程如图5-1所示。

这个过程中包含的基本概念有以下几个。

(1) 中断请求信号。当紧急事件发生时，外部设备或者单片机片上设备向CPU发出的紧急求助信号。

(2) 主程序。当紧急求助信号来时，CPU正在执行的程序。

(3) 断点。主程序被暂停时，下一条将要执行指令的地址。

(4) 中断源。引起中断的原因，或者能够发出中断请求信号的设备统称为中断源。

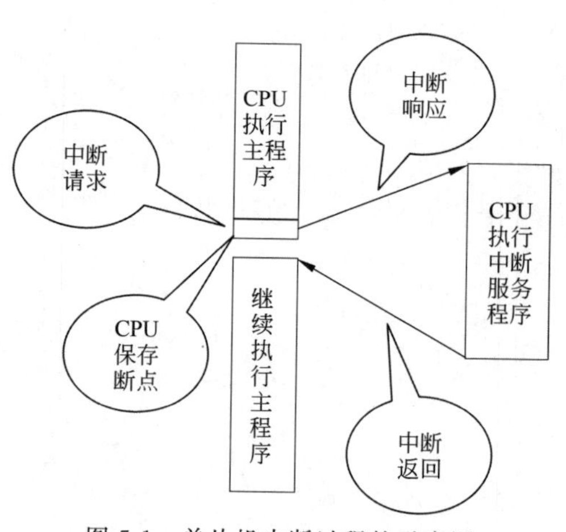

图5-1　单片机中断过程的示意图

(5) 中断响应。CPU收到中断请求信号以后暂停当前正在执行的主程序，保存断点后转去执行处理服务程序,这个过程就叫做中断响应。这个处理服务程序就被叫做中断服务程序。

(6) 中断返回。CPU 执行完中断服务程序后,执行中断返回指令 RETI,将断点的地址赋给 PC,重新回到主程序并继续执行主程序,这个过程叫做中断返回。

5.2 中断控制

中断系统是 MCS-51 单片机非常重要的组成部分,它可以使 MCS-51 单片机对内部或者外部随机发生的重要事件做出实时处理,大大提高了 MCS-51 单片机的实时处理能力和工作效率。中断的实现需要软件和硬件协同工作才能完成,硬件部分称为 MCS-51 单片机的中断控制装置,软件部分称为中断服务程序。

5.2.1 MCS-51 单片机的中断源

中断源就是指能够向 CPU 发送中断请求信号、引起中断的装置或事件。MCS-51 单片机共有 5 个中断源,其中两个为外部中断源,3 个内部中断源。每个中断源都有唯一的一个用于存放中断服务程序的地址空间,这个地址空间是固定不变的,也即中断服务程序的入口地址,如表 5-1 所示。

表 5-1 MCS-51 单片机的中断源

序号	中断源名称	中断标志位	中断入口地址
1	外部中断 0($\overline{\text{INT0}}$)(P3.2)	IE0(电平触发,软件清除)	0003H
		IE0(边沿触发,CPU 自动清除)	
2	定时器 0 溢出中断(T0)	TF0(CPU 自动清除)	000BH
3	外部中断 1($\overline{\text{INT1}}$)(P3.3)	IE1(同 IE0)	0013H
4	定时器 1 溢出中断(T1)	TF1(CPU 自动清除)	001BH
5	串行口中断(RX 和 TX)	RI 和 TI(软件清除)	0023H

(1) $\overline{\text{INT0}}$:外部中断源 0,中断请求信号由 MCS-51 单片机 P3.2 引脚输入。中断触发方式有两种:电平触发和边沿触发。由 TCON 寄存器中的 IT0 位选择采用哪种触发方式。当 IT0=0 时,电平触发,低电平有效;当 IT0=1 时,边沿触发,脉冲的下降沿有效。当中断控制装置中的硬件检测到有效的中断触发信号从 P3.2 引脚输入时,硬件自动将它的中断标志位 IE0 置“1”。它的中断服务程序入口地址为 ROM 0003H 单元,存放空间仅有 8B。

(2) $\overline{\text{INT1}}$:外部中断源 1,外部的中断请求信号由单片机的 P3.3 引脚送入。中断触发方式同$\overline{\text{INT0}}$,在此不再详述。当中断控制装置中的硬件检测到有效的中断请求信号从 P3.3 引脚输入时,硬件自动将它对应的中断标志位 IE1 置“1”。它的中断服务程序的入口地址为 0013H,存放空间仅有 8B。

(3) T0:定时器/计数器 0 溢出中断,当 MCS-51 单片机内部的加法计数器计数达到最大值时,再来一个脉冲则计数器溢出,中断控制装置自动将 TCON 寄存器中对应的溢出标志位 TF0 置“1”。它的中断服务程序入口地址为 000BH 单元,存放空间仅有 8B。

(4) T1：定时器/计数器 1 溢出中断，当 MCS-51 单片机内部的加法计数器计数达到最大值时，再来一个脉冲则计数器溢出，中断控制装置自动将 TCON 寄存器中对应的溢出标志位 TF1 置“1”。它的中断服务程序入口地址为 001BH 单元，存放空间仅有 8B。

(5) 全双工串行口中断：包括串行接收中断 RX 和串行发送中断 TX。当 MCS-51 单片机的串行口接收完一帧数据后，中断控制装置就自动将 SCON 寄存器中的串行接收标志位 RI 置“1”；同理，当 MCS-51 单片机的串行口发送完一帧数据后，中断控制装置也自动将 SCON 寄存器中的串行发送标志位 TI 置“1”；全双工串行口的接收和发送的中断服务程序共享同一入口，入口地址都为 0023H。

值得注意的是，每个中断服务程序的存储空间仅有 8B，存储空间非常少，所以稍微复杂一点的中断服务程序都无法容纳，唯一的解决办法为在此空间存放一条跳转指令，将中断服务程序存到其他地方，通过跳转指令找到中断服务程序即可。另外中断一般用来处理比较紧急且重要的事情，所以中断服务程序务必要短小精悍，不能冗长；否则很难保证中断服务程序的实时性。

5.2.2 MCS-51 单片机的中断控制寄存器

MCS-51 单片机的中断控制装置如图 5-2 所示，其中包括 4 个寄存器，它们是定时器/计数器控制寄存器 TCON、串行接口控制寄存器 SCON、中断允许控制寄存器 IE 和中断优先级控制寄存器 IP。

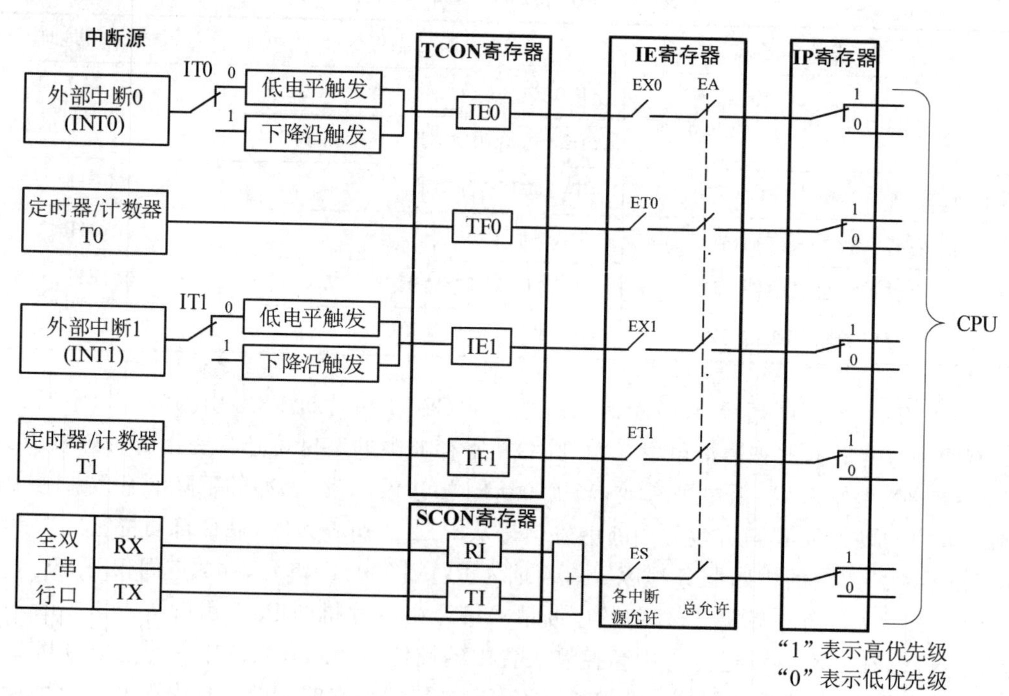

图 5-2　单片机的中断控制装置

1. 定时器/计数器控制寄存器 TCON

TCON 寄存器主要包括定时器/计数器 T0 和 T1 的标志位和运行控制位、外部中断源 $\overline{\text{INT0}}$和$\overline{\text{INT1}}$的中断标志位以及外部中断源的触发方式选择位。TCON 寄存器的字节地址为 88H，它包含的位名称、位地址和功能如表 5-2 所示，定时器控制寄存器 TCON 既可以字节寻址也可以位寻址。

表 5-2　定时器/计数器控制寄存器 TCON

TCON	D7	D6	D5	D4	D3	D2	D1	D0
位名称	TF1	TR1	TF0	TR0	IE1	IT1	IE0	IT0
位地址	8FH	8EH	8DH	8CH	8BH	8AH	89H	88H
功能	T1 的中断标志位	T1 运行控制位	T0 的中断标志位	T0 运行控制位	$\overline{\text{INT1}}$的中断标志位	$\overline{\text{INT1}}$中断触发方式选择位	$\overline{\text{INT0}}$的中断标志位	$\overline{\text{INT0}}$中断触发方式选择位

（1）IT0 位。外部中断 0（$\overline{\text{INT0}}$）的中断触发方式有两种：电平触发和边沿触发。由 TCON 寄存器中的 IT0 位选择采用哪种触发方式。当 IT0＝0 时，电平触发，低电平有效；当 IT0＝1 时，边沿触发，由 1 到 0 的下降沿有效。当采用电平触发方式时，P3.2 引脚上的电平必须保持低电平有效，直到被 CPU 响应，同时在该中断服务程序返回前 P3.2 引脚上的低电平必须及时被清除，否则将会重复引起中断。

（2）IE0 位。外部中断 0（$\overline{\text{INT0}}$）对应的中断标志位。CPU 在每个机器周期的 S_5P_2 期间对$\overline{\text{INT0}}$对应的引脚（P3.2）进行电平采样。当中断控制装置中的硬件检测到 P3.2 引脚上的有效中断触发信号后，由硬件自动将中断标志位 IE0 置“1”，即外部中断 0（$\overline{\text{INT0}}$）向 CPU 发送了中断请求信号。

（3）IE1 和 IT1。IE1 和 IT1 的功能与 IE0 和 IT0 的类似，在此不再赘述。

（4）TF0 位。定时器/计数器 T0 的中断标志位。MCS-51 单片机的定时器/计数器都是加法计数器，当 T0 计数产生计数溢出时，由硬件自动将 TF0 位置“1”，即定时器/计数器 0 向 CPU 发出了中断请求信号。当中断控制装置监测到 TF0 为“1”，且 T0 被允许中断，那么 CPU 响应定时器/计数器 T0 的中断请求，由硬件自动将 TF0 清“0”。当采用查询方式时，TF0 可由软件清“0”。

（5）TF1 位。定时器/计数器 T1 的计数溢出标志位。MCS-51 单片机的定时器/计数器都是加法计数器，当 T1 计数产生计数溢出时，由硬件自动将 TF1 位置“1”，当中断控制装置监测到 TF1 为 1 且 T1 被允许中断，那么 CPU 响应定时器/计数器 T1 的中断请求，由硬件自动将 TF1 清“0”。当采用查询方式时，TF1 由软件清“0”。

注意：

（1）当 IT0（IT1）＝0 时，外部中断设置为电平触发方式时，CPU 响应中断后不能由硬件自动清除中断标志 IE0（IE1），只能由软件清除。所以在外部中断返回前，必须由硬件撤销$\overline{\text{INT0}}$或$\overline{\text{INT1}}$引脚上的低电平信号，否则将会导致重复中断。

（2）当 IT0＝1 时，即下降沿触发中断，CPU 在每个机器周期的 S_5P_2 期间对$\overline{\text{INT0}}$的引脚（P3.2）电平采样。若连续两个机器周期中采集到的电平由高到低变化，则由硬件自动将 IE0 置“1”，表明外部中断 0（$\overline{\text{INT0}}$）向 CPU 发出了中断请求，CPU 响应中断后，由硬件自动清除 IE0 标志位使 IE0＝0。所以在下降沿触发方式中，为了保证 CPU 能够检测到引脚上的负跳变，引脚上的高、低电平持续时间至少要保持 1 个机器周期。

2. 中断允许控制寄存器 IE

中断允许控制器寄存器 IE 用来屏蔽或者允许所有中断源的中断请求信号。在时 MCS-51 单片机进行中断控制时，所有的中断源都可以由软件设置为中断允许和中断屏蔽，此功能通过中断允许控制寄存器 IE 来实现。在中断允许控制寄存器 IE 中，每个中断源都有一个对应的位，还有一个中断允许总开关位 EA。只有通过软件将某中断源对应的位设为“1”且中断允许总开关位 EA 也设为“1”时，这个中断请求才能发送成功。中断允许控制器寄存器 IE 的结构如表 5-3 所示。

表 5-3　中断允许控制寄存器 IE

IE	D7	D6	D5	D4	D3	D2	D1	D0
位名称	EA	备用	备用	ES	ET1	EX1	ET0	EX0
位地址	AFH	AEH	ADH	ACH	ABH	AAH	A9H	A8H
功能	中断允许总开关位	备用	备用	串口的中断允许位	T1 的中断允许位	$\overline{\text{INT1}}$ 中断允许位	T0 的中断允许位	$\overline{\text{INT0}}$中断允许位

(1) EX0：外部中断 0($\overline{\text{INT0}}$)的中断允许设置位。EX0 为“0”表示禁止中断，即屏蔽中断；EX0 为“1”表示允许中断。

(2) ET0：定时器/计数器 0(T0)的中断允许设置位。ET0 为“0”表示禁止中断，即屏蔽中断；ET0 为“1”表示允许中断。

(3) EX1：外部中断 1($\overline{\text{INT1}}$)的中断允许设置位。EX1 为“0”表示禁止中断，即屏蔽中断；EX1 为“1”表示允许中断。

(4) ET1：定时器/计数器 1(T1)的中断允许设置位。ET1 为“0”表示禁止中断，即屏蔽中断；ET1 为“1”表示允许中断。

(5) ES：全双工串行口的中断允许设置位。ES 为“0”表示禁止中断，即屏蔽中断；ES 为“1”表示允许中断。

(6) EA：中断允许总开关设置位。中断允许总开关位 EA 是一个很重要的角色，只有当通过软件将某中断源对应的位设为“1”且中断允许总开关位 EA 也设为“1”时，这个中断请求信号才是有效的。其他的中断允许位也一样，必须与中断总开关位 EA 配合使用。

【例 5-1】 要求设置外部中断 0 为边沿触发方式，外部中断 0 和定时器 0 允许中断，其他的中断源屏蔽。

分析：首先在 TCON 寄存器中设置外部中断 0 的触发方式，再将外部中断 0 以及定时器 0 的中断允许位都置“1”，最后将中断总开关位 EA 置“1”就可以了。使用位操作指令实现如下：

```
...
SETB     IT0
SETB     EX0
SETB     ET0
SETB     EA
...
```

使用字节操作指令实现如下：

```
...
MOV      TCON,#01H      ;设置INT0的中断触发方式
MOV      IE,#83H        ;允许INT0和 T0 中断,并设置中断允许总开关
...
```

3. 中断优先级控制寄存器 IP

MCS-51 单片机有 5 个中断源，当有两个或两个以上的中断源同时向 CPU 发送中断请求时，由于在同一时刻 CPU 只能响应一个中断源，因此 CPU 将面临是否响应和首先响应哪个中断源的问题。为了避免中断控制引起混乱，MCS-51 单片机中断控制要求事先给每个中断源的中断请求赋予一个特定的优先级。每个中断源通过软件可以设置为高优先级和低优先级两个级别。CPU 先响应优先级高的中断请求，然后按照优先级的高低顺序依次响应中断优先级次高和次低的，最后响应优先级最低的中断请求。在中断优先级控制寄存器 IP 中可设置每个中断源的优先级。

中断优先级控制寄存器 IP 是一个既可位寻址也可字节寻址的寄存器，字节地址为 0B8H。在中断优先级控制寄存器 IP 中，通过软件可以为每个中断源设置优先级为“1”或者“0”。“1”表示“高优先级”，“0”表示“低优先级”。中断优先级控制寄存器 IP 的格式及各位的定义如表 5-4 所示。

（1）PX0：外部中断 0（$\overline{\text{INT0}}$）的中断优先级设置位。PX0 为“0”表示低优先级，PX0 为“1”表示高优先级。

（2）PT0：定时器/计数器 0（T0）的中断优先级设置位。PT0 为“0”表示低优先级，PT0 为“1”表示高优先级。

（3）PX1：外部中断 1（$\overline{\text{INT1}}$）的中断优先级设置位。PX1 为“0”表示低优先级，PX1 为“1”表示高优先级。

（4）PT1：定时器/计数器 1（T1）的中断优先级设置位。PT1 为“0”表示低优先级，PT1 为“1”表示高优先级。

（5）PS：全双工串行口的中断优先级设置位。PS 为“0”表示低优先级，PS 为“1”表示高优先级。

表 5-4　中断优先级控制寄存器 IP

IP	D7	D6	D5	D4	D3	D2	D1	D0
位名称	备用	备用	备用	PS	PT1	PX1	PT0	PX0
位地址	0BFH	0BEH	0BDH	0BCH	0BBH	0BAH	0B9H	0B8H
功能	备用	备用	备用	串口的中断优先级设置位	T1 的中断优先级设置位	$\overline{\text{INT1}}$ 中断优先级设置位	T0 的中断优先级设置位	$\overline{\text{INT0}}$中断优先级设置位

【例 5-2】 要求设置外部中断 1 为边沿触发方式，外部中断 1 和定时器 1 允许中断，且为高优先级，其他的中断源屏蔽。

分析：首先在 TCON 寄存器中设置外部中断 1 的触发方式，再将外部中断 1 以及定时

器 1 的中断允许位都设为“1”，最后将中断允许总开关位 EA 设为“1”就可以了。用指令实现如下：

```
...
SETB    IT1       ;将外部中断 1 设为边沿触发
SETB    EX1       ;允许外部中断 1 中断
SETB    ET1       ;允许定时器 T1 中断
SETB    PX1       ;将外部中断 1 设为高优先级
SETB    PT1       ;将定时器 T1 设为高优先级
SETB    EA        ;将中断允许总开关位置“1”
...
```

当 CPU 执行一个低优先级的中断服务程序时，如果又有一个高优先级的中断请求信号，那么此时 CPU 会暂停当前的中断服务程序，转去执行高优先级的中断服务程序，待处理完高优先级的中断服务程序后，再处理被暂停的低优先级中断，实现中断的嵌套。即高优先级中断服务程序能中断低优先级中断服务程序。MCS-51 单片机支持两层嵌套，单片机的中断嵌套示意图如图 5-3 所示。

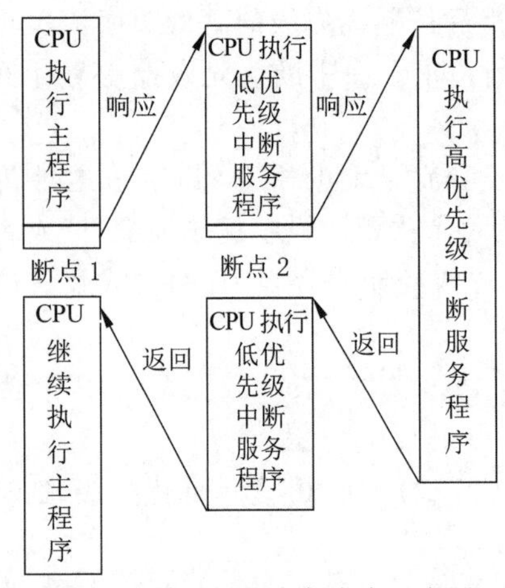

图 5-3　单片机的中断嵌套示意图

MCS-51 单片机系统中的中断源都可以通过软件在中断优先级寄存器 IP 中设定为高优先级中断和低优先级中断。那么，当 CPU 同时接收到几个相同优先级的中断请求信号时，首先响应同级内优先级最高的中断请求信号，称为“同级有安排”，即：外部中断 0 ＞ 定时器/计数器 0 ＞ 外部中断 1 ＞ 定时器/计数器 1 ＞ 全双工串行口。

当 CPU 同时接收到几个不同优先级的中断请求时，首先响应高优先级中断服务程序，称为“高级优先”。

也就是说，当 CPU 正在执行一个低优先级中断服务程序时，又收到一个高优先级的中断请求信号，CPU 会暂停执行低优先级中断服务程序，转去执行高优先级中断服务程序，实现二级嵌套，称为“停低转高”。

当 CPU 正在执行高优先级中断服务程序时，又收到同级或者低级的中断请求信号时，CPU 继续执行高优先级中断，称为“高不睬低”。

5.3　中断服务程序的处理过程

5.3.1　中断服务程序的响应条件

CPU 在每一个机器周期的 S_5P_2 期间，按照事先设置好的优先级顺序查询每一个中断源，到本机器周期的 S_6 状态时将有效的中断请求信号按优先级高低顺序排好，接下来如果没有特殊情况，CPU 将响应。优先级最高的中断请求如果此刻有下列 3 种情况之一发生时，CPU 将不会响应查询到的优先级最高的中断请求信号。

(1) CPU 正在响应同级或更高优先级的中断服务程序。

(2) 当前指令未执行完。

(3) CPU 正在执行的指令是 RETI 或者访问特殊功能寄存器 IE 或 IP 的指令，执行这些指令后至少再执行一条指令，才会响应中断服务程序。

一个中断请求信号被 CPU 响应必须满足以下 3 个条件。

(1) 中断请求标志位为 1。

(2) 对应的中断允许位为 1，且中断允许总开关为 1(即 EA=1)。

(3) 没有同级或更高级的中断服务程序在执行。

5.3.2 中断服务程序的响应过程

CPU 响应一个中断源的中断请求信号的基本过程如下。

(1) 硬件自动将正在执行的程序的断点地址压入堆栈，即保存断点，以便从中断服务程序返回时能顺利返回到原来的程序。

(2) 硬件自动将对应的中断服务程序的入口地址装入 PC，转入中断服务程序。

(3) 保存一些特殊功能寄存器的内容，即保护现场(需要人为操作)。

(4) 中断处理(需要人为操作)。

(5) 恢复现场(需要人为操作)。

(6) 清除该中断标志(RI 和 TI 标志位需要软件清除)。

(7) 执行中断返回指令 RETI(自动弹出断点到 PC，使 CPU 能够返回到被中断的程序)。添加 RETI 是中断服务程序的最后一条指令。

5.4 中断服务程序举例

要使 CPU 在执行主程序的过程中能够响应中断请求并执行中断服务程序，就必须事先对中断系统进行初始化。下面以外部中断 0 为例，介绍中断程序的编写方法。

MCS-51 单片机中断系统初始化程序操作如下。

(1) 设置堆栈。堆栈区用来保存断点和一些重要的中间数据。

MCS-51 单片机系统复位或上电后，堆栈指针 SP 总是默认为 07H，堆栈区实际上是从 08H 单元开始的。但由于 08H～1FH 单元属于工作寄存器区 1～3，考虑到程序设计中经常要用到这些存储区，故常在主程序的初始化部分将堆栈指针 SP 的值重新设定。通常将 SP 的值设定在 30H 以上。

(2) 选择中断触发方式(对外部中断而言)、开中断允许及设置中断优先级等。

系统复位后，定时器控制寄存器 TCON、中断允许寄存器 IE 及中断优先级寄存器 IP 等均复位为 00H，需要根据题目的具体要求在主程序的初始化部分对这些寄存器进行设置。

中断服务程序编写中需要注意以下问题。

(1) 中断程序的实际存放地址。每个中断服务程序对应的入口地址只有 8B，而一般服务程序长度都会超过 8B。解决问题的唯一办法是在中断入口地址处安排一条跳转指令，将程序代码存放到别的存储空间。这样当 CPU 响应外部中断 0 后跳转到外部中断 0 中断服务程序的入口地址 0003H，执行事先存放的跳转指令即可跳转到中断服务程序并执行该程序。

(2) 现场保护。CPU在执行主程序时一般经常会用到工作寄存器R0～R7用来存放数据,而中断服务程序中也要使用工作寄存器R0～R7存放一些中间结果,这样很容易把原来的数据覆盖掉。因此,为了保护主程序中的数据,主程序和中断服务程序中用到的工作寄存器R0～R7不能为同一组,一般主程序中用工作寄存器0组(00H～07H),而中断服务程序中使用工作寄存器1组(08H～0FH)或者另外两组。

CPU在执行主程序时也经常会用到寄存器A、B和DPTR等用来存放数据,而中断服务程序中也要使用这些寄存器进行运算或者数据处理,这样原有数据同样容易被覆盖从而造成错误结果。因此,为了保护这些寄存器中的数据,可在中断服务程序中首先将这些数据压入堆栈保存,在中断返回前再把这些数据从堆栈中弹出来。一般把这个过程叫做现场保护。常用的中断服务程序结构如下:

```
IRV:    PUSH    PSW     ;保护程序状态字和工作寄存器组
        PUSH    ACC     ;保护累加器A
        PUSH    B       ;保护寄存器B
        PUSH    DPL     ;保护数据指针低字节
        PUSH    DPH     ;保护数据指针高字节
        SETB    RS0     ;选择寄存器组1
        CLR     RS1
        …               ;中断处理核心程序
        POP     DPH     ;恢复现场
        POP     DPL
        POP     B
        POP     ACC
        POP     PSW
        RETI            ;中断返回
```

注意:

(1) 在保护现场时,要保证堆栈操作的"先进后出"原则;

(2) PUSH和POP指令必须成对使用;

(3) PUSH或者POP指令后面是累加器A时,应该写成ACC。以外部中断0为例,比较完整的程序如下所示。

```
        ORG     0000H           ;主程序入口地址
        AJMP    MAIN            ;跳转到MAIN程序
        ORG     0003H           ;外部中断0的中断服务程序入口地址
        LJMP    EX00            ;跳转到EX00服务程序
        ORG     0030H
MAIN:   MOV     SP,#60H         ;设置堆栈指针
        SETB    IT0             ;设置边沿触发
        SETB    EX0             ;允许外部中断0中断
        SETB    EA              ;开中断总开关
        …                       ;主程序处理部分
```

```
LOOP: AJMP    LOOP              ;原地等待
EX00:                           ;外部中断服务程序
      PUSH    PSW               ;保护现场
      PUSH    ACC
      …                         ;中断服务程序的处理部分
      POP     ACC               ;恢复现场
      POP     PSW
      RETI                      ;中断返回
      …                         ;其他程序
      END
```

【例 5-3】 在图 5-4 中，正常情况下 P1 口所接的发光二极管依次循环被点亮(每次只有一个被点亮)。当 S0 按下时，产生中断，此时 8 只发光二极管“全亮-全暗”交替出现 8 次，然后恢复正常，用外部中断 0 的中断来实现。

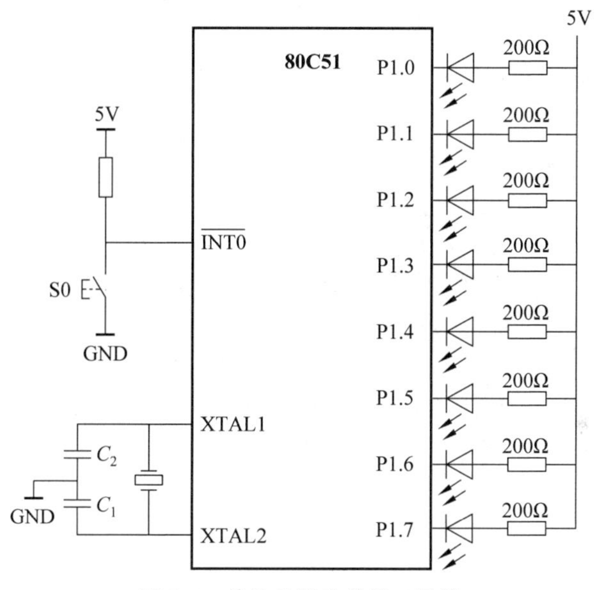

图 5-4　单片机驱动发光二极管

```
        ORG     0000H           ;主程序入口地址
        AJMP    MAIN            ;跳转到 MAIN 程序
        ORG     0003H           ;外部中断 0 的中断服务程序入口地址
        LJMP    EX00            ;跳转到 EX00 服务程序
        ORG     0030H
MAIN:   MOV     SP,#60H         ;设置堆栈指针
        SETB    IT0             ;设置边沿触发
        SETB    EX0             ;允许外部中断 0 中断
        SETB    EA              ;开中断允许总开关
```

```
        MOV    A,#0FEH      ;给 P1 口赋值
LOOP:   MOV    P1,A
        ACALL  DELAY        ;延迟
        RL     A            ;A 中的值左移一位,为点亮下一个二极管做准备
        SJMP   LOOP         ;循环点亮
DELAY:                      ;延迟程序
        MOV    R3,#0
        MOV    R4,#0
DD:     DJNZ   R4,$
        DJNZ   R3,DD
        RET    ;子程序返回
        ORG    0300H
EX00:
        PUSH   PSW          ;保护现场
        PUSH   ACC
        SETB   RS0
        CLR    RS1
        MOV    R0,#08       ;循环 8 次
AGA:    MOV    P1,#00H      ;全部点亮
        ACALL  DELAY
        MOV    P1,#0FFH     ;全部灭
        ACALL  DELAY
        DJNZ   R0,AGA       ;是否 8 次,不足就再回 AGA
        POP    ACC
        POP    PSW
        RETI
        END
```

习　题　5

1. MCS-51 有________、________、________、________和________5 个中断源,中断服务程序的最后一条指令是________。

2. 中断查询确认后,在下列 MCS-51 单片机运行情况中,能立即进行响应的是(　　)。

A. 当前正在执行高优先级中断处理

B. 当前正在执行 RETI 指令

C. 当前指令是 DIV 指令,且正处于取指令的机器周期

D. 当前指令是 MOV A, R3

3. 下列说法正确的是(　　)。

A. 同一级别的中断请求按时间的先后顺序响应

B. 同一时间同一级别的多中断请求,将形成阻塞,系统无法响应

C. 低优先级中断请求不能中断高优先级中断请求,但是高优先级中断请求能中断低优先级中断请求

D. 同级中断能嵌套

4. 在中断服务程序中，至少应有一条(　　)。

A. 传送指令　　B. 转移指令　　C. 加法指令　　D. 中断返回指令

5. 当优先级设置为同级时，若以下几个中断同时发生，(　　)中断优先响应。

A. 外部中断 1　　B. T1　　C. 串行接口　　D. T0

6. MCS-51 单片机的中断源全部编程为同级时，CPU 最先响应的是(　　)。

A. T0　　B. TI　　C. 串行接口　　D. INT0

7. MCS-51 单片机有 5 个中断源，外部中断 INT1 的入口地址是(　　)，定时器 T0 的中断入口地址是(　　)。

A. 0003H　　B. 000BH　　C. 0013H　　D. 001BH

E. 0023H

8. 执行中断返回指令，从堆栈弹出地址送给(　　)。

A. A　　B. CY　　C. PC　　D. DPTR

9. MCS-51 单片机在使用中断方式与外界交换信息时，保护现场的工作应该是(　　)。

A. 由 CPU 自动完成　　B. 在中断响应中完成

C. 应由中断服务程序完成　　D. 在主程序中完成

10. 在图 5-4 中，正常情况下 P1 口所接的发光管"全亮—全暗"交替出现，当 S0 按下时，产生中断，此时 8 只发光管依次循环点亮 8 次，然后恢复正常，用外部中断 0 的中断编程实现。

第 6 章　MCS-51 单片机的定时器/计数器

定时器/计数器是单片机的重要功能模块。在单片机应用系统中,经常会用到定时的功能,如定时检测、定时控制或者定时输出。作为串行通信口的波特率发生器,有时也会需要对外部事件进行计数。MCS-51 单片机内部集成了两个 16 位的可编程定时器/计数器 T0 和 T1,可实现定时和计数的功能。本章将详细介绍定时器/计数器的结构、功能、工作方式以及在不同功能和模式下的应用。

6.1　定时器/计数器的结构与工作原理

6.1.1　定时方法

在单片机应用系统中,常用的定时方法有以下 3 种。

(1) 软件定时。在第 3 章中介绍过,通过执行循环程序可实现一段时间的定时,这种软件定时方法的优点是不需要外加硬件电路,实现简单,只需选择循环指令和设置循环次数即可完成。缺点是执行过程中占用 CPU,降低了 CPU 的效率,而且定时时间不精确。如果在循环程序执行的过程中有中断发生,则定时的时间可能会延长。软件定时可用于定时时间不长且对定时精度要求不高的场合。

(2) 硬件定时。硬件定时方法的特点是完全由硬件电路完成定时,无须占用 CPU 时间。但不能通过软件进行控制和调整定时时间,即不可编程,使用不方便。

(3) 可编程定时器定时。可编程定时可通过程序设定和修改定时器的定时值,使用灵活,定时精确。

6.1.2　定时器/计数器的结构

MCS-51 单片机的定时器/计数器的结构框图如图 6-1 所示,定时器/计数器 T1 由两个 8 位特殊功能寄存器 TH1 和 TL1 构成,用来存放定时器/计数器 T1 的计数值,TL1 存放计数值的低 8 位,TH1 中存放高 8 位;定时器/计数器 T0 由两个 8 位的特殊功能寄存器 TH0 和 TL0 构成,TH0 和 TL0 用来存放定时器/计数器 T0 的计数值,TH0 中存放高 8 位,TL0 中存放低 8 位。

T0 和 T1 两个定时器/计数器都具有定时和计数功能,TCON 和 TMOD 为特殊功能寄存器。控制寄存器 TCON 用于控制定时器 T0 和 T1 的启动和停止以及定时器的溢出标志。工作方式寄存器 TMOD 用于设置定时器的工作方式和工作模式。

6.1.3　定时器/计数器的工作原理

当定时器/计数器工作在计数模式时,通过对输入引脚 T0(P3.4)和 T1(P3.5)的外部脉冲信号计数;当定时器/计数器工作在定时模式时,通过内部计数器的计数来实现,此时的计

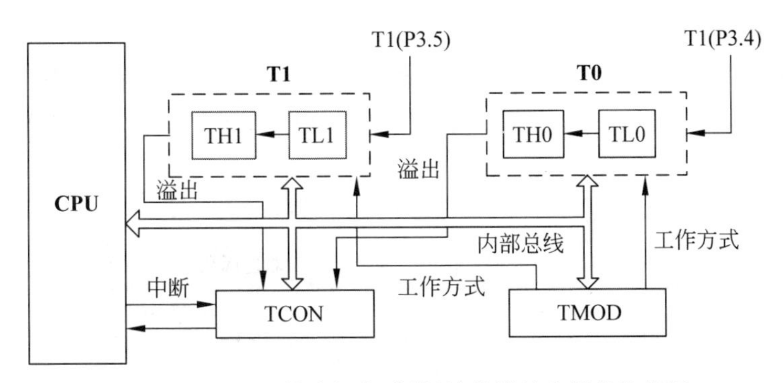

图 6-1 MCS-51 单片机定时器/计数器的内部结构框图

数脉冲是对时钟频率 f_{osc} 经过 12 分频后的脉冲信号。因此，定时模式和计数模式实质上都是计数，只是计数的脉冲来源不同。当定时器/计数器工作在定时模式时，根据定时时间计算出计数器的初值，并赋值给 TH0 和 TL0（或 TH1 和 TL1），之后定时器在计数器初值的基础上进行加“1”计数，当计数器溢出时，向 CPU 发出中断请求。当定时器/计数器工作在计数模式时，计数器仍然在初值的基础上对引脚 T0（P3.4）和 T1（P3.5）上有效的外部脉冲信号进行加“1”计数，当计数器溢出时，向 CPU 发出中断请求。

6.2 定时器/计数器的工作方式寄存器和控制寄存器

MCS-51 单片机的定时器/计数器包括特殊功能寄存器 TMOD、TCON、TH0、TL0、TH1 及 TL1。通过读写这些特殊功能寄存器，实现定时器/计数器的不同功能，因此，称为可编程定时器/计数器。

6.2.1 工作方式寄存器 TMOD

工作方式控制寄存器 TMOD 的字节地址为 89H，不能位寻址，其格式如表 6-1 所示。

表 6-1 工作方式寄存器 TMOD 的格式

位	D7	D6	D5	D4	D3	D2	D1	D0
名称	GATE	$C/\overline{T}$	M1	M0	GATE	$C/\overline{T}$	M1	M0
工作方式	T1				T0			

TMOD 寄存器的高 4 位和低 4 位相同，高 4 位是 T1 的工作方式字，低 4 位是 T0 的工作方式字。

（1）GATE：门控位。

当 GATE＝0 时，仅由运行控制位 TR0 或者 TR1（TCON 中的 2 位）启动或停止定时器/计数器计数。

当 GATE＝1 时，由外部中断引脚 $\overline{INT0}$（P3.2）或 $\overline{INT1}$（P3.3）的高电平与运行控制位 TR0 或者 TR1 共同控制启动或停止定时器/计数器计数。

(2) $C/\overline{T}$：定时和计数模式选择位。

$C/\overline{T}=0$ 时，选择定时模式，对内部的时钟频率 f_{osc} 经过 12 分频后的脉冲信号计数。

$C/\overline{T}=1$ 时，选择计数模式，对输入引脚 T0(P3.4)和 T1(P3.5)的外部脉冲信号计数。

(3) M1、M0：工作方式选择位。

如表 6-2 所示，M1 和 M0 用于 4 种工作方式的选择。

表 6-2 M1 和 M0 的工作方式选择位

M1	M0	工作方式	功能描述
0	0	方式 0	13 位定时器/计数器
0	1	方式 1	16 位定时器/计数器
1	0	方式 2	自动重装的 8 位定时器/计数器
1	1	方式 3	仅适用 T0，分成 2 个独立的 8 位定时器/计数器，T1 停止工作

6.2.2 控制寄存器 TCON

控制寄存器 TCON 的地址为 88H，可以位寻址。其格式如表 6-3 所示。

表 6-3 控制寄存器 TCON 的格式

位	D7	D6	D5	D4	D3	D2	D1	D0
地址	8FH	8EH	8DH	8CH	8BH	8AH	89H	88H
名称	TF1	TR1	TF0	TR0	IE1	IT1	IE0	IT0

控制寄存器 TCON 分为两部分，其中高 4 位是定时器/计数器的运行控制和中断请求标志位，低 4 位用于外部中断的控制(详见第 5 章)。

(1) TR0、TR1。TR0 和 TR1 分别为定时器/计数器 T0 和 T1 的运行控制位。可由软件设置。当设置 TR0(或 TR1)为 1 时，定时器/计数器 T0 或 T1 启动计数；当设置 TR0(或 TR1)为 0 时，定时器/计数器 T0 或 T1 停止计数。

(2) TF0、TF1。定时器/计数器的溢出标志位。当定时器/计数器计数溢出时，由硬件自动将 TF0(或 TF1)置“1”，并向 CPU 发出中断请求，CPU 响应中断后，由硬件电路自动将 TF0(或 TF1)清“0”。TF0(或 TF1)也可以作为查询方式下的状态标志位。

6.3 定时器/计数器的工作方式

MCS-51 单片机的定时器/计数器共有 4 种工作方式，可通过软件对工作方式寄存器 TMOD 中的 M1 和 M0 位进行设置，下面以定时器/计数器 T0 为例对 4 种工作方式逐一进行介绍。其中，T1 与 T0 的方式 0～方式 2 的工作原理相同，方式 3 仅适用于定时器/计数器 T0。

6.3.1 工作方式 0

当 M1M0 设为 00 时，定时器/计数器 T0 工作在方式 0，方式 0 是由 TH0 的 8 位和

TL0 的低 5 位(高 3 位未用)构成的 13 位加 1 计数器,因此方式 0 也称为 13 位的定时器/计数器工作方式。其逻辑结构如图 6-2 所示。

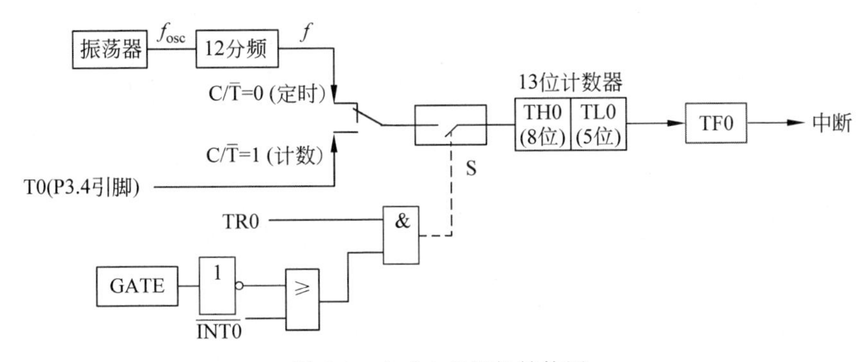

图 6-2　方式 0 的逻辑结构图

(1) 当 C/$\overline{T}$=0 时,T0 工作在定时模式,电子开关打到上面,计数的脉冲信号来自经 12 分频的振荡器输出。在计数过程中,当 TL0 的低 5 位计数溢出后,向 TH0 进位,当 TH0 计数溢出时,计数器中断溢出标志位 TF0 置位,并向 CPU 发出中断请求。

计数器的计数值 $N=2^{13}-X=8192-X$,其中 X 为计数器的初值,当计数到 8192 时,定时器溢出。工作在方式 0 时的定时时间 T 由式(6-1)确定:

$$T=NT_{m}=(8192-X)\times\frac{12}{f_{osc}} \tag{6-1}$$

式中 T_{m} 为单片机的机器周期,f_{osc} 为单片机的时钟振荡频率。若 $f_{osc}=12\text{MHz}$,则 $T_{m}=1\mu\text{s}$,当初值 $X=0$ 时,最长定时时间为 8.192ms。

(2) 当 C/$\overline{T}$=1 时,T0 为计数模式,电子开关打到下面,计数脉冲来自 P3.4 引脚(T1 来自 P3.5 引脚)上的外部脉冲信号。每当外部脉冲信号发生负跳变或下降沿时,计数器加 1,计数值由式(6-2)确定:

$$N=2^{13}-X=8192-X \tag{6-2}$$

图 6-2 中,开关 S 控制定时器/计数器的启动和停止,开关 S 的控制信号可以表示为 $S=(\overline{\text{GATE}}+\overline{\text{INT0}})\cdot\text{TR0}$,门控位 GATE、$\overline{\text{INT0}}$和运行控制位 TR0 一起控制定时器/计数器的启动和停止。

(1) 当 GATE=0 时,或门输出状态恒为 1,开关 S 输出状态 S 仅取决于 TR0 的状态。

TR0=1,S 为 1,控制开关闭合,允许定时器/计数器运行。

TR1=0,S 为 0,控制开关断开,禁止定时器/计数器运行。

(2) 当 GATE=1 时,或门输出状态由$\overline{\text{INT0}}$的输入电平决定,状态 S 由$\overline{\text{INT0}}$的输入电平和 TR0 位的状态来确定,可以表达为 $S=\text{TR0}\cdot\overline{\text{INT0}}$,只有当 TR0=1,而且$\overline{\text{INT0}}$=1(高电平)时,控制开关闭合,定时器/计数器运行,允许 T0 计数。否则,二者中有一个为低电平,控制开关断开,禁止定时器/计数器运行。

6.3.2　工作方式 1

当 M1M0 设为 01 时,定时器/计数器工作在方式 1,方式 1 是由 TH0 的 8 位和 TL0 的 8 位构成的 16 位计数器,方式 1 和方式 0 的差别仅在于计数器的位数不同,其逻辑结构如

图 6-3 所示。

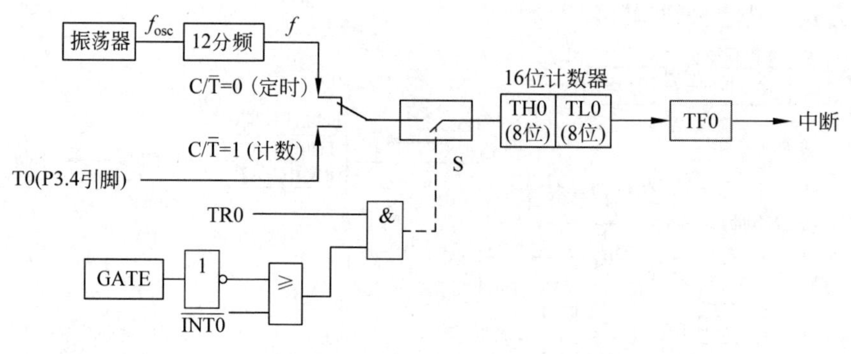

图 6-3　方式 1 的逻辑结构图

与方式 0 类似，方式 1 的定时时间可由式(6-3)确定：

$$T = NT_{m} = (2^{16} - X) \times \frac{12}{f_{osc}} \tag{6-3}$$

在定时模式时，若$f_{osc}=12\text{MHz}$，则机器周期 $T_{m}=1\mu s$，那么最长的定时时间 $T=NT_{m}=2^{16}\times1\times10^{-6}s=65.536ms$。

6.3.3　工作方式 2

当 M1M0 设为 10 时，定时器/计数器工作在方式 2，方式 2 是自动重装初值的 8 位计数方式，其逻辑结构如图 6-4 所示。

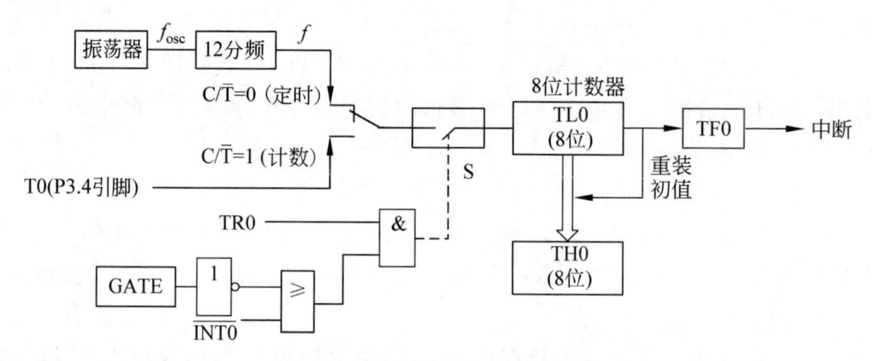

图 6-4　方式 2 的逻辑结构图

定时器/计数器工作在方式 0 和方式 1 时，当需要循环定时或循环计数时，就要编写程序重新装入初值，反复执行装入初值的程序会影响定时或计数的精度。方式 2 中，TL0 作为 8 位的计数器，TH0 作为 TL0 的初值寄存器，并始终保持初值常数。当 TL0 计数溢出时，溢出标志位 TF0 置“1”，向 CPU 发出中断请求，同时将 TH0 中的初值自动装入 TL0，使 TL0 从初值开始继续计数。这样省去了软件重新装入初值的过程，提高了计数精度。因此，方式 2 适用于对精度要求较高的场合。但方式 2 定时或计数的最大范围只有 256，在定时时间较长或计数较多的应用中受到了限制，可采用循环定时或循环计数的方式。

在定时模式下，方式 2 的定时时间可由式(6-4)确定：

$$T = NT_m = (2^8 - X)\frac{12}{f_{osc}} \tag{6-4}$$

若 $f_{osc} = 12\text{MHz}$，机器周期 $T_m = 1\mu s$，则最长定时时间 $T = NT_m = 2^8 \times 1 \times 10^{-6} = 256\mu s$。

6.3.4 工作方式 3

当 M1M0 设为 11 时，定时器/计数器 T0 工作在方式 3。方式 3 是为了增加一个 8 位的定时器而设置的，此时 51 单片机拥有 3 个定时器。方式 3 只适用于定时器/计数器 T0，定时器/计数器 T1 不能工作在方式 3。

1. 定时器/计数器 T0 工作在方式 3

定时器/计数器 T0 工作在方式 3 时的逻辑结构如图 6-5 所示。在方式 3，T0 被拆成两个独立的 8 位计数器，TL0 和 TH0。TL0 具有定时和计数的功能，是一个完整的 8 位定时器/计数器，T0 的控制位，包括 GATE、$C/\overline{T}$、TR0、$\overline{INT0}$和溢出标志位 TF0 全部归 TL0 使用。TH0 只能作为一个 8 位的定时器使用，不能对外部脉冲计数，它使用 T1 的运行控制位 TR1 开关定时器，同时占用 T1 的中断溢出标志位 TF1。

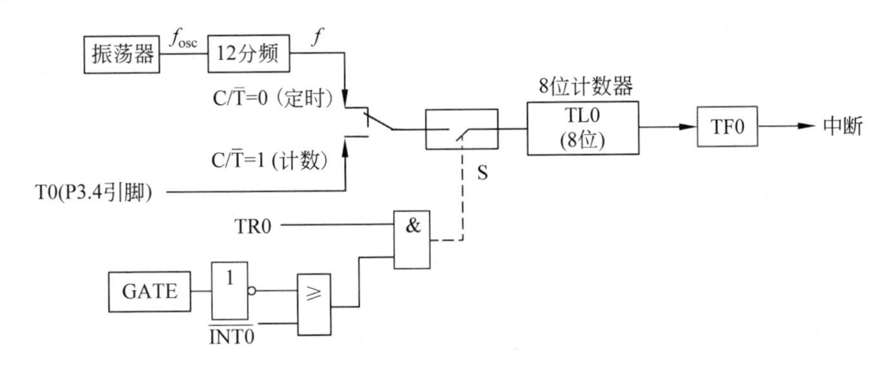

(a) TL0 为 8 位定时器/计数器

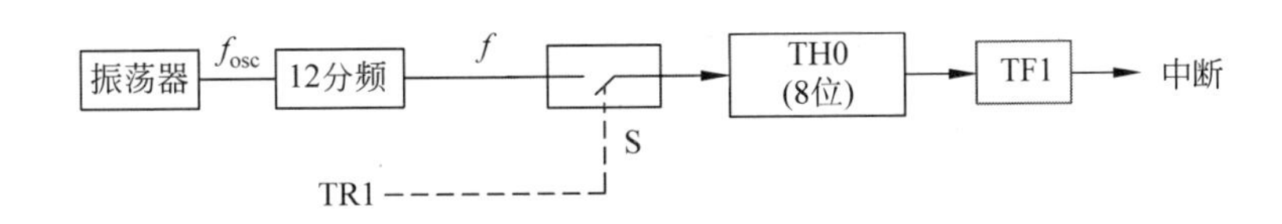

(b) TH0 为 8 位定时器

图 6-5　方式 3 的逻辑结构图

2. T0 工作在方式 3 时 T1 的工作方式

T0 工作在方式 3 时，T1 可工作在方式 0，方式 1 和方式 2，由 T1 的 $C/\overline{T}$ 控制位切换为定时或计数模式。因为 T1 的运行控制位 TR1 和溢出标志位 TF1 均被 T0 所占用，所以当 T1 工作在方式 3 计数溢出时，不能发出中断请求，只能输出到串行接口，用作串行接口的波特率发生器或不需要中断的场合。

6.4 定时器/计数器计数模式下对输入信号的要求

当定时器/计数器工作在计数模式时，计数器对来自输入引脚 T0(P3.4)或 T1(P3.5)的外部脉冲信号计数。在每个机器周期的低电平期间，CPU 对外部输入脉冲进行采样。若在第一个机器周期中采样的是高电平，而在下一个机器周期中的采样是低电平，即当检测到引脚电平发生由高电平到低电平的负跳变（下降沿）时，则在接着的下一个机器周期的 S_3P_1 期间计数值加“1”。由于确认一次由高电平到低电平的负跳变需要两个机器周期，即 24 个振荡周期，因此外部脉冲信号的最高频率为系统振荡频率的 1/24。如系统的时钟频率为 12MHz，则允许输入的脉冲最高频率为 500Hz。但为了保证某一给定电平在变化之前能被采样一次，则这一电平至少要保持一个机器周期。

6.5 定时器/计数器的编程和应用

6.5.1 定时器/计数器的编程初始化

定时器/计数器具有定时和计数的功能，具有 4 种工作方式，使用前要先在程序中对其进行初始化。初始化的一般步骤如下。

(1) 设置工作方式。即设置工作方式控制寄存器 TMOD。

(2) 计算初值。在定时模式下，根据式 $T=NT_m=(2^n-X)T_m$，计算出初值 X。在计数模式下，根据式 $N=2^n-X$，计算出初值 X。将初值写入寄存器 TH0、TL0 或 TH1、TL1。

(3) 开放定时器中断。设置 IE 寄存器。

(4) 启动定时器/计数器。将 TR0(或 TR1)置“1”。初始化的流程图如图 6-6 所示。

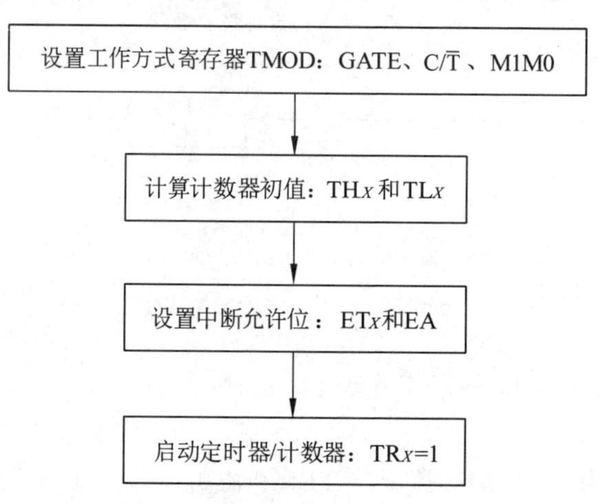

图 6-6 定时器/计数器初始化的流程图

6.5.2 定时器/计数器的应用举例

【例 6-1】 系统时钟晶振频率为 12MHz，利用 T0 工作在方式 0 时在 P1.0 引脚上输出周期为 2ms 的方波，允许 T0 中断。

分析：要输出周期为 2ms 的方波，P1.0 引脚需每 1ms 翻转一次输出。则定时器 T0 工作在定时模式，定时时间 1ms。具体步骤如下。

(1) 设置工作方式(即设置 TMOD 寄存器)。T0 工作在方式 0，定时模式，门控位 GATE=0，定时器仅由 TR0 控制开启。TMOD 中控制 T1 的高 4 位位全部取“0”，TMOD 寄存器设置为 00H。

注意：TMOD 不可位寻址，只能对整个字节赋值。

(2) 计算初值。定时器工作在方式 0，$n=13$，定时时间 $T=1\text{ms}$，系统晶振频率 $f_{osc}=12\text{MHz}$，机器周期 $T_m=1\mu s$，根据 $T=NT_m=(2^n-X)T_m$ 计算初值：

$$X=2^n-T/T_m=8192-\frac{1\times10^{-3}}{1\times10^{-6}}=(7192)_{10}=\text{E018H}$$

因此，赋初值为 TH0=0E0H，TL0=18H。

本题可采用中断和查询两种方式实现，二者区别在于中断方式是当定时器的计数器溢出后，溢出标志位 TF0(或 TF1)置“1”，向 CPU 发出中断请求，CPU 接收到请求后响应中断并进入中断服务处理程序。在定时器计数过程中，CPU 可从事其他工作，效率较高。在查询方式下，CPU 需不断查询溢出标志位是否为“1”，效率低，可在 CPU 没有其他工作的情况下采用。

(3) 程序设计。

① 中断方式。程序如下：

```
        ORG     0000H           ;程序入口地址
        AJMP    START           ;跳转到 START 程序
        ORG     000BH           ;T0 的中断服务程序入口地址
        AJMP    TIME            ;转 T0 的中断服务程序 TIME
        ORG     0030H           ;START 程序起始地址
START:  MOV     SP,#60H         ;设置堆栈指针
        MOV     TMOD,#00H       ;设置 T0 方式 0 定时模式
        MOV     TL0,#18H        ;TL0 赋初值
        MOV     TH0,#0E0H       ;TH0 赋初值
        SETB    ET0             ;允许 T0 中断
        SETB    EA              ;允许总中断
        SETB    TR0             ;启动 T0 计数
LOOP:   AJMP    LOOP            ;自身跳转,等待中断
TIME:   CPL     P1.0            ;P1.0 的状态取反
        MOV     TL0,#18H        ;重新赋初值
        MOV     TH0,#0E0H
        RETI    ;中断返回
        END     ;程序结束
```

② 查询方式。程序如下：

```
        ORG     0030H           ;程序入口地址
        MOV     TMOD,#00H       ;设置 T0 方式 0 定时模式
        MOV     TL0, #18H       ;TL0 赋初值
        MOV     TH0, #0E0H      ;TH0 赋初值
        SETB    TR0             ;启动 T0 计数
HERE:   JBC     TF0,LOOP        ;当中断标志位 TF0 置"1"时,跳转到 LOOP 并将标志位清"0"
        SJMP    HERE
LOOP:   CPL     P1.0            ;P1.0 的状态取反
        MOV     TL0,#18H        ;重新赋初值
        MOV     TH0,#0E0H
        SJMP    HERE            ;等待下一次 1ms 定时时间到
        END     ;程序结束
```

【例 6-2】 系统时钟晶振频率为 12MHz,利用 T1 工作在方式 2,在 P1.0 引脚上输出周期为 500μs 的方波。

分析：方式 2 是可以自动重新装载初值的 8 位定时器/计数器,可以产生精确的定时时间。本例中,要求 P1.0 引脚上输出周期为 500μs 的方波,那么引脚上每 250μs 翻转一次输出,则设置定时器的定时时间为 250μs。

(1) 设置工作方式。T1 工作在方式 2,定时模式,则 TMOD=20H。

(2) 计算初值。定时器工作在方式 2,$n=8$,定时时间 $T=250\mu s$,系统晶振频率 $f_{osc}=12MHz$,则机器周期 $T_m=1\mu s$,计算初值 $X=2^8-T/T_m=256-\frac{250\times10^{-6}}{1\times10^{-6}}=(6)_{10}=06H$,因方式 2 可以自动重新装初值,则赋初值为 TH1=06H,TL1=06H。

(3) 程序设计。

```
        ORG     0000H           ;程序入口地址
        AJMP    START           ;跳转到 START 程序
        ORG     001BH           ;T1 的中断服务程序入口地址
        CPL     P1.0            ;P1.0 的状态取反
        RETI                    ;中断返回
        ORG     0030H           ;START 程序起始地址
START:  MOV     SP,#60H         ;设置堆栈指针
        MOV     TMOD,#20H       ;设置 T1 方式 2 定时模式
        MOV     TL1,#06H        ;TL1 赋初值
        MOV     TH1,#06H        ;TH1 赋初值
        SETB    ET1             ;允许 T1 中断
        SETB    EA              ;允许总中断
        SETB    TR1             ;启动 T1 计数
LOOP:   AJMP    LOOP            ;自身跳转,等待中断
        END                     ;程序结束
```

【例 6-3】 系统时钟晶振频率为 12MHz,实现在 P1.0 引脚上输出周期为 1s 的方波,允许 T0 中断。

分析：输出周期为1s的方波，需设置的定时时间为500ms，在 $f_{osc}=12MHz$ 时，各工作方式最长的定时时间分别如下。

方式0：$T=2^{13}\times 1\mu s=8.192ms$。

方式1：$T=2^{16}\times 1\mu s=65.536ms$。

方式2：$T=2^{8}\times 1\mu s=0.256ms$。

可见，即使选用方式1，也不能实现一次500ms的定时。在实际应用中，许多地方需要较长时间的定时，可采用定时器定时中断结合软件计数的方式来延长定时时间。在本例中，使定时器T0工作在方式1，定时时间为50ms，设置一个计数器从10开始计数，定时器每定时50ms，进入定时器中断，计数器减1。减满10次时，就得到500ms的定时，P1.0引脚翻转，计数器重新赋值，继续下一个500ms的定时，如此循环下去。

(1) 设置工作方式。T0工作在方式1，定时模式，TMOD=01H。

(2) 计算初值。定时50ms的初值计算：$50ms=(2^{16}-X)\times 1\mu s$，$X=65\,536-50\,000=15\,536$=3CB0H，赋初值TH0=3CH，TL0=0B0H。

(3) 程序设计。

```
        ORG     0000H           ;程序入口地址
        AJMP    START           ;跳转到START程序
        ORG     000BH           ;T0的中断入口地址
        AJMP    TIME            ;转T0的中断服务程序TIME
        ORG     0030H           ;START程序起始地址
START:  MOV     SP,#60H         ;设置堆栈指针
        MOV     TMOD,#01H       ;设置T0方式1定时模式
        MOV     TH0,#3CH        ;TL0赋初值
        MOV     TL0,#0B0H       ;TH0赋初值
        MOV     R0,#0AH         ;循环次数R0赋值
        SETB    ET0             ;允许T0中断
        SETB    EA              ;允许总中断
        SETB    TR0             ;启动T0计数
LOOP:   AJMP    LOOP            ;自身跳转,等待中断
TIME:   MOV     TH0,#3CH        ;重新赋初值
        MOV     TL0,#0B0H
        DJNZ    R0,EXIT         ;循环不到10次重复定时
        MOV     R0,#0AH         ;循环次数R0重新赋值
        CPL     P1.0            ;P1.0状态取反
EXIT:   RETI                    ;中断返回
        END                     ;程序结束
```

【例6-4】 系统时钟晶振频率为12MHz，利用T0工作在方式2对P3.4引脚上的脉冲计数。要求每计满100次，P1.0引脚翻转一次。

分析：本例中定时器/计数器工作在计数模式，P3.4引脚上每检测到一个有效脉冲，计数器加1，当计数满100次，P1.0引脚翻转一次。

(1) 设置工作方式。T0工作在方式2，计数模式，则TMOD=06H。

(2) 计算初值。定时器工作在方式2，计算初值 $X=2^{8}-100=256-100=(156)_{10}=$

9CH，赋初值为 TH0=9CH，TL0=9CH。

（3）程序设计。

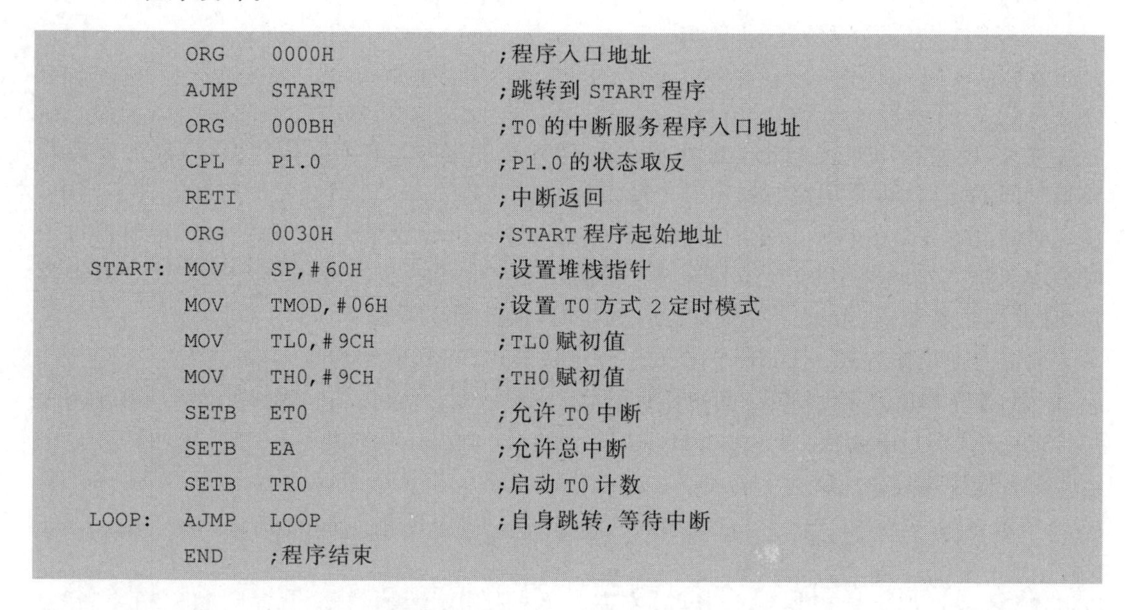

```
        ORG     0000H           ;程序入口地址
        AJMP    START           ;跳转到 START 程序
        ORG     000BH           ;T0 的中断服务程序入口地址
        CPL     P1.0            ;P1.0 的状态取反
        RETI                    ;中断返回
        ORG     0030H           ;START 程序起始地址
START:  MOV     SP,#60H         ;设置堆栈指针
        MOV     TMOD,#06H       ;设置 T0 方式 2 定时模式
        MOV     TL0,#9CH        ;TL0 赋初值
        MOV     TH0,#9CH        ;TH0 赋初值
        SETB    ET0             ;允许 T0 中断
        SETB    EA              ;允许总中断
        SETB    TR0             ;启动 T0 计数
LOOP:   AJMP    LOOP            ;自身跳转,等待中断
        END     ;程序结束
```

6.5.3 定时器/计数器门控位的应用

当定时器/计数器的门控位 GATE 为 1 时，定时器/计数器的启动条件是 TRx=1 且 $\overline{\text{INT}x}$=1。利用这个特性，可以测量$\overline{\text{INT}x}$引脚上外部输入脉冲宽度，如图 6-7 所示。

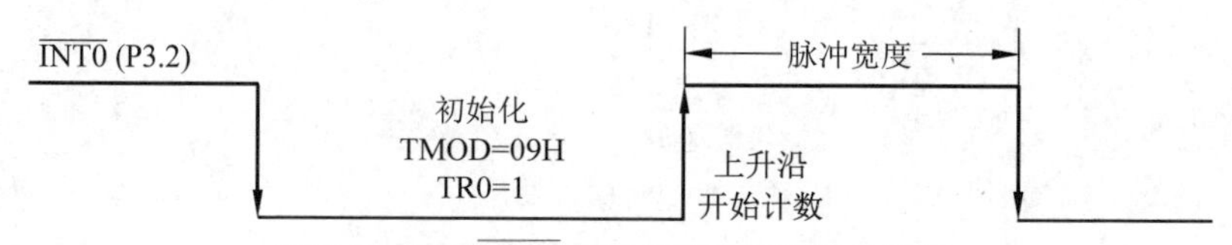

图 6-7 测量$\overline{\text{INT0}}$引脚上的正脉冲信号宽度

【例 6-5】 利用定时器 T0 的门控位 GATE，测试$\overline{\text{INT0}}$(P3.2)引脚上输入正脉冲的宽度，并将测量值存放在内部 RAM 的 30H 和 31H 单元中。

分析：将定时器 T0 设置为定时模式，工作在方式 1，GATE=1，计数初值设置为“0”。当 TR0=1 且$\overline{\text{INT0}}$引脚上出现高电平后，定时器启动，计数器开始计数，直到出现低电平后停止计数即可测量$\overline{\text{INT0}}$引脚上正脉冲的宽度。

程序如下：

```
        ORG     0000H           ;程序入口地址
MAIN:   MOV     TMOD,#09H       ;设置 T0 方式 1 定时模式
        MOV     TL0,#00H        ;TL0 赋初值
        MOV     TH0,#00H        ;TH0 赋初值
LOOP1:  JB      P3.2,LOOP1      ;等待 P3.2 变低电平
        SETB    TR0
```

```
LOOP2: JNB     P3.2, LOOP2        ;等待 P3.2 变高电平,启动计数
LOOP3: JB      P3.2,LOOP3         ;等待 P3.2 变低电平
       CLR     TR0                ;停止 T0 计数
       MOV     30H,TL0            ;(TL0)→(30H)
       MOV     31H,TH0            ;(TH0)→(31H)
       END
```

6.5.4 时钟的设计

时钟是以秒、分、时为基本单位进行计时的,利用定时器/计数器的定时功能可以实现秒表和时钟的定时。

1. 设计思路

在时钟中,秒是最小的计时单位,因此首先要实现 1s 的定时。参考例 6-3 实现定时 1s 的方法,利用定时器的工作方式 1,每次定时 50ms,计满 20 次,即可达到 1s。在片内的数据存储器中设置 3 个存储单元 30H,31H,32H,分别存储秒、分、时。每定时满 1s,存放秒的存储单元内容加 1,当满 60 时,则存放分的存储单元内容加 1,秒单元清"0";当分单元满 60,则时单元加 1,分单元清"0";若时单元满 24,则秒、分、时 3 个存储单元全部清"0"。

2. 程序设计

```
        ORG     0000H                   ;程序入口地址
        AJMP    START                   ;跳转到 START 程序
        ORG     000BH                   ;T0 的中断入口地址
        AJMP    TIME                    ;转 T0 的中断服务程序 TIME
        ORG     0030H                   ;START 程序起始地址
START:  MOV     SP,#60H                 ;设置堆栈指针
        MOV     TMOD,#01H               ;设置 T1 方式 1 定时模式
        MOV     TH0,#3CH                ;TH0 赋初值
        MOV     TL0,#0B0H               ;TL0 赋初值
        MOV     R0,#20                  ;循环次数 R0 为 20
        MOV     30H,#00H                ;秒单元清"0"
        MOV     31H,#00H                ;分单元清"0"
        MOV     32H,#00H                ;时单元清"0"
        SETB    ET0                     ;允许 T0 中断
        SETB    EA                      ;允许总中断
        SETB    TR0                     ;启动 T0 计数
LOOP:   AJMP    LOOP                    ;自身跳转,等待中断
TIME:   PUSH    PSW
        MOV     TH0,#3CH                ;重新赋初值
        MOV     TL0,#0B0H
        DJNZ    R0,EXIT                 ;未到 1s 退出中断
        MOV     R0,#20                  ;重置计数值
        INC     30H                     ;秒单元增 1
```

```
        MOV     A,30H
        CJNE    A,#60,EXIT          ;未到 60s 退出中断
        MOV     30H,#00H            ;秒单元清“0”
        INC     31H                 ;分单元增 1
        MOV     A,31H
        CJNE    A,#60,EXIT          ;未到 60 分退出中断
        MOV     31H,#00H            ;分单元清“0”
        INC     32H                 ;时单元增 1
        MOV     A,32H
        CJNE    A,                  #24,EXIT;未到 24 小时退出中断
        MOV     32H,#00H            ;时单元清“0”
EXIT:   POP     PSW                 ;恢复现场
        RETI                        ;中断返回
        END                         ;程序结束
```

习 题 6

1. 定时器/计数器工作在定时和计数模式下,其计数脉冲分别由谁提供?

2. MCS-51 单片机的定时器用作定时模式时,定时时间与________和________有关。用作计数模式时,最高计数频率为时钟频率的________。

3. 定时器若工作在精确定时或自动重装初值的场合,应选用(　　)。

A. 工作方式 0　　B. 工作方式 1　　C. 工作方式 2　　D. 工作方式 3

4. 在中断方式下,当单片机的定时器 T1 计数器计满溢出时,溢出标志位 TF1 置“1”,CPU 响应中断后,该标志位(　　)。

A. 由软件清“0”　　B. 由硬件清“0”　　C. 随机状态　　D. AB 均可

5. MCS-51 单片机的两个定时器 T0 和 T1 各有几种工作方式?分别说明各自的特点。

6. 若系统的晶振频率为 6MHz,方式 0、方式 1 和方式 2 工作在定时模式下的最长定时时间分别为多少?

7. 若系统的晶振频率为 12MHz,编程实现在 P2.5 引脚上输出一个频率为 50Hz 的方波。

8. 若系统晶振频率为 6MHz,且系统允许中断,根据要求选择合适的工作方式并写出定时器的初始化程序:

(1) 定时时间 100ms。

(2) 定时时间 50μs,要求定时精确。

9. 定时器工作在方式 2 时有什么特点?适用于什么应用场合?

10. 若系统的晶振频率 f_{osc}=12MHz,定时器/计数器 T0 工作在方式 1,要求产生 20ms 的定时,写出定时器的方式控制字并计算计数初值(写步骤)。

11. 单片机的 P0 口接了 8 个发光二极管,要求每个发光二极管轮流点亮 1s(P0 口为低电平时点亮),系统晶振频率为 12MHz,试编写程序。

12. 当系统检测到 P3.4 引脚上产生一个负跳变时,单片机收到启动信号,在 P1.0 引脚上开始输出频率为 10Hz 的方波,系统的晶振频率为 12MHz,编程实现。

第 7 章　单片机串行通信原理及接口应用

MCS-51 单片机内部集成了一个功能较强的全双工串行通信接口。该接口采用通用异步接收/发送器(Universal Asynchronous Receiver/Transmitter,UART)工作,有 4 种工作方式,发送、接收数据均可采用查询方式或中断方式,能够满足不同用户需要。

7.1　串行通信的基本概念

串行通信的基本概念包括通信方式、波特率的定义及串行通信的标准等。

7.1.1　通信的基本方式

单片机之间的通信方式可分为串行和并行两种。

并行通信通常使用多条数据线同时传送数据字节的各一位,每一位数据需要一条传输线。此外,还需要一条或几条用于控制的信号线。因此,在一般情况下,传送 1B 的数据需要 8 根以上的数据线。由此可见,并行通信传输速度快、效率高,但长距离传输成本较高且可靠性差,只适用于近距离传输。

串行通信是将数据按位逐个传送。由于一次只能传输一位,所以 1B 的数据需要分 8 次才能传输完毕。与并行通信相比,串行通信存在传输速度较慢、效率较低的缺点。由于串行通信仅需要几条线即可在系统间交换信息,在长距离传送时成本较低,因此串行通信广泛应用于设备之间信息传输、计算机网络(互联网)等方面。串行通信与并行通信的比较如图 7-1 所示,它们的数据传输使用的线路数不同,单片机之间相互通信都需要共地,因此无论在哪种通信方式下,地线(GND)不可缺少。

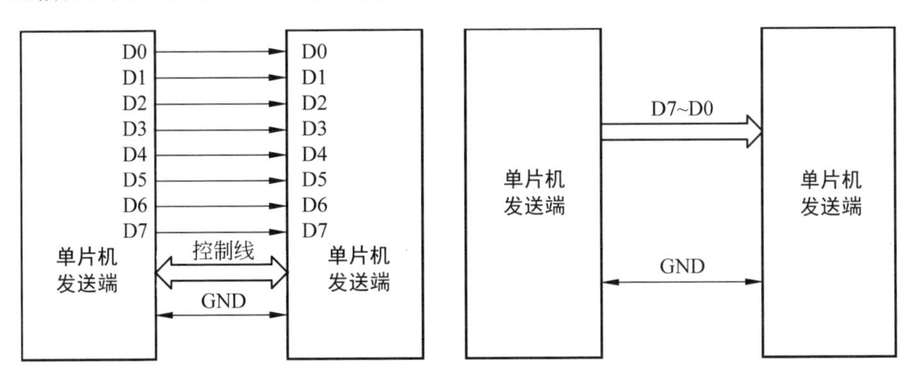

(a) 单片机并行通信　　(b) 单片机串行通信

图 7-1　单片机的通信基本方式

7.1.2 串行通信的数据传输模式

根据数据流的方向，串行通信的数据传输模式一般分为单工、半双工及全双工 3 种方式。图 7-2 说明了 3 种数据传输模式及它们之间的区别。在单工方式下，数据仅按照一个固定方向传输，不能反方向传输；半双工方式可以实现数据的双向传输，但由于输入与输出共用一条线路，所以这种模式不能同时进行双向数据传输；全双工方式有两条线路可以使用，因此允许数据接收双方同时进行数据的双向传输。

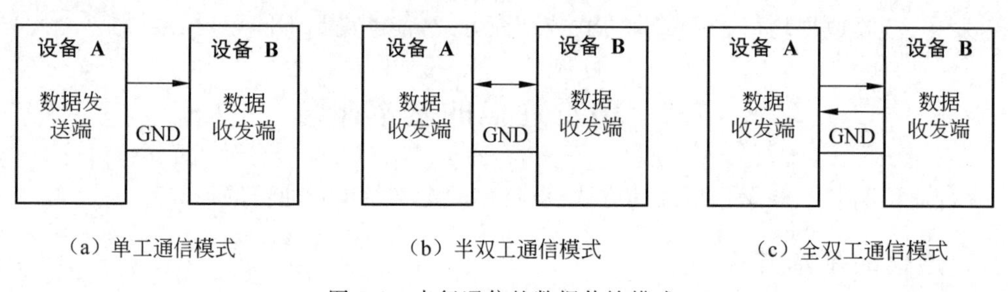

图 7-2 串行通信的数据传输模式

7.1.3 串行通信的类型

串行通信可分为异步通信和同步通信两种类型。

1. 异步通信

异步通信的发送方与接收方分别用自己的时钟来控制发送和接收，如图 7-3(a)所示。在异步通信时，对字符必须规定一定的格式，以利于接收方能判别何时有字符送来以及何时是一个新字符的开始。因此，异步串行通信是以数据帧为单位进行传输的，各数据帧之间的间隔是任意的。每个数据帧中的各个位是以固定的时间传送的，通信双方需事先约定字符的编码形式、奇偶校验形式以及起始位和停止位。

帧就是一个字符串完整的通信格式，通常也称为帧格式。下面以最常见的 11 位帧格式进行说明。如图 7-3(b)所示，一般先用一个起始位 0 表示字符的开始；而后 8 位为数据位，规定低位在前，高位在后；此后是奇偶校验位 P，用于判别字符传送的正确性；最后是停止位，用于表示字符的结束。

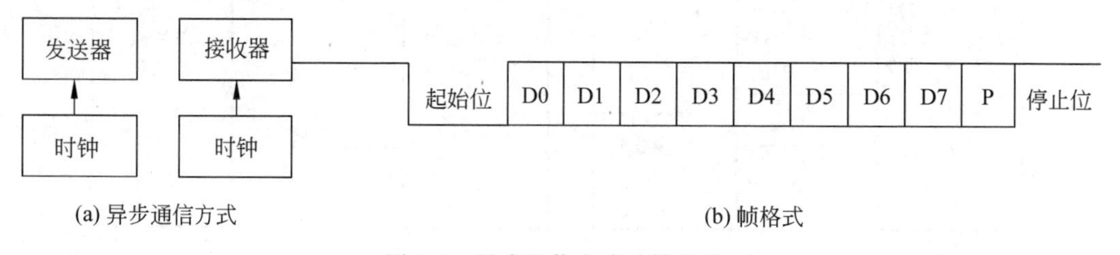

图 7-3 异步通信方式及帧格式

2. 同步通信

进行同步通信时，发送方和接收方必须采用一个同步时钟，通过一条同步时钟线实现接收方和发送方的同步，因此同步通信不需要规定每一帧字符的起始位和停止位，只在传送数据块时先送出一个同步字符标识即可。同步通信的传送格式如图 7-4 所示。

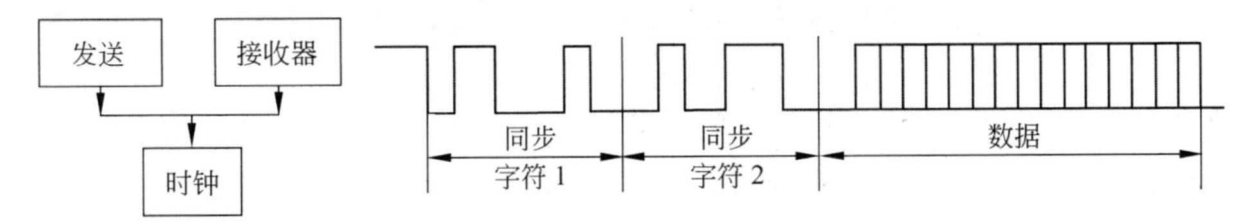

图 7-4　同步通信方式及数据格式

进行同步通信时，先发送同步字符，数据发送紧随其后，接收方检测到同步字符后开始接收数据，按约定的长度拼成数据字节，直到整个数据接收完毕且校验无误则结束一帧数据的传送。

7.1.4　波特率的基本概念

波特率(Baud Rate，BR)是串行通信的一个重要指标，定义为每秒钟传送符号的位数。单片机在采用串行传送方式与外部设备进行数据传送时，其波特率等于比特率，单位为位/秒(b/s)。波特率的倒数即为传输每位数据需要的时间。

对于异步通信而言，互相通信的甲乙双方必须具有相同的波特率，否则无法正确完成数据通信。异步通信的发送和接收数据是由同步时钟触发发送器和接收器而实现的，发送和接收的时钟频率与波特率有关，一般为波特率的 16 倍或 64 倍。而对于同步通信而言，数据传输的波特率即为同步时钟频率。

7.1.5　串行通信的错误校验

在串行通信的过程中可能出现传输错误，因此在开发单片机串行接口的过程中，常常需要对数据传送的结果进行校验。校验是保证数据传输准确无误的关键。常用的差错校验方法有奇偶校验、代码和校验及循环冗余码校验等。

1. 奇偶校验

在发送数据时，数据位尾随 1 位奇偶校验位(0 或者 1)，这种方式叫做奇偶校验。奇校验即为数据中的 1 的个数与校验位 1 的个数之和为奇数。相应的，偶校验为数据中 1 的个数与校验位 1 的个数之和为偶数。数据发送方与接收方的校验方式一致，发送的校验位也应与接收方计算出的校验位一致，若发现不一致，则说明数据传输过程中出现了差错，需要重新发送这帧数据。

2. 代码和校验

代码和校验是发送方将所发数据块求和或者各字节异或，产生一个字节的校验字符(校验和)，并将该字节附加到数据块末尾传送给接收方。与奇偶校验的原理相同，接收方将接收到的数据求和或各字节异或，与接收到的校验和相比较，若相同则表明传输正确，反之则表明数据传输出现差错，需要通知发送端重新发送数据。

3. 循环冗余码校验

循环冗余码校验是通过某种数学运算建立有效信息与校验码之间的对应关系，因此纠错能力较强。它常用于对磁盘信息的传输、存储区的完整性校验等，也广泛用于同步通信方式中。

7.2 MCS-51 单片机串行接口的结构

MCS-51 单片机内部有一个可编程的全双工异步通信串行接口,满足单片机与外界数据交换的需要。该串行接口采用通用异步接收/发送器工作,有 4 种工作方式,可以根据需要用于不同场合。

7.2.1 串行接口的内部硬件结构

MCS-51 单片机串行接口的内部结构如图 7-5 所示。串行接口通过两个引脚 TXD(P3.1)及 RXD(P3.0)完成内部数据与外部数据的交换。同时,串行接口利用两个物理上独立的接收、发送缓冲器暂存需要发送或者接收到的数据,收发缓冲器名称相同,都为 SBUF,在单片机内部共用一个物理地址 99H,因此 51 单片机串行接口为全双工串行接口,可同时完成数据的收发。此外,单片机使用串行控制寄存器(SCON)和电源控制寄存器(PCON)控制串行接口的工作方式和波特率,所以与单片机串行接口相关的特殊功能寄存器有 3 个,分别为 SBUF、SCON 及 PCON。

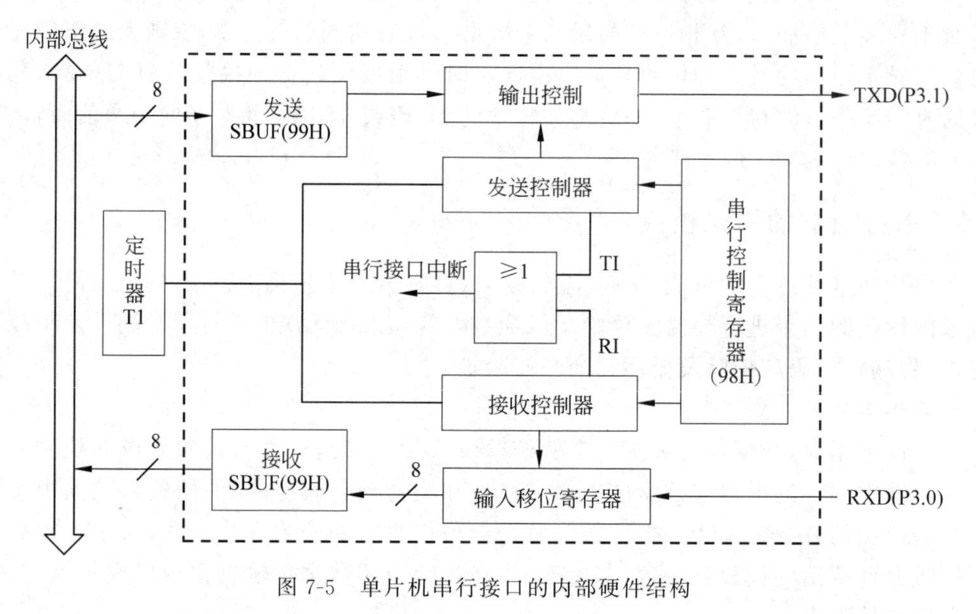

图 7-5 单片机串行接口的内部硬件结构

7.2.2 与串行接口相关的特殊功能寄存器

1. 接收/发送缓冲器

由图 7-5 可知,接收/发送缓冲器(SBUF)共用一个地址 99H。但对它们的操作是独立的,因此不会发生冲突。当接收或者发完 1B 的数据,单片机将从 SBUF 中取出收满的数据或者给 SBUF 送入新的数据继续发送,具体操作通过累加器 A 完成。例如汇编程序语句:

```
MOV A,SBUF
```

即为将收满的数据从 SBUF 寄存器读入到累加器 A 中,完成一次数据接收。而汇编程序语句:

```
MOV SBUF,A
```

的主要功能为将需要发送的数据通过累加器 A 送入 SBUF 中,启动一次新的数据发送。

此外,无论是否采用中断方式收发数据,收满或者发送完 1B 的数据,系统都会将串行中断标志位 TI 或 RI 置“1”。因此每接收或发送一个数据都必须用指令对 TI 或者 RI 清“0”,以备下一次接收/发送数据。实现该功能的程序语句可使用 CLR TI 或者 CLR RI。

2. 串行控制寄存器

串行控制寄存器(SCON)用于监控串行接口的工作状态,它的字节地址为 98H,位地址为 98H～9FH。通过设置 SCON 的值可以完成对串行接口工作方式、接收、发送等工作状态的控制,格式如表 7-1 所示。

表 7-1　串行控制寄存器 SCON 的格式

位	D7	D6	D5	D4	D3	D2	D1	D0
地址	9FH	9EH	9DH	9CH	9BH	9AH	99H	98H
名称	SM0	SM1	SM2	REN	TB8	RB8	TI	RI

表 7-1 中各位的功能如下。

(1) SM0、SM1:用于选择串行接口的 4 种工作方式,由软件置“1”或者清“0”。这 4 种工作方式如表 7-2 所示。

表 7-2　串行接口的 4 种工作方式

SM0	SM1	工作方式	功　能	波特率
0	0	方式 0	移位寄存器	$f_{osc}/12$
0	1	方式 1	8 位 UART	可变
1	0	方式 2	9 位 UART	$f_{osc}/32$ 或 $f_{osc}/64$
1	1	方式 3	9 位 UART	可变

(2) SM2:多机控制位。SM2 主要用于方式 2 和方式 3。在这两种工作方式中,如果 SM2＝1 且接收到的第 9 位数据 RB8 为 1,则将接收到的前 8 位数据送入接收缓冲寄存器 SBUF 中,并将 RI 置“1”产生中断请求,否则丢弃前 8 位数据;如果 SM2＝0,则不论第 9 位数据 RB8 是 0 或者 1,都将前 8 位数据送入接收 SBUF 中,并产生中断请求。

(3) REN:允许串行接收控制位。若 REN＝0,则禁止接收;若 REN＝1,则允许接收。该位由软件置“1”,或者清“0”。

(4) TB8:发送第 9 位数据。在方式 2 或者方式 3 时,TB8 为所要发送的第 9 位数据。可作为数据的奇偶校验位。在多机通信时,以 TB8 的状态表示主机发送的是地址还是数据。一般情况下,TB8＝0 表示数据,TB8＝1 表示地址。该位由软件置“1”或清“0”。

(5) RB8:接收第 9 位数据。在方式 2 或者方式 3 时,RB8 是接收到的第 9 位数据。可作为奇偶校验位或地址/数据的标志。方式 1 时,若 SM2＝0,则 RB8 是接收到的停止位。在方式 0 时,不使用 RB8 位。

(6) TI:发送中断标志。在方式 0 时,当发送数据第 8 位结束,或在其他方式发送停止位后，由内部硬件使 TI 置“1”，可向 CPU 请求中断。CPU 在响应中断后，必须用软件清“0”串行中断标志位。在非中断方式，TI 可作为标志位供查询使用。

(7) RI：接收中断标志位。在方式 0 时，当接收数据的第 8 位结束，或在其他方式接收到停止位时，由内部硬件使 RI 置“1”，向 CPU 请求中断。同样，在 CPU 响应中断后，也必须用软件清“0”。在非中断方式，RI 可作为标志位，供查询使用。

3. 电源控制寄存器

电源控制寄存器(PCON)的字节地址为 87H，没有位寻址功能。主要实现对单片机电源的控制管理，格式如表 7-3 所示。

表 7-3　电源控制寄存器 PCON 的格式

位	D7	D6	D5	D4	D3	D2	D1	D0
名称	SMOD	—	—	—	GF1	GF0	PD	IDL

表 7-3 中，PCON 的最高位 SMOD 是串行接口波特率系数控制位。在串行接口工作于方式 1、方式 2 或者方式 3 时，数据传送的波特率与 2^{SMOD} 成正比，因此 SMOD 为 1 时能将串行接口波特率加倍。

7.3　MCS-51 单片机串行接口的通信工作方式

7.3.1　工作方式 0

MCS-51 单片机串行接口的工作方式 0 为 8 位移位寄存器方式。既可以移位输入也可以移位输出，并不是真正的数据通信方式，主要用于扩展外部并行输入输出接口。这种工作方式的发送及接收时序如图 7-7 与图 7-8 所示。其中 TXD 为移位脉冲的输出引脚，用来输出同步脉冲；RXD 为数据移位输入输出的引脚。一帧信息有 8 位数据，低位在前，高位在后，没有起始位和停止位。方式 0 的帧格式如图 7-6 所示。

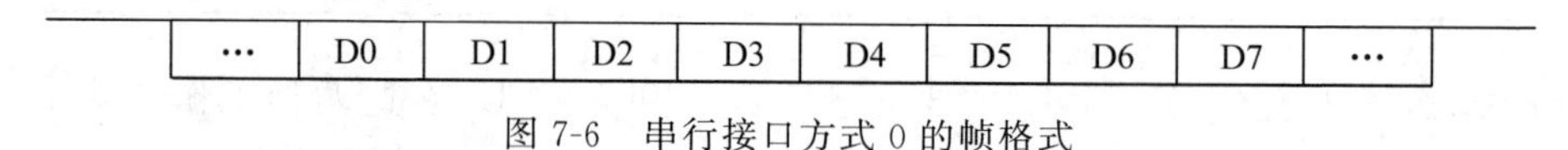

图 7-6　串行接口方式 0 的帧格式

1. 方式 0 的发送过程

如图 7-7 所示，当 CPU 执行了指令

```
MOV  SBUF,A
```

即可将数据写入单片机的发送缓冲器 SBUF，产生一个正脉冲，此时串行接口开始把 SBUF 中的 8 位数据以 $f_{osc}/12$ 的固定波特率从 RXD 引脚串行输出。TXD 引脚输出同步移位脉冲，发送完 8 位数据后，中断接收标志位 TI 置“1”。

2. 方式 0 的接收过程

方式 0 接收时，REN 为串行接口允许接收控制位，REN＝0 禁止接收，REN＝1 则允许接收，因此当允许接收为 REN＝1 且 RI＝0 时，启动接收过程。此时，RXD 为数据输入端，

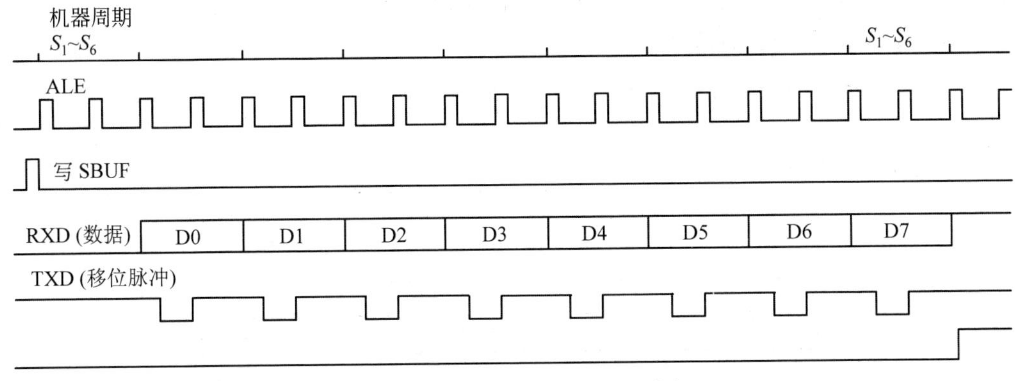

图 7-7 串行接口方式 0 发送时序

TXD 为同步信号输出端。串行接口接收的波特率为 $f_{osc}/12$，接收完 8 位数据后，由硬件将中断接收标志位 RI 置“1”。方式 0 的接收时序如图 7-8 所示。

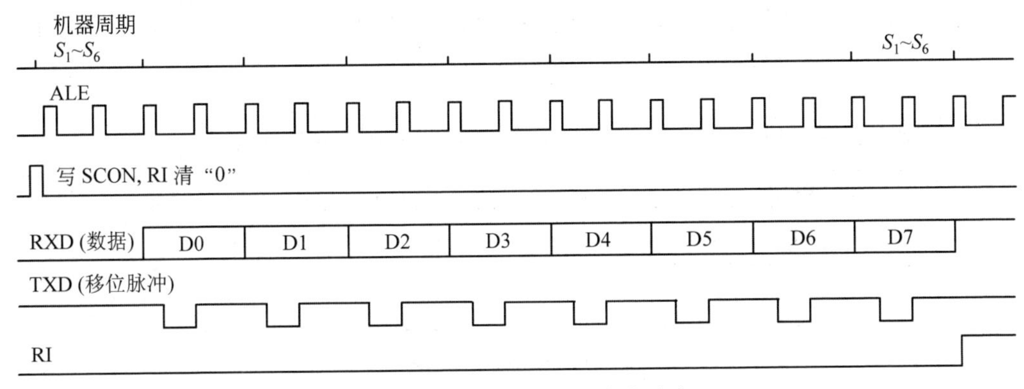

图 7-8 串行接口方式 0 接收时序

7.3.2 工作方式 1

MCS-51 单片机串行接口的工作方式 1 用于数据的串行发送和接收。TXD 与 RXD 分别为数据的发送及接收端。方式 1 发送一帧数据为 10 位，包含 1 个起始位(0)、8 个数据位(低位在前)、1 位停止位(1)。这个帧格式如图 7-9 所示。

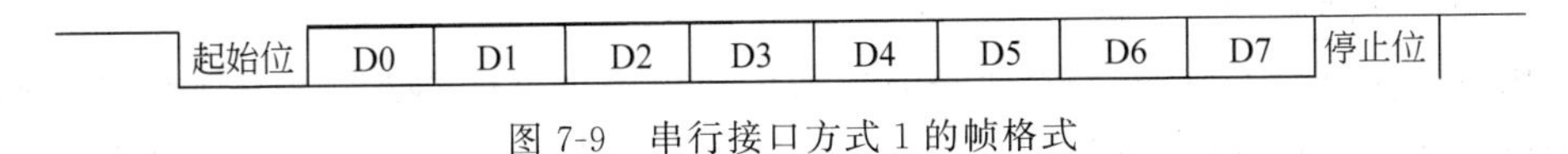

图 7-9 串行接口方式 1 的帧格式

1. 方式 1 的发送过程

串行接口方式 1 输出的启动方式与方式 0 类似，即为当 CPU 执行了指令

```
MOV SBUF,A
```

后启动发送。方式 1 的发送时序如图 7-10 所示，其中 TX 时钟的频率即为发送的波特率，发送开始则内部发送控制信号 $\overline{\text{SEND}}$ 有效，数据位由 TXD 端输出，此后每经过一个 TX 时

钟周期产生一个移位脉冲，并继续由 TXD 引脚输出一个数据位。发送完 8 位数据后中断标志位 TI 置“1”，而后$\overline{\text{SEND}}$信号失效。

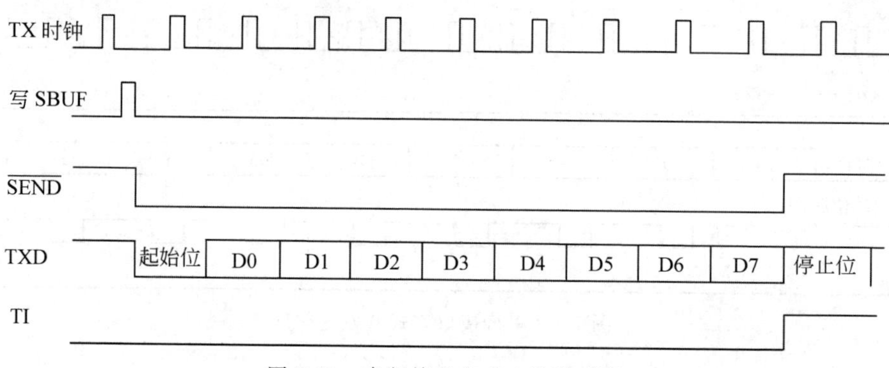

图 7-10　串行接口方式 1 发送时序

2. 方式 1 的接收过程

串行接口方式 1 数据接收的时序如图 7-11 所示。当 REN＝1，串行接口允许接收，数据从 RXD 端输入。当检测到起始位的负跳变时开始接收数据。

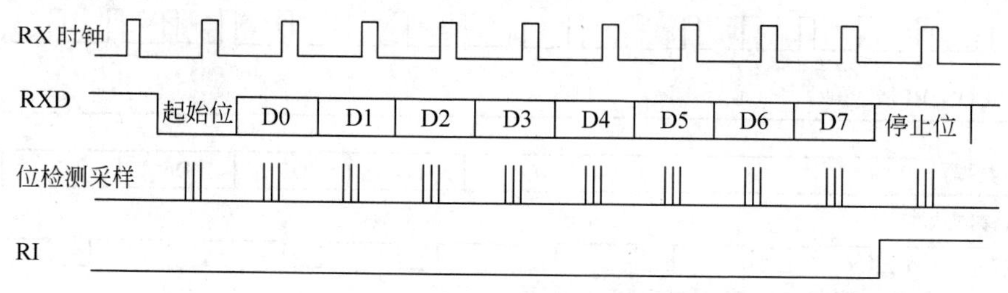

图 7-11　串行接口方式 1 接收时序

接收时，控制信号有两种。如图 7-11 所示，一种控制信号是接收移位时钟(RX 时钟)，另外一种为位检测器采样脉冲。其中，RX 时钟的频率与数据发送的波特率相同，而位检测器采样脉冲的频率是 RX 时钟的 16 倍。也就是说，在 1 位数据期间，有 16 个采样脉冲以波特率的 16 倍速率采样 RXD 的引脚状态。当采样到 RXD 引脚进行从 1 到 0 的跳变时，启动检测器，接收的值是 3 次连续采样中两次相同的值(每位连续采样 16 次，这里为第 7、8、9 次采样结果)，从而确认是否为真正的起始位。这样的操作可以较好地消除干扰引起的影响，以确保准确无误地开始接收数据。

当确认起始位有效时，开始接收一帧数据信息。接收数据的采样检测方法与起始位的采样检测方法相同，以确保接收到的数据位的准确性。当一帧数据接收完毕，必须同时满足以下两个条件才能够说明这次接收过程有效。

(1) RI＝0，即上一帧数据接收完毕，CPU 已经响应了 RI＝1 发出的中断请求，SBUF 中的数据已被取走，“接收 SBUF”已空。

(2) SM2＝0 或者收到的停止位＝1(停止位被装入 RB8 中)，则将接收到的数据装入 SBUF 和 RB8(装入停止位)，且中断标志 RI 被置“1”，等待 CPU 响应并取走 SBUF 中的数据。

如果上述两个条件不能同时满足，则接收到的数据不能装入 SBUF，意味着该帧数据将会被丢弃。

7.3.3 工作方式 2 和工作方式 3

串行接口工作在方式 2 和方式 3 时为 9 位异步通信接口。TXD 和 RXD 分别为数据的发送端和接收端。如图 7-12 的所示，这两种方式下单片机收发每帧数据为 11 位，包含 1 位起始位“0”、8 位数据位(低位在前)、1 个附加位(第 9 位)及一位停止位“1”。方式 2 和方式 3 的操作方法与数据格式几乎完全一样，仅波特率不同。

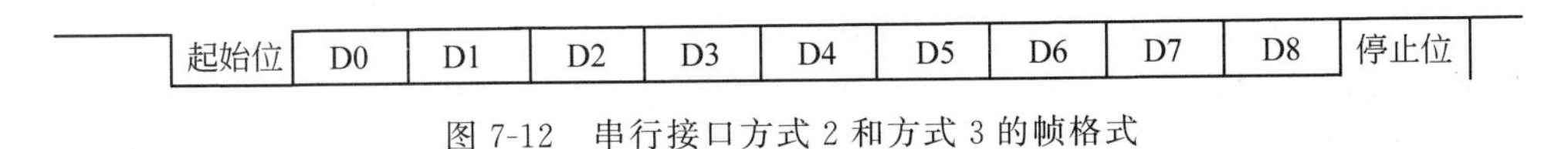

图 7-12 串行接口方式 2 和方式 3 的帧格式

1. 方式 2 和方式 3 的发送过程

方式 2 和方式 3 的数据发送时序如图 7-13 所示。与方式 1 相似，发送前先根据通信协议由软件设置 TB8，如可将双机通信时的奇偶检验位或多机通信时的地址/数据标志位放置在 TB8 中。然后将要发送的数据送入 SBUF，启动发送。同时，串行接口自动取出 TB8 中的数据装入到第 9 位数据的位置，将数据逐一发送。发送完毕 TI 将被置“1”。

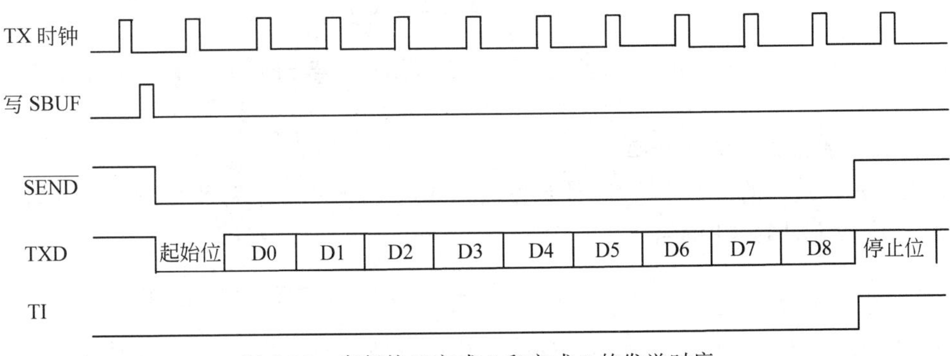

图 7-13 串行接口方式 2 和方式 3 的发送时序

2. 方式 2 和方式 3 的接收过程

方式 2 和方式 3 的数据接收时序如图 7-14 所示。当 REN 为 1 则允许数据接收。同样与方式 1 类似，当位检测逻辑采样到 RXD 引脚正在进行从 1 到 0 的负跳变并判断起始位为有效时，开始接收一帧数据信息。在接收完第 9 位数据后，也同样需要满足以下两个条件才能将接收到的数据放入 SBUF。

(1) RI=0，意味着接收 SBUF 已空。

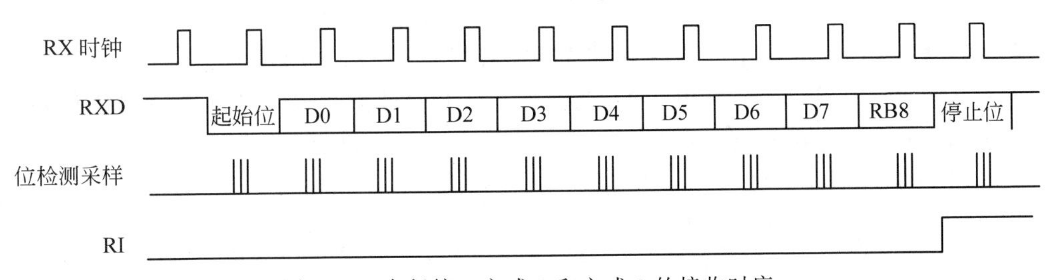

图 7-14 串行接口方式 2 和方式 3 的接收时序

(2) SM2=0 或者收到的第 9 位数据 RB8=1。

满足以上两个条件,接收到的数据放入 SBUF,第 9 位数据送入 RB8,同时 RI 被置“1”;否则数据将被丢弃。

7.3.4 各个工作方式波特率的设定

在串行通信时,收发双方的波特率必须一致。通过设置 SCON 可将串行接口设定为不同的工作方式。其中,方式 0 与方式 2 的波特率是固定的,方式 1 和方式 3 的波特率由定时器 T1 的溢出率来确定,是可变的。

1. 方式 0 的波特率

当串行接口工作在方式 0 时,如式(7-1)所示:

$$方式0的波特率 = f_{osc}/12 \tag{7-1}$$

此时波特率固定为时钟频率的 1/12,不受 PCON 寄存器中 SMOD 位的影响。例如,f_{osc}=12MHz,波特率为 1Mb/s。

2. 方式 2 的波特率

方式 2 波特率仅取决于时钟频率和 PCON 中的 SMOD 位。计算如式(7-2)所示:

$$方式2的波特率 = \frac{2^{SMOD}}{64} f_{osc} \tag{7-2}$$

例如,f_{osc}=12MHz 且 SMOD=0,波特率为 187.5kb/s,若 SMOD=1,则波特率加倍,为 375kb/s。

3. 方式 1 和方式 3 的波特率

方式 1 和方式 3 的波特率可变,计算方法如式(7-3)所示。这两种工作方式下的波特率与 SMOD 位和定时器 T1 的溢出率有关。

$$方式1和方式3的波特率 = \frac{2^{SMOD}}{32} \times 定时器\ T1\ 的溢出率 \tag{7-3}$$

在实际当中,为了避免定时器因为软件重装初值带来的定时误差,一般使用 T1 工作在方式 2(8 位自动重装模式)作为串行接口方式 1 及方式 3 的波特率发生器,此时定时器的溢出率可理解为定时时间的倒数。若设定定时器 T1 工作在方式 2 时的计数初值为 x,则溢出率的计算方法如式(7-4)所示。

$$定时器\ T1\ 的溢出率 = \frac{f_{osc}}{12}/(256 - x) \tag{7-4}$$

因此,方式 1 与方式 3 的波特率计算如式(7-5)所示。

$$方式1和方式3的波特率 = \frac{2^{SMOD}}{32} \times \frac{f_{osc}}{12 \times (256 - x)} \tag{7-5}$$

【例 7-1】 MCS-51 单片机的时钟频率为 11.0592MHz,选用定时器 T1 工作在方式 2 为波特率发生器,要求产生 4800b/s 的波特率,求 T1 的计数初值。若串行接口工作在方式 1,允许接收,允许串行口中断,试写出该单片机串行接口的初始化程序。

假设波特率控制位 SMOD=0,则根据式(7-5),计数初值为

$$x = 256 - \frac{2^{SMOD} f_{osc}}{32 \times 12 \times 波特率} = 256 - \frac{2^0 \times 11.0592 \times 10^6}{32 \times 12 \times 4800} = \text{FAH}$$

因此,定时器的初值应该为(TH1)=(TL1)=0FAH。

这种情况下，单片机的初始化程序应包含定时器的设置及串行口工作方式的设置，具体过程如下：

```
SerialSet: MOV   TMOD, #20H     ;定时器 T1 设置为方式 2
           MOV   TH1, #0FAH     ;装入定时器初值，波特率为 4800b/s
           MOV   TL1, #0FAH
           MOV   PCON,#00H      ;设置 SMOD 位为 0
           SETB  TR1            ;开定时器
           MOV   SCON, #50H     ;设置串行口工作在方式 1，允许接收
           MOV   IE, #90H       ;允许总中断与串行口中断
           …
```

在实际应用中，常用的波特率通常取 1.2kb/s、2.4kb/s、4.8kb/s 和 9.6kb/s 等，若晶振频率采用 12MHz 和 6MHz，计算出的定时器初值将不是一个整数，取近似值易于产生波特率误差进而影响串行通信的同步性能。而当晶振频率为 11.0592MHz 时，定时器初值为整数，更能够满足用户对于波特率精确性的要求。表 7-4 列出了串行接口方式 1 或者方式 3 在几种常见参数设置下的初值及波特率的计算结果，供读者查询。串行接口方式 0 及方式 2 波特率基本固定，这里不再列出。

表 7-4　方式 1 及方式 3 常用波特率及相关参数设置

串行接口相关参数				定时器 T1		
串行接口工作方式	波特率/($b \cdot s^{-1}$)	晶振频率/MHz	SMOD	C/$\overline{T}$	工作模式	定时器初值
方式 1 和方式 3	19 200	11.0592	1	0	2	FDH
方式 1 和方式 3	9600	11.0592	0	0	2	FDH
方式 1 和方式 3	4800	11.0592	0	0	2	FAH
方式 1 和方式 3	2400	11.0592	0	0	2	F4H
方式 1 和方式 3	1200	11.0592	0	0	2	E8H

7.4　串行接口的多机通信工作原理

多个 MCS-51 单片机可以利用串行接口实现多机通信。一个典型的主从式多机通信方法如图 7-15 所示。主机的 TXD 引脚与所有从机的 RXD 引脚相连，主机的 RXD 引脚与所有从机的 TXD 引脚相连。主机发送的信息可以被多个从机接收，而从机发送的信息只能被主机接收。主机决定与哪个从机进行通信。

在多机通信中，要保证主机与从机之间通信可靠，必须保证主机具有识别从机的功能。MCS-51 单片机 SCON 中的控制位 SM2 即为满足这一要求而设置的。当串行接口以方式 2 或者方式 3 工作时，有 SM2＝1 或者 SM2＝0 两种情况。这两种情况下从机是否接收数据的条件如图 7-16 所示。

若 SM2＝1 则表示进行多机通信，可能出现以下两种情况。

(1) 从机接收到主机发送的第 9 位数据 RB8＝1 时，前 8 位数据装入 SBUF，并将中断

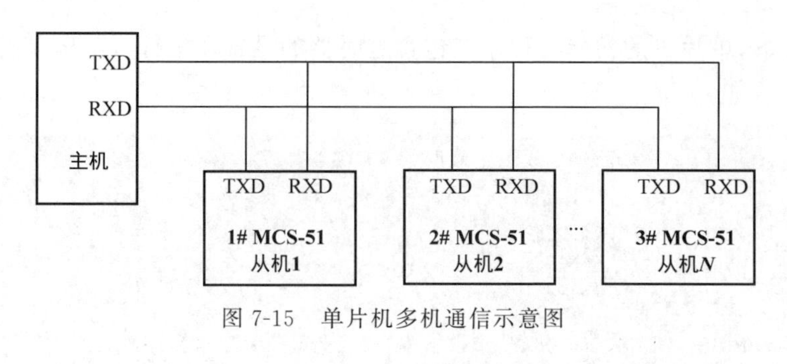

图 7-15　单片机多机通信示意图

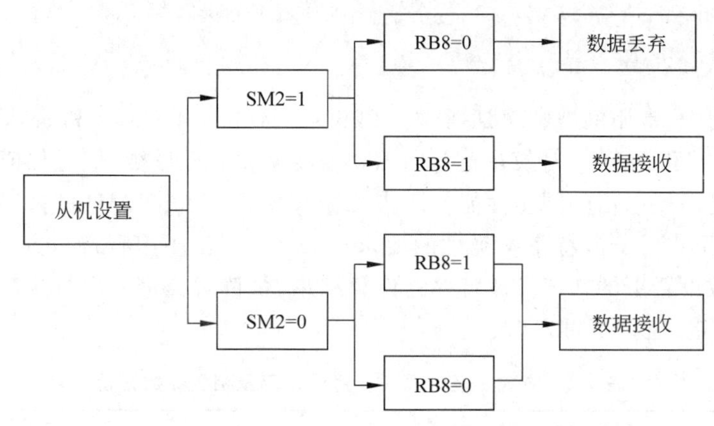

图 7-16　单片机多机通信时从机是否接收数据的条件

标志位 RI 置“1”,向 CPU 请求中断。在中断服务程序中,从机把接收到的 SBUF 中的数据存入数据缓冲区中。

(2) 从机接收到主机发来的第 9 位数据 RB8＝0 时,不产生中断标志 RI＝1,不引起中断,从机不接收主机发来的数据。

若 SM2＝0,则接收到的第 9 位数据无论是 0 还是 1,从机都将产生 RI＝1 的中断标志,接收到的数据装入 SBUF 中。

应用这个特点,多机通信的工作流程如图 7-17 所示。可总结如下。

(1) 从机可初始化串行接口为多机通信,允许数据接收的模式。即为将串行接口设置为方式 2 或者方式 3,9 位异步通信方式,同时 SM2 置“1”,REN 置“1”。

(2) 主机发送需要通信的目标从机的地址,这帧地址信息的第 9 位为 1,因此从机收到的 RB8＝1。又由于在第一步中每个从机的 SM2 都为“1”,满足图 7-16 中数据接收的条件,因此每台从机都会收到这帧地址信息。从机经过比对地址信息,确定

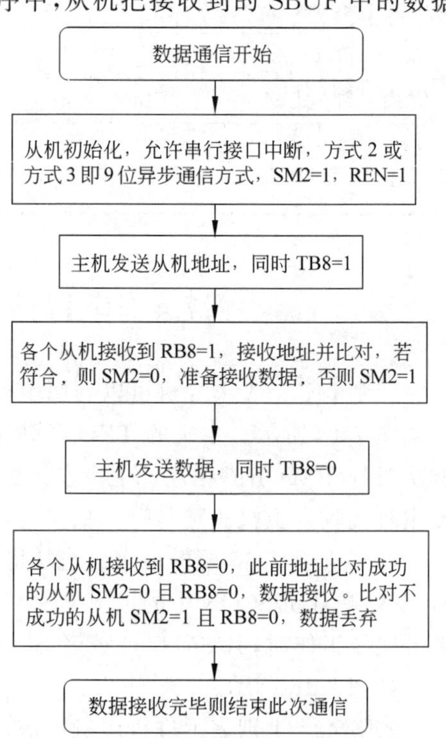

图 7-17　单片机多机通信的工作流程

自己是否为主机寻找的目标从机，若是，将 SM2 清“0”，否则 SM2 仍为“1”。

(3) 主机开始发送数据信息，同时将数据帧的第 9 位清“0”。此时，目标从机的 SM2 位为“0”，接收到的 RB8 也为“0”，满足数据接收的条件，这帧数据被接收。非目标从机的 SM2=1，RB8=0，不满足数据接收的条件，这帧数据被丢弃。在整个通信过程中，只要主机保证每帧数据的第 9 位为 0，其他从机就不会误接收数据。

7.5 串行数据交换的接口标准

一般情况下，两片单片机之间的通信距离在 1.5m 以内即可直接相连。MCS-51 单片机串行接口的输入输出均为 TTL 电平。TTL 电平抗干扰能力差、传输距离短、传输效率低，而 RS-232-C、RS-422-A 或者 RS-485 标准串行接口能够克服这些缺点，在稍远距离传输中多应用这些标准接口。

7.5.1 RS-232-C 标准

RS-232-C 标准也称为 EIA-RS-232-C 标准，是由美国电子工业协会(Electronic Industry Association，EIA)制定的用于数据终端设备与数据通信设备之间进行串行数据交换的通信接口技术标准。RS 即 Recommended Standard(推荐标准)，数字 232 为标志号，字母 C 表示最后一次修改。

完全采用此标准的线缆需要 22 根线芯，采用此标准的 DB-25 接口，有 22 个引脚这种接口如图 7-18 所示。目前广泛采用的是简化后的 9 引脚 DB-9 接口。在实际应用中，通常仅使用 RXD、TXD 及 GND 引脚，DB-9 接口的引脚如图 7-19 所示。表 7-5 列出了 DB-9 接口各个引脚的功能。

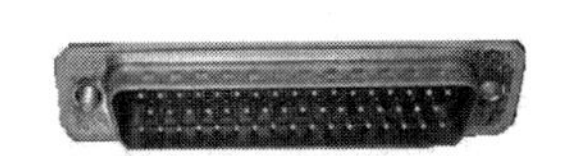

图 7-18 DB-25 接口

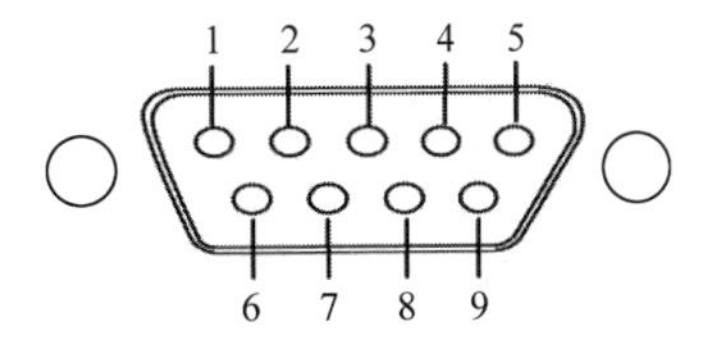

图 7-19 DB-9 接口的引脚编号

表 7-5 RS-232-C 标准 DB-9 接口的引脚功能

引脚编号	引脚信号名称	引 脚 功 能
1	DCD	载波检测
2	RXD	接收数据(串行)
3	TXD	发送数据(串行)
4	DTR	数据终端准备就绪
5	GND	信号地
6	DSR	数据装置准备就绪
7	RTS	请求发送
8	CTS	允许发送
9	RI	振铃指示

RS-232-C 的传输速率最高可达 20kb/s,传送的数字量采用负逻辑,并且与地对称。3～15V 代表逻辑 0,−15～−3V 代表逻辑 1。

单片机使用的 TTL 电平电源电压为 5V,一般情况下,5V 等价于逻辑“1”,0V 等价于逻辑“0”,二者互不兼容,因此单片机使用 RS-232-C 电平通信时,必须进行 TTL 电平与 RS-232-C 标准电平之间的转换。此外,CMOS 器件的电源电压范围为 3～18V,高电平接近于电源电压,低电平接近 0V,RS-232-C 接口与 CMOS 元器件也需要电平转换后才能互连。

常用的电平转换芯片是美国 MAXIM 公司的 MAX232 芯片,它是串行全双工发送器/接收器的接口电路芯片,可以实现 TTL 电平到 RS-232-C 电平、RS-232-C 电平到 TTL 电平的转换。MAX232A 芯片的引脚如图 7-20 所示。内部结构及外部元器件连接方法如图 7-21 所示。芯片内部有两个发送器和两个接收器,有自升压的电平倍增电路,可将 5V 转换成−10～10V,满足了 RS-232-C 接口的电平要求。

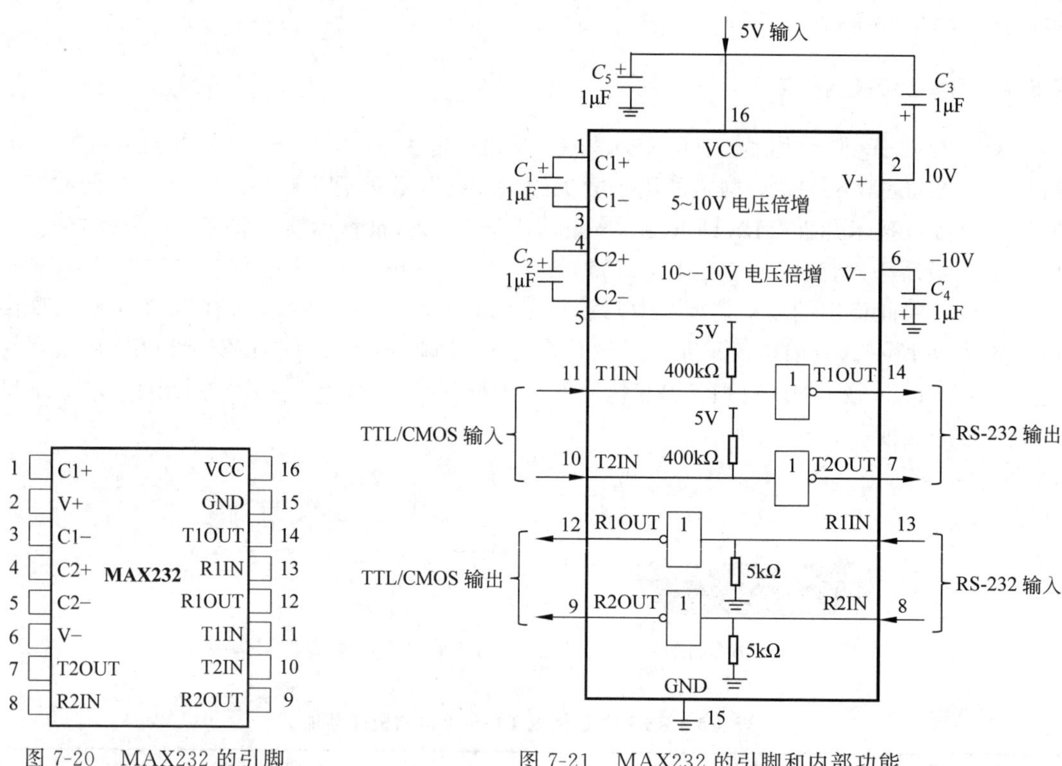

图 7-20　MAX232 的引脚

图 7-21　MAX232 的引脚和内部功能

需要了解的是,PC 中的串行接口采用的是 RS-232-C 接口标准。若单片机与 PC 通过串行接口通信,则需要通过 MAX232 芯片进行电平转换。接口电路如图 7-22 所示。

7.5.2　RS-422-A 标准

RS-232 标准推出较早,虽然应用广泛,但是存在明显的缺点。其最主要的缺点是传输效率低、通信距离短、接口处信号容易产生串扰。为了克服 RS-232-C 的不足而推出的 RS-422-A 标准,由于使用了差分接收器,从而能够识别有用信号并正确接收传送的信息,使干扰和噪声相互抵消。

RS-422-A 标准的特性使其能够长距离、高速率地传输数据。传输速率最大可达 10Mb/s。在此速率下,电缆允许的最大长度为 12m,如果采用较低传输速率,最大传输距离

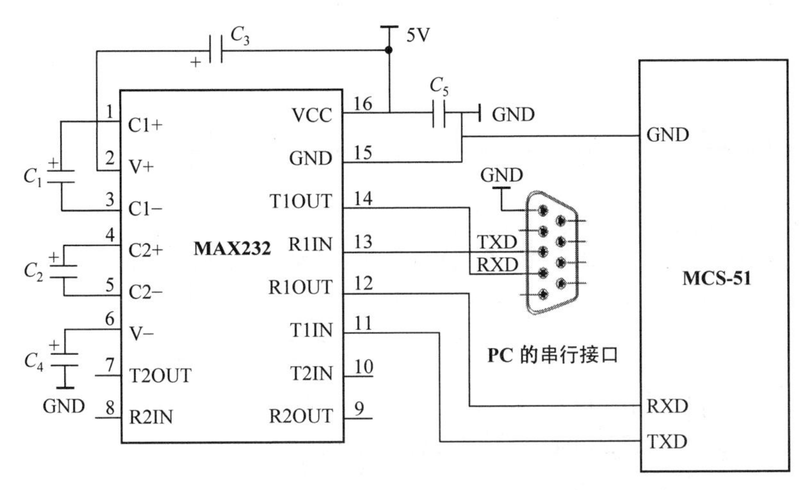

图 7-22　PC 与单片机串行口连接图

可达 1219m。

7.5.3　RS-485 标准

采用 RS-422-A 标准进行双机通信需要四芯的传输线缆，在进行长距离通信时经济性较差，因此采用双绞线传输的 RS-485 接口大多应用于工业现场。RS-485 是 RS-422-A 的变形，它采用 A、B 两根平衡差分信号线，两根线之间的电平差在 2～6V 或 −6～−2V 范围内，分别代表两个不同的逻辑状态 0 和 1。

常用的 RS-485 电平与 TTL 电平的转换芯片有 MAX485 等，内部电路及引脚图如图 7-23 所示。

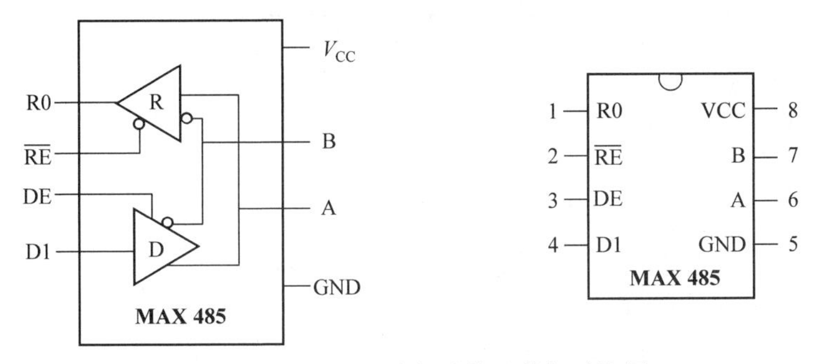

图 7-23　MAX485 内部功能及外部引脚图

7.6　串行接口的应用举例

7.6.1　方式 0 的应用——串行接口与并行接口转换

MCS-51 单片机的串行接口有 4 种工作方式，其中方式 0 为移位寄存器方式，可以实现串行接口及并行接口之间的转换，用于输入输出接口的扩展。

【例 7-2】　给单片机串行接口外接一个串入并出的 8 位移位寄存器 74LS164，并在该移位寄存器的输出端连接 8 个发光二极管。编写程序实现发光二极管的轮流点亮。使用 Proteus 画出如图 7-24 所示的电路图并调试程序，直至发光二极管循环点亮。

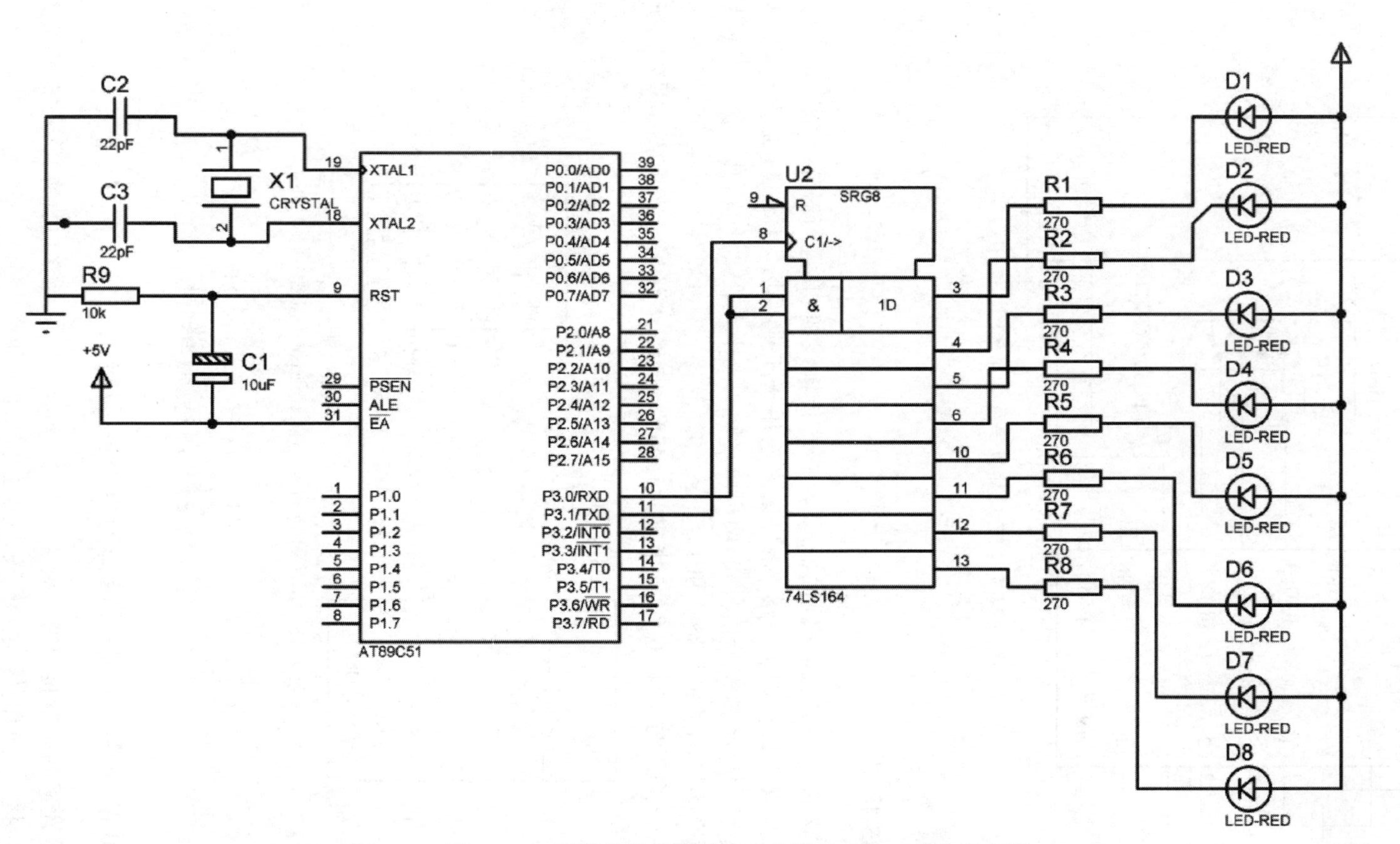

图 7-24　用 Proteus 画的单片机串行接口连接 74LS164 移位寄存器

程序如下：

```
        ORG     0000H
        AJMP    MAIN
        ORG     0030H
MAIN:   MOV     SCON,#00H       ;将串行接口设置为工作方式 0
        MOV     A, #0FEH        ;8 个发光二极管轮流点亮的初始值
LOOP:   MOV     SBUF, A         ;将初始值放入 SBUF,启动串行接口发送
WAIT:   JNB     TI, WAIT        ;查询 TI 的状态,若 TI=0 则数据未发完,原地等待
        CLR     TI
        ACALL   DELAY           ;调用延迟函数
        RL      A               ;左移初值,使得发光二极管轮流点亮
        SJMP    LOOP            ;循环发送下一个数据

DELAY:  MOV     R7, #0FFH       ;延迟子函数
D1:     MOV     R6, #0FFH
D2:     DJNZ    R6, D2
        DJNZ    R7, D1
        RET
        END
```

【例 7-3】 在单片机串行接口外接入一个并入串出的 8 位移位寄存器 74LS165,在该移位寄存器输入端接入 8 个开关,并在单片机 P1 口接 8 个绿色发光二极管。编程实现拨动开关改变发光二极管的状态。用 Proteus 画出如图 7-25 所示的电路图,调试程序,改变开关输入状态,观察发光二极管根据开关状态点亮或熄灭。

程序如下：

```
        ORG     0000H
        AJMP    MAIN
        ORG     0030H
MAIN:   MOV     SCON,#10H       ;将串行接口设置为工作方式 0,且允许接收
LOOP:   CLR     P2.0            ;产生移位脉冲,读入 74LS165 输入端的数据
        SETB    P2.0
WAIT:   JNB     RI, WAIT        ;查询 RI 的状态,等待数据接收完毕
        MOV     A,SBUF          ;将接收到的数据放入 SBUF
        CLR     RI              ;清除中断标志
        MOV     P1, A           ;将接收到的数据送入 P1 口显示
        ACALL   DELAY           ;调用延迟函数
        SJMP    LOOP            ;循环接收下一个数据

DELAY:  MOV     R7, #200        ;延迟子函数
D1:     MOV     R6, #125
D2:     DJNZ    R6, D2
        DJNZ    R7, D1
        RET
        END
```

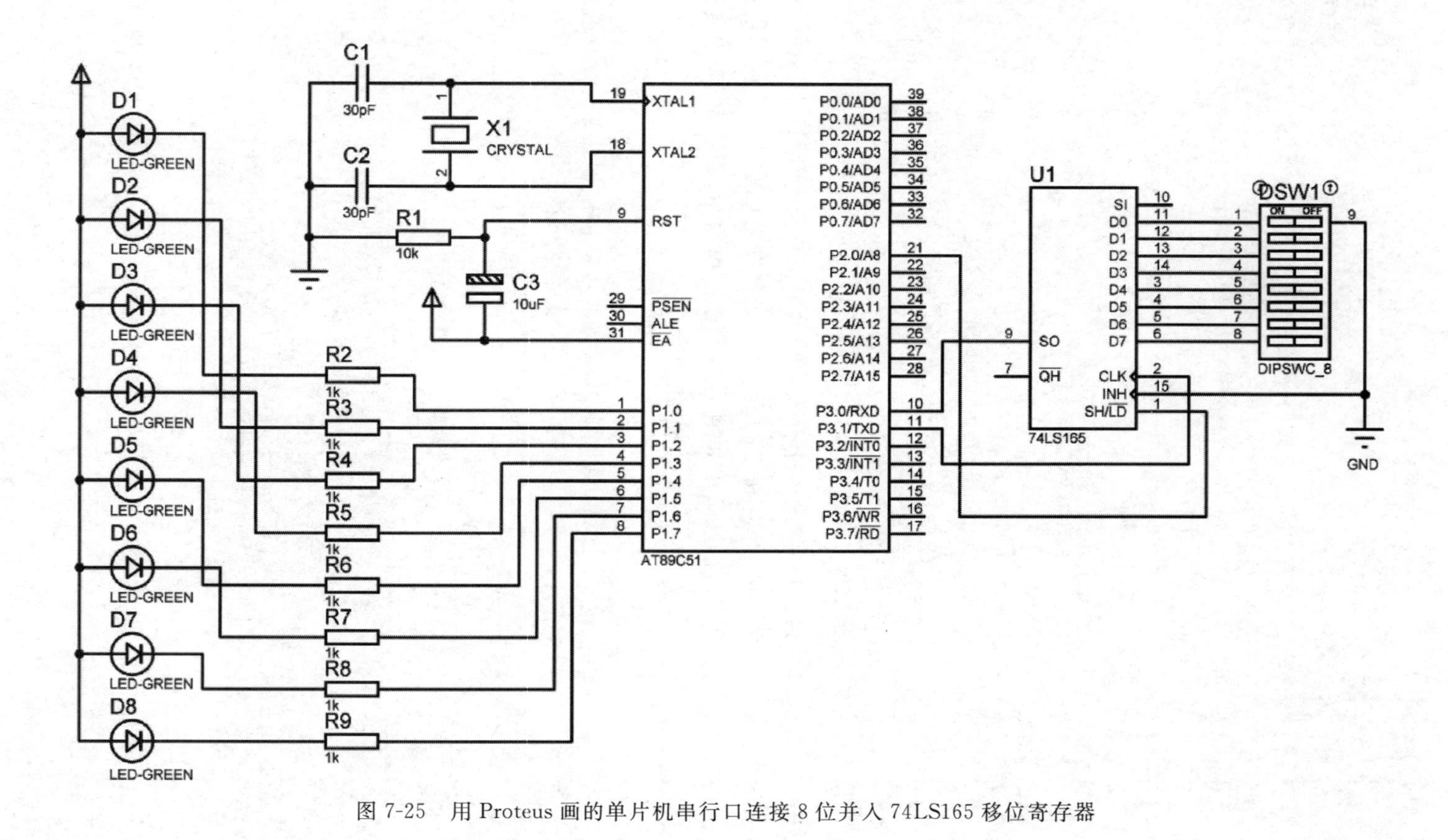

图 7-25　用 Proteus 画的单片机串行口连接 8 位并入 74LS165 移位寄存器

7.6.2 方式 1 及方式 3 的应用——单片机之间的通信

MCS-51 单片机的串行接口方式 1 为 8 位数据传输模式，方式 2 与方式 3 的区别在于波特率的计算方法不同，两种方式均为 9 位数据传输模式。这些工作模式都可用于单片机之间、单片机与外围设备之间的串行通信。本书分别列出串行接口工作在方式 1 及方式 3 的实例，用于说明在这种工作模式下单片机串行接口的使用方法。

【例 7-4】 MCS-51 单片机进行通信。要求甲机将内部 RAM 地址 30H 开始存储的 20 个数据送入乙机内部 RAM 地址 40H 开始的存储空间中。要求双方的串行接口均采用方式 1、中断方式进行数据传输。波特率为 4.8kb/s，晶振频率为 11.0592MHz。试分别写出甲、乙机的发送与接收程序。

运行以下程序以前，假设 30H 开始的存储空间已经存入需要传输的数据。由题意可知，甲机串行接口中断方式发送程序如下：

```
            ORG   0000H
            AJMP  MAIN
            ORG   0023H
            LJMP  SerialOut
            ORG   0030H
MAIN:       MOV   SCON,#40H     ;串行接口工作在方式 1
            MOV   TMOD,#20H     ;设置定时器 T1 工作在方式 2
            MOV   TH1,#0FAH     ;设置定时器初值
            MOV   TL1,#0FAH
            SETB  TR1           ;开定时器
            SETB  EA            ;开总中断
            SETB  ES            ;开串行口中断
            MOV   R0,#30H       ;指针指向内部 RAM 30H
            MOV   R7,#20        ;一共发送 20 个数据
            MOV   A,@R0         ;取出需要发送的第一个数据
            MOV   SBUF,A        ;送入 SBUF 发送
            DEC   R7
            SJMP  $
            ;串行接口中断发送子函数
SerialOut:  CLR   TI            ;清除发送中断标志
            INC   R0            ;指针加 1
            MOV   A,@R0         ;取出需要发送的下一个数据
            MOV   SBUF,A        ;发送下一个数据
            DJNZ  R7,ENDSI
            CLR   ES            ;所有数据发送完毕关闭中断标志位
ENDSI:      RETI                ;中断返回
```

乙机串行接口中断方式接收的程序如下：

```
            ORG   0000H
            AJMP  MAIN
            ORG   0023H
```

```
            LJMP SerialIn
            ORG  0030H
MAIN:       MOV  SCON,#50H      ;串行接口工作在方式 1,允许接收
            MOV  TMOD,#20H      ;设置定时器 T1 工作在方式 2
            MOV  TH1,#0FAH      ;设置定时器初值
            MOV  TL1,#0FAH
            SETB TR1            ;开定时器
            SETB EA             ;开总中断
            SETB ES             ;开串行接口中断
            MOV  R0,#40H        ;指针指向内部 RAM40H
            SJMP $
            ;串行接口中断接收子函数
SerialIn:   CLR  RI             ;清除接收中断标志
            MOV  A,SBUF         ;取出 SBUF 中的数据放入存储区
            MOV  @R0,A
            INC  R0             ;接收下一个数据
ENDSI:      RETI                ;中断返回
```

【例 7-5】 MCS-51 单片机进行通信。需要发送内部 RAM 地址为 40H 开始的 20 个数据,若发送完毕,则重新从 40H 开始发送。同时设备允许接收,并将接收到的数据放入内部 RAM 地址为 60H～80H 开始的存储区中,若存储区满,则继续从 60H 开始更新存储信息。要求串行口采用方式 1、中断方式进行数据传输。波特率为 4800b/s,晶振频率为 11.0592MHz。试编写该单片机的全双工通信程序(用户可以将需要发送的数据预先存入 40H 开始的存储空间内)。

单片机串行接口全双工中断方式发送及接收的程序如下:

```
            ORG   0000H
            AJMP  MAIN
            ORG   0023H
            LJMP  SerialInOut
            ORG   0030H
MAIN:       MOV   SCON,#50H     ;串行接口工作在方式 1,允许接收
            MOV   TMOD,#20H     ;设置定时器 T1 工作在方式 2
            MOV   TH1,#0FAH     ;设置定时器初值
            MOV   TL1,#0FAH
            SETB  TR1           ;开定时器
            SETB  EA            ;开总中断
            SETB  ES            ;开串行接口中断
            MOV   R0,#40H       ;指针指向内部 RAM 40H
            MOV   R1,#60H       ;指针指向内部 RAM 60H
            MOV   R7,#20        ;一共发送 20 个数据
            MOV   A,@R0         ;取出需要发送的第一个数据
            MOV   SBUF,A        ;送入 SBUF 发送
            DEC   R7
```

```
            SJMP $
            ;串行接口中断发送接收子函数
SerialInOut:JNB   TI,SeIn          ;判断进入中断的原因是发完或收满 1B 数据
            CLR   TI               ;发完 1B 数据,清除发送中断标志
            INC   R0               ;指针加 1
            MOV   A,@R0            ;取出需要发送的下一个数据
            MOV   SBUF,A           ;发送下一个数据
            DJNZ  R7,ENDSI
            MOV   R0,#40H          ;发完 20 个数据再次从开始处发送
            MOV   R7,#20
            LJMP  ENDSI
SeIn:       CLR   RI               ;清除中断接收标志
            MOV   A,SBUF           ;取出收到的数据
            MOV   @R1,A
            CJNE  R1,#80H,SeO      ;与存储区最后一个地址比较
            MOV   R1,#60H          ;若已到最后一个地址,指针重新指向第一个地址
            LJMP  ENDSI
SeO:        INC   R1               ;未到最后一个地址,指针加 1 指向下一个存储地址
ENDSI:      RETI                   ;中断返回
```

【例 7-6】 甲、乙 MCS-51 单片机之间进行串行接口通信,发送与接收双方串行接口均工作在方式 3,第 9 位数据为奇偶校验位。将甲机内部 RAM 地址为 30H 开始的 16 个数据发送给乙机。乙机将数据存储在内部 RAM40H 开始的存储空间中,校验每字节数据,若验证数据正确发送 00H 标志数据给甲机,若验证数据错误发送 FFH 标志数据给乙机。甲机在发送 1B 的数据之后紧跟着接收回送字节,若收到数据 00H 则发送新的数据给乙机,若收到数据 FFH 则重新发送原有数据。甲乙双方的波特率均为 9.6kb/s,晶振频率为 11.0592MHz(用户可将需要发送的数据预先存入甲机 30H 开始的存储空间内)。

甲机串行接口中断方式发送数据及接收校验字节的程序如下:

```
            ORG   0000H
            AJMP  MAIN
            ORG   0023H
            LJMP  SerialSend
            ORG   0030H
MAIN:       MOV   SP,#60H
            MOV   R0,#30H          ;指针指向要发送数据的首地址
            MOV   TMOD,#20H        ;定时器 1 工作在方式 2
            MOV   TH1,#0FAH        ;波特率为 9.6kb/s
            MOV   TL1,#0FAH
            SETB  TR1              ;开定时器
            MOV   PCON,#80H        ;波特率加倍
            MOV   SCON,#0D0H       ;串行接口工作在方式 3,允许接收
            SETB  ES               ;开串行接口中断
            SETB  EA               ;开总中断
```

```
            MOV   A,@R0          ;指针指向第一个数据
            MOV   C,P            ;将该数据的奇偶校验位送入 C 标志位
            MOV   TB8,C          ;将奇偶校验位放入 TB8
            MOV   SBUF,A         ;启动发送第一个数据
            SJMP  $
            ;串行接口中断发送接收的程序
SerialSend: PUSH  ACC
            PUSH  PSW
            JBC   RI,SR          ;接收标志位为 1 则进入接收中断子函数,标志位清"0"
            CLR   TI             ;发送标志位为 1,标志位清"0"
            SJMP  ENDT
SR:         MOV   A,SBUF         ;校验数据接收
            CLR   C
            SUBB  A,#00H
            JZ    SSEND          ;若验证数据为 00H,则发送下一个数据
            MOV   A,@R0          ;若验证数据不为 00H,则重新发送原数据
            MOV   C,P
            MOV   TB8,C
            MOV   SBUF,A
            SJMP  ENDT
SSEND:      INC   R0             ;发送下一个数据
            MOV   A,@R0
            MOV   C,P
            MOV   TB8,C
            MOV   SBUF,A
            CJNE  R0,#3FH,ENDT   ;若未发送完 16B 数据则返回继续等待发送
            MOV   R0,#2FH        ;若发送完 16B 数据则开始发送
ENDT:       POP   PSW
            POP   ACC
            RETI
```

乙机串行接口中断方式接收数据及发送校验字节的程序如下所示:

```
       ORG   0000H
       AJMP  MAIN
       ORG   0023H
       LJMP  SerialOut
       ORG   0030H
MAIN:  MOV   SP,#60H
       MOV   R0,#40H       ;指针指向要接收数据的首地址
       MOV   TMOD,#20H     ;定时器 1 工作在方式 2
       MOV   TH1,#0FAH     ;波特率为 9.6kb/s
       MOV   TL1,#0FAH
       SETB  TR1           ;开定时器
       MOV   PCON,#80H     ;波特率加倍
       MOV   SCON,#0D0H    ;串行接口工作在方式 3,允许接收
```

```
            SETB   ES              ;开串行接口中断
            SETB   EA              ;开总中断
            SJMP   $
            ;串行口中断发送接收的程序
SerialOut:  PUSH   ACC
            PUSH   PSW
            JBC    RI,SR           ;接受标志位为1则进入接收中断子函数,标志位清"0"
            CLR    TI              ;发送标志位为1,标志位清"0"
            SJMP   ENDT
SR:         MOV    A,SBUF          ;接收数据
            MOV    B,A             ;暂存数据到B寄存器中
            MOV    C,P             ;分别将需要验证的数据位放置于ACC.7与20H.7中
            CLR    A
            MOV    ACC.7,C
            CLR    20H
            MOV    C,RB8
            MOV    20H.7,C
            CJNE   A,20H,ErrorD    ;比较A与20H的值,若不相等则数据验证错误
            MOV    @R0,B           ;数据验证正确,接收数据并发送00H
            MOV    A,#00H
            MOV    SBUF,A
            INC    R0
            CJNE   R0,#50H,ENDT    ;若未接收完16B数据则返回继续等待接收
            MOV    R0,#40H         ;若接收完16B数据则重新开始接收
            SJMP   ENDT
ErrorD:     MOV    A,#0FFH         ;发送验证错误数据0FFH
            MOV    SBUF,A
ENDT:       POP    PSW
            POP    ACC
            RETI
```

习 题 7

一、填空

1. MCS-51有一个________双工的________步串行接口,有________种工作方式。

2. 在串行通信中,按照数据传送方向有________、________和________3种方式。

3. 用串行接口扩展并行接口时,串行接口的工作方式应选为________。

4. 当SCON中的M0M1=10时,表示串行接口工作于方式________,波特率为________。

5. SCON中的REN=1表示________;PCON中的SMOD=1表示________。

6. 设MCS-51单片机T1工作于方式2,做波特率发生器,时钟频率为11.0592MHz,SMOD=0,波特率为2.4kb/s时,T1的初值为________。

7. MCS-51 单片机串行通信时，通常用指令________启动发送。

8. 串行通信接口方式 3 发送的第 9 位数据要事先写入________寄存器的________位。

9. RS-232-C 是________总线标准。

二、编程

1. 若 f_{osc}=6MHz，波特率为 2.4kb/s，设 SMOD=1，则定时器/计数器 T1 的计数 2 初值是多少？并进行初始化编程。

2. 串行口工作在方式 1 和方式 3 时，其波特率与 f_{osc}、定时器 T1 工作于方式 2 的初值及 SMOD 的关系如何？设 f_{osc}=6MHz，现利用定时器 T1 工作于方式 2 作为波特率发生器，产生 110b/s 的波特率，计算定时器初值。

3. 写出单片机全双工通信的程序。假设需要发送的数据为 30H～3FH，存储在内部 RAM 地址 40H 开始的存储空间内。需要接收的数据存储在内部 RAM 地址 60H～6FH 的存储空间内。若数据发完则继续从 40H 开始从头发送；同样的，若数据存满则重新从 60H 开始存储。已知晶振频率为 11.0592MHz，波特率为 4.8kb/s。

第 8 章　MCS-51 单片机存储器及并行输入输出扩展

8.1　单片机系统扩展概述

仪表仪器、小型检测、智能控制及信号测量等简单的单片机应用系统通常由单片机最小应用系统和一些外围电路构成，体现了系统设计简单、成本低的特点。但在一些复杂应用系统中，仅靠单片机的内部资源很难满足要求，在程序复杂、数据量大及外设较多的情况下会导致程序存储器、数据存储器或 I/O 接口不够用，这时就需进行芯片扩展。根据不同应用系统的需求，扩展还包括定时器、模数转换器（ADC）和数模转换器（DAC）等。单片机系统扩展图如图 8-1 所示，本章主要讨论数据存储器和 I/O 接口的扩展方法。

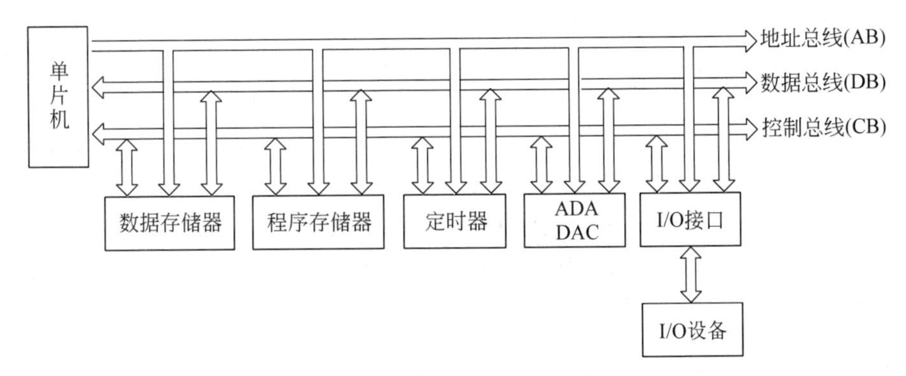

图 8-1　单片机系统扩展图

8.1.1　总线结构

总线是指连接系统中各扩展部件的一组公共信号线，MCS-51 单片机采用并行总线结构将单片机与外部扩展芯片连接起来。为保证单片机与扩展芯片的正确连接及协调工作，将单片机的总线归为一般微型计算机的三总线结构形式，分别为地址总线，数据总线和控制总线。由于单片机并没有对外提供专门的地址线和数据线，要形成三总线结构，就要对 I/O 接口进行复用，“构造”出三总线，如图 8-2 所示。具体说明如下：

（1）地址总线（Address Bus，AB）。传送单片机发出的地址信号，是单向传输，用于选择存储单元或 I/O 接口。地址总线的位数决定单片机可以访问的存储单元的数量和 I/O 接口的数量。如果地址总线的位数是 8 位，则可以访问的存储单元或 I/O 接口的数量是 2^8 个。MCS-51 单片机的地址总线为 16 位，故可寻址的范围为 2^{16}B=64KB。P2 口构成地址总线的高 8 位，具有输出锁存的功能，可以保留地址信息。在实际应用中，P2 口的地址线一般不会全部使用，剩余的高位口线通常用于片选信号线。P0 口提供低 8 位地址，由于 P0 口

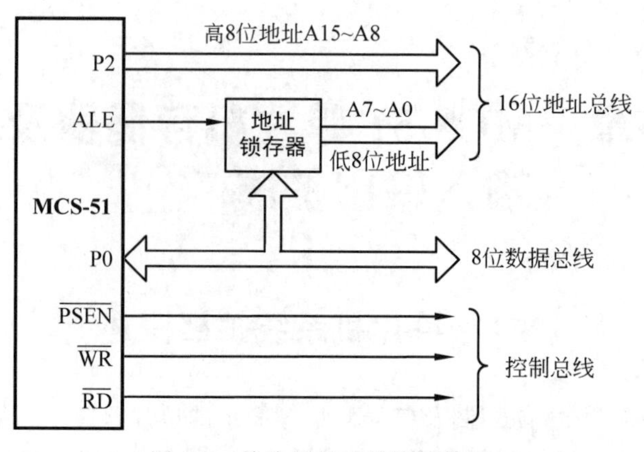

图 8-2　单片机的三总线结构图

用于地址/数据分时复用通道,需先用地址锁存器锁存低 8 位地址信息,然后传输数据信息。

(2) 数据总线(Data Bus,DB)。用于单片机与扩展的外部存储器或外设之间传送数据,是双向传输的总线。由带有三态门的 P0 口提供,是最繁忙的通道。

(3) 控制总线(Control Bus,CB)。由单片机发出的一组控制信号线。ALE 信号脉冲的下降沿锁存低 8 位的地址;$\overline{WR}$和$\overline{RD}$是对外部存储器或输入输出信号进行读写;$\overline{PSEN}$是外部扩展程序存储器的读选通信号;$\overline{EA}$信号是内外程序存储器的选择控制信号。单片机扩展 ROM 和扩展 RAM 时的不同之处在于控制总线的不同。由于 RAM 可以读写,控制总线使用$\overline{WR}$和$\overline{RD}$,而 ROM 为只读存储器,因此控制总线为$\overline{PSEN}$。本书仅以 RAM 为例讲述单片机扩展数据存储器的方法,ROM 扩展只需修改控制总线即可,本章不再赘述。

扩展的外部芯片都可以采用三总线结构,与单片机的连接非常方便,灵活可靠,因此,采用总线结构的单片机扩展方便易行。

单片机本身只有 4 个 I/O 接口,由于系统扩展的需要,P0 口和 P2 口作为地址线和数据线使用,因此在扩展时剩余能够作为 I/O 接口线使用的,只有 P1 口和 P3 口的部分引脚。

8.1.2　单片机扩展编码方法

单片机在进行存储器扩展时,根据扩展容量的需求情况,可能需要扩展一片或多片存储器芯片。单片机要对存储器芯片进行读写,首先要选中某一片存储器芯片。存储器芯片的容量与所需的地址线相对应,通常利用 P2 口多出的高位地址线作为存储器芯片的片选信号线。常用的系统地址总线与存储器的空间分配有两种编码方法:线选法和译码法。

1. 线选法

线选法是将单片机高位地址线中空余的地址线直接与存储器芯片的片选信号相连,用来选中该芯片。该方法的优点是各存储器扩展芯片均有独立的片选控制线,连线简单,不需增加硬件电路,成本低;缺点是可扩展的芯片数目受到限制,存储空间不连续,不能充分利用存储空间且存储单元的地址不唯一。因此,线选法适用于存储器芯片扩展数量较少的情况。

下面举例说明采用线选法时存储器芯片的地址分配。

【例 8-1】 某一单片机系统需要扩展 4 片 4KB 的数据存储器芯片,这些芯片与单片机的地址连接如图 8-3 所示,请说明各芯片的地址范围。

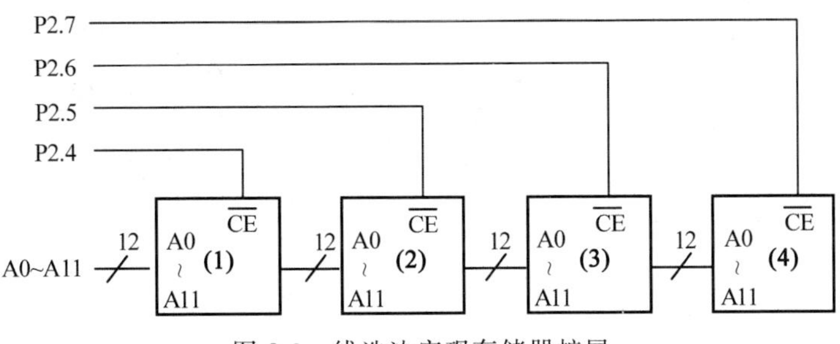

图 8-3 线选法实现存储器扩展

分析:4KB 的数据存储器芯片需 12 根地址线,分别由 P0 口(P0.0~P0.7)提供低 8 位地址线 A0~A7,P2 口的低 4 位(P2.0~P2.3)提供高位地址线 A8~A11。为了对扩展的 4 片数据存储器芯片进行片选,将 P2 口的高 4 位 P2.4~P2.7 分别接至各芯片的片选 $\overline{CE}$ 端,作为片选信号,当 P2.4~P2.7 中的某一位为低电平时,其余 3 位必须为高电平,这样保证每次只能选中一片芯片,实现单片机对该芯片的读写操作。各存储器芯片的地址范围如表 8-1 所示。

表 8-1 线选法时各芯片的地址范围

芯片	A15	A14	A13	A12	A11~A0	地 址
	P2.7	P2.6	P2.5	P2.4	P2.3~P2.0 P0.7~P0.0	
(1)	1	1	1	0	000000000000 111111111111	E000H~EFFFH
(2)	1	1	0	1	000000000000 111111111111	D000H~DFFFH
(3)	1	0	1	1	000000000000 111111111111	B000H~BFFFH
(4)	0	1	1	1	000000000000 111111111111	7000H~7FFFH

2. 译码法

当单片机系统扩展外部的数据存储器芯片较多,单片机 P2 口空余的地址线不够用时,可以使用译码器对高位地址线进行译码,译码器的输出作为存储器芯片的片选信号。若全部高位地址线都参加译码,称为全译码;若仅部分高位地址线参加译码,称为部分译码,部分译码存在部分存储器地址空间相重叠的情况。译码法的优点是用的 I/O 接口线少,能有效利用多余的地址线,存储空间连续;缺点是需要增加译码器电路。

常用的译码器有 3-8 译码器(如 74LS138)和双 2-4 译码器(如 74LS139),简单介绍如下。

3. 常用的译码器介绍

1) 74LS138 译码器

74LS138 译码器是对 3 个输入信号进行译码,得到 8 个输出状态 $\overline{Y0}$~$\overline{Y7}$,输出时低电平有效。G1 和 $\overline{G2A}$、$\overline{G2B}$ 为控制端。译码器工作时,G1 为高电平选通,$\overline{G2A}$ 和 $\overline{G2B}$ 均为低电平选通。其真值表如表 8-2 所示,引脚如图 8-4 所示。

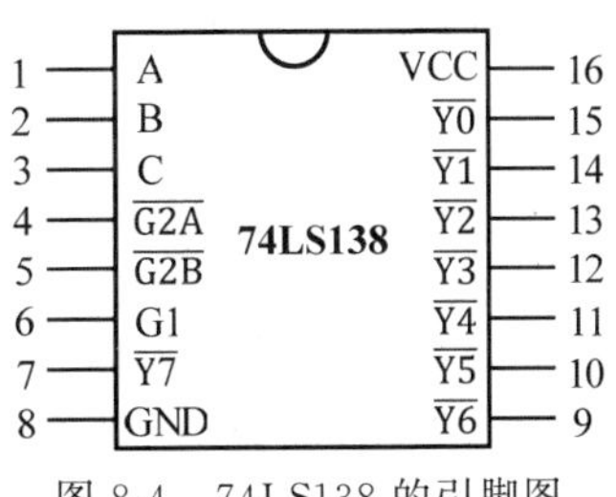

图 8-4 74LS138 的引脚图

表 8-2　74LS138 真值表

使能端			输　入			输　出							
G1	$\overline{G2A}$	$\overline{G2B}$	C	B	A	$\overline{Y0}$	$\overline{Y1}$	$\overline{Y2}$	$\overline{Y3}$	$\overline{Y4}$	$\overline{Y5}$	$\overline{Y6}$	$\overline{Y7}$
1	0	0	0	0	0	0	1	1	1	1	1	1	1
1	0	0	0	0	1	1	0	1	1	1	1	1	1
1	0	0	0	1	0	1	1	0	1	1	1	1	1
1	0	0	0	1	1	1	1	1	0	1	1	1	1
1	0	0	1	0	0	1	1	1	1	0	1	1	1
1	0	0	1	0	1	1	1	1	1	1	0	1	1
1	0	0	1	1	0	1	1	1	1	1	1	0	1
1	0	0	1	1	1	1	1	1	1	1	1	1	0
0	×	×	×	×	×	1	1	1	1	1	1	1	1
×	1	×	×	×	×	1	1	1	1	1	1	1	1
×	×	1	×	×	×	1	1	1	1	1	1	1	1

2）74LS139 译码器

74LS139 是一种双 2-4 译码器。对两个输入信号 A 和 B 进行译码，得到 4 个输出状态 $\overline{Y0}$、$\overline{Y1}$、$\overline{Y2}$、$\overline{Y3}$，输出时低电平有效。$\overline{G}$ 为使能端，工作时低电平选通，只有当 $\overline{G}$ 为“0”时，译码器才能进行译码输出，否则 4 个输出端均为高阻状态。真值表如表 8-3 所示，引脚如图 8-5 所示。

表 8-3　74LS139 真值表

输　入			输　出			
$\overline{G}$	B	A	$\overline{Y0}$	$\overline{Y1}$	$\overline{Y2}$	$\overline{Y3}$
0	0	0	0	1	1	1
0	0	1	1	0	1	1
0	1	0	1	1	0	1
0	1	1	1	1	1	0
1	×	×	1	1	1	1

【例 8-2】 用译码法实现例 8-1 中扩展的 4 片存储器芯片，这些芯片与单片机的连接如图 8-6 所示，列出各芯片的地址范围。

分析：4KB 的数据存储器芯片需 12 根地址线，分别由 P0 口提供低 8 位地址 A7～A0，由 P2 口的低 4 位提供地址 A11～A8。P2 口剩余的 3 根高位地址线 P2.4、P2.5、P2.6 接到 74LS138 译码器的三个输入端 A、B、C 上，P2.7 接到控制端 G1。74LS138 译码器的 4 个输出端 $\overline{Y0}$、$\overline{Y1}$、$\overline{Y2}$、$\overline{Y3}$ 分别作为 4 片存储器芯片的片选信号。各芯片的地址范围如表 8-4 所示。

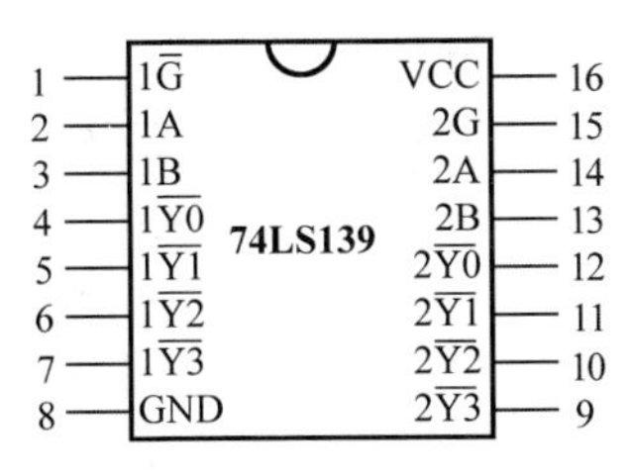

图 8-5　74LS139 引脚图

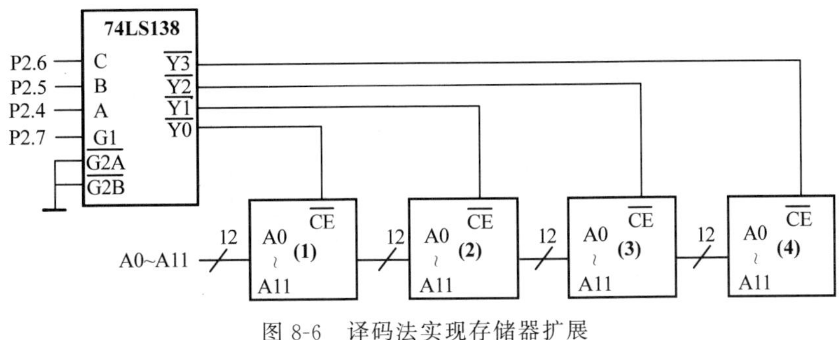

图 8-6　译码法实现存储器扩展

表 8-4　译码法时各芯片的地址范围

芯片	A15	A14	A13	A12	A11～A0	地　址
	P2.7	P2.6	P2.5	P2.4	P2.3～P2.0　P0.7～P0.0	
(1)	1	0	0	0	000000000000～111111111111	8000H～8FFFH
(2)	1	0	0	1	000000000000～111111111111	9000H～9FFFH
(3)	1	0	1	0	000000000000～111111111111	A000H～AFFFH
(4)	1	0	1	1	000000000000～111111111111	B000H～BFFFH

8.1.3　地址锁存器

单片机进行外部扩展时，由于 I/O 接口引脚数量的限制，P0 口分时复用传送低 8 位地址和数据。因此，为了将地址和数据分开传送，需要在单片机外部接入地址锁存器。P0 口首先传送低 8 位地址到地址锁存器中保存，然后传送数据信息。常用的地址锁存器有 74LS373 和 74LS573 等。

(1) 74LS373 锁存器。74LS373 锁存器是一种带有三态门的 8D 锁存器，其引脚如图 8-7 所示，各引脚的功能说明如下。

D0～D7：8 位数据输入线。

Q0～Q7：8 位数据输出线。

G：数据输入锁存选通信号。当该引脚的信号为高电平时，外部数据选通到内部锁存器，负跳变时，数据锁存到锁存器中。

$\overline{\text{OE}}$：数据输出允许信号，低电平有效。当信号为低电平时，三态门打开，锁存器中数据输出到数据输出线。当为高电平时，输出线为高阻态。

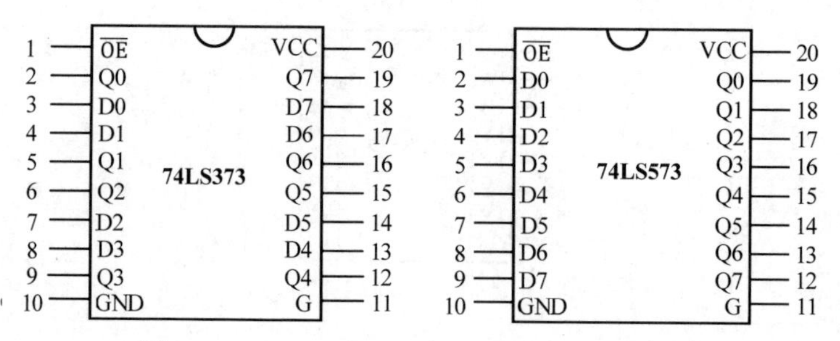

图 8-7　74LS373 和 74LS573 锁存器的引脚图

74LS373 锁存器的功能表如表 8-5 所示。

表 8-5　74LS373 锁存器的功能表

$\overline{OE}$	G	D	Q
0	1	1	1
0	1	0	0
0	0	×	不变
1	×	×	高阻态

(2) 74LS573 锁存器。74LS573 锁存器也是一种带有三态门的 8D 锁存器,引脚如图 8-7 所示,与 74LS373 的功能和内部结构完全一样,只是引脚的排列不同,74LS573 锁存器的输入端和输出端依次排列在芯片的两侧,方便绘制印制电路板。

8.2　外部存储器的扩展

MCS-51 单片机的内存容量是 128B,主要用于堆栈、工作寄存器、数据暂存和标志位存储等。当单片机处理的数据量较大时,内部 RAM 不能满足需要,要在外部扩展数据存储器,扩展的容量最大可达到 64KB。外部扩展的数据存储器都采用静态随机存储器(Static Random Access Memory,SRAM),本节主要讨论 MCS-51 单片机与静态数据存储器的接口。

8.2.1　常用的静态随机存储器芯片

静态随机存储器芯片采用 CMOS 工艺,具有存取速度快、使用方便和低功耗等特点,上电后数据能可靠存储,但是一旦系统掉电,数据就会丢失。常用的 SRAM 芯片的类型有 6116(2K×8),6264(8K×8),62256(32K×8)等。它们都是单 5V 供电,双列直插式封装,引脚如图 8-8 所示,各引脚主要技术指标如表 8-6 所示。

表 8-6　常用 SRAM 存储器芯片的主要技术特性

型　号	6116	6264	62256
容量/KB	2	8	32
引脚个数/个	24	28	28
工作电压/V	5	5	5

续表

型　号	6116	6264	62256
典型工作电流/mA	35	40	8
典型维持电流/mA	5	2	0.5
典型存取时间/ns	200	200	200

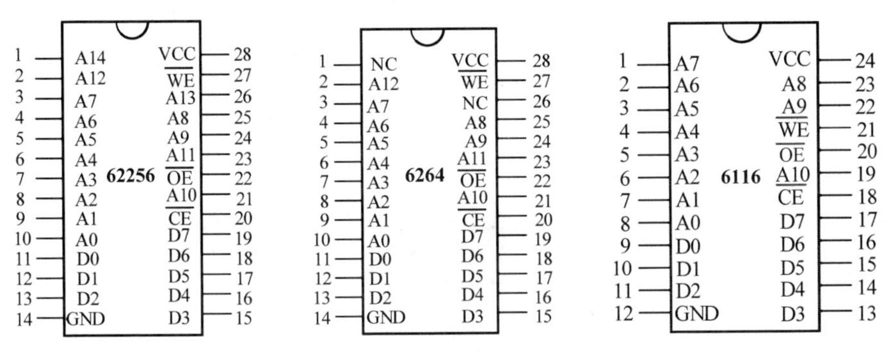

图 8-8　常用 SRAM 引脚图

A0～A*i*：地址输入线。

D0～D7：双向三态输入线。

$\overline{\text{CE}}$：片选信号线，低电平有效。

$\overline{\text{WE}}$：写选通信号输入线，低电平有效。

$\overline{\text{OE}}$：读选通信号输入线，低电平有效。

VCC：外接 5V 工作电源 V_{CC}。

GND：地线。

SRAM 存储器芯片有读出、写入和维持 3 种工作状态，当$\overline{\text{OE}}$引脚为低电平时，数据输出，当$\overline{\text{WE}}$引脚为低电平时，数据输入，如表 8-7 所示。

表 8-7　常用 SRAM 存储器芯片的工作状态

信　号	$\overline{\text{CE}}$	$\overline{\text{OE}}$	$\overline{\text{WE}}$	D0～D7
读出	0	0	1	数据输出
写入	0	1	0	数据输入
维持	1	×	×	高阻态

8.2.2　外部存储器的读写操作

对外部存储器的读写操作使用 MOVX 指令。根据外部存储器的数据区地址可分为 8 位地址和 16 位地址空间。

1. 8 位地址寻址的外部数据区

当外部存储器的地址空间为 256B，使用如下两条 8 位指令进行读写操作。

```
MOVX   A,@Ri      ;读操作指令
MOVX   @Ri,A      ;写操作指令
```

由于8位寻址指令占字节少，程序运行速度快，因此在数据量不大的情况下，应尽可能采用这种操作指令。

2. 16位地址寻址的外部数据区

当外部存储器的单元地址超过256B时，需采用16位指令进行读写操作。

```
MOVX  A,@DPTR        ;读操作指令
MOVX  @DPTR,A        ;写操作指令
```

DPTR是16位的地址指针，寻址范围可达到64K字节存储器地址。

【例8-3】 编写程序，将片外存储器2000H～20FFH的单元内容清“0”。

程序如下：

```
        ORG    0030H               ;程序入口地址
        MOV    DPTR,#2000H         ;设置DPTR的初值
        MOV    R7,#00H             ;循环次数初值
        CLR    A                   ;A清“0”
LOOP:   MOVX   @DPTR,A             ;清“0”某一单元
        INC    DPTR                ;地址指针增1
        DJNZ   R7,LOOP             ;循环次数不为0,继续循环
        SJMP   $
        END                        ;程序结束
```

【例8-4】 编写程序，将片外存储器30H开始的20H个数据传送到内部存储器20H开始的存储单元中。

程序如下：

```
      ORG    0030H               ;程序入口地址
      MOV    R0,#30H             ;设置外部RAM的起始地址指针
      MOV    R1,#20H             ;设置内部RAM的起始地址指针
      MOV    R7,#20H             ;循环次数初值
LOOP: MOVX   A,@R0               ;读入片外存储器内部的数据
      MOV    @R1,A
      INC    R0                  ;地址指针R0增1
      INC    R1                  ;地址指针R1增1
      DJNZ   R7,LOOP             ;循环次数不为0,继续循环
      SJMP   $
      END                        ;程序结束
```

8.2.3 MCS-51单片机与静态随机存储器的接口电路设计

数据存储器扩展时，由P0口传输低8位地址同时分时复用传输数据，P2口传输高8位地址。当对片外扩展的数据存储器进行操作时，单片机的$\overline{RD}$和$\overline{WR}$引脚分别作为读、写控制信号与数据存储器的读写选通信号输入引脚$\overline{OE}$和$\overline{WE}$相连。因此，在进行电路设计时，主要考虑地址总线、数据总线和控制总线的连接和分配。

外部数据存储器芯片的扩展举例。

【例 8-5】 MCS-51 单片机扩展 1 片 6116 的数据存储器芯片。画出硬件电路连接图。

分析：6116 的数据存储器芯片容量为 2KB，需 11 位地址线（A0～A10），由单片机的 P0 口通过 74LS373 锁存器输出端与 6116 的 A0～A7 相连，P2.0～P2.2 直接与 6116 的 A8～A10 连接，P0 口同时用于数据的传送，与 6116 的 D0～D7 连接，单片机的读写控制引脚 $\overline{RD}$ 和 $\overline{WR}$ 分别与 6116 的 $\overline{OE}$ 和 $\overline{WE}$ 端连接。由于系统只扩展了一片数据存储器芯片，不存在片选的问题，可将芯片的片选信号线 $\overline{CE}$ 直接接地，也可与 P2 口剩余的某一位高位地址线进行连接。电路设计如图 8-9 所示。

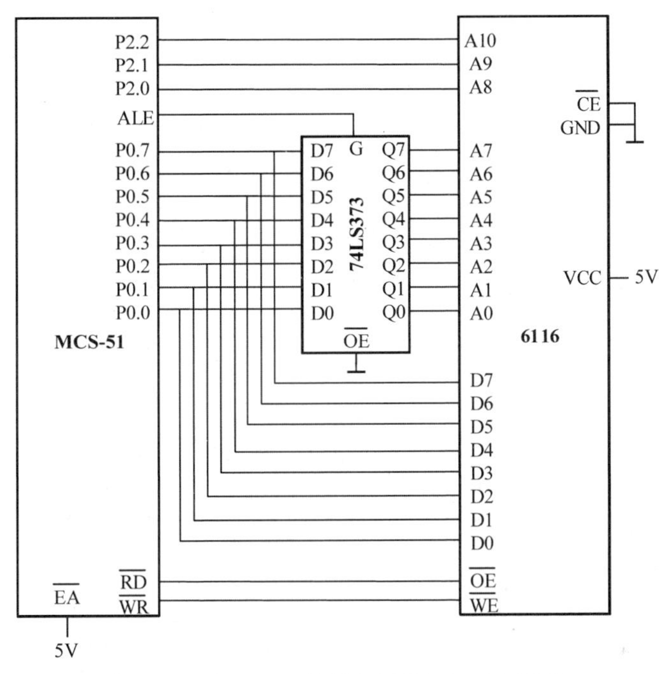

图 8-9 单片 6116 数据存储器的扩展电路图

【例 8-6】 采用线选法扩展 3 片 6264 数据存储器，说明各芯片的地址范围。

分析：数据存储器 6264 的芯片地址线为 A0～A12，由单片机的 P0 口提供低 8 位地址 A7～A0，P2.0～P2.4 提供高 5 位地址 A12～A8，P2 口还剩下 3 根高位的地址线，恰好可用于对 3 片 6264 数据存储器进行片选，采用线选法的扩展电路设计如图 8-10 所示。

在硬件电路连接图中，单片机的读写控制信号 $\overline{WR}$ 和 $\overline{RD}$ 分别与扩展的 6264 数据存储器芯片的 $\overline{OE}$ 和 $\overline{WE}$ 端相连。P2 口的 3 根高位地址线 P2.5、P2.6 和 P2.7 分别连接到 3 片存储器芯片的片选信号 $\overline{CE}$ 端，低电平有效。各芯片的地址范围如表 8-8 所示。

表 8-8 线选法扩展 3 片 6264 数据存储器地址范围

芯片	A15	A14	A13	A12～A8	A7～A0	地址范围
	P2.7	P2.6	P2.5	P2.4～P2.0	P0.7～P0.0	
6264(1)	1	1	0	00000	00000000	C000H～DFFFH
				11111	11111111	

续表

芯片	A15	A14	A13	A12～A8	A7～A0	地 址 范 围
	P2.7	P2.6	P2.5	P2.4～P2.0	P0.7～P0.0	
6264(2)	1	0	1	00000	00000000	A000H～BFFFH
				11111	11111111	
6264(3)	0	1	1	00000	00000000	6000H～7FFFH
				11111	11111111	

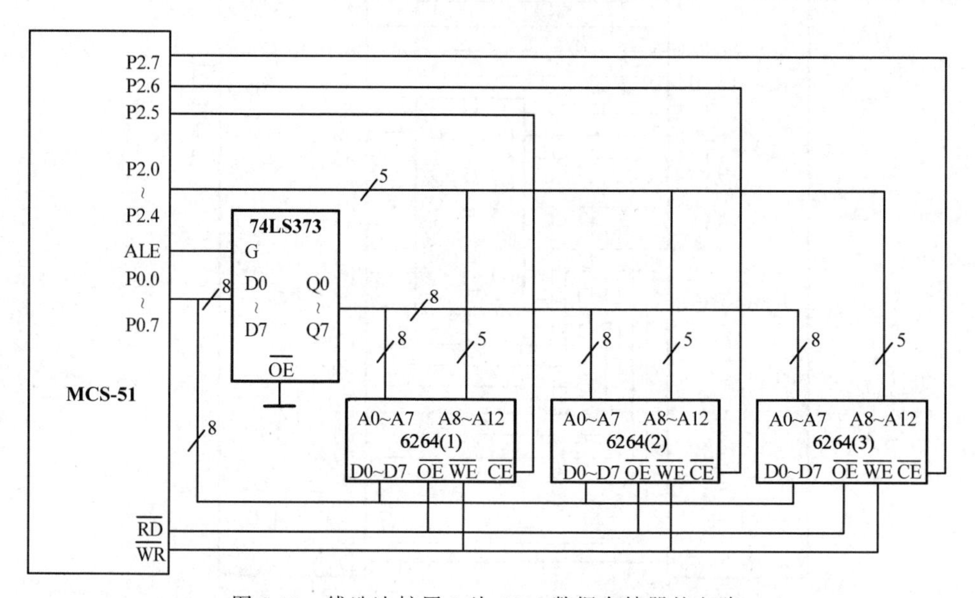

图 8-10 线选法扩展 3 片 6264 数据存储器的电路

【例 8-7】 采用译码法，扩展 4 片 6264 数据存储器，画出硬件电路连接图并分析各芯片的地址范围。

分析：6264 数据存储器芯片地址线为 A0～A12，由单片机的 P0 口提供低 8 位地址 A7～A0，P2.0～P2.4 提供高 5 位地址 A12～A8，P2 口还剩下 3 根高位的地址线。因为要对 4 片 6264 进行选片，采用线选法无法完成，因此本题用译码法实现。选用 74LS139 译码器，P2.6 和 P2.5 接到译码器的 2 个输入端，译码器的 4 个低电平输出信号连接到 4 片 6264 数据存储器的片选 $\overline{CE}$ 端。P2 口剩余 P2.7 引脚未用，为避免部分译码出现地址重叠的情况，将 P2.7 接至 74LS139 译码器的 $\overline{G}$ 端。电路设计如图 8-11 所示，各芯片的地址范围如表 8-9 所示。

表 8-9 译码法扩展 4 片 6264 数据存储器的地址范围

芯片	A15	A14	A13	A12～A8	A7～A0	地 址 范 围
	P2.7	P2.6	P2.5	P2.4～P2.0	P0.7～P0.0	
6264(1)	0	0	0	00000	00000000	0000H～1FFFH
				11111	11111111	

续表

芯片	A15	A14	A13	A12～A8	A7～A0	地址范围
	P2.7	P2.6	P2.5	P2.4～P2.0	P0.7～P0.0	
6264(2)	0	0	1	00000	00000000	2000H～3FFFH
				11111	11111111	
6264(3)	0	1	0	00000	00000000	4000H～5FFFH
				11111	11111111	
6264(4)	0	1	1	00000	00000000	6000H～7FFFH
				11111	11111111	

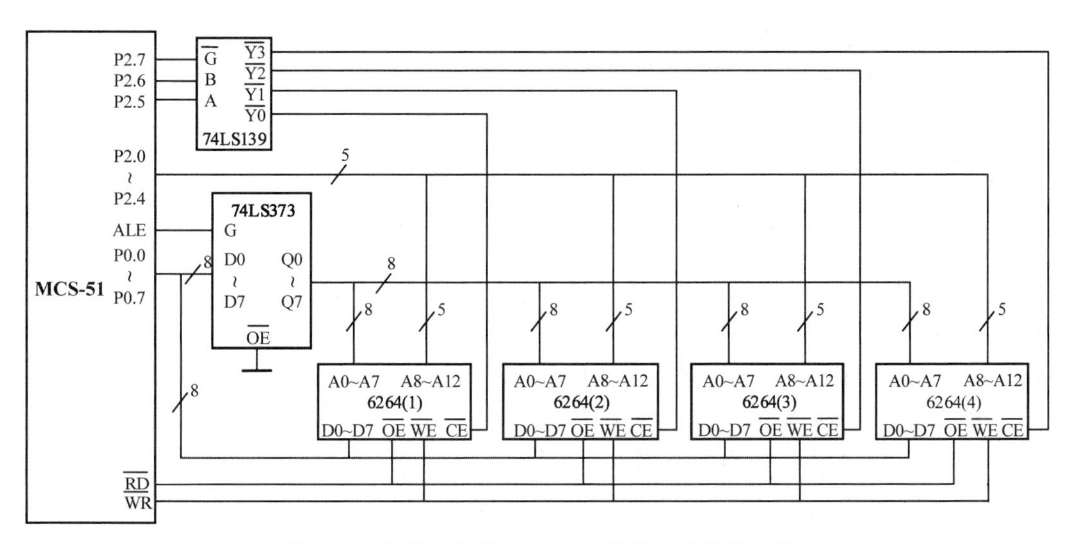

图 8-11　译码法扩展 4 片 6264 数据存储器的电路

若用译码法实现 8 片 6264 数据存储器的扩展，则电路图应如何修改？各存储器芯片的地址该如何分配？请思考。

8.3　并行输入输出接口扩展

输入输出接口（In Put/Out Put Interface）简称 I/O 接口，是单片机与外设之间沟通的桥梁，是单片机的重要资源。由第 2 章的内容可知，MCS-51 单片机有 P0～P3 共 4 个通用的输入输出接口。在单片机应用系统中，P0 口用来作为外部扩展时的低 8 位地址线和数据线，P2 口用来作为扩展时的高 8 位地址线，P3 口用于第二功能。在扩展时，只有 P1 口和部分 P3 口可作为通用的输入输出接口使用，但在实际应用中 I/O 接口经常会出现数量不足的情况，因此，要实现对外设的控制，很多系统都需要扩展输入输出接口。

在实际的单片机应用系统中，单片机需要同外部电路或外部设备之间进行数据传输。根据传输方向，外设可分为输入设备和输出设备。输出设备是数据由单片机传至外设，如显示电路、数模转换器或打印机等。输入设备是数据由外设传至单片机，如键盘、开关、传感器、模数转换器等。单片机与外设之间并不是简单的直接相连,而是需要通过输入输出接口这个通道来实现。输入输出接口从数据传输形式上分为并行接口和串行接口。

8.3.1 输入输出接口的功能

因外设不同,单片机与外设之间的数据传输比较复杂,因此输入输出接口的功能主要包含以下方面。

1. 协调与不同速度的外设

不同的外设传输速度不同,有的可以与单片机的速度匹配,有的则较慢。如存储器与单片机具有相同的电路形式和信号形式,能相互兼容使用,传输速度等同于单片机的传输速度;而打印机的打印速度较慢,只有在打印完成后才会通知单片机传送数据,传输速度要慢于单片机的速度。这样,不同的外设对输入输出接口的要求不同,因此,单片机无法按照统一速度进行数据传输,所以需要由输入输出接口实现单片机与不同速度的外设相协商。

2. 输出数据锁存

单片机与外设间数据的传输是通过数据总线来实现的,单片机的工作速度快,数据在数据总线上保留的时间短,无法满足慢速输出设备的需要。在接口电路中需要数据锁存器,将数据保存至外设所接收。

3. 输入数据三态缓存

数据输入时,输入设备向单片机传送的数据要通过数据总线,但数据总线是系统的共用数据通道,上面可能连接着多个数据源,工作比较繁忙。因此为了维护数据总线上数据依序传输,只能允许当前时刻进行数据传输的数据源使用数据总线,其余数据源都必须与数据总线处于隔离状态。为此要求接口电路能为数据提供三态缓存功能。

扩展的I/O接口与片外数据存储器统一编址,可对其进行读写操作。

8.3.2 可编程输入输出接口芯片8255A

8255A是Intel公司生产的一种可编程并行I/O接口芯片,共40个引脚,有3个8位的并行I/O接口,可编程实现3种工作方式。使用灵活,通用性强,可方便地与多种外围设备连接,因此得到了广泛的应用。

1. 8255A的内部结构

8255A的内部结构如图8-12所示,包括3个并行I/O端口,A组和B组控制电路,一个8位数据总线缓存器和一个读写控制逻辑。具体说明如下。

(1) 3个并行I/O接口。8255A有3个并行的I/O接口:PA口、PB口和PC口,每个I/O接口均为8位,可以编程选择输入或输出,其中PA口、PB口的输入和输出均有锁存能力,PC口输出有锁存能力,输入没有锁存能力,但有输入缓冲器。

(2) 数据总线缓存器。8255A的数据总线内部有三态输入输出缓冲器,用于和单片机的数据总线相连,从而实现单片机与8255A之间的数据传送、命令传送和状态传送。

(3) A组和B组控制电路。8255A的3个I/O接口分成A组和B组。其中,A组包括PA口的8位和PC口的高4位;B组包括PB口的8位和PC口的低4位。

(4) 读写控制逻辑。读写控制逻辑电路接收单片机发来的控制信号$\overline{RD}$、$\overline{WR}$、$\overline{CS}$、RESET和地址信号A1、A0等,然后根据控制信号的要求,对端口或者命令字、状态字进行

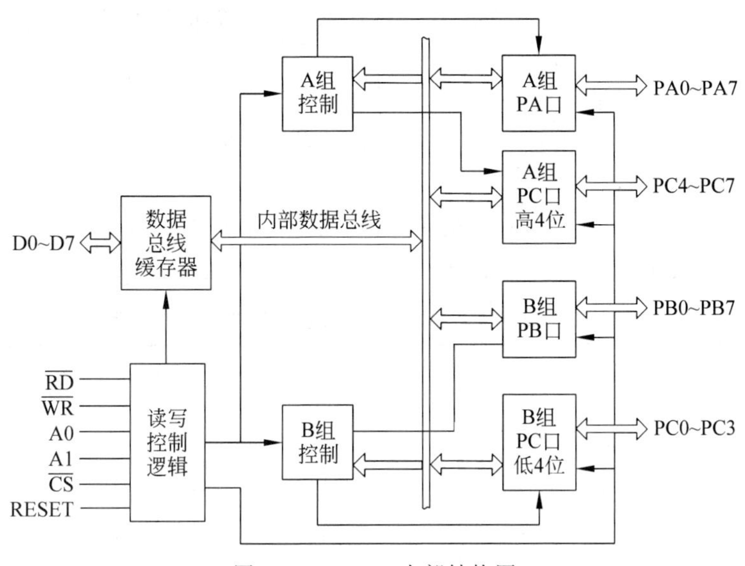

图 8-12　8255A 内部结构图

读写操作。

2. 8255A 的引脚功能

8255A 共有 40 个引脚,引脚图如图 8-13 所示,采用双列直插式封装,按引脚的功能分为三类,说明如下。

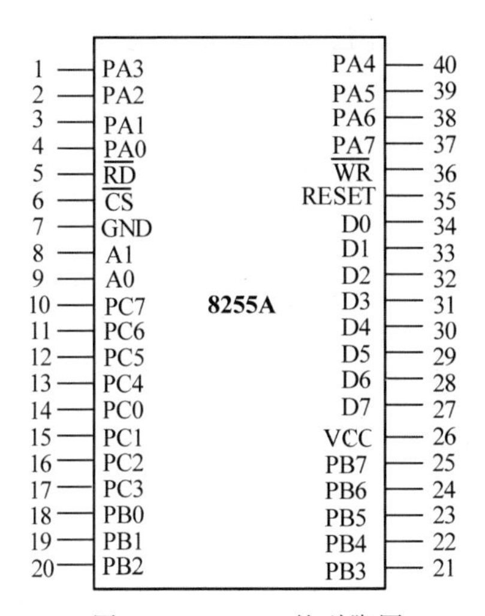

图 8-13　8255A 的引脚图

(1) 数据输入输出引脚。

D0～D7:三态双向数据线,用于传送数据信息和控制字,与单片机的 P0 口相连。

(2) 并行输入输出接口引脚。PA 口、PB 口和 PC 口三组并行 I/O 接口,与外设相连。

PA7～PA0:PA 口输入输出引脚。

PB7～PB0:PB 口输入输出引脚。

PC7～PC0:PC 口输入输出引脚。

(3) 控制和地址信号。8255A 各端口的工作状态与控制信号的关系如表 8-10 所示。

$\overline{RD}$：读信号线，低电平有效。

$\overline{WR}$：写信号线，低电平有效。

RESET：复位信号，当 RESET 引脚为高电平时，内部控制电路对 8255A 进行初始化操作，各端口置成输入方式。

$\overline{CS}$：片选信号，低电平时 8255A 被选中，否则 8255A 各控制引脚和数据引脚为高阻状态。

A1、A0：端口地址信号，用来选择 8255A 的端口地址，通常由 A1、A0 和$\overline{CS}$共同决定。

表 8-10　8255A 各端口的工作状态与控制信号的关系

$\overline{CS}$	A1	A0	$\overline{WR}$	$\overline{RD}$	功　能
0	0	0	0	1	对 PA 口进行写操作
0	0	0	1	0	对 PA 口进行读操作
0	0	1	0	1	对 PB 口进行写操作
0	0	1	1	0	对 PB 口进行读操作
0	1	0	0	1	对 PC 口进行写操作
0	1	0	1	0	对 PC 口进行读操作
0	1	1	0	1	写控制字
0	1	1	1	0	非法状态(读控制端口)
1	×	×	×	×	高阻状态

注：1 表示高电平，0 表示低电平，×表示任意。

3. 8255A 的控制字

8255A 是可编程的接口芯片，通过控制字设置各接口的工作方式和 PC 口各位的状态。8255A 共有两个控制字：一个是工作方式控制字；另一个是 PC 口的置位/复位控制字。这两个控制字共用一个地址，通过最高位来选择使用哪个控制字。

(1) 工作方式控制字。用来确定 8255A 的 3 个接口的工作方式和数据传输方向。其格式如图 8-14 所示。具体说明如下。

最高位 D7=1，是工作方式控制字的标志位。

8255A 的 3 个接口分成 A 组和 B 组，A 组包括 PA 口和 PC 口的高 4 位，B 组包括 PB 口和 PC 口的低 4 位。PA 口可工作在方式 0、方式 1 和方式 2，PB 口只能工作在方式 0 和方式 1。工作方式控制字中未规定 PC 口的工作方式，只说明了数据传输方向，则 PC 口可以工作在方式 0，或者作为 PA 口和 PB 口工作在方式 1 或方式 2 时的联络信号。

(2) PC 口置位/复位控制字。用于对 PC 口的任意一位置“1”或清“0”。其格式如图 8-15 所示。最高位 D7=0，是该控制字的标志位。

8.3.3　8255A 的 3 种工作方式

8255A 共有 3 种工作方式，可以通过对工作方式控制字的写操作来设置。

1. 方式 0

方式 0 又称基本输入输出方式。在此方式下，3 个接口都可以设置为输入或者输出，并

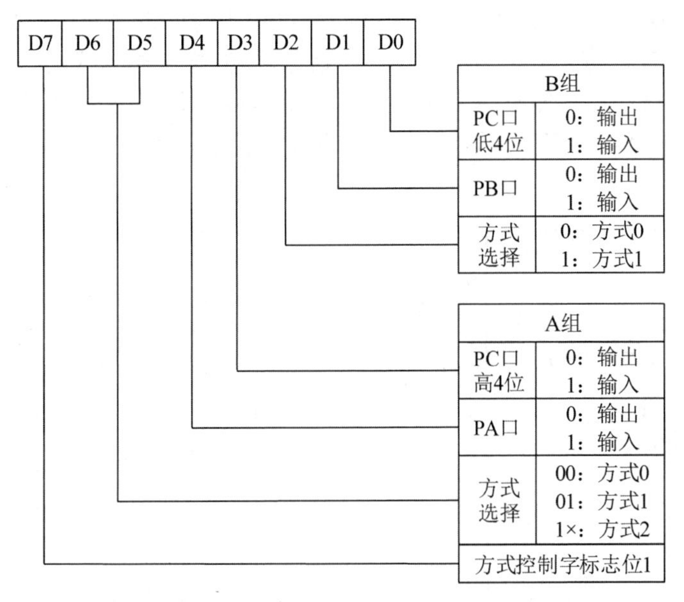

图 8-14　8255A 工作方式控制字

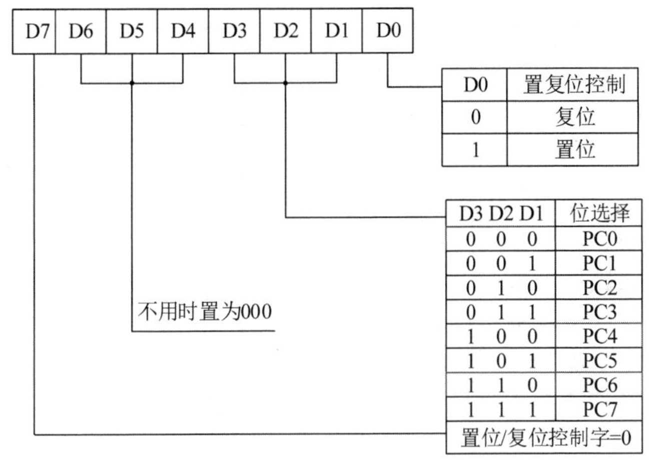

图 8-15　8255A 的 PC 口置位/复位控制字

且 PC 口还可拆成两个 4 位的 I/O 接口，分别设置为输入或输出，因此各接口的输入输出可有 16 种组合形式。

【例 8-8】 设 8255A 的端口地址是 0003H，若设置各 I/O 接口均工作在方式 0，其中 PA 口输入，PB 口输出，PC 口的高 4 位输入，PC 口的低 4 位输出，初始化程序如下：

```
MOV     DPTR,#0003H
MOV     A,#98H
MOVX    @DPTR, A
```

2. 方式 1

方式 1 又称为选通输入输出方式，是 8255A 与外设之间进行信息传递时需要握手信号时选用的工作方式。在这种方式中，PA 口和 PB 口用于与外设之间传送数据，PC 口的某些位作为 PA 口和 PB 口与外设之间的应答联络信号，以实现中断方式传送 I/O 接口的数据。PC 口的应答联络信号和功能是在设计 8255A 时规定好的，未作为联络信号使用的 PC 口各位仍可作为基本 I/O 接口使用。图 8-16 和图 8-17 分别为方式 1 下 PA 口和 PB 口的输入输出信号。

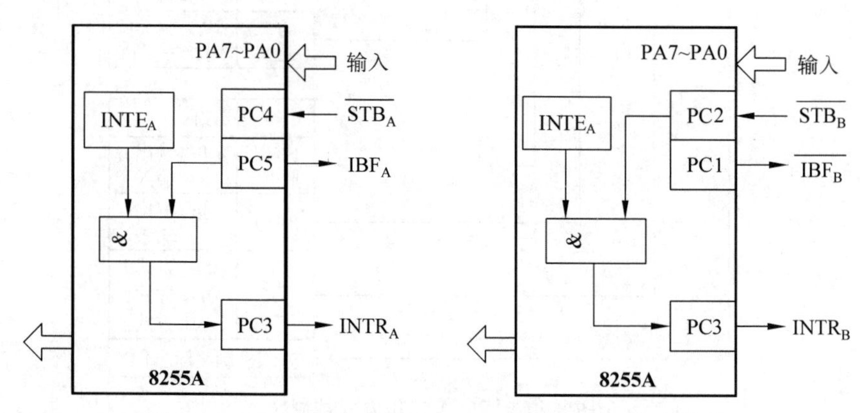

图 8-16　8255A 工作在方式 1 时 PA 口和 PB 口输入信号

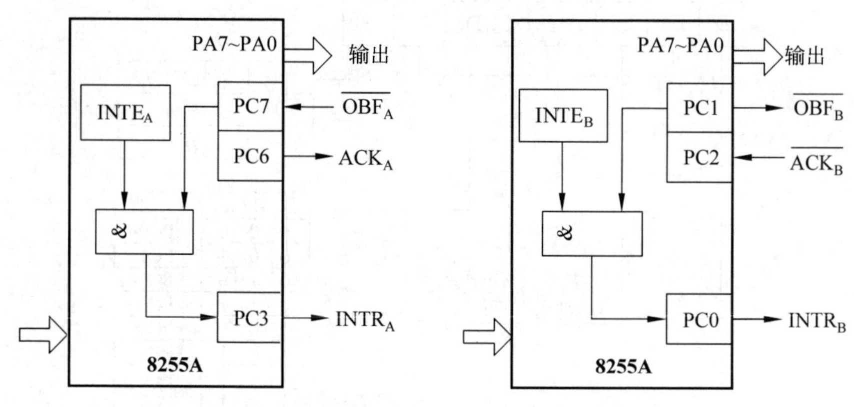

图 8-17　8255A 工作在方式 1 时 PA 口和 PB 口输出信号

(1) 方式 1 输入。当 PA 口和 PB 口工作在方式 1 输入状态时，$\overline{STB}$和 IBF 构成了一对握手应答联络信号，图 8-16 中各信号的功能如下。

$\overline{STB}$：输入信号，低电平有效，由外设发给 8255A 的输入选通信号。

IBF：输入缓冲器满信号，高电平有效。通知外设已收到一个有效的外设数据且锁存于 8255A 的端口锁存器中，但尚未处理，不能继续接收数据。

INTE：8255A 内部的中断控制信号，控制 PA 口或 PB 口是否允许中断，由 PC4 或 PC2 的位操作控制，置"1"时允许中断。

INTR：中断请求信号，输出信号，高电平有效，用来向单片机发出中断请求。当 IBF 和 INTE 为高电平时，可向单片机发出中断请求。

(2) 方式 1 输出。当 PA 口和 PB 口工作在方式 1 输出时，$\overline{OBF}$和$\overline{ACK}$与构成了一对握手应答联络信号，图 8-17 中各信号的功能如下。

$\overline{\text{OBF}}$：输出缓冲器满信号，低电平有效。是由 8255A 发给外设的联络信号，告诉外设，数据已经发送至 PA 口或 PB 口，外设可将数据取走；当数据取走后，该信号为高电平。

$\overline{\text{ACK}}$：外设的应答信号，低电平有效。表示外设已将存放于 8255A 端口的数据取走；

INTE：8255A 内部的中断控制信号，控制 PA 口或 PB 口是否允许中断，由 PC6 或 PC2 的位操作控制，置"1"时允许中断。

INTR：中断请求信号，输出信号，高电平有效，用来向单片机发出中断请求。当$\overline{\text{OBF}}$和 TNTE 为高电平时，INTR 为高电平，可向单片机发出中断请求。

3. 方式 2

方式 2 是双向选通输入输出方式。只有 PA 口可以工作在方式 2。在方式 2 下，PA 口为 8 位双向总线口，PC3～PC7 用来作为 PA 口输入输出的同步控制信号。此时 PB 口和 PC0～PC2 可编程工作在方式 0 或方式 1，如图 8-18 所示。

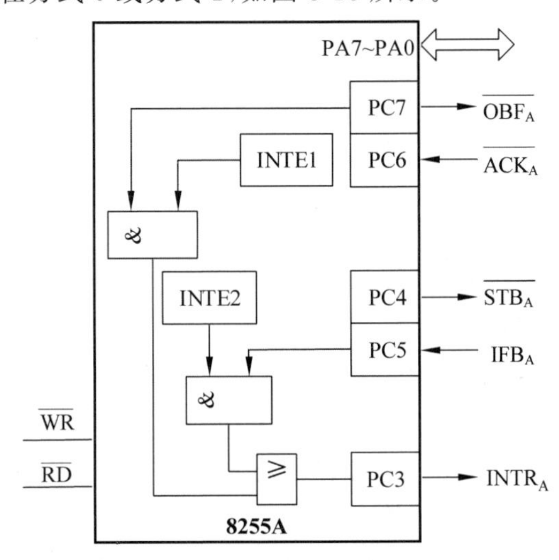

图 8-18　8255A 的 PA 口工作在方式 2

8.3.4　MCS-51 和 8255A 的接口电路设计

【例 8-9】　8255A 的 PA 口和 PB 口以方式 0 工作，PA 口接一组（8 个）独立的按键，用于将按键信息读入内部数据存储单元 R0 并将 20H 中的信息输出到 PB 口控制 8 个发光二极管。

1. 硬件接口电路

MCS-51 单片机与 8255A 的连接图如图 8-19 所示，74LS373 是地址锁存器，单片机的 P0 口分时复用传送低 8 位的地址和数据，传送低 8 位的地址时作为锁存器的输入，P0.0 和 P0.1 经锁存器输出后分别与 8255A 的 A1 和 A0 引脚连接，其他地址线悬空。P0 口传送数据时与 8255A 的数据线 D0～D7 连接，P2.7 与 8255A 的$\overline{\text{CS}}$端连接。8255A 的控制线$\overline{\text{RD}}$、$\overline{\text{WR}}$直接与单片机的$\overline{\text{RD}}$和$\overline{\text{WR}}$相连。

2. 软件编程

根据题意，首先确定 8255A 的方式控制字和各端口的地址。

PA 口接按键，输入状态，PB 口接发光二极管，输出状态，PC 口未用，可任意设置方式

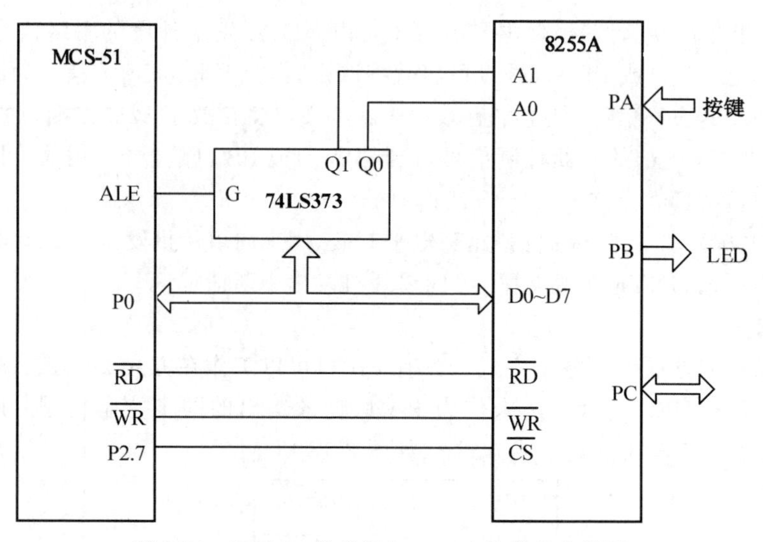

图 8-19 MCS-51 单片机与 8255A 连接的电路图

控制字设置为 98H,具体如图 8-20 所示。

D7	D6	D5	D4	D3	D2	D1	D0
1	0	0	1	1	0	0	0

图 8-20 方式控制字设置为 98H

图 8-19 中 8255A 的端口地址选择线 A1、A0 与片选信号线 $\overline{CS}$ 分别与单片机的 P0.1、P0.0 和 P2.7 连接,其余地址线悬空。因此,只要 P2.7 为低电平,则选中 8255A,若 P0.1、P0.0 为"00",选中 PA 口,若为"01",选中 PB 口,若为"10",选中 PC 口,若为"11",则选中控制口。因用到了 P2.7 引脚,各端口的地址需用 16 位地址线表示,当其他未用到的地址线全设置为"0"时,则 PA 口、PB 口、PC 口和控制口的地址分别为 0000H、0001H、0002H、0003H;若未用到的地址线全设置为"1",则 4 个口的地址分别为 7FFCH、7FFDH、7FFEH、7FFFH。当然,也可以对未用到的地址线任意设置为"1"或"0",只要保证片选信号 $\overline{CS}$ 与地址选择信号 A1 和 A0 有效即可。程序如下:

```
MOV     A,#98H              ;控制字
MOV     DPTR,#0003H         ;8255 的控制口地址→DPTR
MOVX    @DPTR,A             ;将控制字→控制端口
MOV     DPTR,#0000H         ;PA 口地址→DPTR
MOVX    A,@DPTR             ;PA 口读入数据→A
MOV     R0,A                ;A→R0
MOV     A,20H               ;20H→A
MOV     DPTR,#0001H         ;PB 口地址→DPTR
MOVX    @DPTR,A             ;A 中内容→PB 口
```

习 题 8

1. 用 11 根地址线可以选择________个存储单元，4KB 存储单元需要________根地址线。

2. 74LS139 是具有两路输入端的译码器芯片，当其一路输出作为片选信号线进行外扩存储器选择时，最多可以选中________块芯片。

3. 若某存储器芯片地址线为 13 根，那么它的存储容量为(　　)。

A. 1KB　　B. 2KB　　C. 4KB　　D. 8KB

4. 对片外数据存储器的读写操作，只能使用(　　)。

A. MOV 指令　　B. PUSH 指令　　C. MOVX 指令　　D. MOVC 指令

5. 什么是单片机的三总线结构？如何构造？

6. 存储器扩展的片选方式有哪几种？各有什么特点？

7. 分别用片选法和译码法实现 8051 单片机扩展两片 6116 外部数据存储器，画出接口电路图，并确定各存储芯片的地址分配。

8. 用译码法实现 4 片 62128 数据存储器的扩展，画出接口电路图，并分析每片芯片的地址范围。

9. 编写程序，将外部扩展的数据存储器中的 6000H～60AAH 单元全部清“0”。

10. 编写程序，将内部数据存储器中自 20H 单元开始的数据复制到外部数据存储器 30H 开始的存储单元中。

11. 8255A 有几种工作方式？各自的特点是什么？在扩展时如何选择？

12. 设 8051 单片机扩展一片 8255A 芯片，其电路连接如图 8-19 所示。设各接口均工作在方式 0，其中 PB 口输出，PA 口接 8 个拨码开关，PB 口接 8 个发光二极管，编程实现 PA 口拨动一个开关，PB 口的 8 个发光二极管呈走马灯显示。

第 9 章　MCS-51 单片机人机接口电路设计

人机接口是 MCS-51 单片机应用系统中非常重要的组成部分。在对 MCS-51 单片机的应用系统进行操作时，人机接口是必不可少的。在与 MCS-51 单片机应用系统之间进行人机交互时，将需要的信息通过键盘传送给 MCS-51 单片机应用系统，系统在对数据进行处理后，将结果通过屏幕显示出来。人机接口电路主要包括键盘和显示两部分。

9.1　键盘接口电路及其应用

键盘是用户向 MCS-51 单片机应用系统发送指令、输入信息的必需设备。键盘分为编码键盘和非编码键盘。编码键盘上闭合键的识别由专用的硬件编码器实现，并产生键编码或键值，这种键盘硬件电路复杂，成本较高，如 PC 键盘。非编码键盘是靠软件编程来识别的，由于非编码键盘结构简单，成本低廉，所以在 MCS-51 单片机应用系统中，用得最多的是非编码键盘。在此仅介绍非编码键盘。非编码键盘又分为独立式键盘和矩阵式键盘。

9.1.1　按键的结构和工作原理

如图 9-1 所示，按键共有 4 个引脚，其中两个引脚是导通的，如图 9-2 所示。按键实质上就是一组按键开关，通常使用的是触点式的机械弹性开关。当机械触点被按下时，相当于开关导通；当机械触点被释放时，相当于开关断开。

图 9-1　按键的实物图

图 9-2　按键的内部结构

通常的按键开关为机械开关，由于机械触点的弹性作用，一个按键开关在闭合时不会立刻稳定地导通，在断开时也不会立刻断开，因此在闭合及断开的瞬间均伴随有一连串的抖动，如图 9-3 所示。

抖动时间的长短由按键的机械特性决定，一般为 5～10ms。按键稳定闭合时间的长短则是由操作人员的按键动作决定的，一般为零点几秒至数秒。键抖动会引起一次按键被误读多次。为确保 CPU 对键的一次闭合仅作一次处理，必须去除键抖动，保证在键闭合稳定时读取键的状态。

消除抖动的方法有两种：硬件电路去抖动和软件延迟去抖动两种。硬件电路去抖动电路复杂，一般在按键数目较少时应用。如果按键较多，常用软件方法去抖，即检测出键闭合后执行一个5～10ms的延迟程序，让前沿抖动消失后再一次检测键的状态，如果仍保持闭合状态电平，则确认为真正有键按下。当检测到按键释放后，也要给5～10ms的延迟，待后沿抖动消失后才能转入该键的处理程序。

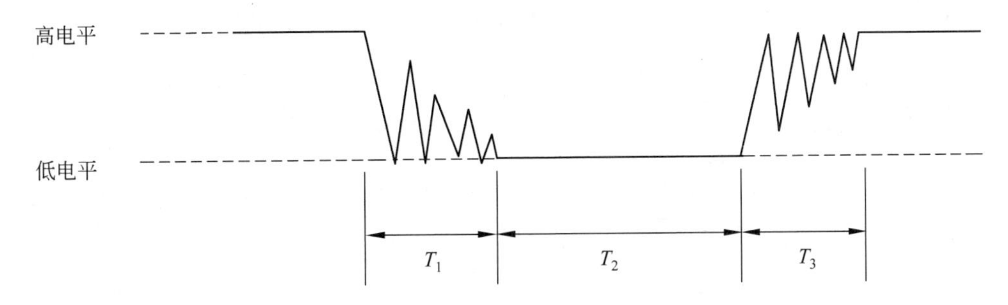

T_1为按键按下瞬间的电平变化，称为前沿抖动
T_2为按键稳定按下后的电平
T_3为按键释放后的电平变化，称为后沿抖动

图9-3　按键按下过程中的电平变化

实现方法：假设未按键时输入为1，按键后输入为0，抖动时不定。可以做以下检测：检测到按键输入为0之后，延迟为5～10ms，再次检测，如果按键还为0，那么就认为有按键输入。延迟的5～10ms恰好避开了抖动期。

常用键盘电路有两种：独立式键盘和矩阵式键盘。

9.1.2　独立按键的识别方法

独立式按键电路如图9-4所示。每个键对应P1.0～P1.7的一位，没有键闭合时，通过上拉电阻使P1口处于高电位。当有一个键按下时，就使P1.x接地成为低电位，因此，CPU只要检测到P1.x为"0"，便可以判别出对应键已按下。缺点是当键较多时，占用I/O接口线太多。

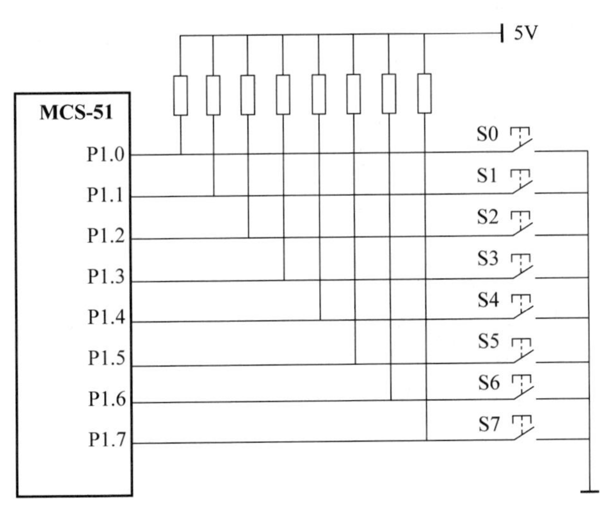

图9-4　独立按键电路

按键识别方法：当某 I/O 接口对应的键按下时，该 I/O 接口读入的数据应该为 0；当某 I/O 接口对应的键没有被按下时，该 I/O 接口读入的数据应该为 1。CPU 读取 P1 口的数据，如果为 0FFH，则没有键按下；如果 P1 口的数据不等于 0FFH，则说明有键按下。具体是哪一个按键按下，则要依次读取 P1 口的引脚来查找。用程序代码实现如下：

```
KEYRD:   MOV    A,#0FFH            ;读键盘子程序
         MOV    P1,A               ;置 P1 口为输入
         MOV    A,P1               ;读取 P1 口的值
         CJNE   A,#0FFH,KEYDD      ;有键按下转 KEYDD
         LJMP   EXIT               ;无键按下,退出
KEYDD:   ACALL  DELAY              ;延迟去抖动
         MOV    A,#0FFH
         MOV    P1,A               ;置 P1 口为输入
         MOV    A,P1               ;读取 P1 口的值
         CJNE   A,#0FFH,KEY0       ;有键按下转 KEY0
         LJMP   EXIT               ;无键按下,退出
KEY0:    CJNE   A,#0FEH,KEY1       ;S0 没有按下,查询 S1
         MOV    R7,#00H            ;S0 按下,键码存 R7
         LJMP   EXIT               ;退出
KEY1:    CJNE   A,#0FDH,KEY2       ;S1 没有按下,查询 S2
         MOV    R7,#01H            ;S1 按下,键码存 R7
         LJMP   EXIT               ;退出
KEY2:    CJNE   A,#0FBH,KEY3       ;S2 没有按下,查询 S3
         MOV    R7,#02H            ;S2 按下,键码存 R7
         LJMP   EXIT               ;退出
KEY3:    CJNE   A,#0F7H,KEY4       ;S3 没有按下,查询 S4
         MOV    R7,#03H            ;S3 按下,键码存 R7
         LJMP   EXIT               ;退出
KEY4:    CJNE   A,#0EFH,KEY5       ;S4 没有按下,查询 S5
         MOV    R7,#04H            ;K4 按下,键码存 R7
         LJMP   EXIT               ;退出
KEY5:    CJNE   A,#0DFH,KEY6       ;S5 没有按下,查询 S6
         MOV    R7,#05H            ;S5 按下,键码存 R7
         LJMP   EXIT               ;退出
KEY6:    CJNE   A,#0BFH,KEY7       ;S6 没有按下,查询 S7
         MOV    R7,#06H            ;S6 按下,键码存 R7
         LJMP   EXIT               ;退出
KEY7:    CJNE   A,#07FH,EXIT       ;S7 没有按下,退出
         MOV    R7,#07H            ;S7 按下,键码存 R7
EXIT:    RET

DELAY:   MOV    R5,#08H
DD:      MOV    R6,#0FAH
```

```
        DJNZ    R6,$
        DJNZ    R5,DD
        RET
        END
```

9.1.3 矩阵式按键的识别方法

在需要按键数量较多的应用场合,为了节省I/O接口资源,通常使用的是矩阵式键盘。在矩阵式键盘中每条水平线和垂直线在交叉处不直接连通,而是通过一个按键加以连接。采用这种结构,只要 M 根行线和 N 根列线就可以形成 $M \times N$ 个按键。这样如P1这样的接口可以提供4条行线和4条列线,构成4×4的矩阵按键,即分为4行4列,共有16个键,该键盘的具体结构如图9-5所示。对于矩阵键盘的识别方法有两种:逐列扫描法和线反转法。下面以图9-5中MCS-51单片机P1口上的矩阵键盘为例介绍矩阵式按键的识别方法。

1. 逐列扫描法

在图9-5中,MCS-51单片机的P1.0～P1.3分别为行线X0、X1、X2、X3,而P1.4～P1.7分别为列线Y0、Y1、Y2、Y3。识别过程如下:

(1) CPU先使列线P1.4输出为低电平,其余列线为高电平。

(2) 然后读取P1.0～P1.3的值。如果此时P1.0为0,则说明P1.0与P1.4交叉处的按键K0按下了。同理若P1.1为0,则K4按下。

(3) 若行线P1.0～P1.3全部为高电平"1",则说明第一列没有键按下。CPU使P1.5输出为低电平,其余列线为高电平,继续查询第二列有没有键按下,依此类推。

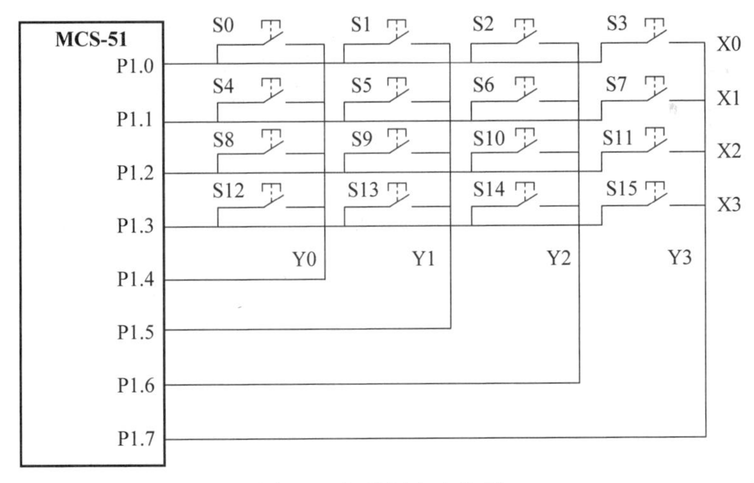

图9-5 矩阵键盘电路图

如图9-5所示,逐行扫描法的程序代码如下:

```
KEYRD:   LCALL    KEYSCAN            ;调用按键扫描子程序
         JNZ      KK                 ;有键按下转 KK
         LJMP     EXIT               ;无键按下,退出
```

```
KK:      LCALL   DELAY           ;延迟去抖动
         LCALL   KEYSCAN         ;重新调用按键扫描子程序
         JNZ     KP              ;确实有键按下转 KP
         LJMP    EXIT            ;无键按下,退出
KP:      MOV     R2,#0EFH        ;将扫描值送 R2 暂存
         MOV     R4,#00H         ;将第 0 列的列值送入 R4 暂存
K3:      MOV     P1,R2           ;将 R2 的值送入 P1 口
L0:      JB      P1.0,L1         ;若 P1.0 为 1,转 L1
         MOV     A,#00H          ;将行首键码值送入 ACC
         AJMP    GETKEY          ;跳转到 GETKEY
L1:      JB      P1.1,L2         ;若 P1.1 为 1,转 L2
         MOV     A,#04H          ;将行首键码值送入 ACC
         AJMP    GETKEY          ;跳转到 GETKEY
L2:      JB      P1.2,L3         ;若 P1.2 为 1,转 L3
         MOV     A,#08H          ;将行首键码值送入 ACC
         AJMP    GETKEY          ;跳转到 GETKEY
L3:      JB      P1.3,NEXT       ;若 P1.3 为 1,转 NEXT
         MOV     A,#0CH          ;将行首键码值送入 ACC
         AJMP    GETKEY
NEXT:    INC     R4              ;将列值加 1
         MOV     A, R2           ;将扫描值送入 ACC
         JNB     ACC.7,GETKEY
         RL      A               ;未扫描完
         MOV     R2,A            ;将扫描值送入 R2 暂存
         AJMP    K3              ;重新扫描
GETKEY:  ADD     A,R4            ;键号=行首键码+所在列值
         MOV     70H,A           ;将键码保存至 70H
K4:      LCALL   DELAY           ;调用键盘检测程序,确认按键是否松开
         LCALL   KEYSCAN
         LCALL   DELAY
         LCALL   KEYSCAN
         JNZ     KP              ;没有松开继续监测

         MOV     A,70H           ;松开将检测到的键值送 A
EXIT:    RET

KEYSCAN: MOV     P1,#0FH         ;置低 4 位输入模式
         MOV     A,P1            ;读取 P1 口的值
         XRL     A,#0FH
         RET

DELAY:   MOV     R5,#08H
DD:      MOV     R6,#0FAH
         DJNZ    R6,$
         DJNZ    R5,DD
         RET
         END
```

2. 反转法

反转法就是通过给单片机的端口赋值两次，最后得出所按键的键值的一种算法。如图 9-5 所示，取 P1 口的低 4 位为行线，高 4 位为列线。

给 P1 口赋值 0FH，即 00001111，假设 0 键被按下，则这时 P1 口读入的实际值为 00001110，行值为 00H。

给 P1 口再赋值 0F0H，即 11110000，如果 0 键被按下，则这时 P1 口读入的实际值为 11100000，列值为 00H。

把行值与列值相加，最终得到键值 00H，以此类推可得出其他 15 个按键对应的键值。

程序代码如下所示：

```
          ROW       EQU   40H       ;列寄存器为 40H
          LINE      EQU   41H       ;行寄存器为 41H
          KEY       EQU   42H       ;键码寄存器 42H
GETKEY:   ;获取键码子程序
          MOV       KEY,#00H        ;赋初值
          MOV       ROW,#00H        ;赋初值
          MOV       LINE,#00H       ;赋初值
          ACALL     KEYSCAN         ;调键盘扫描
          JZ        EXIT            ;无键按下,退出
          ACALL     DELAY           ;延迟去抖动
          ACALL     KEYSCAN         ;调键盘扫描
          JZ        EXIT            ;无键按下,退出
          ACALL     KLINE           ;获得按键所在的行
          ACALL     KROW            ;获得按键所在的列
          MOV       A,ROW
          ADD       A,LINE
          MOV       KEY,A           ;根据行列的值求和得到键值
EXIT:     RET
KEYSCAN:                            ;扫描键盘子程序
          MOV       P1,#0FH         ;置低 4 位为输入
          MOV       A,P1            ;读取 P1 口的数据
          XRL       A,#0FH
          RET

KLINE:    ;获得按键所在的行
          MOV       P1,#0FFH        ;读取 P1 值之前将其置"1"
          MOV       P1,#0FH         ;置低 4 位为输入
          MOV       A,P1            ;读取 P1 口的数据
          JB        ACC.0,LINE1     ;若 ACC.0=1,转 LINE1
          MOV       LINE,#00H       ;若 ACC.0=0,LINE=00H
          AJMP      EXIT1
LINE1:    JB        ACC.1, LINE2    ;若 ACC.1=1,转 LINE2
          MOV       LINE, #01H      ;若 ACC.1=0,LINE=01H
```

```
        AJMP    EXIT1
LINE2:  JB      ACC.2,LINE3     ;若 ACC.2=1,转 LINE3
        MOV     LINE,#02H       ;若 ACC.2=0,LINE=02H
        AJMP    EXIT1
LINE3:  MOV     LINE,#03H
EXIT1:  RET

KROW:   ;获得按键所在的列
        MOV     P1,#0FFH        ;读取 P1 值之前将其置"1"
        MOV     P1,#0F0H        ;置高 4 位为输入
        MOV     A,P1            ;读取 P1 口的数据
        JB      ACC.4,ROW1      ;若 ACC.4=1,转 ROW1
        MOV     ROW,#00H        ;若 ACC.4=0,ROW=00H
        AJMP    EXIT2
ROW1:   JB      ACC.5,ROW2      ;若 ACC.5=1,转 ROW2
        MOV     ROW,#04H        ;若 ACC.5=0,ROW=04H
        AJMP    EXIT2
ROW2:   JB      ACC.6,ROW3      ;若 ACC.6=1,转 ROW3
        MOV     ROW,#08H        ;若 ACC.6=0,ROW=08H
        AJMP    EXIT2
ROW3:   MOV     LINE,#0CH
EXIT2:  RET

DELAY:  MOV     R5,#08H
DD:     MOV     R6,#0FAH
        DJNZ    R6,$
        DJNZ    R5,DD
        RET
        END
```

9.2 LED 数码管及其应用

LED 数码管是一种半导体发光器件，外观如图 9-6(a)所示，其基本单元是发光二极管。LED 数码管按段数可分为七段 LED 数码管和八段 LED 数码管，八段 LED 数码管比七段数码管多一个发光二极管，也就是多一个小数点(DP)，段码图如图 9-6(b)所示。多个发光二极管的引线已在内部连接完成，只需引出各个段的引线和公共电极。按照 LED 数码管公共端的极性可以分为共阴极 LED 数码管和共阳极 LED 数码管，如图 9-6(c)所示。按照可以显示的数据位数不同，LED 数码管又可以分为一位、两位、三位、四位、五位、六位、七位和八位 LED 数码管。常用的小型 LED 数码管的封装形式几乎全部采用双列直插结构。

LED 数码管 8 个段的不同的亮暗组合就可以显示不同的字符和数字。当显示某个字符或数字时，对应的 8 个段的亮暗的组合，就称为段码。共阴极 LED 数码管和共阳极 LED 数码管的段码是不同的。如表 9-1 所示，段码可以根据字符或数字的形状和 8 个段的排列

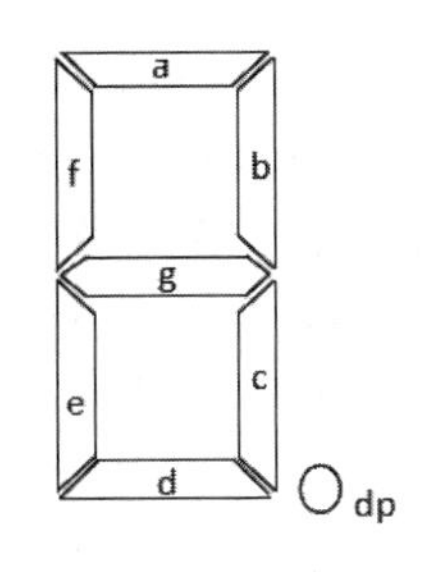

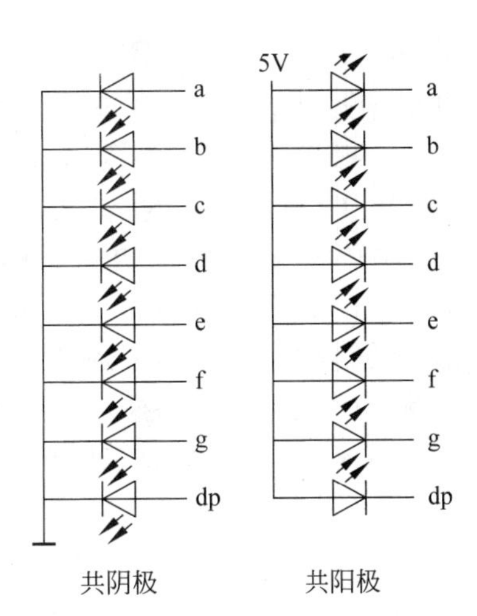

(a) LED数码管实物图　(b) LED数码管的段码　(c) LED数码管的内部结构图

图 9-6　荧光数码管实物及内部结构图

顺序得出。例如显示数字“3”时，只要 a、b、g、c、d 段亮，其余段灭。此时，共阴极 LED 数码管的段数据从高位到低位的顺序及赋值为(dp g f e d c b a)0100 1111，而共阳极 LED 数码管的段数据从高位到低位的顺序及赋值为(dp g f e d c b a)1011 0000。由此可以看出共阴极 LED 数码管的段码和共阳极 LED 数码管的段码互为反码。

表 9-1　LED 数码管的段码码表

显示字符	共阴极的段码	共阳极的段码	显示字符	共阴极的段码	共阳极的段码
0	3FH	0C0H	9	6FH	90H
1	06H	0F9H	A	77H	88H
2	5BH	0A4H	B	7CH	83H
3	4FH	0B0H	C	39H	0C6H
4	66H	99H	D	5EH	0A1H
5	6DH	92H	E	79H	86H
6	7DH	82H	F	71H	8EH
7	07H	0F8H	灭	00H	0FFH
8	7FH	80H			

由于 LED 数码管的基本组成单元就是发光二极管，而发光二极管实际上就是一个 PN 结。它的正向压降非常小，约为 0.5V，电流为 5～10mA。在电流允许范围内，电流越大，亮度越大。因此在点亮发光二极管时，可根据需要加限流电阻，限流电阻的大小在 1kΩ 左右，最小为 330Ω。在 MCS-51 单片机应用系统中，通常会用到多位的 LED 数码管。LED 数码管的引脚共分为两类：数据段和公共端。段码决定了 LED 数码管显示的字形，而公共端则决定了字形显示在哪一位 LED 数码管上。根据 MCS-51 单片机与 LED 数码管的连接电路，LED 数码管的显示方法分为静态显示和动态显示两种。

1. 静态显示

所谓静态显示就是每一位 LED 数码管的段都要与具有独立锁存功能的输出 I/O 接口相连,CPU 把要显示字形的段码送到输出口上,就可以使 LED 数码管显示对应的字形了。直到下一次 CPU 送出新的字形的段码,显示的内容一直不会改变。LED 数码管静态显示时,LED 数码管与 MCS-51 单片机的接口方法即为各个 LED 数码管的公共端固定接有效电平,各个 LED 数码管的 8 个段分别与 MCS-51 单片机一个 I/O 接口的 8 个引脚相连。LED 数码管静态显示的优点为显示亮度高,编程容易,工作时占用 CPU 时间短。缺点是 LED 数码管静态显示时占用单片机的 I/O 接口线较多。一般仅适用于显示位数较少的应用场合。静态显示时,LED 数码管与 MCS-51 单片机的接口电路如图 9-7 所示,此处省略了 P0 口上拉电阻。

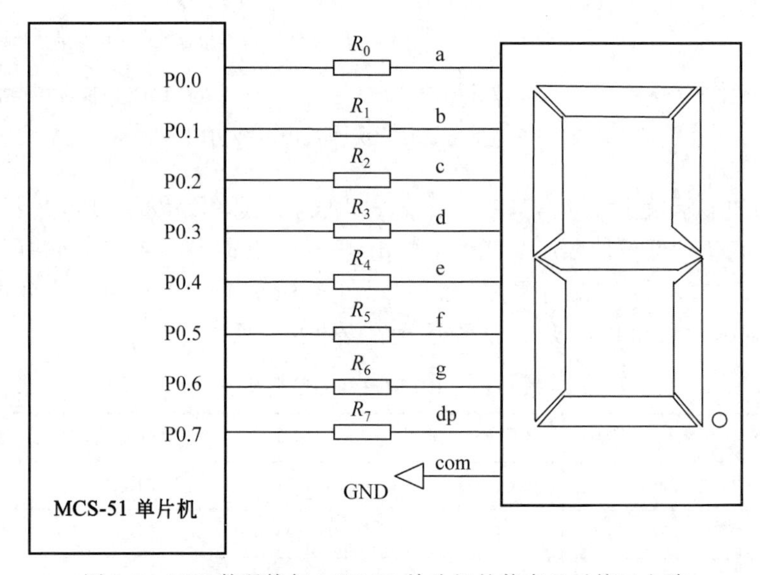

图 9-7　LED 数码管与 MCS-51 单片机的静态显示接口电路

在图 9-7 中,由于 LED 数码管是静态显示方式,被点亮的 LED 数码管长时间导通,亮度高,不需要再额外添加驱动电路。LED 数码管静态显示的汇编语言程序代码如下所示,本段程序可将 LED 数码管循环点亮,显示值为 0～F。

```
          ORG    0000H
          SJMP   START
          ORG    0030H
START:    MOV    SP,#60H              ;设置堆栈栈底
MAIN:     LCALL  DISPLAY              ;调显示子程序
          AJMP   MAIN
DISPLAY:  MOV    A,#00H
          MOV    R7,#10H
          MOV    DPTR,#TAB            ;表地址给 DPTR
MM:       MOV    R2,A
          MOVC   A,@A+DPTR            ;查表获得段码
          MOV    P0,A                 ;送 P0 口
```

```
        ACALL   DELAY
        MOV     A,R2
        INC     A                        ;指向下一个要显示的数据
        DJNZ    R7,MM
        RET

DELAY:  MOV     R5,#00H
DD:     MOV     R6,#00H
        DJNZ    R6,$
        DJNZ    R5,DD
        RET
TAB:    DB  3FH,06H,5BH,4FH,66H,6DH,7DH,07H,7FH,6FH
        DB  77H,7CH,39H,5EH,79H,71H,00H
        END
```

2. 动态显示

动态显示是将所有 LED 数码管的 8 个段 a、b、c、d、e、f、g、dp 的同名端并连在一起与 MCS-51 单片机的 I/O 接口相连,每位 LED 数码管的公共端 COM 为位选端,一般与 I/O 接口相连,当单片机输出某字形的段码时,所有 LED 数码管都接收到相同的字形段码,但到底是哪个 LED 数码管会显示出字形,取决于单片机对位选端的控制,因此只要将需要显示的那位 LED 数码管的位选端接合适的电平(共阳极 LED 数码管位选端接 1,共阴极 LED 数码管位选端接 0),该位 LED 数码管就可以显示出字形,位选端没有接合适电平的 LED 数码管就不会显示。动态显示就是让 LED 数码管的各位按照一定的顺序轮流显示,每一个瞬间只有一位 LED 数码管显示,其余均处于关闭状态。

在轮流显示过程中,每位 LED 数码管的点亮时间为 1~2ms,由于人的视觉暂留特性及发光二极管的余晖效应,虽然实际上各位 LED 数码管并非同时点亮,但只要扫描的频率足够高,人的眼睛就不会有闪烁感。

动态显示方式时,各位 LED 数码管的 8 个段共同由 MCS-51 单片机的一组 I/O 接口控制,各位 LED 数码管的位选端相互独立,分别由 MCS-51 单片机不同的 I/O 接口控制,如图 9-8 所示。LED 数码管动态显示节省 I/O 接口线,但显示亮度不够稳定,影响因素较多,编程较复杂,占用 CPU 时间较多。

在图 9-8 中 LED 数码管动态显示“0”“1”“2”。由于 LED 数码管是动态显示方式,每一位 LED 数码管轮流导通,所以单位时间内的电流较小,必须加驱动电路。图 9-8 中的 LED 数码管为共阳极,汇编语言程序代码如下:

```
        ORG     0000H
        SJMP    START
        ORG     0030H
START:  MOV     SP, #60H        ;设置堆栈栈底
        MOV     40H,#00H        ;假设 40H 中存入初值
        MOV     41H,#01H
        MOV     42H,#02H
```

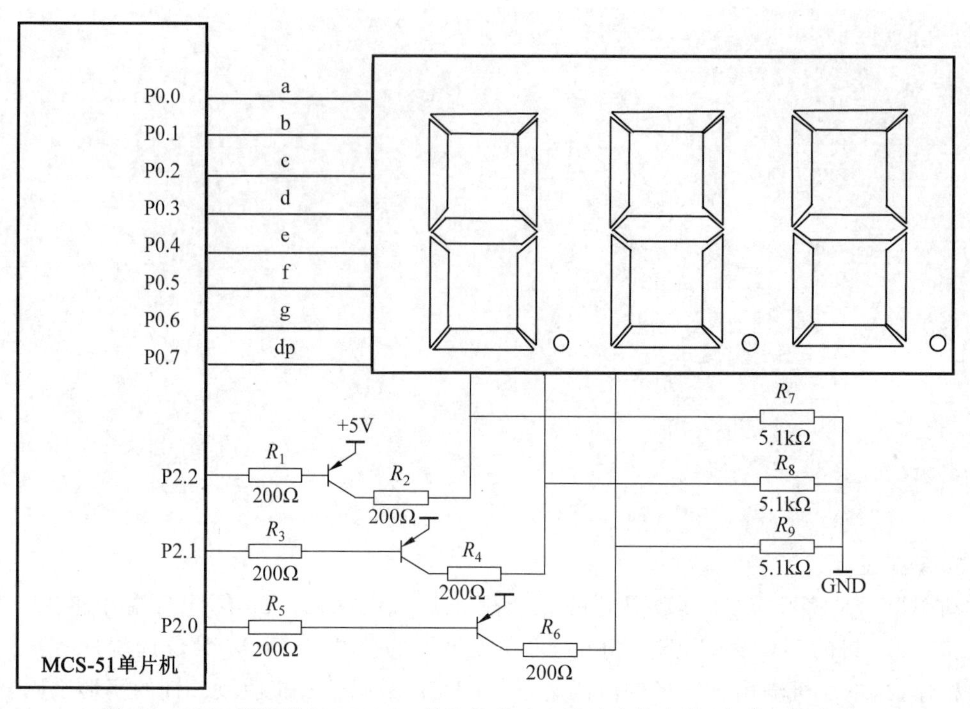

图 9-8　LED 数码管与 MCS-51 单片机的动态显示连接电路(省略上拉电阻)

```
MAIN:      LCALL   DISPLAY          ;调显示子程序
           AJMP    MAIN
DISPLAY:   MOV     R0,#40H          ;将显示缓冲区首址送 R0
           MOV     DPTR,#TAB
           MOV     P2,#0FFH         ;熄灭所有的 LED 数码管
           MOV     A, @R0           ;将显示的数据送 A
           MOVC    A,@A+DPTR
           MOV     P0,A
           CLR     P2.0             ;第一位 LED 数码管的公共端清"0"
           INC     R0               ;为显示第二位数据做准备
           ACALL   DELAY
           MOV     P2,#0FFH
           MOV     A, @R0           ;将显示的数据送 A
           MOVC    A,@A+DPTR
           MOV     P0,A
           CLR     P2.1             ;第二位 LED 数码管的公共端清"0"
           INC     R0               ;为显示第三位数据做准备
           ACALL   DELAY
           MOV     P2,#0FFH
           MOV     A, @R0
           MOVC    A,@A+DPTR
           MOV     P0,A
```

```
        CLR     P2.2              ;第三位 LED 数码管的公共端清“0”
        ACALL   DELAY
        MOV     P2,#0FFH
        RET
DELAY:  MOV     R5,#08H
DD:     MOV     R6,#0FAH
        DJNZ    R6,$
        DJNZ    R5,DD
        RET
TAB:    DB      0C0H,0F9H,0A4H,0B0H,99H,92H,82H,0F8H,80H
        DB      00H,88H,83H,0C6H,0A1H,86H,8EH,0FFH
        END
```

9.3 液晶显示器

液晶显示器(Liquid Crystal Display,LCD)是一种被动式的显示器,即液晶本身并不发光,而是液晶经过处理后能改变光线的传播方向,从而达到白底黑字或者黑底白字显示的效果。液晶显示器具有功耗低、抗干扰能力强等优点,被广泛应用在仪器仪表和控制系统中。

液晶显示器可以分为字段型、点阵字符型和点阵图形型三类。字段型广泛应用于电子表、数字仪表、计算器中;点阵字符型主要用来显示字母、数字、符号,它是由 5×7 或 5×4 的点阵组成,广泛应用在单片机应用系统中;点阵图形型主要用在笔记本计算机和彩色电视机等设备中。

下面,以 LCD1602 液晶显示器为例进行介绍。LCD1602 是一种专门用来显示字母、数字、符号等的点阵型液晶显示器,它由若干个 5×7 或者 5×11 的点阵字符组成,每个点阵字符位都可以显示一个字符。每个字符位之间有一个点距的间隔,每行之间也有间隔,这样就起到了字符间距和行间距的作用,正因为这样,LCD1602 不能用来显示图形。它显示的内容为两行,每行可以显示 16 个字符或数字。LCD1602 的实物图如图 9-9 所示。

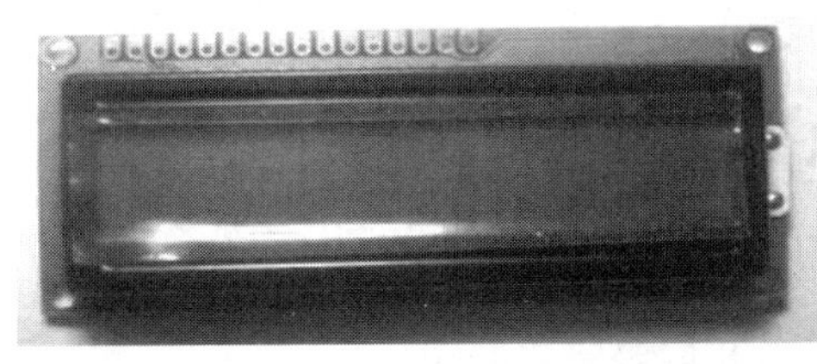

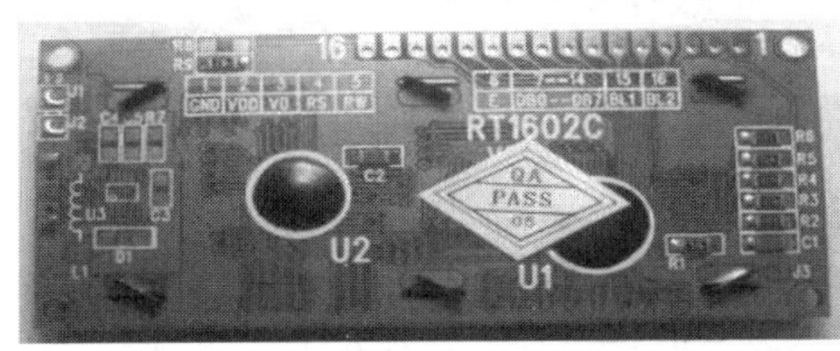

图 9-9　LCD1602 液晶显示器

LCD1602 的主要技术参数如下。

- 显示容量：16×2 个字符。
- 工作电压：4.5～5.5V。
- 工作电流：2.0mA(5.0V)。
- 模块最佳工作电压：5.0V。
- 字符尺寸：2.95×4.35(W×H)mm。

LCD1602 采用标准的 14 引脚(无背光)或 16 引脚(带背光)，各引脚功能说明如表 9-2 所示。

表 9-2　LCD1602 的引脚说明

序号	引脚名称	功　能	序号	引脚名称	功　能
1	VSS	电源地	9	D2	数据
2	VDD	电源正极	10	D3	数据
3	VL	液晶显示偏压	11	D4	数据
4	RS	数据/命令选择	12	D5	数据
5	R/W	读写选择	13	D6	数据
6	E	使能信号	14	D7	数据
7	D0	数据	15	BLA	背光源正极
8	D1	数据	16	BLK	背光源负极

各个引脚定义如下。

第 1 脚：VSS 为电源地。

第 2 脚：VDD 为电源正极，接 5V 电源。

第 3 脚：VL 为液晶显示器对比度调整端，接正电源时对比度最弱，接地时对比度最高，对比度过高时会产生“鬼影”，使用时可以通过一个 10kΩ 的电位器调整对比度。

第 4 脚：RS 为寄存器选择端高电平时选择数据寄存器，低电平时选择指令寄存器。

第 5 脚：R/$\overline{W}$ 为读写信号线，高电平时进行读操作，低电平时进行写操作。当 RS 和 R/$\overline{W}$ 共同为低电平时可以写入指令或者显示地址，当 RS 为低电平及 R/$\overline{W}$ 为高电平时可以读忙信号，当 RS 为高电平 R/$\overline{W}$ 为低电平时可以写入数据。

第 6 脚：E 端为使能端，当 E 端由高电平跳变成低电平时，液晶模块执行命令。

第 7～14 脚：D0～D7 为 8 位双向数据线。

第 15 脚：背光源正极。

第 16 脚：背光源负极。

LCD1602 自带控制器。目前市面上 LCD1602 的控制器是 HD44780。LCD1602 液晶模块的读写操作、屏幕和光标的操作都是通过指令编程来实现的。LCD1602 的命令共有 11 条，如表 9-3 所示(1 为高电平，0 为低电平)。

表 9-3 LCD1602 的命令

序号	指令功能	RS	R/$\overline{W}$	D7	D6	D5	D4	D3	D2	D1	D0
1	清显示屏	0	0	0	0	0	0	0	0	0	1
2	光标复位	0	0	0	0	0	0	0	0	1	*
3	光标和显示模式设置	0	0	0	0	0	0	0	1	I/D	S
4	显示开/关控制	0	0	0	0	0	0	1	D	C	B
5	光标或字符移位	0	0	0	0	0	1	S/C	R/L	*	*
6	功能设置命令	0	0	0	0	1	DL	N	F	*	*
7	设置 CGRAM 的地址	0	0	0	1	字符发生存储器地址					
8	设置数据显示存储器地址	0	0	1	数据显示存储器地址						
9	读忙标志位和地址计数器 AG	0	1	BF	地址计数器						
10	要写的数据	1	0	要写的数据内容							
11	读出的数据	1	1	读出的数据内容							

注：表中“*”为 0 或 1 均可。

表 9-3 中的 11 个指令功能说明如下。

指令 1：清除液晶显示器，即将 DDRAM 中的数据全部填入 20H（空白字符），指令码 01H，光标复位到地址 00H 位置，将地址计数器 AC 设为 0，光标移动方向为从左到右，并且 DDRAM 的自增量为 1（I/D=1）。

指令 2：光标复位，光标返回到地址 00H。

指令 3：光标和显示模式设置。

I/D 用于控置液晶屏在读写字符后的光标移动方向。I/D=1 时表示液晶屏在读写一个字符后光标右移 1 位，I/D=0 时表示液晶屏在读写一个字符后光标左移 1 位。

S 用于控制写入字符时整屏显示的左右移动方向。S=1 时表示当写入一个字符时，整屏显示左移（I/D=1）或右移（I/D=0）。S=0 时表示整屏显示不移动。

指令 4：显示开关及光标设置。

D 用于控制屏幕整体是否显示，D=0 时表示屏幕不显示，D=1 时表示屏幕正常显示。

C 用于控制光标的有无，C=0 表示无光标，C=1 表示有光标。

B 用于控制光标是否闪烁，B=0 表示不闪烁，B=1 表示闪烁。

指令 5：光标或字符移位。

S/C 用于控制移动的是字符还是光标。S/C=1 表于移动显示的字符，S/C=0 表示移动光标。

R/L 用于控制移位方向。R/L=0 表示左移，R/L=1 表示右移。

指令 6：功能设置命令。

DL 用于控制选择传输数据的有效长度。DL=1 为 8 位数据接口，DL=0 为 4 位数据接口。

N 用于控制显示行数选择控制位。N=0 单行显示，N=1 两行显示。

F 用于控制字符显示的点阵控制位。F=0 显示 5×7 点阵字符，F=1 显示 5×10 点阵字符。

指令 7：CGRAM 地址设置，即设置将要存入数据的 CGRAM 的地址。在该芯片内置了 192 个常用字符的字模，存于 CGROM 中，还有 8 个可以自定义字符的 RAM 即为 CGRAM。若是只要求显示在 CGROM 中的字符，仅在 DDRAM 中写入它的字符就可以了；若要显示 CGROM 中没有的字符那就要先在 CGRAM 中设置好字模，再在 DDRAM 中写入该字符就可以了。程序退出后，CGRAM 中的数据会自动消失，如有必要，需重新定义字模。

指令 8：设置显示数据 RAM 地址。单片机可以通过 80H＋地址码的方式访问液晶屏内部全部 80 字节的数据显示 RAM。其中，80H 为命令码，地址码决定字符在 LCD 上的显示位置。

指令 9：读忙标志位 BF 或地址。

BF 用于表示液晶显示器是否处于"读忙"状态。

BF＝1 表示液晶显示器忙，不能接收单片机发来的命令或数据。BF＝0 表示液晶显示器不忙，可接收命令或数据，读取地址计数器 AC 的值。

指令 10：向 DDRAM 或 CGRAM 写入数据，指令执行时，要事先在数据线上准备好数据，然后再执行命令。

指令 11：从 DDRAM 或 CGRAM 读取数据，先设置好 DDRAM 或 CGRAM 的地址，然后执行读取命令，数据就被读入 D0～D7。

LCD1602 液晶屏内部有 80 个字节的 DDRAM，这 80 个字节的 DDRAM 对应了显示屏上的显示位置。图 9-10 准确地给出了二者的对应关系。

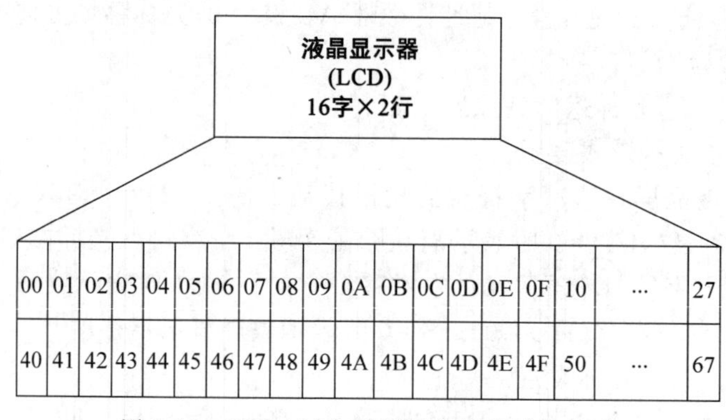

图 9-10 DDRAM 与显示屏位置的对应关系

当向液晶屏的 00H～0FH、40H～4FH 地址中的任一处写入需要显示的数据时，LCD 能够显示出来，该区域被称作可显示区域；如果将数据写入 10H～27H 或 50H～67H 地址处时，字符是显示不出来的，该区域被称作隐藏区域。如果要将写入到隐藏区域的字符显示出来，需要通过光标或字符移位命令将它们移入到可显示区域方可正常显示。需要注意的是，在向 DDRAM 写入字符时，首先要找到 DDRAM 地址(也称位置数据指针)，即显示位置，此操作可通过指令 8 来完成。

例如要在液晶屏的 45H 处显示一个字符，那么指令 8 为 C5H(80H＋45H)，其中 80H 为命令码，45H 是事先预想写入字符处的地址。

LCD1602 的初始化设置如下：

- 写指令 38H，设置 8 行格式，2 行，5×7 点阵。
- 延迟 5ms。

• 写指令 0FH，设置屏幕正常显示，有光标，闪烁。
• 延迟 5ms。
• 写命令 06H，设置液晶屏在写入或读出一个字符后，光标右移一位。
• 延迟 5ms。
• 写指令 01H，完成清屏。
• 延迟 5ms。

以上就是 LCD1602 的初始化过程，每次写指令、读写数据都要检测忙信号。LCD1602 的读写操作规定如表 9-4 所示。

表 9-4　LCD1602 的读写操作规定

信号	单片机发给 LCD1602 的控制信号	LCD1602 的输出
读状态	RS=0，R/$\overline{W}$=1，E=1	D0～D7 为状态字
写命令	RS=0，R/$\overline{W}$=0，D0～D7 为命令，E=正脉冲	无
读数据	RS=0，R/$\overline{W}$=1，E=1	D0～D7 为数据
写数据	RS=0，R/$\overline{W}$=0，D0～D7 为数据，E=正脉冲	无

LCD1602 与单片机 MCS-51 单片机的接口电路如图 9-11 所示，若要显示“2019 MAR”字样，其程序代码如下：

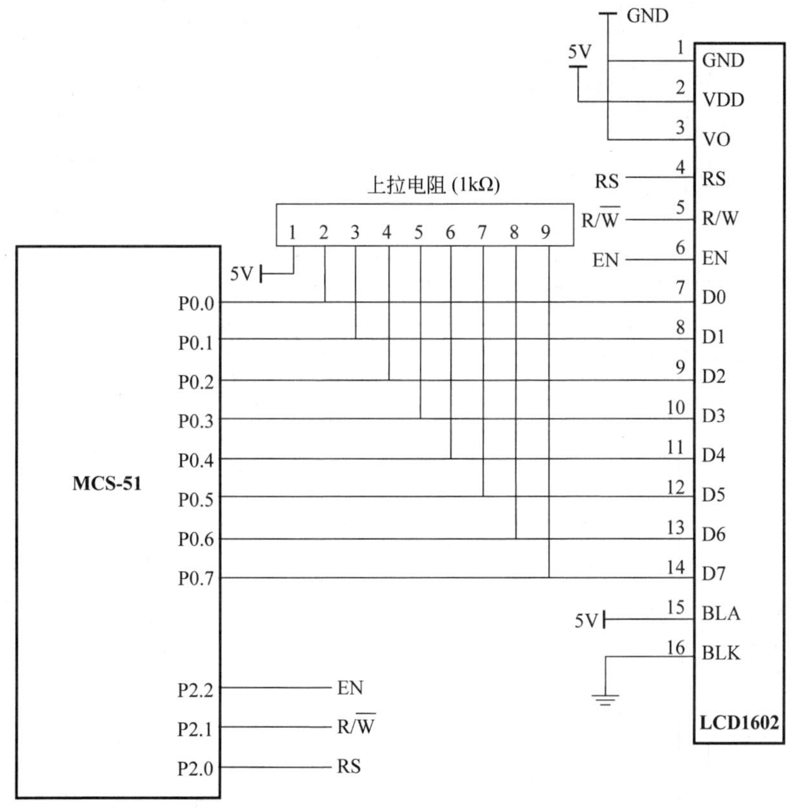

图 9-11　MCS-51 单片机与 LCD1602 的接口电路

```
        RS      BIT  P2.0
        RW      BIT  P2.1
        EN      BIT  P2.2
        ORG     0000H
        AJMP    MAIN
        ORG     0050H
MAIN:   MOV     SP,#40H             ;将堆栈栈底设置为 40H
        MOV     A,#01H              ;清屏
        ACALL   WCOM                ;调用写命令子程序
        MOV     A,#38H              ;设置 16×2 显示,5×7 点阵,8 位数据接口
        ACALL   WCOM                ;调用写命令子程序
        MOV     A,#0CH              ;设置开显示,显示光标,光标不闪烁
        ACALL   WCOM                ;调用写命令子程序
        MOV     A,#06H              ;地址加 1,当写入数据的时候光标右移
        ACALL   WCOM                ;调用写命令子程序
        MOV     A,#80H              ;将显示地址设为上排第一位
        ACALL   WCOM                ;调用写命令子程序
        MOV     A,#32H
        ACALL   WDATA               ;调用写数据子程序
        MOV     A,#30H
        ACALL   WDATA               ;调用写数据子程序
        MOV     A,#31H
        ACALL   WDATA               ;调用写数据子程序
        MOV     A,#39H
        ACALL   WDATA               ;调用写数据子程序
        MOV     A,#0C5H             ;将显示地址设为二排 45H 位置
        ACALL   WCOM                ;调用写命令子程序
        MOV     A,#'M'
        ACALL   WDATA               ;调用写数据子程序
        MOV     A,#'A'
        ACALL   WDATA               ;调用写数据子程序
        MOV     A,#'R'
        ACALL   WDATA               ;调用写数据子程序
LOOP:   AJMP    LOOP

CKBUSY: PUSH    ACC                 ;检查忙子程序
        MOV     P0,#0FFH
CC:     CLR     RS
        SETB    RW
        CLR     EN
        NOP
        SETB    EN
        MOV     A,P0                ;读取 P0 口的值
        JB      ACC.7,CC
        CLR     EN
        POP     ACC
        RET
```

```
WCOM:   ;写命令子程序
        ACALL    CKBUSY
        CLR      EN
        CLR      RS
        CLR      RW
        NOP
        SETB     EN
        MOV      P0,A
        NOP
        CLR      EN
        ACALL    DELAY                 ;延迟准备接收数据
        RET

WDATA:  ;写数据子程序
        ACALL    CKBUSY
        CLR      EN
        SETB     RS
        CLR      RW
        SETB     EN
        NOP
        MOV      P0,A
        CLR      EN
        ACALL    DELAY                 ;延迟准备接收数据
        RET

DELAY:  MOV      R6,#0                 ;延迟
DD:     MOV      R7,#128
        DJNZ     R7,$
        DJNZ     R6,DD
        RET
        END
```

习　题　9

1. LED 数码管按结构分可以分为________数码管和________数码管。

2. 共阴极的七段 LED 数码管，P1.0～P1.7 分别连接 LED 数码管的 a-dp 端。若需要显示数字 2，则 P1 口应赋值为________。

3. 共阳极的七段 LED 数码管，P1.0～P1.7 分别连接 LED 数码管的 a-dp 端。若需要显示数字 0，则 P1 口应赋值为________。

4. MCS-51 单片机与 3 位 LED 数码管连接如图 9-8 所示，试编程序实现在 LED 数码管上动态显示 45H，46H 和 47H 中的数据，每个单元仅含有 0～9 中的一个数据。

5. MCS-51 单片机与 3 位 LED 数码管连接如图 9-8 所示，试编程序实现在 LED 数码管上动态显示学号的后 3 位数据。

6. 如图 9-11，编程，在液晶显示器上编程显示“上海电力大学 电子信息工程”。

第10章　单片机数模及模数转换接口

在自动控制领域中，常需要单片机进行实时控制和数据处理。单片机能够输入输出和处理的对象都是离散的数字量，但是在实际应用中经常会遇到压力、温度、速度、电压、电流等连续变化的模拟量，因此必须先将模拟量转换成数字量才能输入到单片机中进行处理。经过单片机处理的数字量结果经常需要转换成模拟量进行输出，以实现对仪器仪表、设备、装置等被控对象的控制。把模拟信号转换成数字信号的器件称为模数转换器(analog-to-digital converter，ADC)，把数字信号转换成模拟信号的器件称为数模转换器(digital-to-analog converter，DAC)。模数转换器和数模转换器是单片机系统在检测和控制领域方面不可或缺的组成部分。

10.1　数模转换器的接口技术

10.1.1　数模转换器概述

数模转换器是模拟量输出通道的核心，负责将从单片机接收的数字量转换成模拟电量，从而驱动被控对象。它的基本原理是输出电压 V_O 与输入数字量 D 成正比，即 $V_O=DV_R$，其中 V_R 为参考电压。n 位的数字量 D 可以表示为

$$D=2^{n-1}d_{n-1}+2^{n-2}d_{n-2}+\cdots+2^{1}d_{1}+2^{0}d_{0}$$

数模转换器的类型很多，按数字量转换的位数可分为8位、10位、12位、16位等；按接口的数据传送方式不同，可分为并行和串行；按输出方式可分为电流输出和电压输出。在实际使用时，还要注意数模转换器的输入端是否具有锁存器以及数模转换器能否与单片机直接相连接。由于数模转换需要一定的时间，在转换期间输入端的数字量应保持稳定，因此输入端应具有锁存功能。目前大多数数模转换器内部都带有锁存器，若没有，则需外加锁存器，否则只能通过具有输出锁存功能的I/O接口送出数字量。

10.1.2　数模转换器的主要性能指标

数模转换器的性能指标是选用DAC芯片型号的依据，也是衡量芯片质量的重要参数。主要性能指标有分辨率、线性度、转换精度和转换时间等。

1. 分辨率

分辨率是数模转换器能分辨的最小输出模拟量。若输入数字量的位数为 n，则数模转换器的分辨率为 $1/2^n$，数字量位数越多，分辨率越高，也就越灵敏。通常也用输入数字量的二进制位数表示，如分辨率为8位、10位、12位和16位等。一个8位的数模转换器，若其输出满刻度值为10V，其输入的二进制最低位的变化可引起输出的模拟电压变化为 $10/2^8\text{V}\approx 39.1\text{mV}$。

2. 线性度

线性度是数模转换器的实际转移特性曲线与理想直线之间的偏差。线性度的绝对值通

常不超过$\frac{1}{2}$LSB，其中LSB为最低有效位。

3. 转换精度

转换精度是指转换后所得的实际模拟输出值和理论值的最大偏差。注意，转换精度和分辨率是不同的概念。分辨率是指能够对转换结果发生影响的最小输入量，分辨率高的数模转换器的转换精度不一定高。理想情况下，二者基本一致，分辨率越高精度越高，但在实际使用中由于电源电压、参考电压、器件制造工艺等各种因素均会存在误差。

4. 转换时间

转换时间是描述数模转换器转换快慢的一个参数，表示完成一次转换所需要的时间。当输出形式为电流时，建立时间较短；当输出形式为电压时，由于建立时间还要加上运算放大器的延迟时间，因此建立时间要长。快速DAC转换器的建立时间可达1μs。

目前，DAC芯片的种类较多，对应用设计人员来说，只需要掌握DAC芯片的电路性能及其与单片机之间接口的基本要求，就可以根据应用系统的要求选用DAC芯片和配置适当的接口电路。

10.1.3 MCS-51单片机与DAC0832的接口

本节介绍常用的MCS-51单片机与DAC0832芯片的接口及程序设计方法。DAC0832是使用非常普遍的8位数模转换器，具有输入数据锁存器，可以直接与单片机连接。DAC0832以电流形式输出，当需要转换为电压输出时，可外接运算放大器。

1. DAC0832的主要特性

DAC0832的分辨率为8位，电流建立时间1μs，可采用单缓冲、双缓冲或直通方式转换数据。芯片用单一电源供电(5～15V)，功耗低。

2. DAC0832的内部结构

DAC0832的内部结构如图10-1所示。DAC0832内部由3部分组成，8位输入寄存器用于存放单片机送来的数字量，使输入的数字量得以缓冲和锁存，由$\overline{\text{LE1}}$控制；8位DAC寄存器用于存放待转换的数字量，由$\overline{\text{LE2}}$控制；8位数模转换器由8位T型电阻网络和电子开关组成，电子开关受8位DAC寄存器输出控制，能输出和数字量成正比的模拟电流，因此当需要输出模拟电压时，需要外接运算放大电路。

3. DAC0832的引脚功能

DAC0832共有20个引脚，如图10-2所示。各引脚的功能如下。

DI0～DI7：8位数字信号输入端，与单片机的数据总线相连，用于接收从数据总线送来的待转换数字量，DI7为最高位。

$\overline{\text{CS}}$：片选线，当$\overline{\text{CS}}$为低电平时，芯片被选中，若为高电平，则不被选中。

ILE：数据锁存允许信号，高电平有效。

$\overline{\text{WR1}}$：输入寄存器写选通控制信号，低电平有效。

$\overline{\text{WR2}}$：DAC寄存器写选通控制信号，低电平有效。

$\overline{\text{XFER}}$：数据传送信号，低电平有效。

VREF：参考电压，一般在−10～10V范围内，由稳压电源提供。

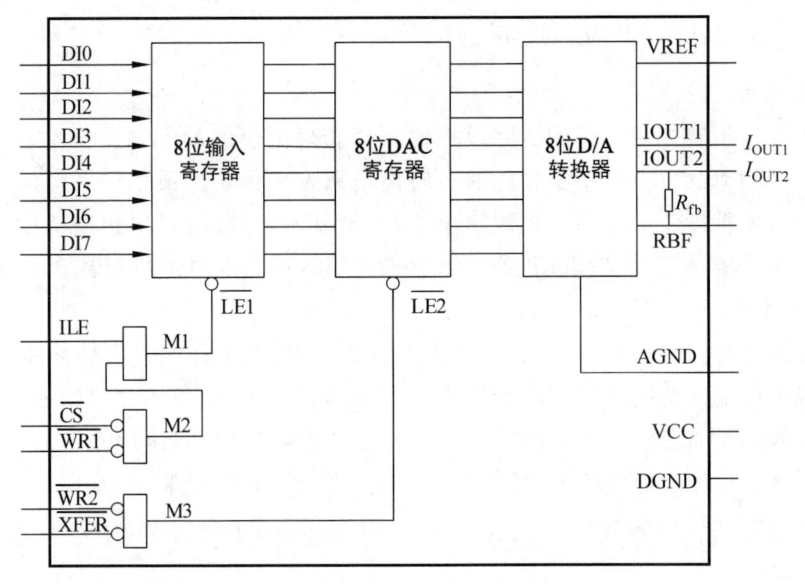

图 10-1　DAC0832 的内部结构

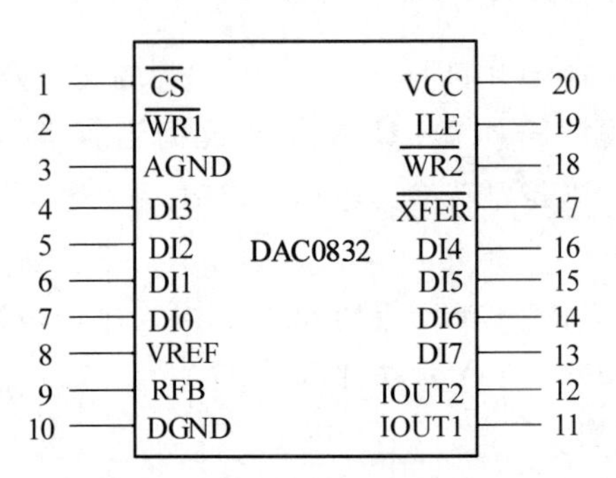

图 10-2　DAC0832 的引脚

RBF：反馈电阻引出端，内部已有反馈电阻 R_{bf}，外部常接到运算放大电路输出端。

IOUT1、IOUT2：电流输出线。若输入数字量为全“1”时，则输出电流 I_{OUT1} 为最大；输入数字量全为“0”时，则 I_{OUT1} 最小。I_{OUT1} 与 I_{OUT2} 的和为常数。

VCC：电源输入线。

DGND：数字信号地。

AGND：模拟信号地。

4. MCS-51 单片机与 DAC0832 的接口设计

MCS-51 单片机与 DAC0832 相连时，单缓冲方式和双缓冲方式常用的工作方式。

1）单缓冲方式

单缓冲方式是指两个 8 位数据寄存器一个处于直通方式，另一个处于受单片机控制的方式。当 DAC0832 只有一路数模转换或有多路转换但不要求同步输出时，适用这种缓冲方式。单缓冲方式接口电路如图 10-3 所示。

图 10-3 中，ILE 为 5V，当 P2.0 为低电平时，$\overline{XFER}$和$\overline{CS}$均为低电平有效，在单片机的

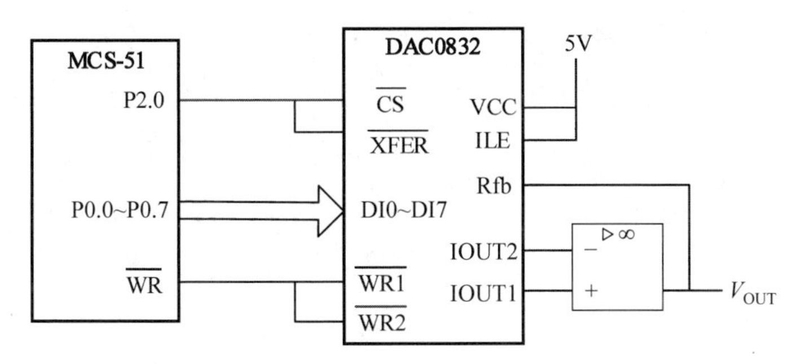

图 10-3　MCS-51 单片机与 DAC0832 以单缓冲方式进行通信的接口电路

“写”信号的作用下，8 位输入寄存器和 8 位 DAC 寄存器均处于直通方式，DAC0832 接收单片机发送过来的数据经数模转换后输出相应的模拟量。输出电流经运算放大器后，输出一个单极性电压。在这种工作方式下，输入寄存器和 DAC 寄存器只占用一个 I/O 端口地址，可设为 FEFFH。当 CPU 执行一次写操作，执行以下几条指令就可完成数字量输入和数模转换输出，指令如下：

```
MOV    A,#data          ;data 为要转换的数字量
MOV    DPTR,#0FEFFH     ;DAC 的地址→DPTR
MOVX   @DPTR,A          ;完成一次数据输入与转换
```

下面举例说明 DAC0832 在单缓冲方式下的应用。

【例 10-1】 MCS-51 单片机与 DAC0832 的连接方式如图 10-3 所示，利用该电路产生锯齿波、三角波和方波的波形。

产生如图 10-4 所示锯齿波的程序如下：

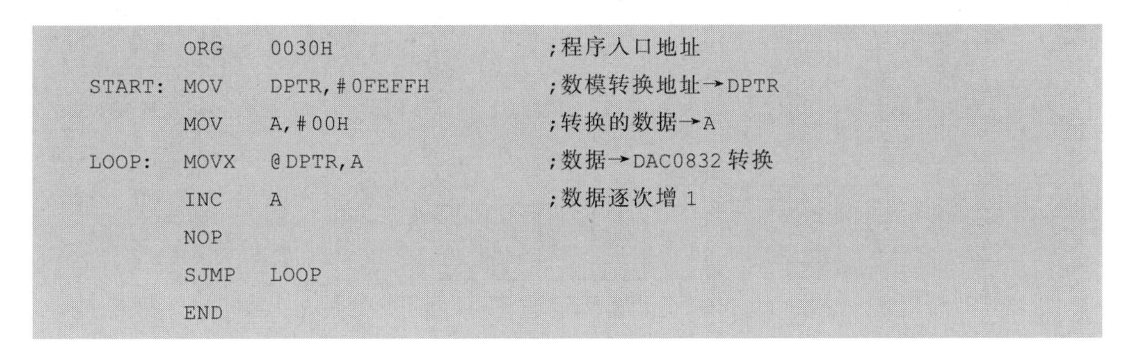

```
        ORG     0030H               ;程序入口地址
START:  MOV     DPTR,#0FEFFH        ;数模转换地址→DPTR
        MOV     A,#00H              ;转换的数据→A
LOOP:   MOVX    @DPTR,A             ;数据→DAC0832 转换
        INC     A                   ;数据逐次增 1
        NOP
        SJMP    LOOP
        END
```

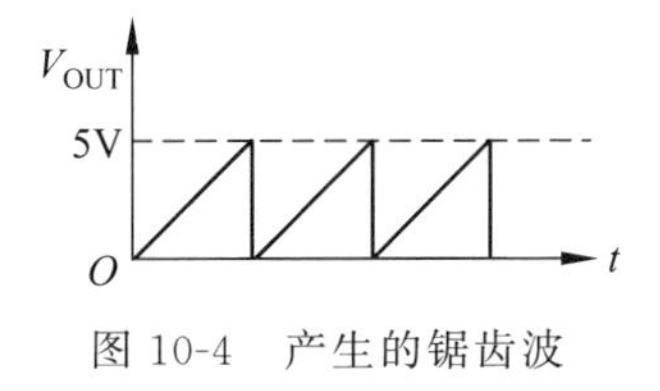

图 10-4　产生的锯齿波

产生如图 10-5 所示三角波的程序如下：

```
        ORG     0030H               ;程序入口地址
START:  MOV     DPTR,#0FEFFH        ;数模转换地址→DPTR
        MOV     A,#00H              ;转换的数据→A
UP:     MOVX    @DPTR,A             ;三角波的上升沿从 0 开始
        INC     A                   ;上升沿每次增 1
        JNZ     UP                  ;(A)=0 时减 1,三角波的下降沿从 FFH 开始
DOWN:   DEC     A
        MOVX    @DPTR,A
        JNZ     DOWN
        SJMP    UP
        END
```

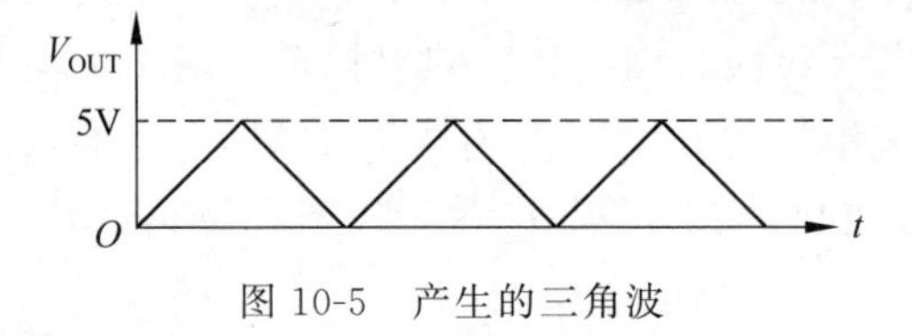

图 10-5　产生的三角波

产生如图 10-6 所示方波的程序如下：

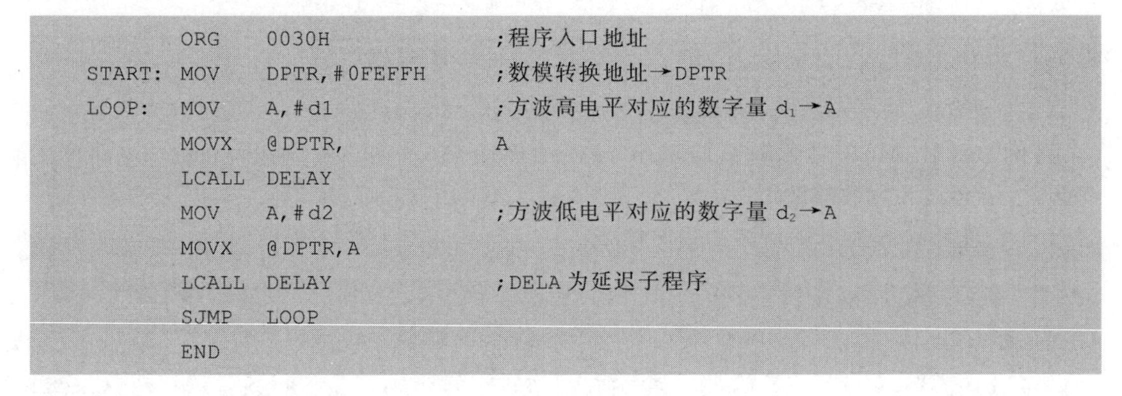

```
        ORG     0030H               ;程序入口地址
START:  MOV     DPTR,#0FEFFH        ;数模转换地址→DPTR
LOOP:   MOV     A,#d1               ;方波高电平对应的数字量 d1→A
        MOVX    @DPTR,              A
        LCALL   DELAY
        MOV     A,#d2               ;方波低电平对应的数字量 d2→A
        MOVX    @DPTR,A
        LCALL   DELAY               ;DELA 为延迟子程序
        SJMP    LOOP
        END
```

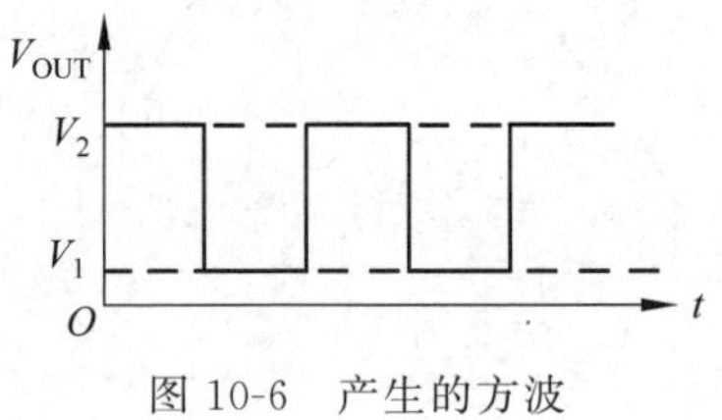

图 10-6　产生的方波

2）双缓冲方式

双缓冲方式是指多路模拟量同步输出的工作方式，适用于多路数模转换要求同步输出的情况。在这种工作方式下 DAC0832 的数字输入锁存和数模转换输出是分两步完成的。首先将待转换的数字量输入到每一路数模转换器的输入寄存器中，这一步通过$\overline{LE1}$锁存，然后由$\overline{LE2}$启动数模转换，使各路输入寄存器的数据同时进入 DAC 寄存器转换输出。因此在这种工作方式下，DAC0832 要占用两个 I/O 端口地址，输入寄存器和 DAC 寄存器各占一个 I/O 端口地址。

图 10-7 为 MCS-51 单片机与两片 DAC0832 以双缓冲方式进行通信的接口电路。MCS-51 单片机的 P2.5 和 P2.7 引脚分别控制两片 DAC 的片选端 $\overline{CS}$,P2.6 连到两片 DAC 的 $\overline{XFER}$ 端控制同步转换输出。MCS-51 单片机的 $\overline{WR}$ 与两个 $\overline{WR1}$ 和 $\overline{WR2}$ 相连。两片 DAC0832 共占用 3 个外 RAM 地址,DAC0832(1)的 $\overline{CS}$ 连接 P2.7,输入寄存器的地址为 7FFFH,DAC0832(2)的 $\overline{CS}$ 连接 P2.5,输入寄存器的地址为 DFFFH。两片 DAC0832 的 $\overline{XFER}$ 连接在一起,由 P2.6 选通,所以两片 DAC0832 的 DAC 寄存器地址为 BFFFH。

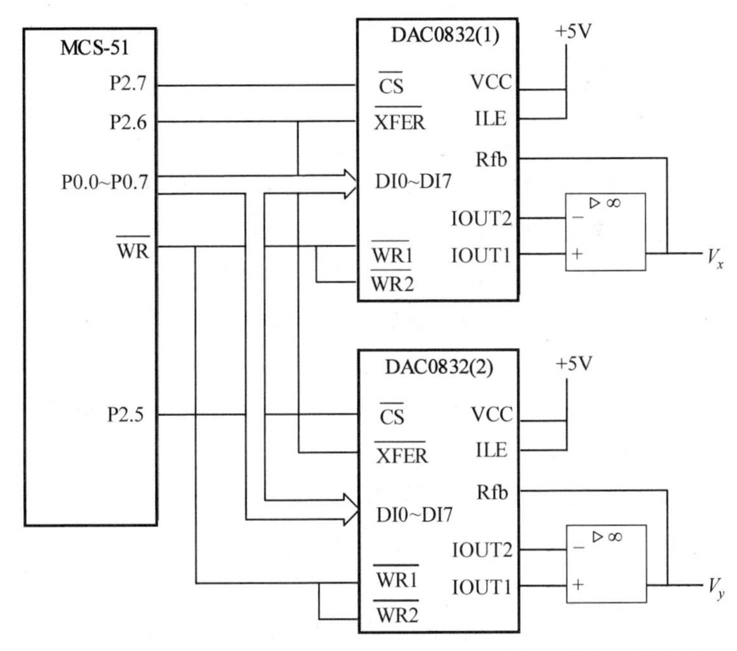

图 10-7 MCS-51 单片机与两片 DAC0832 以双缓冲方式进行通信的接口电路

下面,举例说明 DAC0832 以在双缓冲方式工作的应用。

【例 10-2】 将如图 10-7 所示电路的模拟电压 V_x 和 V_y 的波形同步输出到示波器。V_x 信号为线性锯齿波电压,产生光点的水平移动,V_y 信号为单片机内部 RAM 从 30H 开始存储的一组长度为 30 的数据块,试编写程序。

程序如下:

```
        ORG     0030H               ;程序入口地址
START:  MOV     R7,#30              ;定义数据长度
        MOV     R0,#30H             ;数据块的初始地址
        MOV     R1,#00H             ;锯齿波初值
LOOP:   MOV     DPTR,#7FFFH         ;DAC0832(1)输入寄存器地址
        MOV     A,R1
        MOVX    @DPTR,A             ;X 信号送入 DAC0832(1)
        MOV     A,@R0               ;Y 信号送入 A
        MOV     DPTR,#0DFFFH        ;DAC0832(2)输入寄存器地址
        MOVX    @DPTR,A             ;Y 信号送入 DAC0832(2)
        MOV     DPTR,#0BFFFH        ;DAC0832 寄存器地址
        MOVX    @DPTR,A             ;同时打开两个 DAC0832 进行转换
```

```
INC     R0
INC     R1
DJNZ    R7,LOOP          ;数据未传完,循环
SJMP    $
END                      ;程序结束
```

10.2 模数转换器的接口技术

10.2.1 模数转换器概述

模数转换器能将模拟电压转换成对应的数字量。在单片机系统中,通常由传感器检测到模拟量,然后现时由模数转换器将模拟电压转换成单片机可以处理的数字信号或脉冲信号。根据转换过程,模数转换器可分为直接型和间接型两种。直接型模数转换器是将输入的模拟电压直接转换成数字信号,不经任何中间变量;间接型模数转换器是将是先将输入的模拟电压转换成某种中间变量,然后再把此中间变量转换为数字量进行输出。

模数转换器适用于多种应用场合,出现了大量结构不同、性能各异的转换电路,被广泛使用,主要分为逐次逼近式、双积分式、V/F变换式和Σ-Δ式。逐次逼近式模数转换器在精度、速度和价格上较为合适,因此使用广泛;双积分式模数转换器精度高,抗干扰性能好,但转换速度较慢;Σ-Δ式模数转换器综合了上述两者的优点,抗干扰能力强,速度快,应用广泛;V/F变换式模数转换器多用于转换速度要求不高和信号需要远距离传输的场合。随着IIC总线及SPI总线的推出,各厂商也推出了多种型号的串行模数转换接口芯片。

10.2.2 模数转换器的主要性能指标

1. 分辨率

模数转换器的分辨率高低通常用输出二进制的倍数或者BCD码的位数表示,如分辨率为8位,10位,12位,16位或$4\frac{1}{2}$位,分辨率越高,对输入量的变化反应越灵敏。

2. 转换精度

模数转换器的转换精度是指实际的模数转换器与理想的模数转换器在量化值上的差值。可用绝对误差和相对误差来表示。

3. 线性度

线性度有时又称为非线性度,它是指模数转换器实际的转换特性与理想直线的最大偏差。

4. 转换速率

转换速率是指能够重复进行数据转换的速度,即每秒转换的次数。完成一次转换所需的时间(包括稳定时间)称为转换时间。

10.2.3 MCS-51 单片机与 ADC0809 的接口

ADC0809 是一种 8 位 8 路模拟输入通道的逐次逼近式模数转换器,采用 CMOS 工艺制造。可以与单片机直接相接,模拟信号接入 8 路模拟通道中的任何一个,通过模数转换器输出 8 位二进制数字量。

1. ADC0809 的内部结构

ADC0809 由 8 路模拟开关、地址锁存器与译码器和三态输出锁存器等组成。功能简介如下：

(1) 分辨率为 8 位。

(2) 最大不可调误差的绝对值小于 1LSB。

(3) 时钟频率范围为 10～1280kHz,转换速度取决于芯片的时钟频率,当 CLK＝500kHz 时,转换时间为 128μs。

(4) 功耗为 15mW。

(5) 单一 5V 供电,模拟电压的输入范围为 0～5V。

(6) 具有锁存控制的 8 路模拟开关。

(7) 可锁存三态输出,输出与 TTL 电平兼容。

2. ADC0809 的引脚

ADC0809 为 28 脚双列直插式封装,如图 10-8 所示。

ADC0809 的各引脚功能介绍如下。

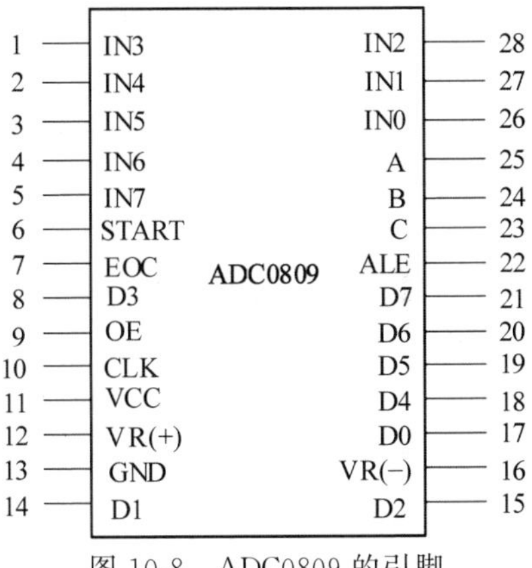

图 10-8 ADC0809 的引脚

IN0～IN7：8 路模拟信号输入端,由地址锁存及译码控制单元的 3 位地址 A、B、C 进行选通切换。

START：模数转换启动控制信号输入端。

ALE：地址锁存信号输入端,START 和 ALE 用于启动模数转换。

VR(＋)和 VR(－)：正、负基准电压输入端。

OE：输出允许控制端,模数转换后的数据进入三态输出数据锁存器,并在 OE 的作用下(OE 为高电平),通过 D0～D7 将锁存器的数据送出。

EOC：模数转换器结束标志信号。EOC 为高电平时,表示转换结束,因此 EOC 可作为 CPU 的中断或查询信号。

CLK：ADC0809 内部没有时钟电路,故时钟信号应由外部送入 CLK 端。

VCC：芯片 5V 电源输入端,GND 为接地端。

A、B、C：8 路模拟通道的三位地址选通输入端,用于选择对应的输入通道,其对应关系如表 10-1 所示。

表 10-1 通道地址选择表

地址码			选择的通道
C	B	A	
0	0	0	IN0
0	0	1	IN1
0	1	0	IN2
0	1	1	IN3
1	0	0	IN4
1	0	1	IN5
1	1	0	IN6
1	1	1	IN7

3. MCS-51 单片机与 ADC0809 的接口设计

MCS-51 单片机与 ADC0809 的接口最常用的工作方式有两种方式：查询方式和中断方式。

(1) 查询方式。ADC0809 与 MCS-51 单片机使用查询方式工作的接口电路如图 10-9 所示。ADC0809 内部无时钟，可利用其地址锁存允许信号 ALE 经 D 触发器二分频获得，ALE 引脚的频率是单片机时钟频率的 1/6。若单片机时钟频率为 6MHz，则 ALE 引脚的输出频率是 1MHz，经 2 分频后为 500kHz，恰好满足 ADC0809 对时钟频率的要求。由于 ADC0809 具有三态输出锁存器，故其 8 位数据输出引脚 D0～D7 可直接与单片机的数据总线连接。地址译码引脚 A、B、C 端分别接到单片机地址总线的低三位 A0、A1、A2，用于选通 IN0～IN7 中的某一通道。在启动模数转换时执行指令

```
MOVX @DPTR,A
```

或

```
MOVX @Ri,A
```

产生写信号，$\overline{WR}$为低电平，当 P2.7 为低电平时，经过或非门后输出为高电平控制 ADC0809 的启动信号 START 和地址允许信号 ALE，开始对选中通道转换。当转换结束后，ADC0809 发出一个转换结束信号 EOC(高电平)，单片机查询到这个信号后，执行指令

```
MOVX A,@DPTR
```

或

```
MOVX A,@Ri
```

而$\overline{RD}$和 P2.7 为低电平，经过或非门后，产生的正脉冲作为输出允许 OE 信号，用以打开三态输出锁存器，就可读取转换结果至单片机。因为 ADC0809 的 8 路模拟通道信号选通端

A、B、C 分别与单片机的 P0.0、P0.1、P0.2 相连，因此 8 路通道地址为 7FF8H～7FFFH。

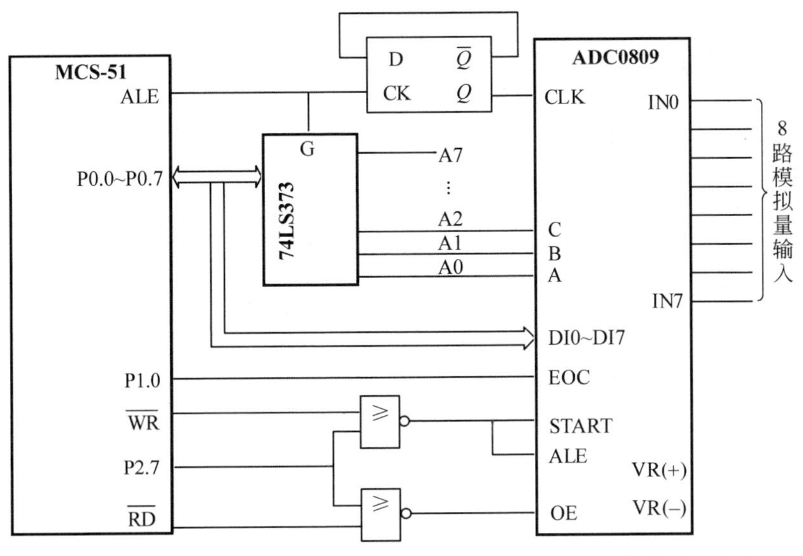

图 10-9　MCS-51 单片机与 ADC0809 以查询方式进行通信的接口电路

根据上述分析，ADC0809 在执行转换时，首先应给出被选择的模拟通道地址，然后执行一条输出指令，启动模数转换，再执行一条输入指令，读取模数转换结果。

【例 10-3】 采用查询方式对 8 路模拟信号轮流采样一次，并把结果依次存入到单片机内部 RAM 从 20H 开始的数据存储区中。

程序如下：

```
        ORG     0030H               ;程序入口地址
        MOV     R1,#20H             ;存放结果首地址
        MOV     DPTR,#7FF8H         ;P2.7=0 且指向通道 0
        MOV     R7,#08H             ;设置通道数
        MOV     P1,#0FFH            ;设置 P1 口输入
LOOP:   MOVX    @DPTR,A             ;启动模数转换
        NOP
WAIT:   JNB     P1.0,WAIT           ;等待转换结束
        MOVX    A,@DPTR             ;读取转换结果
        MOV     @R1,A               ;存储转换结果
        INC     DPTR                ;指向下一通道
        INC     R1                  ;修改数据存储区指针
        DJNZ    R7,LOOP             ;8 个通道是否采集完，循环
        SJMP    $
        END                         ;程序结束
```

(2) 中断方式。MCS-51 单片机与 ADC0809 中以断方式进行通信的接口电路如图 10-10 所示。EOC 引脚经一非门连接至单片机的 $\overline{\text{INT0}}$ 引脚。当转换结束后，EOC 发出一个正脉冲向单片机提出中断请求，单片机响应中断请求，在中断服务程序中读取转换结果，并启动下一次转换。8 路模拟通道的地址同查询方式，为 7FF8H～7FFFH。采用中断方式可大

大节省 CPU 的时间。

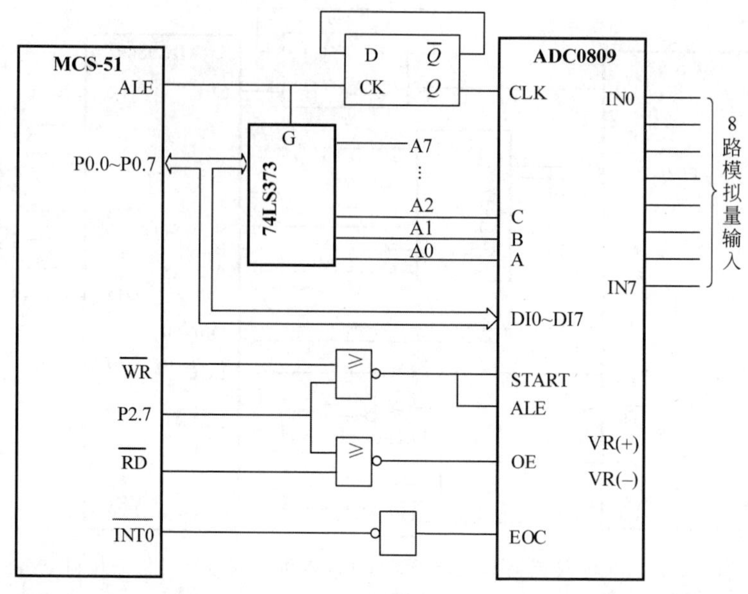

图 10-10 MCS-51 单片机与 ADC0809 以中断方式进行通信的接口电路

【例 10-4】 采用中断方式对 8 路模拟信号轮流采样一次,并把结果依次存入到单片机内部 RAM 从 20H 开始的数据存储区中。

程序如下:

```
         ORG    0000H              ;程序入口地址
         AJMP   START
         ORG    0003H              ;外部中断 0 的入口地址
         AJMP   IINT0              ;跳转到外部中断 0 的中断服务程序
         ORG    0030H
START:   MOV    R1,#20H            ;存放结果首地址
         MOV    DPTR,#7FF8H        ;P2.7=0 且指向通道 0
         MOV    R7,#08H            ;设置通道数
LOOP:    SETB   IT0                ;设置INT0边沿触发方式
         SETB   EA                 ;开总中断
         SETB   EX0                ;开INT0中断
         MOVX   @DPTR,A            ;启动模数转换
         SJMP   $
IINT0:   MOVX   A,@DPTR            ;读取数据
         MOV    @R1,A              ;存储数据
         INC    R1                 ;指向下一个存储单元
         INC    DPTR               ;指向下一个通道
         DJNZ   R7,EXIT            ;8 个通道未采样完,循环
         MOV    DPTR,#7FF8H
         MOVX   @DPTR,A            ;启动下一次模数转换
EXIT:    RETI                      ;退出中断
END
```

10.2.4 MCS-51 单片机与 MC14433 的接口

MC14433 是基于双积分方式转换原理的 $3\frac{1}{2}$ 位的模数转换器，具有精度高、抗干扰性能好、自动校零、自动极性输出、自动量程控制信号输出、单基准电压、结构简单、价格低廉等优点。由于其两次积分的时间较长、转换速度较慢(约 1～10 次/秒)，因此只适合在一些对速度要求不高的场合得到广泛的应用。

1. MC14433 的引脚

MC14433 为 24 脚双列直插式封装，如图 10-11 所示。各引脚功能介绍如下。

VDD：主电源，5V。

VEE：模拟部分的负电源，－5V。

VAG：模拟地。

VSS：数字地。

VREF：基准电压输入端，200mV 或 2V。

VX：被测电压输入端。

R1：积分电阻输入端，当 V_x 为 2V 时，R_1 为 470Ω；当 V_x 为 200mV 时，R_1 为 27kΩ。

C1：积分电容输入端，C_1 的值一般取 0.1μF。

R1/C1：R_1 和 C_1 的公共连接端。

C01、C02：接失调补偿电容 C_0，C_0 的值约为 0.1μF。

CLK0、CLK1：用于外接振荡器时钟频率调节电阻 R_C。

EOC：转换接收信号输出端，正脉冲有效。

DU：更新转换控制信号输入线，若 DU 与 EOC 相连，则每当模数转换结束后，自动启动新的转换。

$\overline{OR}$：过量程状态信号输出线，低电平有效。当 $|V_x|>V_{REF}$ 时，$\overline{OR}$ 为低电平。

DS4～DS1：分别为个、十、百、千位的位选通脉冲输出线，每个选通脉冲宽度为 18 个时钟周期，每两个相应脉冲之间的间隔时间为 2 个时钟周期，其脉冲输出时序图如图 10-12 所示。

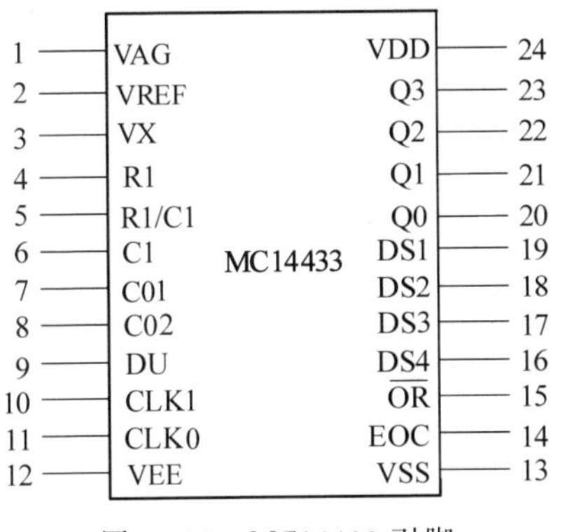

图 10-11 MC14433 引脚

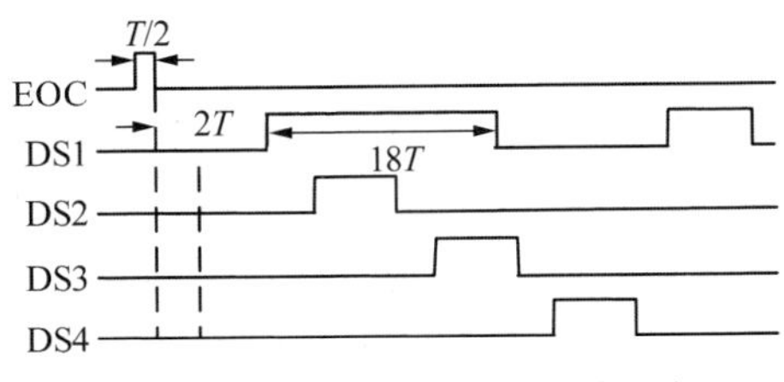

图 10-12 MC14433 选通脉冲时序

Q3～Q0：BCD 码数据输出线，Q0 为最低位，Q3 为最高位，当 DS2、DS3 和 DS4 的选通信号为1时,Q3～Q0输出三位完整的BCD码;当DS1=1时,Q3～Q0的输出为千位BCD码的值0或1。同时输出端Q0～Q3还表示转换值的正负极性和欠量程或过量程,具体如下。

(1) Q2表示转换极性(0为负,1为正)。

(2) Q3表示最高千位。Q3=0为1,反之为0。

(3) Q0=1且Q3=0表示过量程;Q0=1且Q3=1表示欠量程。

2. MCS-51单片机与MC14433的接口电路

MC14433的模数转换结果是动态分时输出的BCD码,Q0～Q3和DS1～DS4与MCS-51单片机的并行接口或通过I/O接口电路相连。接口电路如图10-13所示。MC14433的工作电压是±5V,为了提高电源的抗干扰能力,正负电源端应分别接去耦电容。当模数转换结束后,采用中断方式读取转换结果。EOC端与DU端相连,MC14433可自动连续转换。

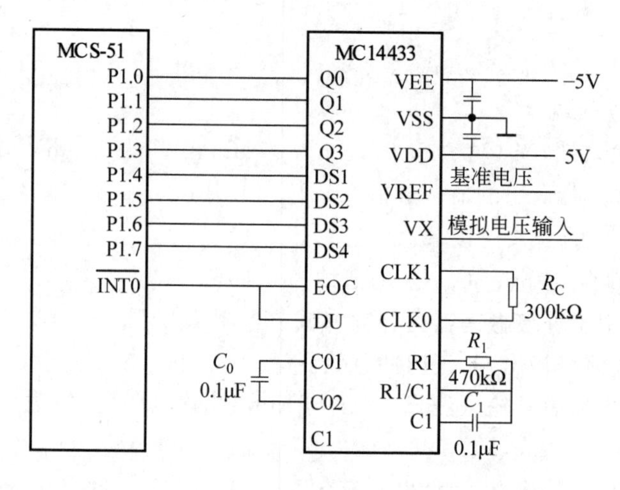

图10-13 MCS-51单片机与MC14433的接口电路

习 题 10

1. 数模和模数转换器的作用是什么?主要有什么应用?

2. 数模转换器的主要性能指标有哪些?

3. DAC0832与MCS-51单片机接口时有哪几种工作方式?各有什么特点?适合在什么场合下使用?

4. 设定ADC0809模拟电压输入通道的引脚是哪几个?如何设定?

5. MCS-51单片机与ADC0809组成的数据采集系统接口电路如图10-10所示,若对ADC0809的3个模拟通道轮流采集一次数据,连续采3次,并将采集的数据存入片内RAM 10H单元开始的存储区中。编写程序实现上述功能。

6. 设计电路,编写程序,用DAC0832实现输出正弦波。

第 11 章 单片机的串行扩展技术

单片机应用系统中常用的串行扩展总线主要包括 IIC 总线(Inter IC Bus,俗称 I^2C),SPI 总线(Serial Peripheral Interface Bus)以及单总线(1-Wire Bus)等,这类串行通信总线接口在使用时,硬件要符合接口标准的时序要求,软件要满足接口标准的通信协议要求。对于没有这种硬件接口的 MCS-51 单片机,只要能在硬件和软件上模拟相应的通信协议,同样可以与带有这类串行通信接口的芯片相连,实现串行数据通信。因此,串行扩展技术已经广泛应用在 IC 卡、智能仪器仪表、医疗电子设备和分布式控制系统中。

与并行技术相比,单片机的串行扩展技术具有以下显著的优点:

(1) 需要的 I/O 接口线很少,接线简单。

(2) 串行接口器件的体积普遍都比较小,占用的电路板的空间就小,结构紧凑,明显降低了电路板的成本。

(3) 抗干扰能力强、功耗低,数据不易丢失。

11.1 SPI 总线

SPI 总线是一种全双工的三线/四线同步串行外设接口,一条或两条数据线用于收发数据,一条时钟线用于同步,一条作为从机选择线。SPI 总线采用单主机架构,支持多从机。当主机通过 MOSI 引脚发送一个字节数据的同时,从机从 MISO 返回一个字节数据,主机控制时钟与数据的传输过程。以 4 线 SPI 为例,SPI 总线设备的 4 个引脚分别如表 11-1 所示。

表 11-1 SPI 设备的 4 个引脚

引脚名称	类 型	描 述
MOSI	主出从入	MOSI 是一个单向信号,数据由主机传到从机
MISO	主入从出	MISO 是一个单向信号,数据由从机传到主机
SCK	时钟线	串行时钟,用于同步 SPI 接口的数据传输,该时钟信号由主机产生,从机接收
$\overline{CS}$	片选线	从机选择线,低电平有效,用于选择主机要通信的从机

当 MCS-51 单片机通过 SPI 总线连接多个 SPI 总线设备时,它们之间的连接电路如图 11-1 所示,但是应区别其主从地位。

当 MCS-51 单片机为主机时,使用$\overline{CS}$引脚拉低选择相应的从机,传输数据由主机发送数据来启动,时钟 SCK 由主机产生,通过 MOSI 发送数据,同时通过 MISO 引脚接收从机发出的数据。

当器件作为从机时,在从机的$\overline{CS}$引脚被拉低后,从机的 SCK 引脚接收主机发送的时钟,从机的 MOSI 引脚接收主机发送的数据,同时从机的 MISO 引脚输出数据。对于从机而言,时钟 SCK 和$\overline{CS}$都是输入信号。

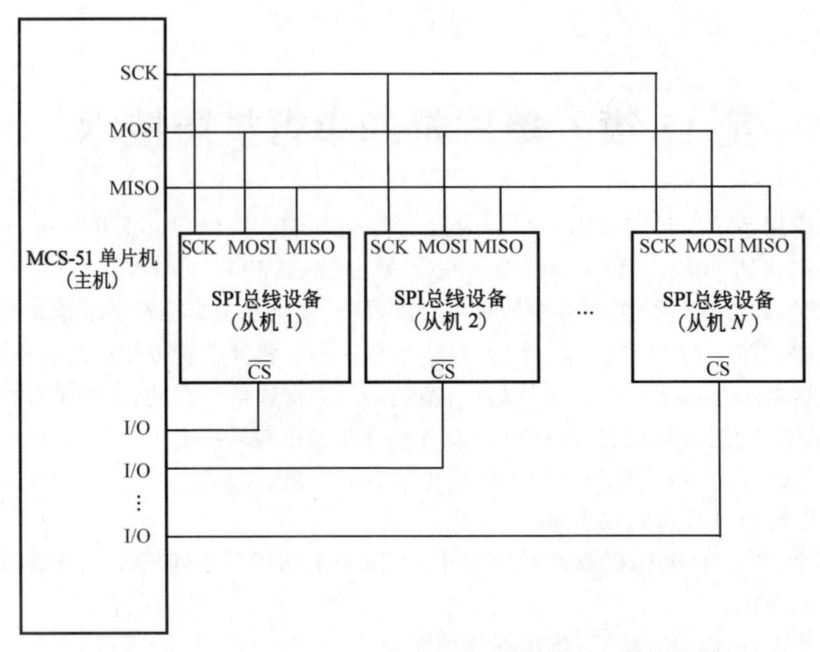

图 11-1 MCS-51 单片机作为主机与 SPI 总线设备的连接电路

11.1.1 SPI 总线的数据传输

使用 SPI 总线进行数据传输的过程实际上是两个简单的移位寄存器进行交换数据的过程，如图 11-2 所示。传输的数据为 8 位，在主机的同步移位脉冲 SCK 作用下，字节数据按位依次传输，高位在前，低位在后，上升沿发送，下降沿接收(有的是上升沿接收，下降沿发送)。主机向从机发送 1B 数据，从机再向主机发送 1B 数据，数据是同步发送和接收的。数据传输的时钟来自于主机的时钟脉冲，从机只有在主机发命令后才能接收或向主机发送数据字节。如果只是进行写操作，主机只需忽略收到的字节；反过来，如果主机要读取从机的一个字节数据，就必须发送一个空字节来引发从机的发送。如果一个 SPI 从机没有被选中，它的数据输出端 MISO 将处于高阻状态，从而与当前处于激活状态的从机隔离开。

SPI 总线在一个完整的数据传送周期内发送的数据总是多于 2B。单字节模式下，首先主机发送命令字节，然后从机根据主机的命令做好准备工作，主机在下一个 8 位时钟周期才能把数据读回来或写出去。在多字节模式下，主机先发送一个字节命令，然后主机再发送 N 字节数据或读入 N 字节数据，N 最多为 31B。

使用 SPI 总线进行通信的优点为接口简单，利于硬件设计与实现，时钟速度快且没有系统开销，抗干扰能力强，传输稳定；缺点是无论主器件还是从器件都没有应答机制，无法确认从器件是否繁忙，因此需要软件弥补，增加了软件开发的工作量。

11.1.2 SPI 总线的应用

DS1302 是美国 Dallas Semiconductor 公司推出的一种高性能、低功耗的实时时钟芯片，自带 31B 的静态 RAM，采用 SPI 三线接口与主机进行同步通信，可采用突发方式一次传送多字节的时钟数据和 RAM 数据。实时时钟可提供秒、分、时、日、星期、月和年，具有闰

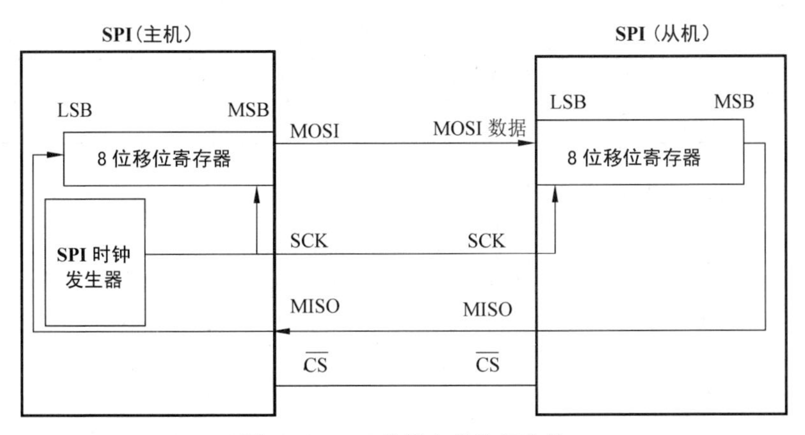

图 11-2　SPI 总线上的数据传输

年补偿功能。工作电压为 2.5～5.5V。DS1302 采用双电源供电(主电源和备用电源),外部引脚分配如图 11-3 所示。

引脚定义如下。

X1、X2：用于连接 32.768kHz 的晶振。

GND：用于接地。

I/O：用于数据输入输出。

SCLK：用于串行时钟输入,控制数据的传输节奏。

VCC1：用于主电源供电。

VCC2：用于备用电源供电,当 $V_{CC2}>V_{CC1}+0.2V$ 时,由 V_{CC2} 向 DS1302 供电,$V_{CC2}<V_{CC1}$ 时,由 V_{CC1} 向 DS1302 供电。

$\overline{RST}$：用于复位,低电平有效。

MCS-51 单片机不能直接连接 SPI 总线,但是可以通过外接如图 11-4 所示的电路模拟 SPI 接口进行连接。

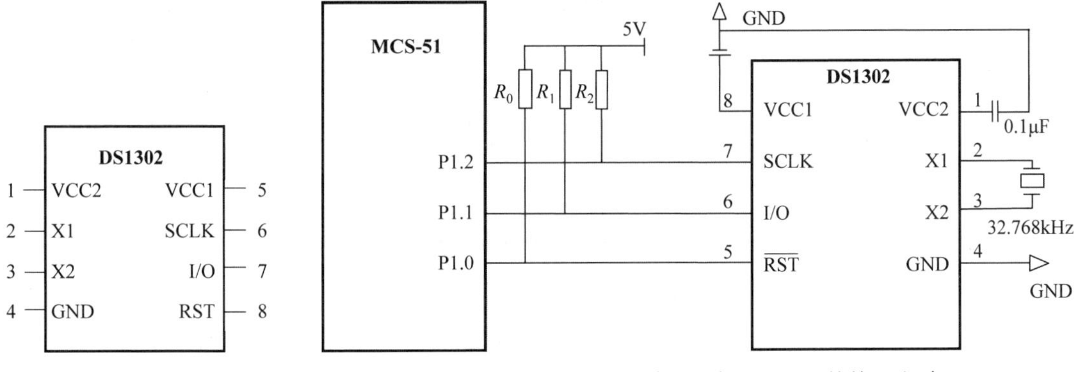

图 11-3　DS1302 的引脚

图 11-4　MCS-51 单片机与 DS1302 的接口电路

1. DS1302 的命令字节格式

DS1302 的一个完整的通信帧由“命令字节＋数据字节”组成。首字节是命令字节,各位的定义如表 11-2 所示。接下来的字节是单片机要读取或写的数据。首字节的释义如下。

表 11-2　命令字节的位定义

D7	D6	D5	D4	D3	D2	D1	D0
1	RAM/$\overline{\text{CR}}$	A4	A3	A2	A1	A0	RD/$\overline{\text{WR}}$

D0：读写标志，“1”表示读，“0”表示写。

D1～D5：A0～A4 是 5 位地址，指出要访问的寄存器地址。把要读写的数据存放在哪个具体单元。

D6：选择 RAM 区或是寄存器区，”1”是 RAM 区，“0”是寄存器区。

D7：保持为 1，无用。

2. DS1302 的寄存器

DS1302 有关日历和时间的寄存器共有 12 个，它们以 BCD 码格式存放数据，如图 11-5 所示。

<table>
<tr><th>寄存器名称</th><th>地址</th><th>D7</th><th>D6</th><th>D5</th><th>D4</th><th>D3</th><th>D2</th><th>D1</th><th>D0</th><th>范围</th></tr>
<tr><td rowspan="2">秒</td><td>81H(读)</td><td rowspan="2">CH</td><td colspan="3" rowspan="2">十位(0～5)</td><td colspan="4" rowspan="2">个位(0～9)</td><td rowspan="2">0～59</td></tr>
<tr><td>80H(写)</td></tr>
<tr><td rowspan="2">分</td><td>83H(读)</td><td rowspan="2">0</td><td colspan="3" rowspan="2">十位(0～5)</td><td colspan="4" rowspan="2">个位(0～9)</td><td rowspan="2">0～59</td></tr>
<tr><td>82H(写)</td></tr>
<tr><td rowspan="2">小时</td><td>85H(读)</td><td rowspan="2">12/24</td><td rowspan="2">0</td><td>10</td><td rowspan="2">时</td><td colspan="4" rowspan="2">个位</td><td rowspan="2">1～12/
0～23</td></tr>
<tr><td>84H(写)</td><td>AM/
PM</td></tr>
<tr><td rowspan="2">日</td><td>87H(读)</td><td rowspan="2">0</td><td rowspan="2">0</td><td colspan="2" rowspan="2">十位(0～3)</td><td colspan="4" rowspan="2">个位(0～9)</td><td rowspan="2">1～31</td></tr>
<tr><td>86H(写)</td></tr>
<tr><td rowspan="2">月</td><td>89H(读)</td><td rowspan="2">0</td><td rowspan="2">0</td><td rowspan="2">0</td><td rowspan="2">月</td><td colspan="4" rowspan="2">个位(0～9)</td><td rowspan="2">1～12</td></tr>
<tr><td>88H(写)</td></tr>
<tr><td rowspan="2">星期</td><td>8BH(读)</td><td rowspan="2">0</td><td rowspan="2">0</td><td rowspan="2">0</td><td rowspan="2">0</td><td rowspan="2">0</td><td colspan="3" rowspan="2">星期</td><td rowspan="2">1～7</td></tr>
<tr><td>8AH(写)</td></tr>
<tr><td rowspan="2">年</td><td>8DH(读)</td><td colspan="4" rowspan="2">年</td><td colspan="4" rowspan="2">年</td><td rowspan="2">00～99</td></tr>
<tr><td>8CH(写)</td></tr>
<tr><td rowspan="2">控制寄存器</td><td>8FH(读)</td><td rowspan="2">WP</td><td rowspan="2">0</td><td rowspan="2">0</td><td rowspan="2">0</td><td rowspan="2">0</td><td rowspan="2">0</td><td rowspan="2">0</td><td rowspan="2">0</td><td rowspan="2">无</td></tr>
<tr><td>8EH(写)</td></tr>
</table>

图 11-5　DS1302 的寄存器及控制字

这些寄存器的含义与用法如下。

(1) 秒寄存器的 D7 位是时钟暂停标志位(CH)，当 CH＝0 时，时钟开始运行；当 CH＝1 时，时钟振荡器停止工作，DS1302 处于低功耗状态。

(2) 小时寄存器的 D7 位用于设定 DS1302 是运行于 12 小时模式还是 24 小时模式，当 D7＝1 时为 12 小时模式，此时如果 D5＝1 表示 PM，如果 D5＝0 表示 AM；当 D7＝0 时为 24 小时模式，此时 D5D4 表示小时的十位，D3D2D1D0 表示小时的个位。

(3) 控制寄存器的 D7 位是写保护位(WP)，其他 7 位均清“0”。当 WP＝1 时，禁止对时钟和任何 RAM 单元操作。如果想对时钟和 RAM 单元进行写，必须将 WP 清“0”。DS1302 的 RAM 寄存器的地址如表 11-3 所示。

表 11-3　DS1302 的 RAM 寄存器地址

读地址	写地址	命 令 字 节	数据范围
0C1H 0C3H 0C5H ⋮ 0FDH	0C0H 0C2H 0C4H ⋮ 0FCH	D7D6D5D4D3D2D1D0	00～0FFH

3. MCS-51 单片机与 DS1302 的数据传输

单片机和 DS1302 之间一个完整的数据传输过程最少是 2B，其中 1B 用于传输命令，NB 用于传输数据。每次对 DS1302 的读写操作都由命令字节引导。MCS-51 单片机开始数据传输时，必须将 DS1302 的$\overline{\text{RST}}$置“1”(强调)，接着把包含有地址和命令信息的 8 位命令字节在 8 位 SCLK 的上升沿送入 DS1302。如果是写操作，数据在下一个 8 位时钟 SCLK 的上升沿存入 DS1302；如果是读操作，数据在下一个 8 位时钟 SCLK 的下降沿从 DS1302 送出。如果选择的是单字节模式，随后的 8 个脉冲可以进行 8 位数据的写和 8 位数据的读操作，在 SCLK 的上升沿，数据被写入 DS1302，在 SCLK 脉冲的下降沿时读取 DS1302 的数据。在多字节模式时，通过连续的脉冲一次性读或者写完 7B 的时钟/日历寄存器(注意：秒、分、时、日、月、星期、年，7 个寄存器必须一次性读或者写完)。无论是数据输入 DS1302 还是从 DS1302 读出，都是从低位开始。DS1302 的读写时序如图 11-6 所示。

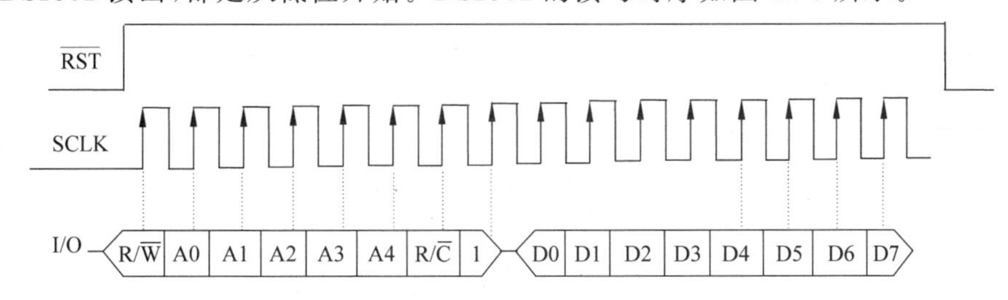

(a) 单字节写时序

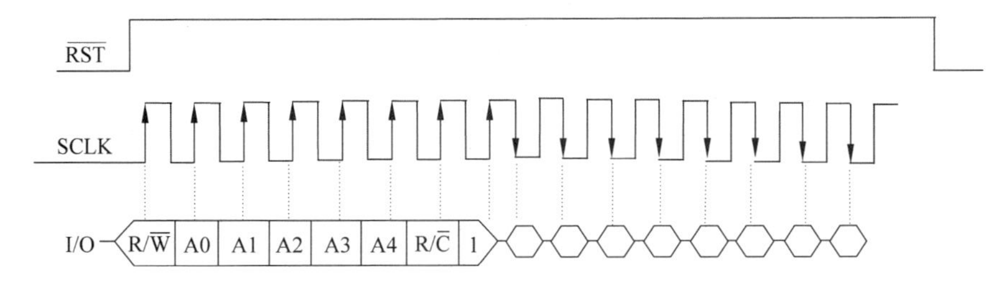

(b) 单字节读时序

图 11-6　DS1302 的单字节读写时序

在单字节写时序中，首先必须将DS1302的$\overline{RST}$置“1”(强调)，接着在SCLK时钟的上升沿到来之前，先把数据放在I/O数据线上，在SCLK时钟的上升沿时，数据被写入DS1302，低位在前。在单字节读时序中，在紧跟8位控制指令后的下一个SCLK时钟的下降沿读取DS1302的数据。对于图11-4中MCS-51单片机与DS1302的连接方式，对应的程序代码如下所示：

```
                IO    BIT  P1.1
                SCLK  BIT  P1.2
                RST   BIT  P1.0
                SEC   EQU  30H            ;30H单元存秒数据
                MIN   EUQ  31H            ;31H单元存分钟数据
                HOUR  EQU  32H            ;32H单元存小时数据
                DAY   EQU  33H            ;33H单元存日期数据
                MONTH EQU  34H            ;34H单元存月份数据
                WEEK  EQU  35H            ;35H单元存周几数据
                YEAR  EQU  36H            ;36H单元存年份数据
                ORG   0000H
                AJMP  MAIN
                ORG   0050H
MAIN:           MOV   SP,#40H             ;将堆栈栈底设置为40H
                                          ;初始化2018年9月18日12:00:00周二
                MOV   SEC,#00             ;0秒
                MOV   MIN,#00             ;0分
                MOV   HOUR,#12            ;12点
                MOV   DAY,#18             ;18日
                MOV   MONTH,#09           ;9月
                MOV   WEEK,#02            ;周二
                MOV   YEAR,#18
                LCALL INITDS1302          ;初始化DS1302
KK:             LCALL RNBYTE              ;读取7B数据
                LJMP  KK
WBYTE:                                    ;向DS1302写1B
                MOV   R4,#8
WW:             MOV   A,R7
                RRC   A                   ;A的低位进入C
                MOV   R7,A
                MOV   IO,C                ;C赋值给IO
                SETB  SCLK                ;产生下降沿
                CLR   SCLK
```

```
        DJNZ    R4, WW          ;8位没有发送完,回 WW 继续发
        RET                     ;发送完了,退出
RBYTE:                          ;读取 1B 内容
        MOV     R4,#8
MM:     MOV     C,              IO
        RRC     A               ;最低位进入 A
        SETB    SCLK
        CLR     SCLK
        DJNZ    R4,MM           ;8位没有读完,回 MM 继续读
        RET
INITDS1302:                     ;初始化 DS1302
        CLR     RST
        CLR     SCLK
        SETB    RST
        MOV     R7,#8EH         ;控制寄存器的写地址
        LCALL   WBYTE
        MOV     R7,#00H         ;WP 置"0"
        LCALL   WBYTE
        SETB    SCLK
        CLR     RST
        MOV     R0,#SEC
        MOV     R6,#7           ;秒 分 时 日 月星期 年 7个单元
        MOV     R1,#80H         ;秒写地址
SS:     CLR     RST
        CLR     SCLK
        SETB    RST
        MOV     A,R1            ;把写地址给 R7
        MOV     R7,A
        LCALL   WBYTE
        MOV     A,@R0           ;把对应的数据给 A
        MOV     R7,A
        LCALL   WBYTE
        INC     R0              ;(R0)+1
        INC     R1              ;(R1)+2
        INC     R1
        CLR     RST
        SETB    SCLK
        DJNZ    R6,SS
        CLR     RST
        CLR     SCLK
        SETB    RST
        MOV     R7,#8EH         ;控制寄存器的写地址
        LCALL   WBYTE
        MOV     R7,#80H         ;WP 置"1"
        LCALL   WBYTE
```

```
                SETB    SCLK
                CLR     RST
                RET
RNBYTE:                                 ;从 DS1302 读取秒分时日月星期年
                MOV     R0,#SEC
                MOV     R6,#7           ;秒分时日月星期年
                MOV     R1,#81H         ;读秒地址
FF:             CLR     RST
                CLR     SCLK
                SETB    RST
                MOV     A,R1            ;读秒分时日月星期年地址给 R7
                MOV     R7,A
                LCALL   WBYTE
                LCALL   RBYTE           ;读数据
                MOV     @R0,A
                INC     R0
                INC     R1
                INC     R1
                CLR     RST
                SETB    SCLK
                DJNZ    R6,FF
                RET
                END
```

11.2 IIC 总线扩展技术

IIC 总线俗称 I^2C 总线，它是由一条串行双向数据线 SDA 和一条串行双向时钟线 SCL 构成的，拥有 IIC 总线接口的设备可以并联在这条总线上。在 IIC 总线中，任何能够执行发送和接收数据的设备都可以成为主机，主机控制着数据的传输和时钟的频率，被寻址的任何设备都可以看作是从机。IIC 总线上的每个设备都有一个唯一的地址，彼此独立、互不相关，主设备通过发送从机的唯一的地址来寻找从机。IIC 总线是一个真正的多主机总线，当有两个或者更多主机同时初始化数据总线时，可以通过冲突检测或者仲裁来决定最终由哪个主机控制总线实现数据传输。

由于 IIC 总线为双向同步串行总线，因此 IIC 总线内部有双向传输电路，即各器件连接到 IIC 总线的输出端是漏极开路或集电极开路输出的，所以 IIC 总线必须接上拉电阻 R，阻值通常为 5～10kΩ，典型的 IIC 总线的接口电路如图 11-7 所示。

1. IIC 总线上的信号

IIC 总线在传送数据过程中共有起始信号、结束信号、应答信号和重新开始信号 4 种类型。

(1) 起始和结束信号。在 IIC 总线技术规范中，起始信号和结束信号的定义如图 11-8 所示。起始信号和结束信号都是由主机发送的。当时钟线 SCL 为高电平时，主器件向

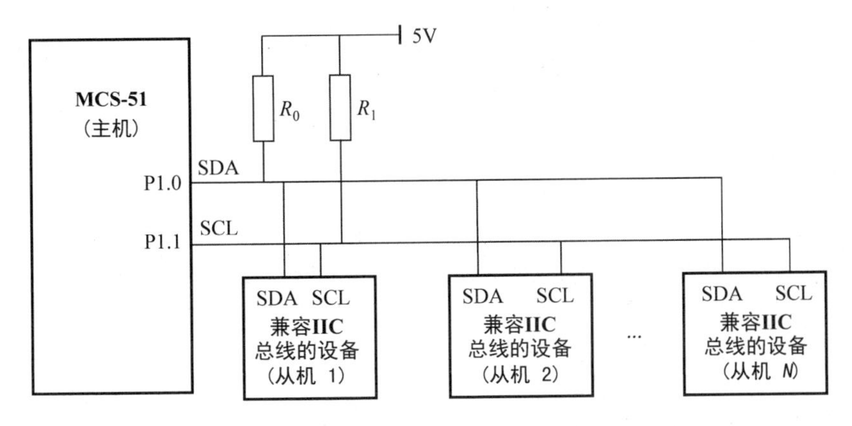

图 11-7　MCS-51 单片机与 IIC 总线设备接口电路

SDA 线上送出一个由高到低的电平，表示"起始信号"。总线上出现起始信号后，就认为总线处在工作状态(忙状态)；当时钟线 SCL 为高电平时，主器件向 SDA 线上送出一个由低到高的电平，表示"结束信号"。总线上出现结束信号后，就认为总线处在空闲状态(不忙状态)。当总线空闲时，两根线均为高电平。主机通过发送结束信号，告知从机结束数据传输。

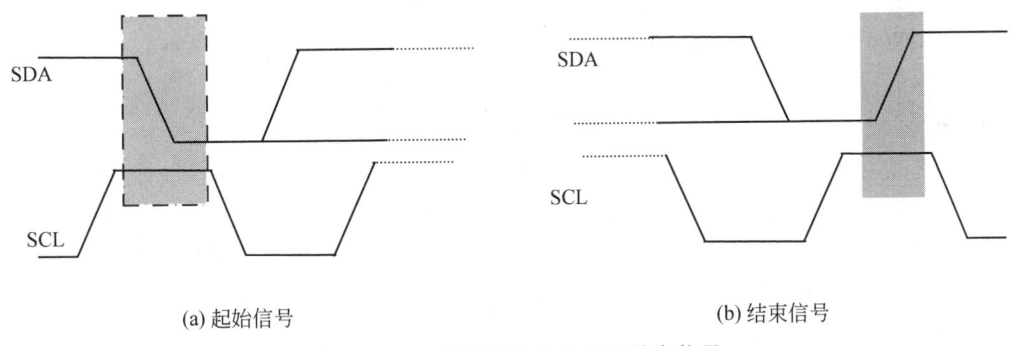

(a) 起始信号　　(b) 结束信号

图 11-8　IIC 总线的开始信号和结束信号

(2) 重新开始信号。在 IIC 总线上，由主机发送一个起始信号启动一次数据传输后，在首次发送结束信号之前，主机通过发送"重新开始信号"，可以转换与当前从机的通信模式，或是切换到与另一个从机通信。重新开始信号就是当 SCL 为高电平时，SDA 由高电平向低电平跳变，该信号如图 11-8(a)所示，它的本质就是一个起始信号。

(3) 应答信号和非应答信号。在 IIC 总线上，接收数据的设备在接收到 8 位数据后，向发送数据的设备发送特定的低电平信号如图 11-9 所示，这就是应答信号。每个 8 位的数据字节后面都跟着一个应答信号，表示已经收到数据，应答信号在第 9 个时钟周期出现，这时发送器必须在这一时钟位上释放数据线，由接收设备拉低 SDA 电平来产生应答信号或由接收设备保持 SDA 的高电平来产生非应答信号，所以一个完整的字节数据需要 9 个时钟脉冲。如果接收方的从机向主机发送"非应答信号"，则主机会认为此次数据接收失败；如果主机作为接收方接收完 1B 数据后发送"非应答信号"，从机就认为数据发送结束，并释放 SDA 线。这两种情况都将导致数据传输终止。下一步，主机会发送停止信号或者发送重新开始信号，进行下一次通信。注意，应答信号和非应答信号都由接收器发送。

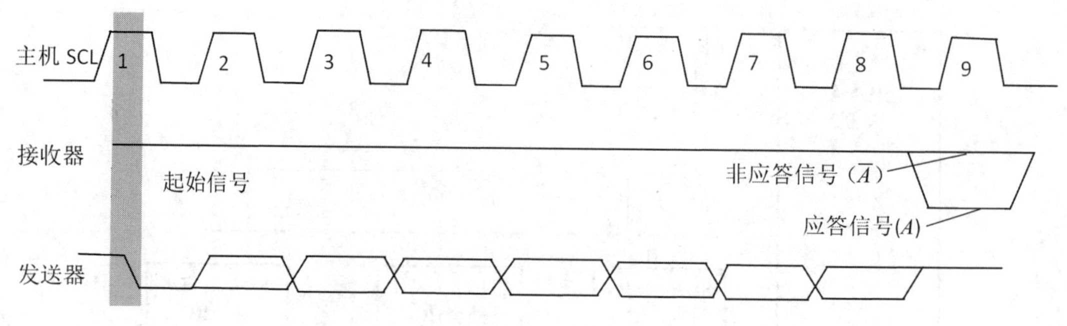

图 11-9 IIC 总线的应答信号和非应答信号

2. IIC 总线上的从机地址

IIC 总线规定了起始信号后传送的第一个字节为从机的地址，用来寻找从机，和规定数据传送的方向。从机的地址字节共 8 位，其中 D7～D4 位为器件标志，D3～D1 为器件地址和页面地址，D0 为数据方向位(R/$\overline{W}$)。其中地址码的高 4 位(D7～D4)为器件型号标志，不同的 IIC 总线接口器件的标志地址是由厂家给定的，如 AT24CXX 系列的 EEPROM 芯片的标志皆为 1010。方向位(R/$\overline{W}$)为"0"表示主机向从机发送数据；方向位为"1"表示主机从从机读取数据。主机发送起始信号后，立即发送从器件地址。这时系统中的所有从机将自己的地址与收到的 7 位地址进行比较。如果两者相同，则该器件就是被主机寻找的从机，接着发送应答信号，并根据第 8 位确定自身是发送器还是接收器。

3. IIC 总线上的数据传输格式

一般情况下，一个标准的 IIC 总线通信由起始信号、从机地址、数据传输信号和结束信号 4 个部分组成。在 IIC 总线上，如果主机想与某从机进行数据传输，首先主机发送一个起始信号，接着发送从机地址，从机应答后再进行数据传输。IIC 总线上传输的每个字节均为 8 位，首先发送数据字节的最高位，每传送 8 位后都必须跟随一个应答位，每次传输的字节数是没有限制的，在全部数据传送完毕后，由主机发送结束信号终止本次通信。IIC 总线进行数据传输时，时钟信号为高电平期间，数据线上的数据必须保持稳定，只有在时钟信号线上的信号为低电平期间，数据线上的数据状态(高电平或低电平)才允许变化。这个过程如图 11-10 所示。

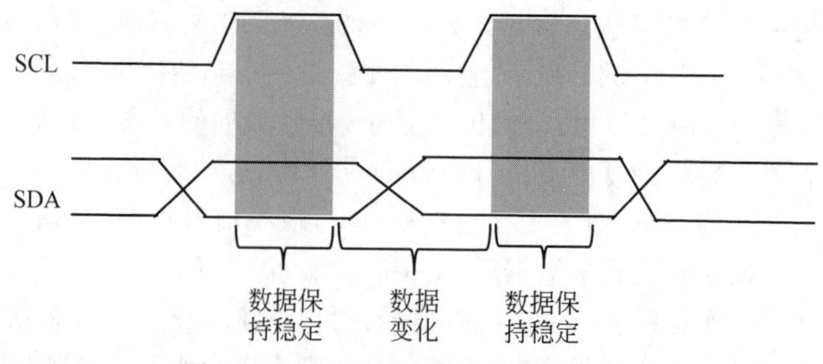

图 11-10 IIC 总线上数据的有效性

(1) 主机向从机写 N 字节的数据。如图 11-11 所示，灰色部分代表主机发送信号到从机，白色部分代表从机发送信号到主机。主机要向从机写 N 字节数据时，首先产生起始信号 START,紧接着发送从机的地址 7 位和一个数据方向位 0,这时主机等待从机的应答信号 A。当主机收到从机的应答信号后,主机发送要访问的单元地址,继续等待从机的应答信号 A,当主机收到应答信号时,发送第 1 字节的数据,等待应答信号 A,当收到应答信号时,发送第 2 字节的数据,继续等待应答信号 A,以此类推,当主机发送完第 N 字节的数据并收到应答信号后,主机发送结束信号,终止本次数据传输。

START	从机地址	A	单元地址	A	第1字节的数据	A	…	第N字节的数据	A	STOP

图 11-11　主机向从机写 N 字节的数据

(2) 主机从从机读出 N 字节的数据。如图 11-12 所示,灰色部分代表主机发送信号到从机,白色部分代表从机发送信号到主机。主机要从从机读出 N 字节的数据时,首先产生起始信号 START,紧接着发送从机的 7 位地址和一个数据方向位 0,这时主机等待从机的应答信号 A。当主机收到从机的应答信号后,主机发送要访问的单元地址,继续等待从机的应答信号 A,当主机收到应答信号后,主机要改变数据传输方向,所以主机再次发送开始信号 START,紧接着发送从机地址和数据方向位 1,等待从机应答信号 A,当收到应答信号时,主机接收第 1 字节数据的,发送应答信号 A,以此类推,当主机接收完第 N 字节的数据后,发送非应答信号时,从机数据传输结束,释放总线由主机发送结束信号,终止本次数据传输。

START	从机地址	A	单元地址	A	STRAT	从机地址	A	第 1 字节的数据	A	…	第 N 字节的数据	$\bar{A}$	STOP

图 11-12　主机从从机读出 N 个字节数据

4. 具有 IIC 总线接口的 AT24 系列 EEPROM 芯片

带有 IIC 总线接口的 EEPROM 芯片有许多型号,其中 AT24CXX 系列使用十分普遍,比较典型的型号有 AT24C01A/02/04/08/16 这 5 种,它们的存储容量分别是 1024、2048、4096、8192、16384 位。AT24C××系列的 EEPROM 芯片的擦除和可编程不需要加高电压,使用方便,操作可靠性高,读写寿命可达 100 万次,数据可保存 100 年。

(1) 存储器结构及引脚功能说明。AT24C××系列的 EEPROM 芯片的常用封装为双列直插式(DIP)形式,它所对应的引脚排列如图 11-13 所示。

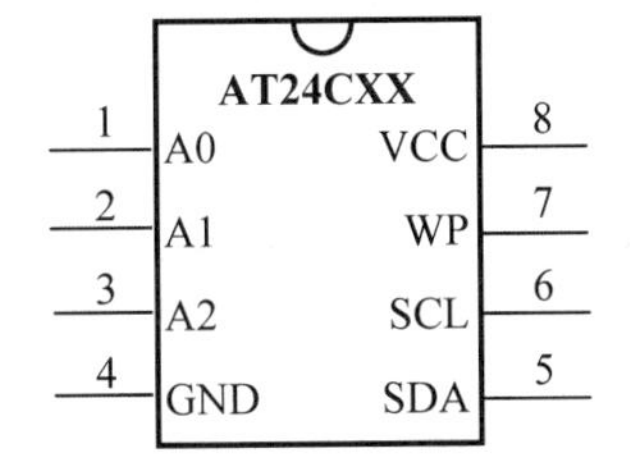

图 11-13　AT24C××的引脚排列

各引脚的功能和意义如下所示。

① VCC: 用于接 5V 电源。

② GND: 用于接电源地。

③ SCL: 串行时钟输入端,在时钟的上升沿时把数据写入 EEPROM,在时钟的下降沿时从 EEPROM 读出数据。

④ SDA: 串行数据输入输出端,用于串行输入和输出数据。由于 SCL 和 SDA 是漏极

开路结构的,所以使用时需要外接上拉电阻。

⑤ A0、A1、A2:芯片地址引脚,芯片地址取决于这3个引脚的接法。

AT24C01A/02的A0、A1、A2引脚均用于芯片的寻址。当AT24C01A/02挂接在IIC总线上作为从机时,最多允许挂接8片,第一片的地址为000,那么A2、A1、A0引脚依次接地;第二片的地址为001,那么A2、A1、A0引脚依次为接地、接地、接5V电源……第8片的地址为111,则A2、A1、A0引脚依次接5V电源。

当AT24C04挂接在IIC总线上作为从机时,最多允许挂接4片,此时仅可用A2、A1引脚寻址,A0不用,第一片的地址为00,那么A1、A0引脚依次接地;第二片的地址为01,那么A1、A0引脚依次接地、接5V电源……第4片的地址为11,那么A1、A0引脚依次接5V电源。

当AT24C08挂接在IIC总线上作为从机时,最多允许挂接2片,此时仅可用A2寻址。第一片的地址为0,即A2引脚接地;第二片的地址为1,即A2引脚接5V电源。

当AT24C16挂接在IIC总线上作为从机时,仅可挂接1片。此时地址不用引脚来区别。不同芯片的可用引脚如表11-4所示。

表11-4　AT24C××的A2、A1、A0的接法

型号	容量/B	页数	页写字节数	总线可接片数	可用引脚
AT24C01A	128	1	4	8	A2、A1、A0
AT24C02	256	1	8	8	A2、A1、A0
AT24C04	512	2	16	4	A2、A1
AT24C08	1024	4	16	2	A2
AT24C16	2048	8	16	1	无

对于EEPROM的片内地址,容量小于256B的AT24C01A/02,8位片内寻址(A0～A7)即可满足要求。然而对于容量大于256B的芯片,8位片内寻址范围不够,如AT24C16,相应的寻址位数应为11位($2^{11}=2048$)。若以256B为1页,则多于8位的视为页面寻址。AT24C××中的页面寻址位采取占用器件引脚地址A2、A1、A0的办法。如AT24C16将A2、A1、A0作为页地址寻址位。若将芯片引脚地址作为页地址,该引脚在电路中不得使用,做悬空处理,如表11-5所示。

表11-5　AT24C××的芯片地址

型　号	容量/KB	D7	D6	D5	D4	D3	D2	D1	D0
		特　征　码				芯片地址/页地址			读写控制
AT24C01A	1	1	0	1	0	A2	A1	A0	$R/\overline{W}$
AT24C02	2	1	0	1	0	A2	A1	A0	$R/\overline{W}$
AT24C04	4	1	0	1	0	A2	A1	P0	$R/\overline{W}$
AT24C08	8	1	0	1	0	A2	P1	P0	$R/\overline{W}$

续表

型　号	容量/KB	D7	D6	D5	D4	D3	D2	D1	D0
		特　征　码				芯片地址/页地址			读写控制
AT24C16	16	1	0	1	0	P2	P1	P0	R/$\overline{W}$

⑥ WP：写保护端。通过此引脚可提供硬件数据保护。当 WP 接地时，允许芯片执行读写操作；当 WP 接 5V 电源时，则对芯片实施写保护，即不允许向芯片写操作。

(2) MCS-51 单片机与 EEPROM 芯片的接口电路。以 AT24C01A 为例，MCS-51 单片机与 EEPROM 芯片的接口电路如图 11-14 所示，该芯片的地址为 1010 000R/$\overline{W}$。

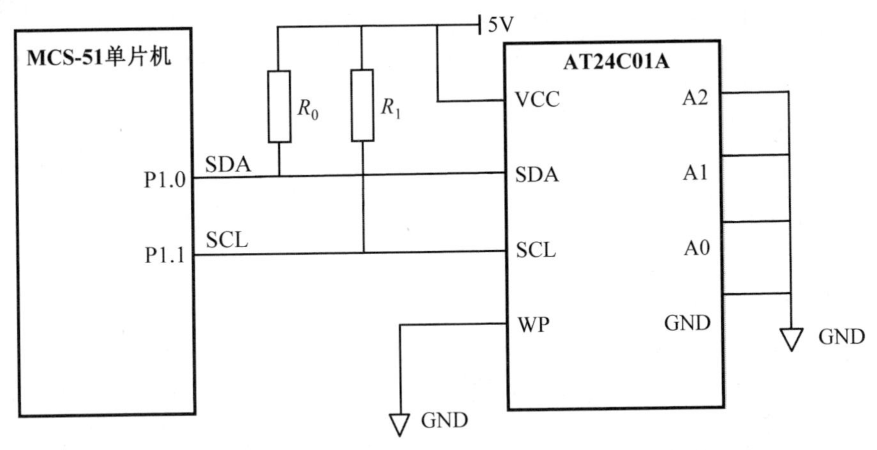

图 11-14　MCS-51 单片机与 AT24C01A 的接口电路

根据 11-14 图中的电路，对应的汇编程序代码如下所示：

```
        SDA     BIT P1.0
        SCL     BIT P1.1
        ORG     0000H
        AJMP    MAIN
        ORG     0050H
MAIN:   MOV     SP,#60H     ;将堆栈栈底设置为 60H
        MOV     B,#20H      ;写入数据的器件地址为 20H
        MOV     40H,#88H    ;写入数据为 88H,放在内存 40H 中
        MOV     R0,#40H     ;指针指向内存 40H
        LCALL   WAT24C01
        LCALL   RAT24C01
        AJMP    $

START:  ;起始信号
        ACALL   DLY10us             ;延迟 10μs
        SETB    SCLA
        SETB    SDA
```

```
        CALL     DLY10us                   ;延迟 10μs
        CLR      SDA
        ACALL    DLY10us                   ;延迟 10μs
        CLR      SCL
        ACALL    DLY10us                   ;延迟 10μs
        RET

STOP:                                      ;结束信号
        CLR      SDA
        ACALL    DLY10us                   ;延迟 10μs
        SETB     SCL
        ACALL    DLY10us                   ;延迟 20μs
        ACALL    DLY10us
        SETB     SDA
        ACALL    DLY10us                   ;延迟 10μs
        RET

TACK:   CLR      SDA                       ;应答
        ACALL    DLY10us
        SETB     SCL
        ACALL    DLY10us
        CLR      SCL
        NOP
        NOP
        RET

NOTACK: SETB     SDA                       ;应答非
        ACALL    DLY10us
        SETB     SCL
        ACALL    DLY10us
        CLR      SCL
        NOP
        RET

SENDBYTE:                                  ;发送 1B 内容
KK:     MOV      R6,#8H
XX:     CLR      C
        RLC      A                         ;左移一位,最高位放入 C
        MOV      SDA,C
        ACALL    DLY10us                   ;延迟 10μs
        SETB     SCL
        ACALL    DLY10us                   ;延迟 10μs
        CLR      SCL
        ACALL    DLY10us                   ;延迟 10μs
        DJNZ     R6,XX                     ;发送完 1B 内容
        RET
RBYTE:  MOV      R6,#8H
```

```
        SETB    SDA             ;释放总线
        ACALL   DLY10us         ;延迟 10μs
NN:     SETB    SCL
        ACALL   DLY10us         ;延迟 10μs
        MOV     C,SDA
        RLC     A
        ACALL   DLY10us         ;延迟 10μs
        CLR     SCL
        ACALL   DLY10us         ;延迟 10μs
        DJNZ    R6,NN
        RET

WAT24C01:
        LCALL   START           ;起始信号
        MOV     A,#0A0H
        LCALL   SENDBYTE        ;发送器件地址
        LCALL   TACK
        MOV     A,B             ;发送器件内部单元的地址
        LCALL   SENDBYTE
        LCALL   TACK
        MOV     A,@R0           ;发送的数据
        LCALL   SENDBYTE
        LCALL   TACK
        LCALL   STOP            ;结束信号
        ACALL   DLY5M
        ACALL   DLY5M
        ACALL   DLY5M
        ACALL   DLY5M
        RET
RAT24C01:
        LCALL   START           ;起始信号
        MOV     A,#0A0H         ;发送器件地址
        LCALL   SENDBYTE
        LCALL   TACK
        MOV     A,B             ;发送器件内部单元的地址
        LCALL   SENDBYTE
        LCALL   TACK            ;应答信号
        LCALL   START           ;起始信号
        MOV     A,#0A1H         ;发送器件读地址
        LCALL   SENDBYTE
        LCALL   TACK
        LCALL   RBYTE
        LCALL   NOTACK
        LCALL   STOP            ;结束信号
        ACALL   DLY5M
```

```
            RET

DLY10us:    MOV     R7,#5H
            DJNZ    R7,$
            RET

DLY5M:      MOV     R4,#10
DLY5M1:     MOV     R3,#248
            DJNZ    R3,$
            DJNZ    R4,DLY5M1
            RET
            END
```

11.3 单总线扩展技术

单总线(1-Wire Bus)技术是美国 Dallas Semiconductor 公司的一项专利。它采用单根信号线完成主机与一个或多个从机之间的半双工、双向数据传输,并通过该信号线为单总线器件提供电源和时钟。具有节省 I/O 接口资源、结构简单、成本低廉、组建网络方便等优点,因此虽然单总线数据传输速率较低,仍然适合应用于单片机系统中。

11.3.1 单总线的基本原理

由单总线芯片组成的网络称为微型局域网,是一种主从式网络,该系统中只有一个主机,但可以有多个从机。系统设备间的通信由主机集中管理。如图 11-15 所示,单总线通信网络包括 3 部分:带单总线控制软件的主机(Master)、连接上拉电阻和稳压二极管的连接线以及与之相连从机(Slave)。漏极开路的端口结构和上拉电阻使总线在空闲时处于高电平状态(3~5.5V),因此从机可直接从数据线上获得工作电能,同时稳压二极管将总线最高电平限定在 5.5V,起到了保护端口的作用。

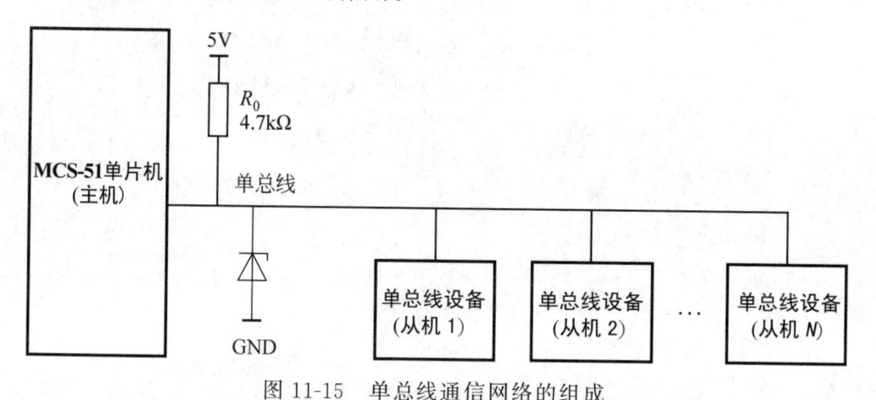

图 11-15 单总线通信网络的组成

单总线接口必须具有开漏输出或三态输出的功能,单总线上必须有上拉电阻系统才能正常工作。单总线设备通常采用 3 个引脚进行封装结构,如图 11-16 所示,3 个引脚分别为公共地、数据线和电源。其中电源引脚可以为单总线器件提供外部电源。

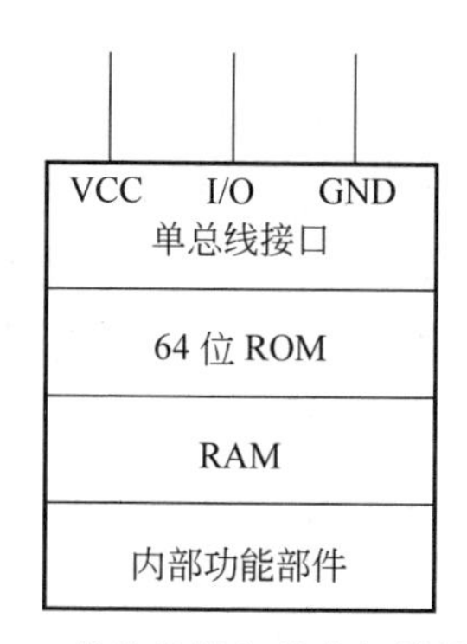

图 11-16 单总线设备的内部结构及引脚

单总线设备的一个显著特点就是无须使用独立的外部电源，即都可以通过单总线寄生电源供电。但是当同一总线上有多个设备同时工作时，会出现供电不足的问题，解决办法就是使用独立的外部电源。单总线设备另一个显著的特点就是每个产品都被厂家用激光刻录了一个唯一的 64 位序列号。这样主机就可以通过该序列号找出要访问的从机。

11.3.2 单总线的应用

DS18B20 是由 Dallas Semiconductor 公司生产的一种典型的智能温度传感器。它具有单总线接口，可以直接读出被测温度，读出或写入信息仅需要一根数据线。此外，它占用的 I/O 接口资源极少，无须外加电源，具有结构简单、可靠性高、使用方便的优点。DS18B20 的引脚如图 11-17 所示。

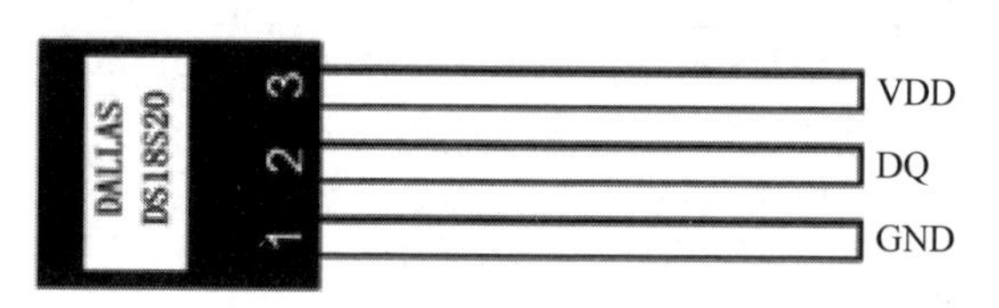

图 11-17 DS18B20 的引脚

DS18B20 内部有一个激光刻录的唯一的 64 位 ROM 序列号。其中前 8 位是产品类型编码(编码均为 10H)。中间的 48 位是每个器件唯一的序号，最后的 8 位是前面 56 位的循环冗余校验码(CRC 码)。DS18B20 内还有用于储存测得的温度值的两个 8 位的 RAM 存储器，其格式如表 11-6 所示，用 16 位二进制数表示该温度值，其中 S 为符号位。正温度直接把十六进制转换成十进制，例如 125℃的数字输出为 07D0H；负温度则把得到的十六进制数取反后加 1 再转换成十进制数，例如－55℃的数字量为 FC90H。

表 11-6 DS18B20 温度暂存器的格式

bit7	bit6	bit5	bit4	bit3	bit2	bit1	bit0
2^3	2^2	2^1	2^0	2^{-1}	2^{-2}	2^{-3}	2^{-4}
bit15	bit14	bit13	bit12	bit11	bit10	bit9	bit8
S	S	S	S	S	2^{-7}	2^{-6}	2^{-5}

DS18B20 有外部供电和寄生电源两种供电方式。如果采用外部供电方式，DS18B20 的 VDD 引脚外接 3.3V 或者 5V 电源，而 GND 引脚则必须接地。如果采用寄生电源供电方式，DS18B20 的 VDD 和 GND 引脚必须接地。另外为了得到足够的工作电流，应将单总线外接上拉电阻，使得 DS18B20 从总线上获得能量。在总线处于高电平期间把能量存储在内部电容里，在总线处于低电平期间，消耗内部电容上储存的能量工作，直到高电平到来，再给 DS18B20 内部的寄生电源供电。寄生电源供电方式仅用于只有一个从器件的情况。

单总线通信的第一步为选择从设备，然后发送各种命令来进行数据传输。DS18B20 的 ROM 命令如表 11-7 所示，DS18B20 的存储器命令如表 11-8 所示。

表 11-7　DS18B20 的 ROM 指令

指令名称	指令代码	指令功能
读 ROM	33H	读 DS18B20 中 ROM 中的 64 位激光刻录码
ROM 匹配	55H	发出此指令后，接着发出 64 位 ROM 编码，单总线上与其对应的 DS18B20 做出响应，为下一步读写 DS18B20 做准备
搜索 ROM	0F0H	用于确定挂接在同一总线上的 DS18B20 的个数，识别 64 位 ROM 地址，为操作各器件做准备
跳过 ROM	0CCH	忽略 64 位 ROM 地址，直接向 DS18B20 发温度交换命令
警报搜索	0ECH	该指令执行后，只有温度超过设定值上限或下限时 DS18B20 才做出响应

表 11-8　DS18B20 的存储器指令

指令名称	指令代码	指令功能
温度变换	44H	启动 DS18B20 进行温度转换(转换时间一般为 200ms，最大为 500ms)，将转换结果存入内部的 9B 的 RAM 中
读暂存器	0BEH	读内部 RAM 中的 9B 的数据
写暂存器	4EH	向内部 RAM 的第 3、4 字节写入温度的上、下限数据命令，紧跟其后是两字节的数据
复制暂存器	48H	将内部 RAM 中第 3、4 字节的数据复制到 EEPROM 中
重调 EEPROM	0B8H	将 EEPROM 中的数据复制到内部 RAM 第 3、4 字节
读供电方式	0B4H	读 DS18B20 的供电模式，寄生供电时，DS18B20 发送 0；外接电源供电时，DS18B20 发送 1

MCS-51 单片机没有集成单总线控制器，因此只能采用软件模拟主控制器的方法来实现单时序。MCS-51 单片机与 DS18B20 的连接电路如图 11-18 所示。

DS18B20 的工作时序包括初始化时序、写时序和读时序。单总线的初始化时序如图 11-19 所示。主控制器首先发送一个高电平，然后再拉低并维持 480～960μs，推荐 500～600μs；接着主机转为输入状态，上拉电阻此时将总线拉为高电平，主机等待 60～240μs，推荐 100～150μs；最后主机读取端口数据，低电平表示初始化成功，高电平表示初始化失败。注意：主控制器读取数据完毕后，仍然延迟 450μs 才可以初始化完毕，推荐 450～500μs，否则传感器不能正常工作。

单总线的写时序如图 11-20 所示，主控制器的写时序包括写“1”和写“0”时序。在每一

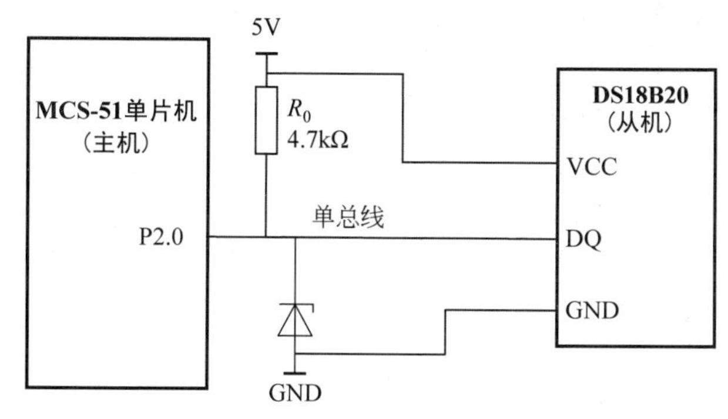

图 11-18　单片机与 DS18B20 的接口电路

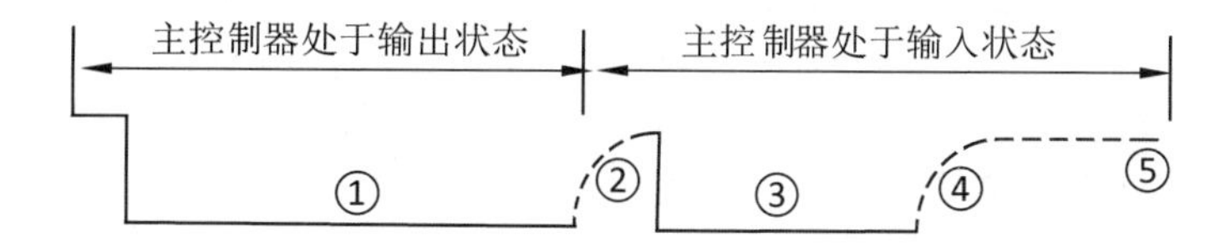

① 表示主控制器拉低总线 480~960μs。

② 表示主控制器释放总线，总线被上拉电阻拉回高电平。

③ 表示 DS18B20 检测到主控制器释放总线后，等待 15~60μs，拉低 60~240μs 总线用来表示从设置存在并处于 ready 状态。

④ 表示 DS18B20 释放总线，总线被拉回高电平。

⑤ 从 DS18B20 释放总线到单总线回到高电平状态需要约 45μs 的时间。

图 11-19　单总线的初始化时序

个写时序中，总线只能传输一位数据，所有的读写时序至少需要 60μs，最多为 120μs，且每两个独立的时序之间至少需要 1μs 的恢复时间。每一个写时序都起始于主控制器拉低总线。在写“1”时序中，主控制器将在拉低总线 15μs 之内释放总线，并向单总线器件写“1”；如果主控制器拉低总线至少保持 60μs，则向总线写“0”。

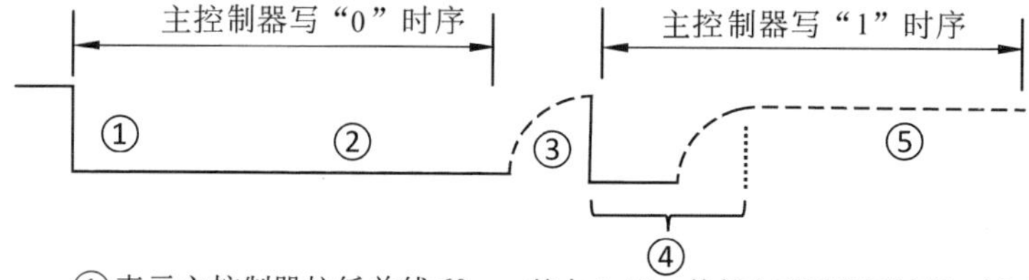

①表示主控制器拉低总线 60μs，其中 0~15μs 的低电平开启写时序，15~60μs 的低电平供从器件采样总线。

②表示时序之间的恢复时间，至少 1μs。

③表示主控制器拉低总线，并迅速释放总线，时间总共在 15μs 之内。

④表示从机采样时间至少 45μs。

图 11-20　单总线的写时序

单总线的读时序如图 11-21 所示。单总线设备仅在主控制器发出读命令后，才向总线传输数据。所以当主控制器向单总线发送读命令后，必须马上产生读时序，以便单总线设备向总线上传输数据。当主控制器产生读时序后，从机才能向总线上发送 0 或者 1。若从机向总线上发送 1，则总线保持高电平不变；若单总线设备向总线上发送 0，则拉低总线。从机向总线发送数据可以保持 15μs 的有效时间。主控制器在一开始拉低总线至少 1μs 来开启读时序，然后释放总线，接着在包括前面拉低的 1μs 在内的 15μs 时间内完成对这些信号的采样工作。每个读时序至少需要 60μs，两个独立的读时序之间需要 1μs 的恢复时间。

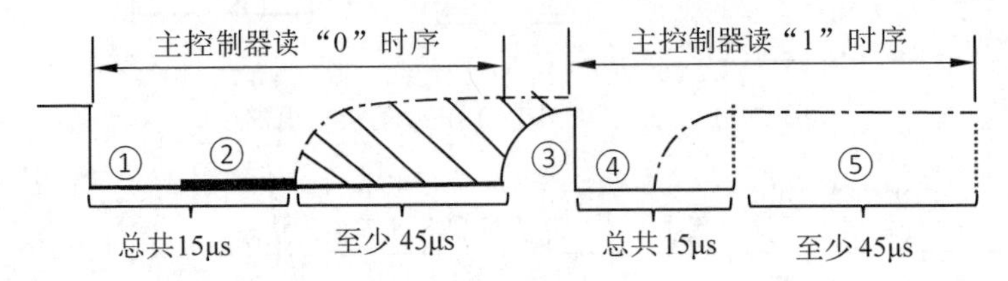

①表示主控制器拉低总线电平至少1μs，开启读时序。

②表示主机采样时间，在 15μs 内完成采样。

③表示时序之间的恢复时间，至少为 1μs。

④表示主控制器拉低总线电平至少 1μs，并迅速释放总线，在 15μs 内完成采样总线。

⑤表示读时序的等待时间至少为 45μs，这样才能保证每个时序至少为60μs。

图 11-21　单总线的读时序

对于图 11-18 中 MCS-51 单片机与 DS18B20 的连接电路，具体的程序代码如下：

```
        DQ      BIT P2.0
        WDLSB   EQU 30H         ;温度低位
        WDMSB   EQU 31H         ;温度高位
        ORG     0000H
        AJMP    MAIN
        ORG     0050H
MAIN:   MOV     SP,#40H         ;将堆栈栈底设置为 40H
        MOV     R2,#2H
        MOV     R0,#42H
OO:     MOV     @R0#00H
        INC     R0
        DJNZ    R2,OO
LOOP:   LCALL   DSWD
        SJMP    LOOP
DSWD:
        LCALL   INITDS18        ;初始化 DS18B20
        JNB     F0,FF
        MOV     R0,#0CCH
        LCALL   S_BYTE
```

```
        MOV     R0,#44H              ;发送转换命令
        LCALL   S_BYTE
        SETB    EA
        MOV     58H,#1
KK2:
        MOV     59H,#255
KK1:
        MOV     5AH,#255
KK0:
        DJNZ    5AH,KK0
        DJNZ    59H,KK1
        DJNZ    58H,KK2
        CLR     EA
        LCALL   INITDS18             ;初始化 DS18B20
        JNB     F0,FF
        MOV     R0,#0CCH
        LCALL   S_BYTE
        MOV     R0,#0BEH             ;发送读数据命令
        LCALL   S_BYTE
        LCALL   RBYTE                ;读出低字节数据
        MOV     WDLSB,A
        LCALL   RBYTE                ;读出高字节数据
        MOV     WDMSB,A
        LCALL   COVTEMP
FF:     SETB    EA
        RET
INITDS18:                            ;DS18B20 的初始化程序
        SETB    DQ
        NOP
        NOP
        CLR     DQ
        MOV     R6,#250              ;延迟 480～960μs
        DJNZ    R6,$
        MOV     R6,#50               ;延迟
        DJNZ    R6,$
        SETB    DQ
        MOV     R6,#15
        DJNZ    R6,$
        LCALL   CHCK
        MOV     R6,#60
        DJNZ    R6,$                 ;延迟 15～60μs
        SETB    DQ
        RET
S_BYTE:
        MOV     A,R0                 ;向 DS18B20 写 1B 数据
        MOV     R5,#8
NN:     CLR     C
```

```
        RRC     A               ;把最低位给 C
        JC      SN1
        LCALL   WRT0
        SJMP    SN2
SN1:    LCALL   WRT1
SN2:    DJNZ    R5,NN
        RET

RBYTE:  MOV     R5,#8           ;从 DS18B20 读 1B 数据
KK:
        SETB    DQ
        NOP
        NOP
        CLR     DQ              ;拉低总线 1μs 开启读时序
        NOP                     ;延迟
        NOP
        SETB    DQ              ;释放总线
        NOP
        NOP
        NOP
        NOP
        NOP
        NOP
        NOP
        MOV     C,DQ
        MOV     R6,#17H         ;延迟 45μs
        DJNZ    R6,$
        RRC     A
        DJNZ    R5,KK
        MOV     R0,A
        RET
CHCK:
        MOV     C,DQ
        JC      RR
        SETB    F0
        SJMP    EE
RR:
        CLR     F0
EE:     RET

COVTEMP:                        ;将读取的温度值进行转换
        MOV     A,30H
        ANL     A,#0F0H         ;去除小数点部分
```

```
        MOV     3AH,A
        MOV     A,31H
        ANL     A,#0FH
        ORL     A,3AH
BB:     SWAP    A
        MOV     B,#10
        DIV     AB
        MOV     43H,B
        MOV     B,#10
        DIV     AB
        MOV     42H,B
        MOV     41H,A
        RET
WRT0:
        CLR     DQ
        MOV     R6,#30
        DJNZ    R6,$
        SETB    DQ
        RET
WRT1:
        CLR     DQ
        NOP
        NOP
        NOP
        NOP
        NOP
        SETB    DQ
        MOV     R6,#30
        DJNZ    R6,$
        RET
        END
```

习　题　11

1. IIC总线共有________根线，分别是________线和________线。
2. 单总线共有________根线。
3. 下列总线中是全双工总线的是(　　)。

   A. SPI总线　　　B. 单总线　　　C. IIC总线
4. 单总线协议是什么？有什么优点？
5. IIC总线上从机的地址如何确定？
6. 单总线上从机的地址如何获得？地址是多少位？

第12章　C51语言程序设计

基于 MCS-51 单片机进行应用程序设计时，可以采用面向机器的语言（例如汇编语言），也可以采用通用计算机语言（例如 C 语言）。汇编语言可以对单片机的内部硬件资源直接进行操作控制，具有简洁、紧凑的特点。当编写规模较大的程序时，设计就变得复杂且难以维护。由于 C 语言不仅具有高级语言可读性好、易维护性、可移植性等优点，而且还有直接操作硬件的能力，因此是进行单片机程序设计的最佳选择。由于不同类型单片机的内部结构存有差异，因此所用的 C 语言也不完全相同。针对 MCS-51 系列单片机硬件进行操作的 C 语言通常称为 C51 程序设计语言，简称 C51 语言。下面，对 C51 语言的特点、语法以及程序设计方法进行详细介绍。

12.1　ANSI C 语言与单片机 C 语言

通用计算机采用的是冯·诺依曼体系结构，只有一个可被程序和数据统一寻址的内存空间，而单片机的存储器通常分为程序存储器与数据存储器；通用计算机的程序和数据分别存放在只读存储器和随机存储器中，而单片机集成的功能部件也通常会通过一些特殊功能寄存器进行管理。由于 ANSI C 语言（即标准 C 语言）是基于通用计算机硬件平台的一种通用的计算机程序设计语言，而单片机与通用计算机有着截然不同的体系结构、硬件资源和运算特性，因此若将标准 C 语言应用于单片机硬件平台，需要根据具体的硬件环境进行扩充和微调。

单片机 C 语言是在标准 C 语言的基础上发展而来的，二者之间的关系可以用下面的关系式进行简要描述：

单片机 C 语言＝标准 C 语言 ＋ 单片机的扩展语言部分

单片机 C 语言又称为标准 C 语言的超集。若已掌握 C 语言，在学习单片机 C 语言时，只要注意学习单片机的扩展语言部分以及一些差异，就可以快速掌握单片机的 C 语言程序设计。

单片机的类型很多，不同类型单片机的存储器组织结构、集成的硬件资源以及管理寄存器也千差万别，因此不同类型单片机的 C 语言会有一些差异。

MCS-51 单片机的 C 语言，通常称为 C51 语言。C51 语言的编译器很多，本章将以常用的 Keil C51 编译器为例，对 C51 语言的关键字、语法以及程序设计进行介绍。

12.1.1　标准 C 语言关键字

关键字又称保留字，是一类具有固定名称、特定含义和特定用途的特殊标识符。C 语言关键字定义了 C 语言中用于描述数据结构以及进行数据处理的关键词。全面理解和掌握了这些关键字的使用方法，就基本掌握了 C 语言的程序设计方法。需要特别注意的是，在编写 C 语言源程序时，关键字不能用作标识符定义为变量名、函数名等其他用途。与其他计算机程序设计语言相比，C 语言的关键字比较少。ANSI C 标准一共规定了 32 个关键字，具体功能如表 12-1 所示。

表 12-1 标准 C 语言关键字

类 别	关 键 字	功 能
数据类型声明	char	单字节整型数据或字符型数据
	short	短整型数据
	int	基本整型数据
	long	长整型数据
	signed	有符号数据
	unsigned	无符号数据
	float	单精度浮点数
	double	双精度浮点数
	enum	枚举
	struct	结构类型数据
	union	共同体类型数据
	typedef	重新进行数据类型定义
	void	空类型数据
	volatile	声明该变量在程序执行过程中可被隐含地改变
存储类型声明	const	在程序执行过程中不可修改的变量值
	auto	用于声明局部变量，一般声明的变量默认此类型
	register	使用 CPU 内部寄存器的变量
	extern	在其他程序模块中声明了的全局变量
	static	静态变量
运算类型	sizeof	计算表达式或数据类型的字节数
程序语句	if	构成 if…else 选择结构
	else	
	switch	构成 switch 选择结构
	case	switch 语句中的选择项
	default	switch 语句中当所有条件不满足时默认的选项
	while	构成 while 和 do…while 循环结构
	do	构成 do…while 循环结构
	for	构成 for 循环结构
	break	退出最内层循环

续表

类　别	关 键 字	功　　能
程序语句	continue	转向下一次循环
	goto	构成 goto 转移语句
	return	函数返回

12.1.2　C51 语言关键字

C51 语言除了支持标准 C 语言(ANSI C)标准的关键字外，还根据 MCS-51 单片机的特点对 ANSI C 语言进行了扩展，以访问 MCS-51 单片机的特殊硬件资源，Keil C51 编译器扩展的关键字如表 12-2 所示。

表 12-2　Keil C51 编译器扩展的关键字

类　别	关 键 字	功　　能
数据类型声明	bit	位变量声明，声明一个位变量或位类型的函数
	sbit	位变量声明，声明一个可位寻址变量
	sfr	特殊功能寄存器声明，声明一个 8 位的特殊功能寄存器
	sfr16	特殊功能寄存器声明，声明一个 16 位的特殊功能寄存器
存储器类型声明	bdata	可位寻址的 80C51 片内数据存储器
	data	直接寻址的 80C51 片内数据存储器
	idata	间接寻址的 80C51 片内数据存储器
	pdata	分页寻址的 80C51 片外数据存储器
	xdata	80C51 片外数据存储器
	code	80C51 片内外程序存储器
存储模式声明	small	声明局部变量，一般声明的变量默认此类型
	compact	指定使用 80C51 的外部分页寻址的片外数据存储器
	large	指定使用 80C51 的片外数据存储器
函数声明	interrupt	中断函数声明，定义一个中断服务函数
	reentrant	再入函数声明，定义一个再入函数
	alien	函数特性声明，用于声明与 PL/M51 兼容函数
寄存器组定义	using	定义 80C51 的工作寄存器组
地址定位	_at_	为变量进行存储器绝对空间地址定位
任务声明	_task_	定义实时多任务函数
多任务优先声明	_priority_	规定 RTY51 和 RTX51 Tiny 的任务优先级

12.2　Keil C51 对 ANSI C 的扩展

为了使单片机能够更好地工作，绝大多数 MCS-51 单片机的 C 语言编译程序都对 ANSI C(标准 C)语言进行了一些扩充。Keil C51 编译器扩展的关键字功能如表 12-2 所示。下面，对 Keil C51 编译器的扩展内容进行详细说明。

12.2.1　C51 语言的存储器类型

从逻辑功能角度看，MCS-51 单片机的存储器空间可分为片内外统一编址的 64KB 的程序存储器(即 ROM)空间、256B 的片内数据存储器(即片内 RAM)空间和片外 64KB 的数据存储器(即片外 RAM)空间 3 部分。C51 语言中定义的变量的存储位置会由编译器根据一定的约定在上述空间中进行选择分配。

C51 编译器对于 ROM 存储器提供的存储器类型标识符为 code，用户的程序代码以及各种表格常数通常被定位在 code 空间。数据存储器 RAM 供用户存放各种变量，通常应尽可能将变量放在片内 RAM 中以加快操作速度。

C51 编译器对于片内 RAM 存储器提供 data、idata、bdata 这 3 种存储器类型标识符。data 地址范围为 0x00～0x7F，定位于 data 空间的变量以直接寻址方式操作，速度最快；idata 地址范围为 0x00～0xFF，定位于 idata 空间的变量以间接寻址方式操作，速度略慢于 data 空间；bdata 地址范围为 0x20～0x2F，定位于 bdata 空间的变量除了可以进行直接寻址和间接寻址外，还可以进行位寻址操作。

C51 编译器对于片外 RAM 存储器提供 xdata 和 pdata 两种存储器类型标识符。片外数据存储器也简称为 XRAM。xdata 地址范围为 0x0000～0xFFFF，定位于 xdata 空间的变量以 MOVX @DPTR 间接寻址方式操作，可以操作整个 64KB 地址范围内的变量，但这种方式最慢；pdata 空间又称为片外分页 XRAM 空间，它将地址分为 256 页，每页地址为 0x00～0xFF，定位于 pdata 空间的变量以 MOVX @R0、MOVX @R1 的方式寻址。

实际上 XRAM 空间地址并非全部用于数据存储器 RAM，用户扩展 I/O 接口设备的地址也通常位于该空间。有些新型的 MCS-51 单片机还集成片外 RAM，其操作方式与传统 XRAM 相同。

一些新型的 80C51 单片机进行了大容量的存储器扩展，如 NXP Semiconductors(恩智浦半导体)公司的 8051Mx 系列可扩展高达 8MB 的 code 和 xdata 存储器空间。

C51 编译器针对这种大容量扩展存储器定义了 far 和 const far 两种存储器类型，分别用以操作这种大容量扩展的片外 RAM 和片外 ROM 存储器空间。

表 12-3 列出了 Keil C51 编译器能够识别的存储器类型。定义变量时，可以采用上述存储器类型明确指出定义的变量所对应的存储器空间。

表 12-3　Keil C51 的存储器类型

存储器类型	对应存储区间	说　　明
data	片内 RAM	可直接寻址的片内低 128B 的 RAM，访问速度最快
idata	片内 RAM	可间接寻址的片内 256B 的 RAM

续表

存储器类型	对应存储区间	说　明
bdata	片内 RAM	特殊功能寄存器声明，声明一个8位的特殊功能寄存器
pdata	片外 RAM	分页寻址的80C51片外RAM，用 MOVX @Ri 类指令访问
xdata	片外 RAM	64KB的片外RAM，用 MOVX @DPTR 类指令访问
code	程序存储器 ROM	64KB的片内外ROM，用 MOVC A,@A+DPTR 类指令访问
far	片外 RAM 和 ROM	用于访问大容量扩展 RAM 和 ROM

【例 12-1】 指出以下变量对应的存储器位置。

程序如下：

```
char data tempVar;
float idata f1,f2;
unsigned char bdata status1;
int pdata x,y;
long xdata L1;
char code str[] ="I am a student."
```

tempVar变量保存在内部RAM低128B的RAM中，单精度变量f1、f2保存在内部RAM中，无符号字节变量status1保存在片内RAM的位寻址区，整型变量x、y存储于外部RAM某一页中，长整型变量L1保存在片外RAM中，字符串"I am a student."存储于程序存储器ROM中。

12.2.2　C51语言的存储模式

如果定义变量时没有明确给出具体的存储器类型，则按照C51编译器的编译模式来确定变量的默认存储器空间。C51编译器的编译模式，又称为存储模式，常见的有SMALL、COMPACT和LARGE这3种，用以适应不同规模的程序。如果没有说明，编译器的编译模式即存储模式默认使用SMALL模式。

1. SMALL 模式

SMALL模式是C51编译器默认的编译模式。在SMALL模式下，所有变量被定义在80C51单片机的片内数据存储器RAM中，即所有变量相当于采用data存储器模式，对这种变量的访问速度最快。另外，堆栈也必须位于片内RAM中。采用SMALL编译模式与定义变量时指定data存储器类型具有相同的效果。

2. COMPACT 模式

在COMPACT模式下，所有变量都被定义在分页寻址的片外RAM中，相当于定义时采用了pdata存储器类型，每一页片外RAM的长度为256B。这时对变量的访问是通过指令MOVX　@Ri类指令实现的，变量的低8位地址通过Ri寄存器来确定。采用本模式时，还必须修改配置文件STARTUP.A51中的参数：PDATASTART和PDATALEN。同时，还必须对集成开发环境μVision的Option选项，然后在弹出对话框中选中BL51 Locator标签页，在Pdata框中输入合适的地址参数，以确保P2口能输出所需要的高8位地址。采用 COMPACT 编译模式与定义变量时指定 pdata 存储器类型具有相同的效果。

3. LARGE 模式

在 LARGE 模式下，所有变量都被定义在片外 64KB 的 RAM 中，相当于定义时采用了 xdata 存储器类型，这时对变量的访问是通过指令 MOVX @DPTR 类指令实现的。这种访问方式的效率最低，产生的代码长度比 SMALL 模式和 COMPACT 模式要大一些。采用 LARGE 编译模式与定义变量时指定 xdata 存储器类型具有相同的效果。

不管存储模式如何，由于各种模式在访问效率、代码长度等方面各有优缺点，现在 C51 编译器通常允许使用混合模式，使用存储器类型说明符把经常使用的变量强制存放于内部 RAM，若为大批数据则存放于外部 RAM，而将其指针存放于内部 RAM 中。

12.2.3 C51 语言的数据类型扩展

Keil C51 编译器支持标准的 C 语言数据类型，另外还根据 80C51 单片机的特点扩展了 bit、sbit、sfr、sfr16 这 4 种数据类型。利用这些数据类型定义的变量可以用来访问 80C51 单片机的特有硬件资源，如可位寻址区、特殊功能寄存器等。

1. bit、sbit 型变量

所有 bit、sbit 数据类型定义的变量定位于 51 单片机片内 RAM 可寻址的位单元，即访问 51 单片机片内 RAM 可寻址的位单元可以通过定义 bit、sbit 型变量来实现。

所有 bit 类型的变量被定位在 80C51 单片机片内 RAM 的可位寻址区的 128 个位单元，所以由关键字 bit 定义的变量最多有 128 个。当定义一个 bit 型变量后，C51 编译器会为该变量在位寻址区分配一个位单元。

在 C51 程序中，可以定义 bit 型的变量、函数、函数参数及返回值。例如：

```
bit bRevflag;                        /* bit 类型变量 */
bit OkRun(bit flag1,bit flag2)       /* bit 类型函数与 bit 类型函数参数 */
{
…
return(1);                           /* bit 类型返回值 */}
```

所有 sbit 类型的变量被定位在 80C51 单片机片内 RAM 中的可寻址位，包括位寻址区的位单元和特殊功能寄存器区中的可位寻址的位单元。bit 型和 sbit 类型变量都可以定位在位寻址区，但采用 sbit 类型时，需要指定一个变量作为基地址（即字节地址），再通过指定该基址变量的 bit 位置来获取实际的物理 bit 地址。注意，物理上的 bit 0 对应首字节的 bit 0，物理上的 bit 8 对应第二个字节的 bit 0。例如，先定义变量的数据类型和存储器类型。注意，存储器类型必须为 bdata 类型，以确保变量定位于位寻址区，从而可以定位到可位寻址的位单元。

```
int bdata stByte;                /* 定义 stByte 为 bdata 型的整型变量 */
char bdata crArry[3]             /* 定义 crArry[3]为 bdata 型字符型数组 */
```

然后，使用 sbit 定义可位寻址的变量：

```
sbit bTest0 =stByte^0;            /* 定义 BTest0 为 stByte 的第 0 位 */
sbit bTest15 =stByte^15;          /* 定义 BTest15 为 stByte 的第 15 位 */
```

```
sbit bcArry01 =crArry[0]^1          /* 定义 bcArry01 为 crArry[0]的第 1 位 */
sbit bcArry26 =crArry[2]^6          /* 定义 bcArry26 为 crArry[2]的第 6 位 */
```

操作符“^”后面的取值范围取决于基址变量的数据类型，对于 char 类型的变量而言是 0～7，对于 int 型而言是 0～15，对 long 型而言是 0～31。bdata 型变量 stByte 和数组 crArry 可以进行字节或字寻址，sbit 变量可直接操作可寻址位。例如：

```
stByte =6;          /* 字寻址,为 stByte 赋值为 6 */
crArry[2] ='a';     /* 字节寻址,为 crArry[2]赋值为'a' */
bcArry01=1          /* 置"1" crArry[0]的第 1 位 */
bcArry26=0          /* 清"0" crArry[2]的第 6 位 */
```

bdata 变量和 data 变量相似，差别在于 bdata 变量定位于 80C51 单片机的位寻址区，最多 16B，每个字节存储单元的每一位都可以用于定义位变量。

sbit 类型的变量除了可以定位于位寻址区外，还可以定位在另一个可寻址区间，即特殊功能寄存器区中字节地址能被 8 整除的特殊功能寄存器。这些特殊功能寄存器的每一位都可以位寻址。特殊功能寄存器与可位寻址 SFR 的每一位在 MCS-51 单片机中都有着特定的功能和含义。在 C51 程序设计中，访问特殊功能寄存器与可位寻址 SFR 的可寻址位的定义方法将在后面详述。

2. sfr，sfr16 型变量

为了能够直接访问 MCS-51 单片机内部的特殊功能寄存器，C51 编译器扩充了关键字 sfr 和 sfr16。利用 sfr 和 sfr16 定义的变量可以直接访问 SFR，利用 sbit 类型的变量可以访问 SFR 中可寻址的位。

（1）特殊功能寄存器的变量定义。特殊功能寄存器定义的方法如下：

```
sfr 特殊功能寄存器名 =地址常数;          /* 定义 8 位特殊功能寄存器 */
sfr16 特殊功能寄存器名 =地址常数;        /* 定义 16 位特殊功能寄存器 */
```

例如：

```
sfr ACC=0xE0;           /* 定义 ACC 特殊寄存器,地址为 E0H */
sfr PSW=0xD0;           /* 定义 PSW 特殊寄存器,地址为 D0H */
sfr P0=0x80;            /* 定义 P0 特殊寄存器,地址为 80H */
sfr P1=0x90;            /* 定义 P1 特殊寄存器,地址为 90H */
sfr16 DPTR=0x82;        /* 定义 DPTR16 位特殊寄存器,地址为 82H */
```

关键字 sfr 用来定义 8 位特殊功能寄存器，16 位的特殊功能寄存器如 DPTR、T1 等用关键字 sfr16 来定义。在关键字 sfr、sfr16 后面必须跟一个标识符作为特殊功能寄存器的名称，名称可以任意命名，但应符合标识符命名的规则。等号后面的地址必须是常量，不允许有带运算符的表达式。

需要注意的是，采用关键字 sfr16 定义 16 位的特殊功能寄存器时，其地址应该是低字节的地址。例如定义 DPTR 时，地址应为 DPL 的地址 0x82。

（2）特殊功能寄存器可寻址位的变量定义。在 MCS-51 单片机的应用设计中，经常需要访问特殊功能寄存器的某些特定位，在C51程序设计中，可以利用扩充关键字sbit来定义特殊功能寄存器中的可寻址位。可寻址位的变量定义有以下3种方法。

① 方法1：

```
sbit 位变量名 =位地址
```

这种方法将位的绝对地址赋给位变量，位地址必须位于0x80～0xFF之间。例如：

```
sbit P=0xD0;            /* 定义 PSW 的 D0 奇偶校验位 P,位地址为 0xD0 */
sbit CY=0xD7;           /* 定义 PSW 的 D7 进位位 CY,位地址为 0xD7 */
```

② 方法2：

```
sbit 位变量名 =字节地址^位位置
```

这种方法以一个常数(字节地址)为基址，字节地址必须为0x80～0xFF且能被8整除(确保字节地址单元的位是可位寻址)。“位位置”(又称位序号)是一个0～7的常数。例如：

```
sbit P=0xD0^0;          /* 定义 PSW 的 D0 为奇偶校验位 P,位地址为 0xD0 */
sbit CY=0xD7^7;         /* 定义 PSW 的 D7 为进位位 CY,位地址为 0xD7 */
```

③ 方法3：

```
sbit 位变量名 =特殊功能寄存器名^位位置
```

这种方法与第二种方法本质上是一致的，首先利用关键字sfr将特殊功能寄存器定义好，再利用定义好的变量作为基址。例如：

```
sfr PSW=0xD0;           /* 定义特殊功能寄存器 PSW */
sbit P=PSW^0;           /* 定义 PSW 的 D0 位为奇偶校验位 P,位地址为 0xD7 */
sbit CY=PSW^7;          /* 定义 PSW 的 D7 位为进位位 CY,位地址为 0xD7 */
```

通常，在C51程序设计中，MCS-51的特殊功能寄存器及其可寻址的位会事先利用C51的扩展关键字sfr、sfr16和sbit定义好，并放在reg51.h等类型的头文件中，编程时将该类头文件用#include预处理命令包含在源程序文件中即可，一般不需要编程者去定义。

【例12-2】 分别用3种方法将定时器控制寄存器TCON的D6位，即T1的运行控制位定义成位变量TR1。

方法1：

```
sbit TR1=0x8E;
```

方法2：

```
sbit TR1=0x88 ^6;
```

方法 3：

```
sfr TCON=0x88;
sbit TR1=TCON ^6;
```

12.2.4 C51 语言的函数扩展定义

1. C51 编译器支持的函数定义一般形式

C51 编译器提供了几种对于标准 C 函数的扩展，用于选择函数的编译模式、选择函数所使用的工作寄存器组、定义中断函数、指定函数的再入方式等。C51 语言中函数定义的一般格式如下：

```
函数类型 函数名(形式参数表) [编译模式] [reentrant] [interrupt n] [using n]
{
    局部变量定义
    函数体语句
}
```

其中，“函数类型”用于声明函数的返回值的类型，“函数名”用来表明自定义函数的名称，“形式参数表”列出了主调用函数与被调用函数间传递数据的形式参数，“局部变量定义”是对在函数内使用的局部变量进行定义，“函数体语句”是该函数完成特定功能的各种语句。

“编译模式”、reentrant、interrupt *n*、using *n* 是 C51 对标准 C 的扩展，它们都带有[]，表示不是函数必有的。这些 C51 函数扩展字段的含义接下来将分别进行详述。

2. C51 函数的编译模式(存储模式)

C51 函数的编译模式与变量定义时的存储模式含义相同，在此是用来指定函数中局部变量和参数的存储空间。共有 small、compact、large 这 3 种模式。不同类型的 MCS-51 单片机的存储空间各有不同，因此在定义函数时要根据具体情况选择应该采用的编译模式(或称为存储模式)，函数中的局部变量和参数存放在由编译模式决定的默认的存储空间。例如：

```
#pragma small                                  /* 默认编译模式为 small */
int func1(int i,char j) large {  };            /* 采用 large 编译模式 */
char Max(char a,char b) compact ;              /* 采用 compact 编译模式 */
extern void test_fun( float f) {  };           /* 采用默认编译模式 */
```

3. C51 扩展的再入函数(reentrant)

再入函数又叫重入函数。可再入的概念是指当程序在这个函数中运行还未退出时，因为某种原因这个函数是否可以被再次调用。一个函数再次被调用的方式通常是递归调用和中断调用，可以被再次调用的函数称为“可再入的”，否则就是“不可再入的”，因此再入函数是一种可以在函数体内直接或间接调用其自身的一种函数。

再入函数可被递归调用，无论何时，包括中断函数在内的任何函数都可以调入。再入函数在 C51 编译时使用的是模拟栈，每次被调用时使用一个独立堆栈。例如一个函数 *f*()，刚刚运行时使用 *N* 字节堆栈，运行过程中调用它自身，被调用的 *f*()会另外开辟 *N* 字节堆栈，两个 $f()$数据不会出现冲突。但单片机资源有限，调用太深会使内存溢出。

在 C51 程序设计中，利用关键字 reentrant 可以定义一个再入函数。例如：

```
void TCPSendTask(void xdata * ppdata) reentrant        /* 定义再入函数 */
{ … }
```

与非再入函数的参数传递和局部变量的存储分配方法不同，C51 编译器为再入函数生成一个模拟栈（相对于系统堆栈或硬件堆栈来说），通过这个模拟栈来完成参数传递和局部变量的存放。

在定义和使用再入函数时，需要注意以下事项。

(1) 再入函数不能传递 bit 类型参数。

(2) 与 PL/M51 兼容的函数不能具有 reentrant，这样也不能调用再入函数。

(3) 在编译时，再入函数建立的是模拟堆栈区，small 模式下模拟堆栈区位于 idata 区，compact 模式下模拟堆栈区位于 pdata 区，large 模式下模拟堆栈区位于 xdata 区。

(4) 在同一程序中可以定义和使用不同存储器模式的再入函数，任意模式的再入函数不能调用不同存储器模式的再入函数，但可以调用普通函数。

(5) 实际参数可以传递给间接调用的再入函数，无再入属性的间接调用函数不能包含调用参数。

4. C51 扩展的中断函数(interrupt)

标准 C 语言没有处理单片机中断的定义，为了能进行 MCS-51 单片机的中断处理，C51 编译器对函数的定义进行了扩展，增加了一个扩展关键字 interrupt。利用扩展关键字 interrupt 可以直接定义中断函数，在关键字 interrupt 后面跟一个 0～31 的数，用于规定中断源和中断入口。

中断函数定义的一般形式如下：

```
函数类型 函数名(形式参数表) interrupt n using n
```

对于 MCS-51 系列单片机的基本型而言，关键字 interrupt 后面的中断号 n 的取值是 0～4。51 单片机的中断号与中断源和中断向量的对应关系如表 12-4 所示。

表 12-4　51 单片机的中断号与中断源和中断向量的对应关系

中断号 n 的取值	中 断 源	中断向量($8n+3$)
0	外部中断 0	0003H
1	定时器/计数器 0	000BH
2	外部中断 1	0013H
3	定时器/计数器 1	001BH
4	串行口	0023H
其他值	保留	$8n+3$

C51 编译器在编译中断函数时，关键字 interrupt 对中断函数目标代码的影响如下。

(1) 在进入中断函数时，特殊功能寄存器 ACC、B、DPH、DPL、PSW 会被保存入栈。

(2) 如果不使用 using 关键字进行工作寄存器组的切换,则把中断函数中将会用到的所有寄存器内容保存入栈。

(3) 函数退出前,所有的寄存器内容出栈恢复。

(4) 中断函数由单片机中断返回指令 RETI 结束。

(5) C51 编译器根据中断号自动生成中断函数入口向量地址。

在 C51 源程序中定义中断函数时应遵循以下规则。

(1) 中断函数不能进行参数传递。任何包含参数的中断函数都将导致编译出错。

(2) 中断函数没有返回值。一般定义中断函数时,函数类型定义为 void 型,已明确说明没有返回值。如果企图定义一个返回值,将得到不正确的结果。

(3) 中断函数在任何时候都不能被调用。任何的调用都会产生编译错误。

如果中断函数调用了其他函数,则被调用的函数所使用的工作寄存器组必须与中断函数相同,否则会产生不正确的结果。

【例 12-3】 解释下面定义的函数的作用。

```
unsigned int CntNum;
unsigned char Sec;
void timer0(void) interrupt 1 using 1
{
    if( ++CntNum ==2000)
    {
        Sec++;
        CntNum =0;
    }
}
```

函数声明中有一个关键字 interrupt,这说明它是一个中断函数。中断函数的返回值为 void,即没有返回值;参数表为 void,说明中断函数是没有参数传递的;关键字 interrupt 后面跟着一个数值“1”,对照表 12-4 可知,这是定时器/计数器 0 的中断函数;函数名为 timer0,可以任意命名,但要符合标识符命名规则。

中断函数定义声明中,还有一个字段 using 1,是用来选择在中断函数中所使用的工作寄存器组的,此字段表示使用的是工作寄存器组 1。

有关工作寄存器的切换的问题将在后面进行详述。

5. 寄存器组的切换(using)

MCS-51 单片机片内 RAM 中有个 32B 的工作寄存器区,均分为 4 个组,每个组有 8 个字节的 RAM 单元,分别命名为 R0～R7;这 4 个组通常被称为工作寄存器组 0～3。

在 C51 的程序设计中,R0～R7 使用哪组单元作为工作寄存器可以使用关键字 using 进行选择。关键字 using 后面跟一个数字 0～3,表示选择的工作寄存器组的组号,分别对应工作寄存器组 0、1、2、3。具体使用格式如例 12-3 所示。

6. PL/M51 程序接口函数(alien)

在 C51 程序设计中,利用扩展关键字 alien 定义函数可以实现与 PL/M51 函数的直接和间接接口。采用扩展 alien 关键字定义函数后,就可以被 PL/M51 程序正常调用。另外,在 PL/M51 中也可以定义外部公共变量(external public variable),这种变量才可以在 C51 程序中使用。

例如:

```
Extern alien char func0(int,char);
char Testf(void)
{  int i;
   char c;
   c =func0(i,c) ;          /* 调用 PL/M5 函数 */
}
```

需要注意的是,PL/M51 函数只有采用关键字 alien 修饰后,PL/M51 函数的参数传递及函数返回值才能被 C51 编译器考虑。

7. 实时任务函数(_task_,_priority_)

利用 C51 编译器扩展的关键字_task_和_priority_可以提供对实时多任务操作系统 RTX51FULL 和 RTX51 Tiny 的支持。关键字_task_用于定义实时任务函数;关键字_priority_用于规定任务的优先级。例如:

```
void  func1(void)  _task_  num  _priority_  pri
```

其中,num 为任务函数的 ID 号,采用 RTX51FULL 操作系统时,其值为 0～255;采用 RTX51 Tiny 操作系统时,其值为 0～15;pri 为任务函数的优先级。

实时任务函数的返回值类型和参数都必须定义为 void。

12.2.5 C51 语言的指针

在 C 语言中,为了实现直接对内存单元进行操作,引入了指针这种数据类型。C51 语言除了支持标准 C 语言的一般指针外,根据指针变量在 MCS-51 单片机存储空间的位置,扩展了另一种指针类型——基于存储器的指针。因此,C51 编译器支持两种指针类型:基于存储器的指针和一般指针(或称通用指针)。

指针变量的定义与一般变量的定义类似,其一般形式如下:

```
数据类型  [存储器类型 1] *[存储器类型 2]  标识符 ;
```

其中各个参数含义如下:

"标识符"用于定义的指针变量名。

"存储器类型 1"和"存储器类型 2"是带有中括号的,表示为可选项;存储器类型是 C51 编译器的扩展。如果带有"存储器类型 1",则表示指针被定义为基于存储器的指针;若无此项,表示指针被定义为一般指针(通用指针)。这两种指针的区别在于它们的存储字节不同:基于存储器的指针要占用 1B 或 2B,而一般指针需要占用 3B;

"存储器类型 2"用于指定变量指针本身的存储空间。

1. 基于存储器的指针

定义指针变量时,如果指定了它所指向的对象的存储器空间,该指针变量占用存储器的空间就可确定，则称为基于存储器的指针。如果指针变量指向的对象的存储器类型为 data、idata、pdata，则指针变量占用的存储空间只需 1B；如果指针变量指向的对象的存储器类型为 xdata、code，则指针变量占用的存储空间需要 2B。例如：

```
long data * Num;          /* 定义指向 data 存储空间 long 型指针，占 1B */
short idata * T0Cnt;      /* 定义指向 idata 存储空间 short 型指针，占 1B */
char xdata * revChar;     /* 定义指向 xdata 存储空间 char 型指针，占 2B */
char code * SendStr;      /* 定义指向 code 存储空间 char 型指针，占 2B */
```

在上述例子中，指针本身在默认的存储区，这取决于编译模式。

指针在定义时，可以带有字段“存储器类型 2”，即在定义指针变量的同时指定了指针变量本身的存储位置。

```
int data *xdata Num;
                    /* 指针变量本身在 xdata 空间 ,它指向 data 空间 int 型数据指针 */
char xdata *data RevC;
                    /* 指针变量本身在 data 空间，它指向 xdata 空间 char 型数据指针 */
char code *bdada SendStr;
                    /* 指针变量本身在 bdata 空间，它指向 code 空间 char 型数据指针 */
```

常量也可以定义为指针类型。在定义为指针类型时，如果指定了它所指向的对象的存储器空间，该指针常量则称为基于存储器的指针型常量。例如：

```
#define  CBYTE  ((unsigned char volatile code *) 0)
```

这是一条预处理命令，是将 CBYTE 定义为(unsigned char volatile code *) 0。而后者则是将常量 0 定义为指向无符号字符型且存储空间在程序存储器的指针常量。数组名就相当于一个指针常量。

【例 12-4】 将常数 0x31 写入地址为 0x1808 的外部 RAM 中。

程序如下：

```
#define  XBYTE  ((unsigned char volatile xdata *) 0)
XBYTE[0x1808] =0x31 ;
```

实现本例的基本思路是，首先用预处理命令 define 定义一个无符号字符型的 xdata 存储空间的地址为 0 的基于存储器类型的指针常量，然后将该 0 指针常量作为数组名，目的地址作为数组元素下标，则构建无符号字符型的数组元素指向以数组名即 0 作为基址，目的地址 0x1808 作为偏移量的目的单元，地址为基址 0＋偏移地址 0x1808，即目标地址 0x1808。因此，为该元素赋值可实现将一个字节数据 0x31 写入绝对目标地址 0x1808 单元中。

注意：第一条预处理定义语句定义一个 XBYTE 符号指针常量，是为了增加程序的可读性。关键字 volatile 是为了阻止编译器优化所定义的变量，确保每次都能对相应的变量进行存取操作。

2. 一般指针

定义指针变量时，如果没有指定它所指向的对象的存储器空间，则该指针变量占用存储器的空间就无法确定,则称为一般指针。一般指针与标准C语言指针的定义相同,在内存中需要占用3B,其中第一个字节用于存放指针的存储器类型编码(编译时编译模式会确定该字节的编码值),第二个和第三个字节分别存放指针的高字节和低字节的地址偏移量,存放格式如表12-5所示。存储器的类型编码如表12-6所示。

表12-5　一般指针的存储格式

地　址	+0	+1	+2
存储内容	存储器类型	偏移量高字节	偏移量低字节

表12-6　一般指针的存储器类型编码值

存储器类型	data/bdata/idata	xdata	pdata	code
编码值	0x00	0x01	0xFE	0xFF

若定义时带有字段“存储器类型2”,则在定义指针变量时同时指定了指针变量本身的存储位置。例如:

```
int * xdata pSt;          /* 指针变量本身在 xdata 空间 */
char * data pRev;         /* 指针变量本身在 data 空间 */
char * bdada pSdr;        /* 指针变量本身在 bdata 空间 */
```

一般指针可用于存取任何变量而不用考虑变量在51单片机存储空间的位置,许多C51库函数采用了一般指针。例如:

```
int * data px1;          /* 位于 data 空间的一般指针变量 */
char * xdata str0;       /* 位于 xdata 空间的一般指针变量 */
char * bdada Str1;       /* 位于 bdata 空间的一般指针变量 */
```

与基于存储器的指针类似,常量也可以定义为一般指针型常量。此时,需要注意正确定义存储器类型和偏移。

【例12-5】　用一般指针完成例12-4的任务。

程序如下:

```
#define  XBYTE  ((unsigned char * ) 0x010000L)
XBYTE[0x1808]  =  0x31 ;
```

实现本例的基本思路是,首先用预处理命令define定义一个无符号字符型的xdata存储空间的地址为0的一般指针常量,0x010000L为一般指针,存储器类型为1,即xdata存储空间;偏移量为0000,L表示0x010000被定义为long型即长整型类型常量。这样,XBYTE[0x1808]则表示为绝对地址为0x1808(0+0x1808)的外部数据存储器。

需要注意的是,定义一般指针型常量时,其低16位为地址偏移量,而高8位指明存储器的类型。为了表示这种指针,必须用长整型L来设定指针常量的数值类型。

一般指针所指向的对象的存储空间位置在运行期间才能确定,编译时无法优化存储方式,必须生成一般代码以保证对任意空间的对象的存取,因此一般指针产生的代码运行速度较慢。基于存储器的指针在编译时就已经确定了存储空间,指针长度比一般指针短,运行速度快,但它所指对象具有确定的存储空间,缺乏灵活性,兼容性差。

12.2.6 C51 语言硬件资源的绝对地址访问

在 MCS-51 单片机的应用系统设计中,单片机程序经常需要直接操作系统的各个存储器地址空间,访问控制内部的各个功能模块,因此要求 C51 语言能够提供直接访问硬件资源的方法和手段。

为了能够在 C51 程序中实现直接对单片机应用系统资源的绝对地址访问,C51 编译器提供了多种途径来实现对系统各种资源的绝对地址访问。具体可以采用指针,扩展关键字 _at_、sfr、sfr16、sbit、bit 等定义变量(或常量)来指定绝对地址的访问方式,下面将分别介绍。

1. 指针定义常量/变量方式

指针定义常量方式,基本方法是定义一个 0 地址的基于存储器的或一般指针型常量作为基址,再与访问的绝对地址构建一个数组元素的引用形式来实现绝对地址的访问,如例 12-4 和例 12-5 所示。为了能够方便地采用绝对地址访问单片机的硬件资源,C51 编译器利用基于存储器的指针将其封装成了一系列的预定义宏来实现对硬件资源的字节或字形式的绝对地址访问。这些宏定义包含在头文件 ABSACC.H 中,其类型分为基本宏定义和扩展宏定义两种。基本宏定义如下:

```
#define CBYTE ((unsigned char volatile code *) 0)
#define DBYTE ((unsigned char volatile data *) 0)
#define PBYTE ((unsigned char volatile pdata *) 0)
#define XBYTE ((unsigned char volatile xdata *) 0)
#define CWORD ((unsigned int volatile code *) 0)
#define DWORD ((unsigned int volatile data *) 0)
#define PWORD ((unsigned int volatile pdata *) 0)
#define XWORD ((unsigned int volatile xdata *) 0)
```

在以上基本宏定义中,XBYTE 宏定义的是按字节访问的宏定义,XWORD 宏定义的是按字(双字节)访问的宏定义。扩展宏定义可参看 ABSACC.H 头文件。

在 C51 源程序中,用户可以充分利用 C51 编译器运行库提供的预定义宏来指定变量的绝对地址,进行绝对地址的直接操作。例如:

```
1    #include <ABSACC.H >
2    void main( void )
3    { unsigned int iDa ;
4      unsigned char cFt ;
5      cFt =DBYTE[0x60] ;        /* 将片内 RAM 地址为 0x60 单元中数据写入变量 cFt 中 */
6      XWORD[0x10] =iDa ;        /* 将 iDa 中数据写入片外 RAM 地址 0x0020 开始单元中 */
7    }
```

需要注意的是,第 6 行语句中,由于数组元素变量 XWORD[0x10]是双字节变量,它的实际地址应为“2 * 0x10”。

利用基于存储器的指针类型定义指针变量也可以指定变量的存储器的绝对地址。基本方法是先定义一个基于存储器的指针变量，然后对该变量赋以存储器的绝对地址。例如：

```
1    void main( void )
2    {  char xdata * xpt1;
3       xpt1 =0x1001;              /* 设 0x1001 为片外 RAM 存储单元的地址 * /
4        * xpt1 =0xAF;             /* 将字节数据 0xAF 写入片外 RAM 地址 0x1001 单元中 * /
5    }
```

【例 12-6】 将一个 MCS-51 单片机嵌入式应用系统外扩为由 DAC0832 构成的数模转换系统，DAC0832 转换芯片的硬件地址为 0x1FFF，编写 C51 程序实现一次数模系统的启动转换，设启动码为 0x90。

程序如下：

```
1    #include <ABSACC.H >
2    #define DAC0832 XBYTE[0x1FFF]
3    void main( void )
4    {
5       DAC0832 =0x90 ;           /* 启动一次数模转换  * /
     }
```

2. 扩展关键字_at_方式

硬件资源的绝对地址访问还可以利用 C51 编译器提供的扩展关键字_at_来指定变量的各个存储器空间的绝对地址，其定义格式如下：

```
[存储器类型]  数据类型  标识符    _at_  地址常数;
```

其中，“存储器类型”可以省略，如果省略，则 C51 编译器按默认的存储模式确定变量的存储器空间；“标识符”为变量名；“数据类型”既可以是 char、int、long 等基本数据类型，也可以是数组、结构等复杂数据类型；“地址常数”指定了变量的绝对地址，它必须位于各个存储器空间的有效地址范围内。

【例 12-7】 在一个 MCS-51 单片机嵌入式应用系统中，由 82C55 为 80C51 单片机外扩了 PA、PB、PC 这 3 个并行接口，控制寄存器的硬件地址为 0x7FF3，编写 C51 程序设置 3 个扩展并行接口的工作方式，设模式控制字为 0x89。

程序如下：

```
xdata volatile unsigned char CrlReg_8255 _at_ 0x7FF3 ;
CrlReg_8255=0x89 ;
```

在 C51 程序设计中，MCS-51 单片机硬件资源的绝对地址的访问除了上述两种方式外，还有利用扩展关键字 sfr、sfr16、sbit、bit 定义变量来实现对 MCS-51 单片机特殊功能寄存器、相关可寻址位以及位寻址区可寻址位资源的绝对地址访问。扩展关键字 sfr、sfr16、 sbit、bit 的变量定义方法已经在前面相应节中详述,在此不再赘述。

12.3 Keil C51 语言设计基础

12.3.1 C51 语言的程序结构

计算机程序的基本功能是借助于计算机硬件系统来实现对数据的加工处理,因此任何计算机语言设计的程序都应包含两个部分:一是对数据的描述,即数据结构,由数据定义部分实现,主要是定义数据结构(由数据类型表示)和数据初始化;二是对数据的操作,由语句来实现,主要是对已有的数据进行加工。从程序结构看,程序一般是由主程序和子程序组成,子程序是一段实现特定功能一般可以重复被主程序调用的一段代码。在 C51 语言中,子程序是由函数来实现的。

C51 语言程序由一个或多个函数构成,其中至少且必须包含一个主函数 main(),其他函数为普通函数,普通函数在主函数中被调用。程序的执行总是从主函数的第一条语句开始,在主函数的最后一句执行完成时结束。C51 语言程序的一般典型结构如下:

```
预处理命令语句
全局变量声明;
函数 1 声明;
    ⋮
函数 n 声明;

main()
{
    局部变量声明;
    执行语句;              /* 包括函数调用语句 */
}

函数 1(形式参数声明)
{
    局部变量声明;
    执行语句;              /* 包括函数调用语句 */
}
    ⋮
函数 n(形式参数声明)
{
    局部变量声明;
    执行语句;              /* 包括函数调用语句 */
}
```

一个 C51 语言程序可以由若干个源程序文件组成,每个源程序文件一般是由预处理命令、全局变量声明部分以及若干个函数组成。一个函数通常是由数据声明部分和执行语句部分组成,数据声明部分用于对待处理的数据进行描述,建立数据结构;数据的加工处理操作由相应的执行语句来实现。全局变量和局部变量声明部分通过定义不同数据类型的变量或者常量来对数据进行描述，C51 语言的数据类型将在 12.3.2 节中介绍。执行语句根据数据处理的要求来实现相应的算法从而完成对数据的操作处理。C51 语句将在 12.3.3 节中详述。

12.3.2 C51 语言的数据类型与运算

1. 数据与数据类型

数据是指具有一定格式的数字或数值，是计算机操作的对象。数据是程序必不可少的组成部分。不同的数据格式就是不同的数据类型。计算机处理的数据往往是不同数据类型的数据的组合、排列后形成的特定结构，这种结构称为数据结构。数据在计算机内存中的存放形式就是由数据结构决定的。

数据类型可以分为基本数据类型和复杂数据类型。C51 语言中基本数据类型有 bit、char、int、short、long、float 和 double。对于 C51 编译器来讲，short 类型与 int 型相同，float 类型与 double 类型相同。此外，char 类型、int 类型和 long 类型又有无符号(修饰符为 unsigned)和有符号(修饰符为 signed)之分。复杂数据类型由基本数据类型构造而成，包括数组类型(array)，结构体类型(struct)，共同体(union)和枚举(enum)，另外还有指针类型和空类型两种。C51 编译器支持的数据类型如表 12-7 所示。

表 12-7 Keil C51 编译器支持的数据类型

序号	类别	数据类型	位数/位	字节数/B	值 域
1	C 语言基本类型	unsigned char	8	1	0～255
2		signed char	8	1	−128～127
3		unsigned int	16	2	0～65 536
4		signed int	16	2	−32 768～32 767
5		unsigned long	32	4	0～4 294 967 295
6		signed long	32	4	−2 147 483 648～2 147 473 647
7		float	32	4	$-1.176\times10^{-38}\sim1.176\times10^{-38}$ 或 $-3.4\times10^{38}\sim3.40\times10^{38}$
8		*	24	3	存储空间地址 0～65 535
9	C51 语言扩展类型	bit	1	—	0,1
10		sfr	8	1	0～255
11		sfr16	16	16	0～65 535
12		sbit	1	—	0,1

在 C51 语言程序中的表达式或变量赋值运算中，有时会出现参与运算数据的类型不一致的情况，C51 语言允许任何标准数据之间的隐式转换。隐式转换的优先级如下自动进行：

```
bit → char → int → long→ float          signed → unsigned
```

其中,箭头方向表示的是数据类型级别的高低。需要注意的是,转换时箭头方向表示转换由低向高进行,而不是数据转换时的顺序。C51 语言除了能对数据类型进行自动隐式转换之外,还可以采用强制类型转换符“()”对数据进行显式转换。

在 C51 语言程序中除了可以采用上述的数据类型外,用户还可以根据自己的需要对数据类型进行重新定义。重新定义时需要用到关键字 typedef,定义方法如下:

```
typedef 已有的数据类型    新的数据类型;
```

其中,“已有的数据类型”是 C 语言中的所有数据类型,包括数组、结构、枚举、共同体等构造类型;“新的数据类型”可以按照用户需要选择适合自己的标识符。用关键字 typedef 定义新的数据类型,实际上是用户根据需要为数据类型进行更名。例如:

```
typedef unsigned int WORD;          /* 定义一个双字节数据类型 WORD */
WORD a, b ;                         /* 用新的数据类型 WORD 定义变量 */
```

采用 typedef 来重新定义数据类型有利于数据的移植,同时还可以用来简化较长的数据类型定义(如结构数据类型等)。

2. 常量与变量

在计算机程序中,计算机处理的数据在程序中的表现形式有常量和变量两种。常量又称为标量,是程序运行中值不能改变的量。变量则是在程序运行中值可以改变的量。一个变量通常包含变量名和变量值两种属性。

在 C51 语言中,常量的数据类型有整型、浮点型、字符型和字符串型等。

整型常量即整型常数,可以表示为十进制如 0、−1、2 等;可以表示为十六进制,通常以 0x 开头,例如 0x1810、0xA819 等。长整数需要在数字后面加一个数字 L,如 2031L、0xAB62L 等。

浮点型常量有十进制表示形式和指数形式两种。十进制又称为定点表示形式,由数字和小数点组成,例如 0.1027、3.15、.315、316.等。指数形式可表示为

```
[±]数字[.数字]e[±] 数字
```

其中,[ ]为可选项。例如 21e2、2e8、−8.6e−5 等。

字符型常量是用单引号的字符,例如'd'、'f'等。对于不可显示的控制字符,可以在该字符前加一个反斜杠“\\”组成转义字符,例如'\\n'(换行符)、'\\r'(回车符)等。

字符串常量由双引号""内的字符组成,例如"hello!"和"789 123"等。此处需要注意字符常量与字符串常量的差别,例如字符常量"a"与'a'的差别。

另外,在程序设计中,为了提高程序的可读性,常量可以用一个标识符号来代表一个常量,例如:

```
#define   constPI      3.1415
```

变量是一种在程序执行过程中值能够不断变化的量。在使用一个变量前,必须先进行定义,用一个标识符作为变量名并指出它的数据类型和存储模式,以便编译系统为它分配相

应的存储单元。在C51语言中，对变量的定义格式如下：

```
[存储类型]   数据类型  [存储器类型]    变量名表；
```

其中，存储类型有自动(auto)、外部(extern)、静态(static)和寄存器(register)这4种。定义一个变量时如果省略存储类型，则该变量默认为自动(auto)类型变量。

3. 运算符与表达式

运算符就是完成某种特定运算的符号，表达式则是由运算符及运算对象所组成的具有特定含义的一个式子。C51的基本运算与标准C语言一样，主要包括算术运算、关系运算、逻辑运算、位运算和赋值运算等。

(1) 算术运算符。C51语言的算术运算符有以下几种：＋(加法运算符，或正值符号)、－(减法运算符，或负值符号)、*(乘法运算符)、/(除法运算符)、%(模(求余)运算符)、＋＋(自增1运算符)、－－(自减1运算符)。

上述运算符中，加、减、乘、除和求余运算为双目运算符，即需要有两个运算对象；自增、自减为单目运算符，它只需一个运算对象。加、减、乘、除是我们比较熟悉的算术运算，“%”为模运算或求余运算，例如：“5%3”的结果为2。自增、自减运算符是使变量自动加1或减1。需要注意的是，自增和自减运算符放在变量的之前和之后的运算结果是不同的。例如：

＋＋i，－－i ：在使用i之前，先将i的值加1(或减1)；

i＋＋，i－－ ：在使用i之后，再将i的值加1(或减1)。

用算术运算符连接起来的式子称为算术运算表达式。例如：a*(a＋b)/(x＋y)，2*x＋1等。

(2) 关系运算符。C51语言的关系运算符有以下几种：>(大于)、<(小于)、>＝(大于或等于)、<＝(小于或等于)、＝＝(等于)、!＝(不等于)。

关系运算符的表达式的一般形式如下：

```
表达式1   关系运算符   表达式2;
```

关系运算表达式的值只有0和1两种，通常用来判别某个条件是否满足。当所指条件满足时结果为1，条件不满足则结果为0。

(3) 逻辑运算符。C51语言的逻辑运算符有以下几种：&&(逻辑与)、‖(逻辑或)、!(逻辑非)。

在上述逻辑运算符中，逻辑非“!”为单目运算符，逻辑与“&&”和逻辑或“‖”为双目运算符。逻辑运算符用来求某个条件的逻辑值。用逻辑运算符将关系表达式或逻辑量连接起来的式子称为逻辑表达式。逻辑运算的一般形式如下。

逻辑与：

```
条件式1 && 条件式2；
```

逻辑或：

```
条件式1 || 条件式2；
```

逻辑非：

```
!条件式
```

(4) 位运算符。C51 语言的位运算符有以下几种：~(按位取反)、<<(左移)、>>(右移)、&(按位与)、^(按位异或)和|(按位或)。

位运算符的作用是按位对变量进行运算，但并不改变参与运算的变量的值。若要改变变量的值，则需要引入赋值运算。按位操作是 C 语言的一大特点，这一特点使之有了汇编语言的一些功能，从而使其能对计算机的硬件直接进行操作。

位运算的一般形式为如下：

```
变量 1 位运算符 变量 2；
```

(5) 赋值与复合赋值运算符。C51 语言的赋值与复合赋值运算符有以下几种：=(赋值运算符)、+=(加法赋值运算符)、-=(减法赋值运算符)、*=(乘法赋值运算符)、/=(除法赋值运算符)、%=(取模赋值运算符)、<<=(左移赋值运算符)、>>=(右移赋值运算符)、&=(逻辑与赋值运算符)、|=(逻辑或赋值运算符)、^=(逻辑异或赋值运算符)和~=(逻辑非赋值运算符)。

在 C 语言中，符号"="是一种特殊运算符，称为赋值运算符。赋值运算符的作用是将赋值运算符右边的数值赋给左边的变量。利用赋值运算符将一个变量和一个表达式连接起来的式子称为赋值表达式。赋值表达式的一般格式如下：

```
变量=表达式
```

在赋值运算符"="的前面加上其他运算符，就构成了复合赋值运算符。复合赋值运算首先对变量进行相应运算，然后再将运算的结果赋给该变量。符合赋值运算的一般形式如下：

```
变量 复合赋值运算符 表达式
```

例如，x+=6 等价于 x=x+6，a*=2 等价于 a=a*2。采用复合赋值运算可以简化程序，有利于提高程序的编译效率。

(6) 条件运算符。条件运算符?:是 C 语言中唯一一个三目运算符，它有 3 个运算对象，用它可以将 3 个表达式连接构成一个表达式。条件运算符的一般形式如下：

```
逻辑表达式 ? 表达式 1: 表达式 2
```

其功能是首先计算逻辑表达式的值，如果为真(或非 0 值)，则整个条件表达式的值等于表达式 1 的值；否则，如果为假(或 0 值)，则整个条件表达式的值等于表达式 2 的值。例如，条件表达式

```
min= (x <  y)? x: y
```

的执行结果是将 x 和 y 中的最小值赋给变量 min。

(7) 逗号运算符。在 C 语言中,“,”是一种特殊的运算符,它可以将两个或多个表达式连接起来,称为逗号表达式。逗号表达式的一般形式如下:

```
表达式,表达式 2,…,表达式 n
```

程序运行时,会从左到右依次计算每个表达式的值,而整个表达式的值是最右边的表达式的值。

(8) sizeof 运算符。需要注意的是,sizeof 是一种特殊的运算符,用于求取数据类型、变量以及表达式的字节数。它不是一个函数,而是一个运算符。实际上,在程序编译时字节数已经计算出来了,而不是程序执行时才计算出来。该运算符的一般格式如下:

```
sizeof(表达式)
```

或

```
sizeof(数据类型)
```

(9) 指针和地址运算符。指针是 C 语言中的一个重要概念,是 C 语言数据类型中的一种。为了便于使用指针变量进行地址单元的访问,C 语言专门提供了两个运算符:

```
* 取内容
& 取地址
```

取地址和取内容的运算的一般形式如下:

```
变量 = * 指针变量
指针变量 =& 目标变量
```

C51 语言运算符除了上述运算符之外,还有强制类型转换运算符“()”、数组下标运算符“[]”、存取结构或联合中变量的运算符－＞、.,详细功能可参考相关文献。

表达式在计算求值时,要按运算符的优先级级别进行,当表达式中各个运算符的优先级别相同时,则计算时按规定的结合方向进行。C51 语言的运算符的优先级和结合性详见表 12-8 中所示。

表 12-8 运算符的优先级和结合性

优先级	类 别	运算符名称	运算符	结合性
1	强制转换 数组 结构,联合	强制类型转换 下标 存取结构或联合成员	() [] －＞或 .	右结合

续表

<table>
<tr><th>优先级</th><th>类　别</th><th>运算符名称</th><th>运算符</th><th>结合性</th></tr>
<tr><td rowspan="4">2</td><td>逻辑
字位</td><td>逻辑非
按位取反</td><td>!
~</td><td rowspan="4">左结合</td></tr>
<tr><td>增量
减量</td><td>增 1
减 1</td><td>++
--</td></tr>
<tr><td>指针</td><td>取地址
取内容</td><td>&
*</td></tr>
<tr><td>算术
长度计算</td><td>单目减
长度计算</td><td>-
sizeof</td></tr>
<tr><td rowspan="3">3</td><td rowspan="3">算术</td><td>乘</td><td>*</td><td rowspan="19">右结合</td></tr>
<tr><td>除</td><td>/</td></tr>
<tr><td>取模</td><td>%</td></tr>
<tr><td rowspan="2">4</td><td rowspan="2">算术和算术减</td><td>加</td><td>+</td></tr>
<tr><td>减</td><td>-</td></tr>
<tr><td rowspan="2">5</td><td rowspan="2">字位</td><td>左移</td><td><<</td></tr>
<tr><td>右移</td><td>>></td></tr>
<tr><td rowspan="4">6</td><td rowspan="4">关系</td><td>大于或等于</td><td>>=</td></tr>
<tr><td>大于</td><td>></td></tr>
<tr><td>小于或等于</td><td><=</td></tr>
<tr><td>小于</td><td><</td></tr>
<tr><td rowspan="2">7</td><td rowspan="2"></td><td>恒等于</td><td>==</td></tr>
<tr><td>不等于</td><td>!=</td></tr>
<tr><td>8</td><td>字位</td><td>按位与</td><td>&</td></tr>
<tr><td>9</td><td rowspan="2">字位</td><td>按位异或</td><td>^</td></tr>
<tr><td>10</td><td>按位或</td><td>|</td></tr>
<tr><td>11</td><td rowspan="2">逻辑</td><td>逻辑与</td><td>&&</td></tr>
<tr><td>12</td><td>逻辑或</td><td>||</td></tr>
<tr><td>13</td><td>条件</td><td>条件运算</td><td>?:</td><td rowspan="3">左结合</td></tr>
<tr><td rowspan="2">14</td><td rowspan="2">赋值</td><td>赋值</td><td>=</td></tr>
<tr><td>复合赋值</td><td>op=</td></tr>
<tr><td>15</td><td>逗号</td><td>逗号运算</td><td>,</td><td>右结合</td></tr>
</table>

12.3.3 C51 语言的语句

C51 语言的语句可以分为表达式语句、控制语句、函数调用语句、复合语句以及空语句 5 类。

1. 表达式语句

表达式语句是由一个表达式加上一个分号构成，最典型的是由赋值表达式构成的一个赋值语句。例如：

```
x =x * 7+8;
y =y%2-1;
```

表达式语句是构成 C 语言的一个重要特色，C 程序中大多数语句是表达式语句(包括函数调用语句)，因此 C 语言又称为“表达式语言”。

2. 控制语句

控制语句用于完成一定控制的功能，来实现数据处理的算法。C 语言共有 9 种控制语句，可以用来实现分支、循环两种结构化程序设计的基本结构。

分支语句又称为条件语句，由 if 关键字构成。C 语言提供了 3 种形式的分支语句，单分支、双分支和多分支语句。

(1) 单分支语句。

```
if (条件表达式)  语句
```

(2) 双分支语句。

```
if (条件表达式) 语句 1
else 语句 2
```

(3) 多分支语句。多分支语句有两种形式：

① if 语句。

```
if (条件表达式 1) 语句 1
else if (条件表达式 2) 语句 2
else if (条件表达式 3) 语句 3
…
else if (条件表达式 n)   语句 n
else  语句 m
```

② switch 语句。

```
switch (表达式)
{
    case  常量表达式 1: 语句 1
                     break;
    case  常量表达式 2: 语句 2
```

```
break;
…                              …
    case  常量表达式 n: 语句 n
    break;
    default: 语句 d
}
```

循环语句实现了循环结构,这是在实际应用中经常用到的一种结构,例如反复进行某种操作等,这时可以用循环结构来实现。C语言使用 while、do…while 和 for 这3种语句来实现循环结构。

(1) while 语句。while 语句的一般形式如下:

```
while (条件表达式)   语句;
```

(2) do…while 语句。do…while 语句的一般形式如下:

```
do 语句   while (条件表达式);
```

(3) for 语句。for 语句的一般形式如下:

```
for ([初值设定表达式];[循环条件表达式];[更新表达式])  语句
```

3. 函数调用语句

函数调用语句是函数调用加一个分号构成,例如:

```
printf("Hello, everyone!");
```

4. 复合语句

复合语句是指用{}把一些语句括起来构成的一种单句结构,例如:

```
{
    i++;
    j--;
    printf("%d,%d",i,j);
}
```

5. 空语句

空语句是指只有一个分号的语句。空语句没有什么具体的执行内容,它什么都不做,例如:

```
;  /* 空语句 */
```

12.4 Keil C51 语言与汇编语言的混合编程

在绝大多数情况下,C51 语言可以完成预期的任务,C51 编译器能够对 C51 源程序进行高效地编译,产生高效简洁的代码。但在提高代码执行速度、硬件控制以及精确定时等情形下往往需要采用一定的汇编语言编程来实现。这种不同语言结合在一起的编程方式称为混合编程。混合编程有 C51 语言源程序中混入汇编语言程序的编程方式以及汇编语言源程序中混入 C51 语言的编程方式两种情况，由于后者比较少用，所以在此仅介绍在 C51 语言源程序中混入汇编语言源程序的编程方式。

C51 语言源程序中混入汇编语言的混合编程方式有多种，常用的方式有两种：在 C51 源程序中直接嵌入汇编语言程序；在 C51 程序中调用汇编语言子程序。下面分别详述。

12.4.1 直接嵌入汇编语言程序

在 C51 语言源程序中，直接嵌入一小段汇编程序代码，一般通过预编译命令 #pragma asm 和 #pragma endasm 来实现。嵌入格式如下：

```
…
#pragma asm
汇编代码
#pragma endasm
…
```

需要注意的是，使用语句

```
#pragma  asm/#pragma  endasm
```

直接在 C51 程序中嵌入汇编代码时，asm/endasm 编译控制命令用于在 C51 源程序中标记在线汇编块的起始点和终止点，而带有 asm/endasm 块标记的 C51 源程序只有使用 SRC 控制命令进行编译时才能起作用。启用 SRC 控制命令的方法如下：

(1) 右击项目(project)窗口的文件或者在包含汇编代码 C 文件 Source Group1 上右击，弹出快捷菜单。

(2) 在弹出的快捷菜单中，选中 Options for File…或 Options for 'Source Group1'命令，弹出选项对话框。

(3) 在弹出的对话框中，选中 Properties 标签页，再选中 Generate Assembler SRC File 和 Assemble SRC File 复选框。

【例 12-8】 利用直接嵌入汇编代码方式，在 C51 源程序中嵌入汇编延迟程序，实现 P1.5 引脚产生方波信号。

程序如下：

```
#include<reg51.h>
void main( void )
{
    while(1)
    {
        P1 =0xDF;
        #pragma asm        /* 嵌入汇编代码开始 */
        MOV R7,#200
        L1: DJNZ R7,L1
        #pragma endasm     /* 嵌入汇编代码结束 */
```

```
        P1 =0xFF;
        #pragma asm          /* 嵌入汇编代码开始 */
        MOV R7,#200
        L2: DJNZ R7,L2
        #pragma endasm          /* 嵌入汇编代码结束 */
}
```

12.4.2 调用汇编语言子程序

要实现C语言程序与汇编语言程序的相互调用，就要创建有正确接口的汇编子程序，C51编译器提供了与汇编语言程序的接口原则。C51语言程序与汇编语言程序的相互调用实际上可以视为函数的调用，只不过函数是采用不同的编程语言编写而已。

在C51语言程序中，编写可以被C51程序调用的函数（即子程序）如须遵循以下规则。

(1) 函数的命名规则。C51编译器在编译过程中，将会按函数有无寄存器参数传递和函数是否具有重入性进行转换命名，函数命名的规则如表12-9所示。

表 12-9 函数名的转换规则

C语言函数类型	转换后的函数名	说明
func(void)	func	
func(参数表)	_func	有寄存器参数传递的函数为函数名前加"_"
func(void) reentrant	?func	无参数和可重入的函数为函数名前加"?"
func(参数表) reentrant	?_func	有寄存器参数传递和可重入的函数为函数名前加"?_"

(2) 函数段的命名规则。函数经过编译后，有程序部分和数据部分，它们被分别放在独立的段中。具体的命名规则如表12-10所示。

表 12-10 函数段名的命名规则

段名	段空间	用途
?PR?函数名?模块名	CODE段	放函数代码
?DT?函数名?模块名	DATA段	放局部变量
?BI?函数名?模块名	BIT段	放局部位变量

(3) 函数参数的传递规则。C51语言函数在调用汇编语言函数时，可以利用80C51单片机的工作寄存器传递的参数最多3个，表12-11列出了参数传递时不同数据类型参数的工作寄存器的选择。

表 12-11 参数传递的工作寄存器选择规则

传递的参数	char	int	long或float	一般指针
第1个参数	R7	R6(高字节)R7(低字节)	R4～R7	R1(低字节)、R2(高字节)、R3(存储类型)
第2个参数	R5	R4(高字节)R5(低字节)	R4～R7	R1(低字节)、R2(高字节)、R3(存储类型)
第3个参数	R3	R2(高字节)R3(低字节)	无	R1(低字节)、R2(高字节)、R3(存储类型)

当函数带有返回值时，函数的返回值的存放寄存器选择如表12-12所示。

表12-12 函数返回值存放寄存器选择规则

返回值类型	寄存器	说　明
bit	进位位CY	返回值在进位位CY中
(unsigned) char	R7	返回值在寄存器R7中
(unsigned) int	R6、R7	返回值高位在R6中，低位在R7中
(unsigned) long	R4～R7	返回值高位在R4中，低位在R7中
float	R4～R7	32位的IEEE格式，指数和符号在R7中
一般指针	R3、R2、R1	R3放存储类型，高位在R2中，低位在R1中

【例12-9】 采用调用汇编函数的方式，在C51源程序中调用汇编延迟子程序，实现P1.0引脚产生方波信号(无参数传递的函数的调用)。

主程序在文件Ch12Ex1.c中，采用C51语言编写；延迟子程序在文件DL.ASM中，采用汇编语言编写。

程序如下：

```
/* 主程序所在文件名 Ch12Ex1.c */
  #include<reg51.h>
  extern Delay();
  void main( void )
  {
    while(1)
    {
        P1=0x00;
        Delay();
        P1=0x01;
        Delay();
    }
  }
/* 延迟子程序所在文件名 DL.ASM */
  ?PR?Delay?DL SEGMENT  CODE
  PUBLIC Delay
  RSEG ?PR?Delay?DL

  Delay:  MOV R7,#200
          DJNZ R7,$
          RET
          END
```

【例12-10】 采用调用汇编函数的方式，在C51源程序中调用汇编延迟子程序，实现P1.0引脚产生周期为20ms的方波信号，设51单片机的时钟频率为12MHz(参数传递的函数的调用)。

主程序在文件Ch12Ex2.c中,采用C51语言编写;延迟子程序在文件DLxMS.ASM中,采用汇编语言编写。

程序如下:

```
/* 主程序所在文件名 Ch12Ex2.c */
  #include<reg51.h>
  extern Delay(unsigned x);
  void main( void )
  {
    while(1)
    {
        P1 =0x00;
        DelayMS(10);            /* 延迟 10ms */
        P1 =0x01;
        DelayMS(10);            /* 延迟 10ms */
    }
  }
/* 延迟子程序所在文件名 DLxMS.ASM */
  ?PR?_DelayMS DLxMS SEGMENT CODE
  PUBLIC _DelayMS
  RSEG PR?_DelayMS DLxMS

_DelayMS:

    MOV R1,#200
Dell: NOP
      NOP
      NOP
      DJNZ R1,Dell
      DJNZ R7,_DelayMS
      RET
      END
```

12.5 Keil C51 语言编程举例

12.5.1 定时器中断编程示例

【例 12-11】 设80C51单片机的时钟频率为12MHz,利用80C51的定时器/计数器1的工作方式1,在P1.6引脚输出周期为20ms的方波信号。

计算 T_1 的初值 M。因为 $f_{osc}=12\text{MHz}$,机器周期 $T_M=12\times1/12\mu s=1\mu s$,$T_{定时}=T_{方波}/2=20/2\text{ms}=10\text{ms}$,所以 $M=2^{16}-T_{定时}/T_M=2^{16}-10\text{ms}/1\mu s=65\,536-10\,000=55\,536$。

初值的高字节送入TH1,低字节送入TL1,即把55 536/256的商送入TH1,余数送入TL1。此外,将−10 000/256的商送入TH1,余数送入TL1,结果也是一样的。

计算 T1 的方式控制字 TMOD。

```
M1M0 =01,C/T̄=0,GATE =0
```

所以 TMOD 的控制为 0001 0000B,即 0x10。

程序如下:

```
#include<reg51.h>
sbit P16 =P1^6 ;
void timer1(void) interrupt 3 ;

void main( void )
{
    TMOD =0x10;
    TH1 =55536/256;
    TL1 =55536%256;
    EA =1;
    ET1 =1;
    TR1 =1;
    while(1);
}

void timer1(void) interrupt 3
{
    TH1 =55536/256;
    TL1 =55536%256;
    P16 =! P16;
}
```

12.5.2 80C51 单片机扩展资源编程示例

【例 12-12】 在一个 80C51 单片机的应用系统中,80C51 单片机外围通过 82C55 扩展了3 个并行接口 PA、PB 和 PC,PA 口接有 8 个拨码开关用于数据输入,PB 口接有 8 个发光二极管。系统扩展 82C55 后,PA 口、PB 口、PC 口和 PD 口的控制地址分别为 0x1FFC、0x1FFD、0x1FFE、0x1FFF。

要求:PA 口用作为输入,PB 口用作输出,将 PA 口的数据实时显示在 PB 口。

分析:PA 口用作为输入,PB 口用作输出,则端口的控制字为 1001 0000B,即 0x90。

程序如下:

```
#include<reg51.h>
#include<absacc.h>
#define PA8255    XBYTE[0x1FFC]
#define PB8255    XBYTE[0x1FFD]
#define PC8255    XBYTE[0x1FFE]
```

```
#define COM8255 XBYTE[0x1FFF]

void main( void )
{  unsigned int Tp;
   while(1)
   {
       COM8255 =0x90 ;
       Tp =PA8255 ;
       PB8255 =Tp ;
   }
}
```

习 题 12

1. 与标准C语言相比,C51语言扩展哪些关键字来适应于80C51单片机?

2. 在C51语言中,存储种类和存储器类型各有哪些组成?二者有什么区别?

3. 为什么一般情况下指针需要3B来存储?

4. 编写程序,将外部RAM的0x1000～0x1020单元的内容复制到片内RAM 0x30～0x50的单元中。

5. 利用80C51的定时器/计数器0的工作方式1,在P1.0引脚输出周期为100ms的方波信号。(设80C51单片机的时钟频率为12MHz)

6. 在一个基于80C51单片机的应用系统中,80C51单片机外围通过82C55扩展了3个并行接口PA、PB和PC。其中,PB口接有8个拨码开关作为数据输入,PC口接有8个发光二极管。系统扩展82C55后,PA口、PB口、PC口和PD口的控制地址分别为0x7000、0x7001、0x7002、0x7003。编程实现PB口拨码开关控制PC口发光二极管。

第 13 章 基于 Proteus 软件的单片机工程实践实例

要真正掌握某种芯片的应用，仅有理论学习还远远不够，只有学习与该芯片相关的实验、实践课程，才能最终掌握芯片的实际操作方法。MCS-51 单片机就是一种实践性很强的课程，在学习过程中搭建真实的 51 单片机系统并编写相关程序能够帮助使用者更好地理解硬件概念、掌握硬件设计方法。硬件系统的搭建需要各种设备、元器件，不易实现，而 Proteus 软件能够仿真硬件环境，支持汇编及 C 语言编程，可很好地解决了搭建真实硬件系统碰到的问题。本章以该软件为基础介绍硬件系统仿真方法，由浅入深地介绍了基础实验及接口实验。

本章所有实验使用了 Proteus 软件自带的编译器，建立工程、查找元器件、放置电源和地、电路图布线及程序调试的方法如第 4 章所示，本章不再赘述。此外，为了保证电路图更为简洁明了，所有实验电路图均省略了最小系统模块。同时由于 Proteus 使用的电子元器件符号没有采用我国的国家标准，为了方便学习者使用，本章所用电路图均与软件界面显示保持一致。

13.1 单片机输入输出接口实验

1. 实验要求

利用一组单刀双掷开关控制发光二极管的亮灭。单片机读入 P2 口 8 个单刀双掷开关的状态，并输出到 P1 口，当 P2 口的开关状态发生变化，对应的发光二极管也会随之亮灭。

2. 实验需要的元器件列表

本实验所需的元器件列表如图 13-1 所示，包括 CPU、LED-GREEN、RESISTOR(电阻)及 SW-SPDT(单刀双掷开关)。

图 13-1 单片机 I/O 接口实验元器件列表

3. 实验电路图

根据实验要求，依次放置器件、电源、地并且布线，电路图如图 13-2 所示。P1 口连接 8 个绿色发光二极管，P2 口连接 8 个单刀双掷开关。

4. 实验源程序及 Proteus 仿真结果

在 Proteus 自带的编译器中运行以下程序，可实时看到程序的运行结果。改变单刀双掷开关的状态，即可改变发光二极管的状态。运行结果如图 13-3 所示。单刀双掷开关在目前的状态下，发光二极管 D2、D3、D6 及 D7 被点亮。

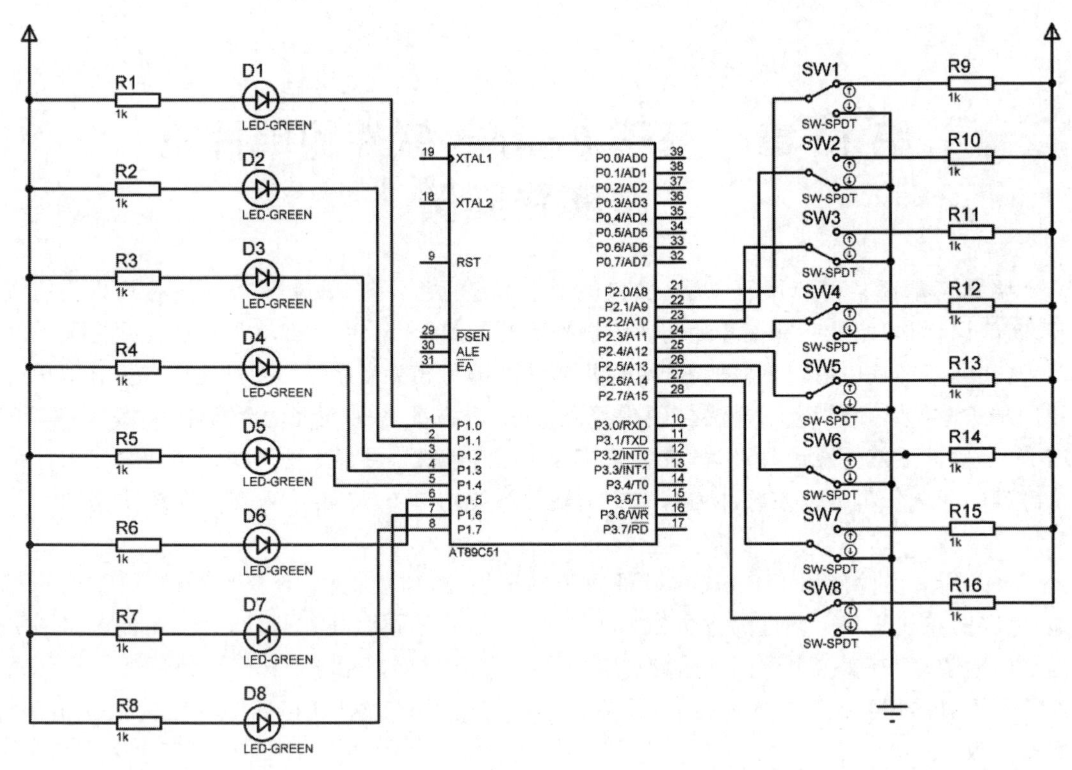

图 13-2 Proteus 绘制的单片机 I/O 接口实验电路原理图

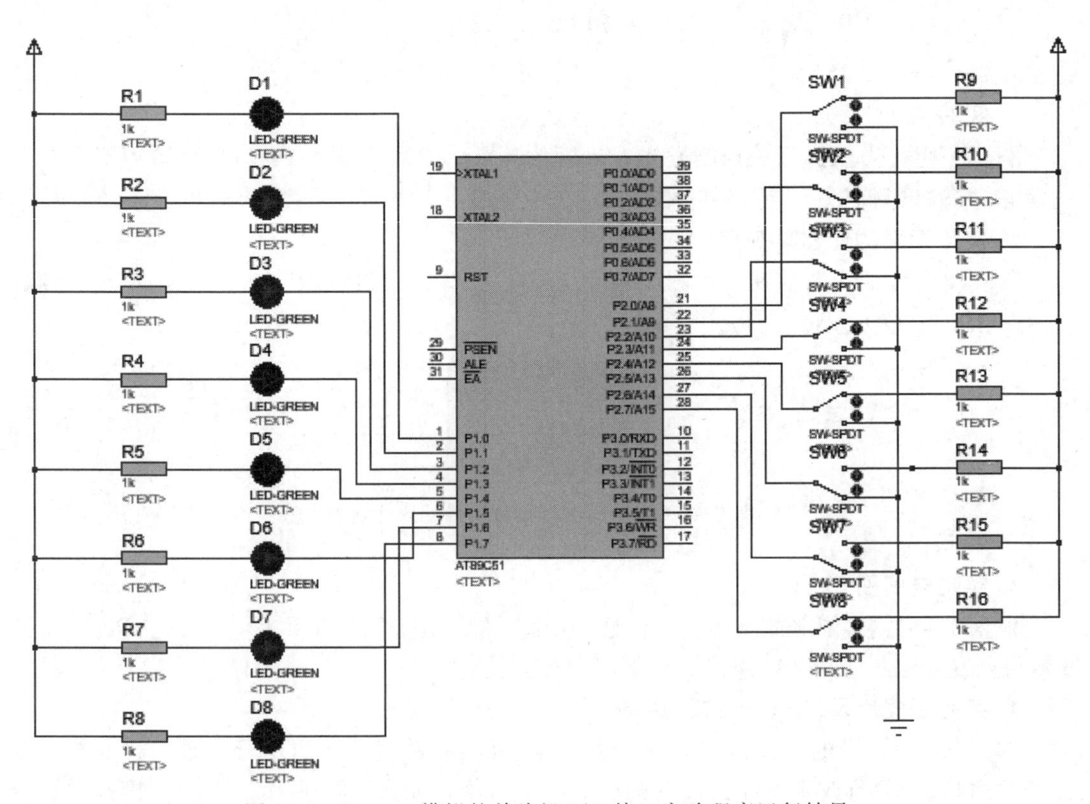

图 13-3 Proteus 模拟的单片机 I/O 接口实验程序运行结果

```
        ORG   0000H
        SJMP  Start
        ORG   0100H
Start:  MOV   P1,#00H
        MOV   P2,#0FFH
        MOV   A,P2          ;读入 P2 口的状态
LOOP:   MOV   P1,A          ;送入 P1 口
        MOV   B,A
LOOP1:  MOV   A,P2
        CJNE  A,B,LOOP
        SJMP  LOOP1
        END
```

13.2　单片机外部中断实验

1. 实验要求

正常情况下 P1 口所接的发光二极管依次循环点亮(走马灯)。当外部中断端口外接的按键按下时,产生中断,此时 8 只发光管"全亮—全暗"交替出现 8 次,而后恢复正常。

2. 实验需要的元器件列表

本实验所需的元器件列表如图 13-4 所示,包括 CPU、LED-YELLOW、RESISTOR(电阻)及 BUTTON(按键)。

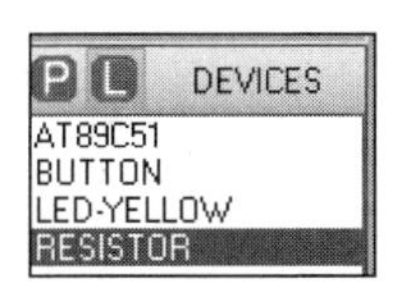

图 13-4　单片机外部中断实验元器件列表

3. 实验电路图

根据实验要求,依次放置器件、电源、地并且布线,电路图如 13-5 所示。外部中断 0 端口接按键,P1 口连接 8 个发光二极管。

4. 实验源程序及 Proteus 仿真结果

实验程序可参考例 5-3。运行程序,看到 8 个发光二极管循环点亮,按开关按键,可观察到 8 个发光二极管亮灭循环 8 次。图 13-6 显示了发光二极管循环点亮的状态,此刻发光二极管 D4 被点亮。

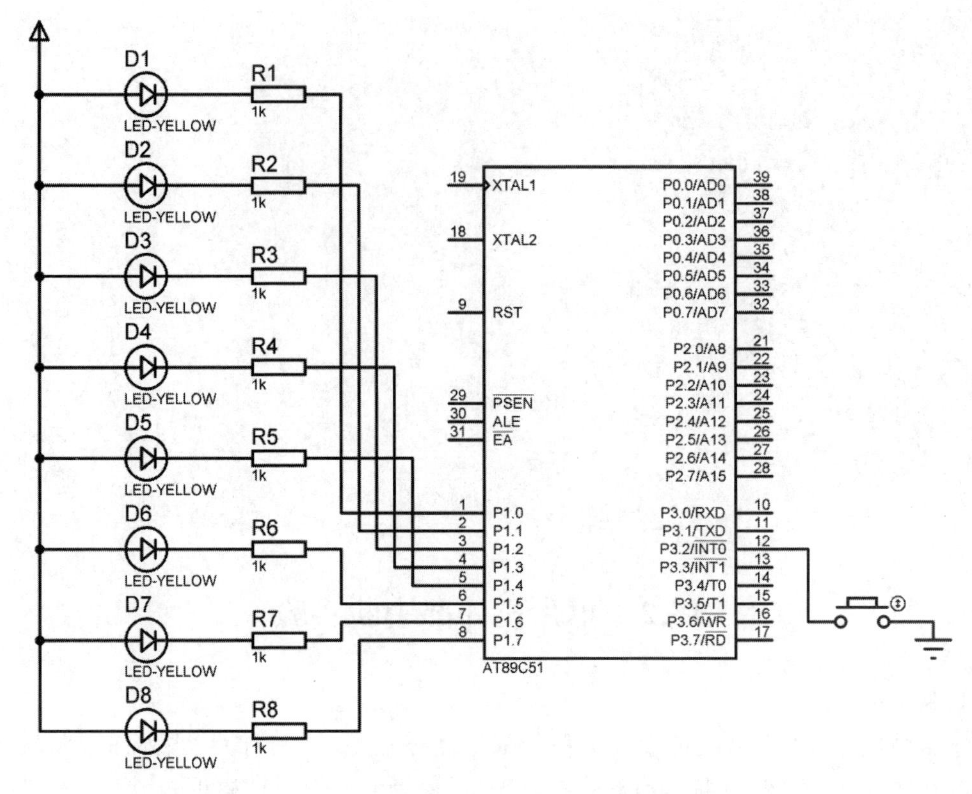

图 13-5　用 Proteus 绘制的单片机外部中断实验电路图

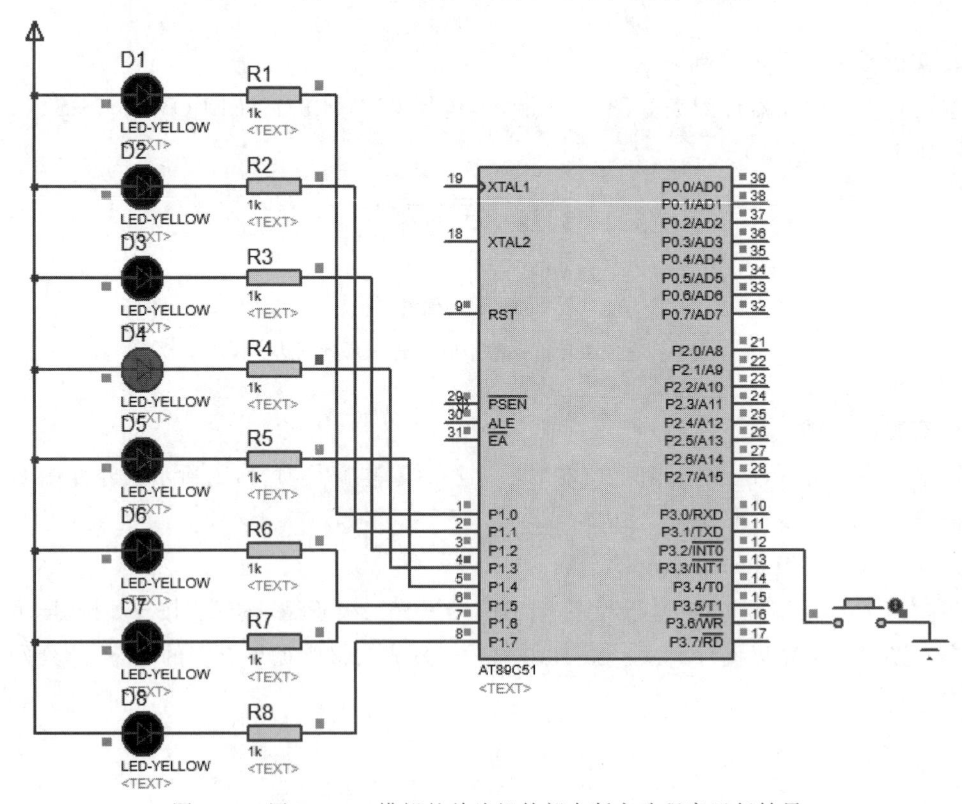

图 13-6　用 Proteus 模拟的单片机外部中断实验程序运行结果

13.3 单片机定时器中断实验

1. 实验要求

系统晶振频率为12MHz,利用定时器中断模式,在P1.0引脚输出周期为1s的方波。

2. Proteus中示波器的放置方法及实验电路图

该实验除了51单片机外不需要其他元器件。但是为了观察方波及方波周期,需要在P1.0引脚接入虚拟示波器。单击虚拟仪器模式按钮,如图13-7所示,选择OSCILLOSCOPE(示波器),即可将示波器放置在如图13-8所示的电路图上。

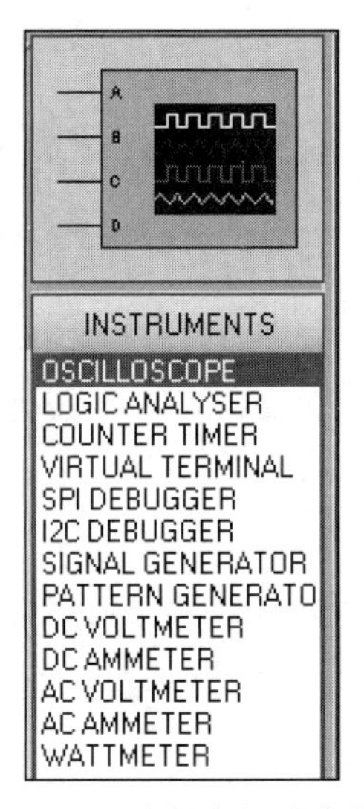

图13-7　选择虚拟示波器

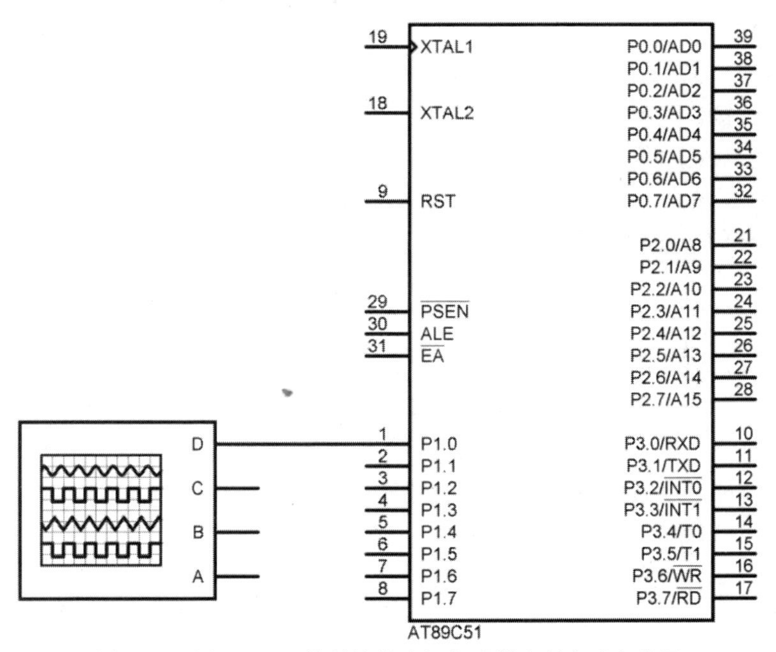

图13-8　用Proteus绘制的单片机定时器中断实验电路图

选择示波器的信道 D 接入 P1.0 引脚，运行程序可观察波形。

3. 实验源程序及 Proteus 仿真结果

实验源程序可参考例 6-3。运行程序，调整示波器按钮，可在 D 信道观察到周期为 1s 的方波。如图 13-9 所示，可以调整 Channel D 时基、幅值等参数，使得方波更易于观察，与实际示波器的使用方法非常相似。

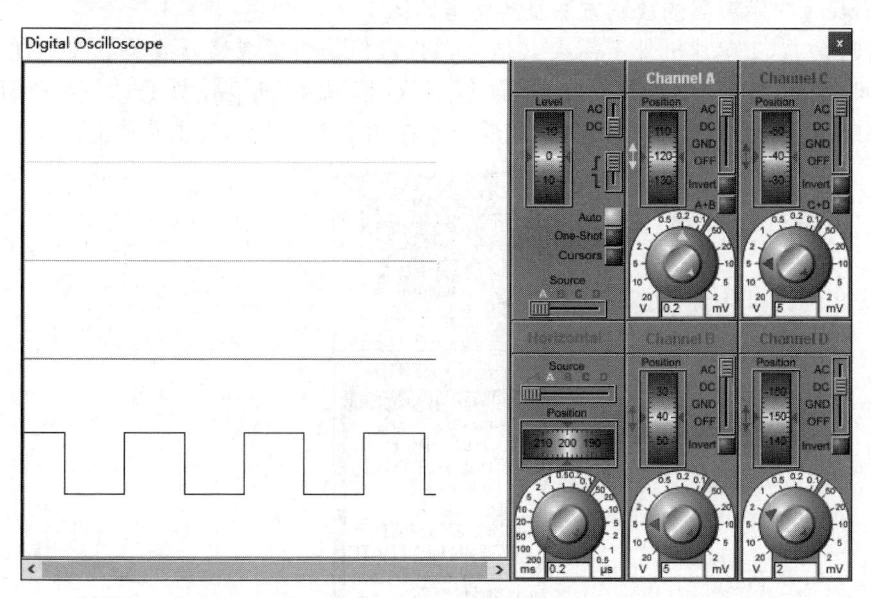

图 13-9　用 Proteus 模拟的单片机定时器中断实验虚拟示波器仿真结果

13.4　单片机与 PC 串行接口通信实验

1. 实验要求

单片机串行接口利用中断方式与 PC 全双工通信。首先在单片机内存 40H 开始的存储空间存入 20 个数据，依次为 00H～13H。将这些数据通过串行接口循环发送给 PC，同时将 PC 发回的数据送入内部 RAM 地址 60H 开始的存储空间中。

2. 实验需要的元器件列表

本实验的元器件列表如图 13-10 所示。MAX232 为电平转换芯片，用于 PC 与单片机串行通信时 TTL 电平与 RS-232 电平之间的转换。COMPIM 串行接口模型如图 13-11 所示，是一个标准的 RS-232 接口。双击该元器件可以进行串行接口模型属性设置，本实验设置如图 13-12 所示。此外，为了监控并模拟 PC 收发数据的过程，还需要在电路图上放置两个虚拟终端。如图 13-13 所示，单击虚拟仪器模式按钮，选择 VIRTUAL TERMINAL，即可放置虚拟终端。双击虚拟终端可以设置属性。属性设置结果如图 13-14 所示。注意，PC 与单片机的波特率应保持一致，同时 RX/TX 极性反向。

3. 实验电路图

本实验的虚拟终端分别连接 MAX232 芯片的 T1OUT 端与 R1IN 端。完整的电路图如图 13-15 所示。

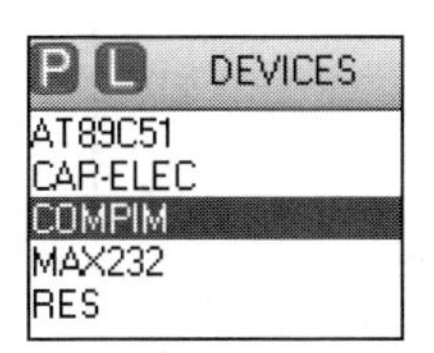

图 13-10　单片机与 PC 通信实验元器件列表图

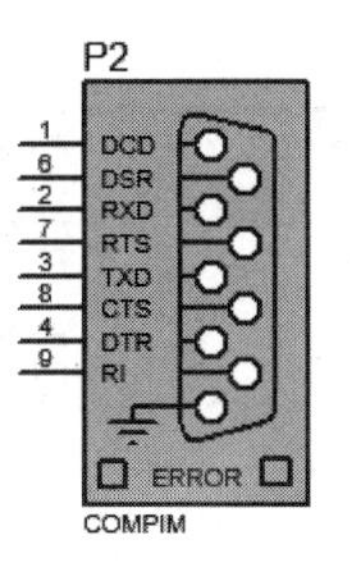

图 13-11　串行接口模型 COMPIM

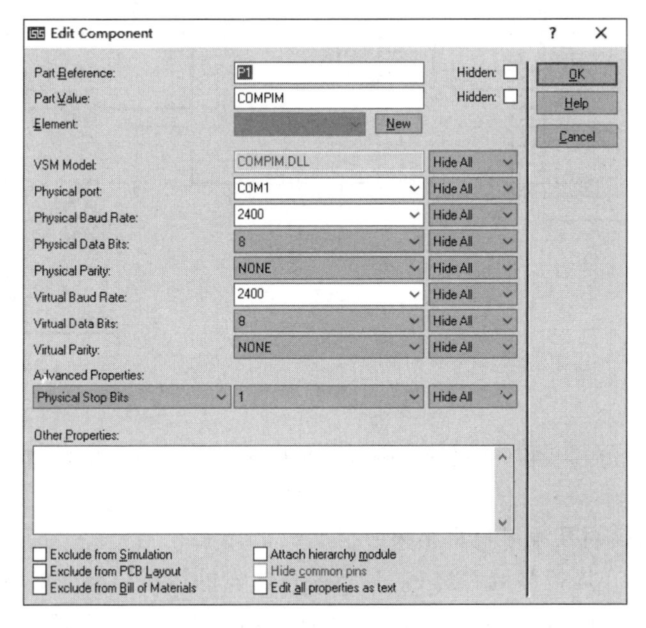

图 13-12　串行接口模型属性设置

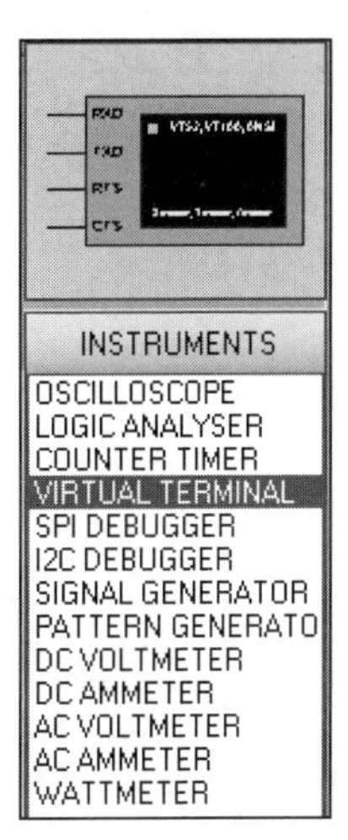

图 13-13　选择虚拟终端图

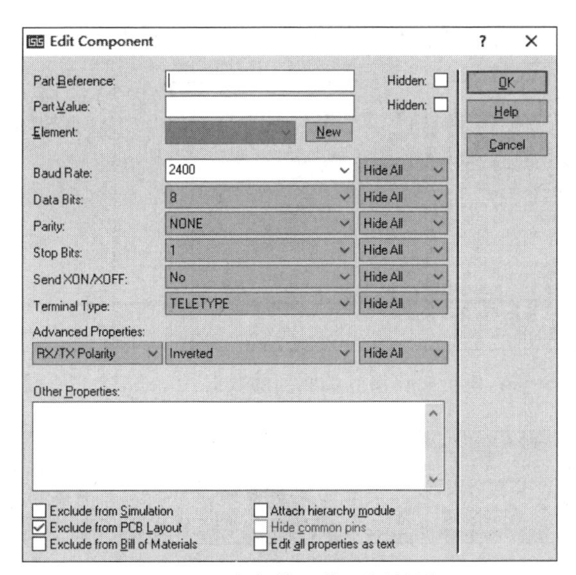

图 13-14　串行接口模型属性设置

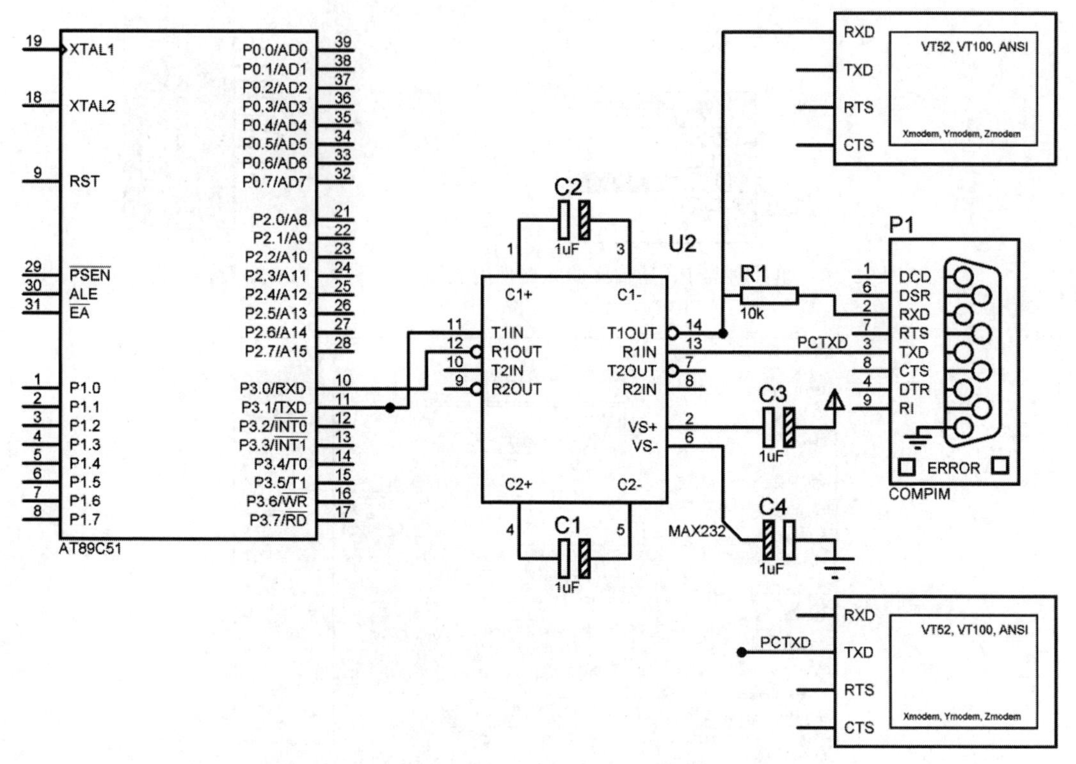

图 13-15　用 Proteus 绘制的单片机与 PC 进行串行通信的电路图

4. 虚拟终端的使用及程序仿真结果

运行程序，可以在虚拟终端看到 PC 串行接口收发的运行结果。如图 13-16 所示，PC 串行接口接收端循环收到单片机发送的 20 个数据。如图 13-17 所示，用户可以在 PC 串行接口发送端直接通过键盘输入数据。单片机接收到这些数据并按照要求存储在内部 RAM 60H 开始的存储空间中，存储结果如图 13-18 所示。

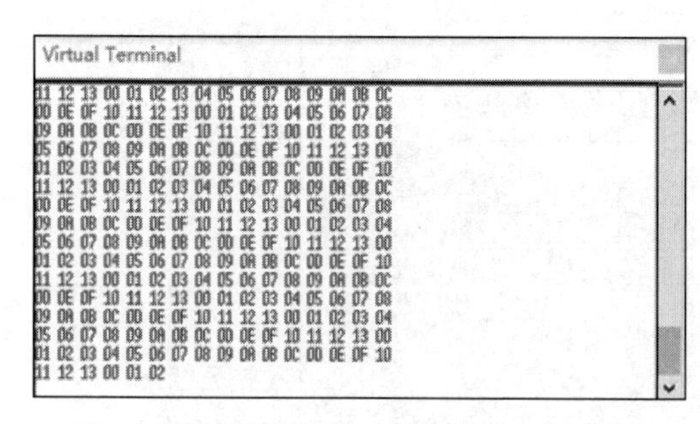

图 13-16　PC 串行接口接收端收到的数据

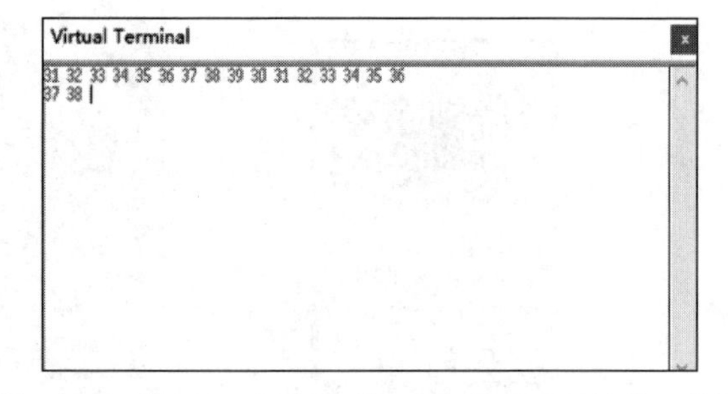

图 13-17　使用 PC 键盘在 PC 串行接口发送端输入数据

8051 CPU Internal (IDATA) Memory - U1

00	44 72 00 00	00 00 00 10	57 00 00 00	00 00 00 00	00 00 00 00	00 00 00 00	00 00 00 00	00 00 00 00	00 00 00 00	00 00 00 00
2C	00 00 00 00	00 00 00 00	00 00 00 00	00 00 00 00	00 00 00 00	00 01 02 03	04 05 06 07	08 09 0A 0B	0C 0D 0E 0F	10 11 12 13
58	00 00 00 00	00 00 00 00	33 32 33 34	35 36 37 38	39 30 31 32	33 34 35 36	37 38 00 00	00 00 00 00	00 00 00 00	00 00 00 00
84	00 00 00 00	00 00 00 00	00 00 00 00	00 00 00 00	00 00 00 00	00 00 00 00	00 00 00 00	00 00 00 00	00 00 00 00	00 00 00 00
B0	00 00 00 00	00 00 00 00	00 00 00 00	00 00 00 00	00 00 00 00	00 00 00 00	00 00 00 00	00 00 00 00	00 00 00 00	00 00 00 00
DC	00 00 00 00	00 00 00 00	00 00 00 00	00 00 00 00	00 00 00 00	00 00 00 00	00 00 00 00	00 00 00 00	00 00 00 00	

图 13-18　单片机将收到的数据存储在内部 RAM 中

程序如下：

```
            ORG   0000H
            AJMP  MAIN
            ORG   0023H
            LJMP  SerialInOut
            ORG   0030H
MAIN:       MOV   A,#00H
            MOV   R7,#20
            MOV   R0,#40H
ENTERNUMBER: MOV  @R0,A
            INC   A
            INC   R0
            DJNZ  R7,ENTERNUMBER
            MOV   SCON,#50H        ;串行接口工作在方式 1,允许接收
            MOV   TMOD,#20H
            MOV   TH1,#0F3H
            MOV   TL1,#0F3H
            SETB  TR1
            SETB  EA
            SETB  ES
            MOV   R0,#40H
            MOV   R1,#60H
            MOV   R7,#20
            MOV   A,@R0
            MOV   SBUF,A
            DEC   R7
            SJMP  $
SerialInOut: JNB  TI,SeIn          ;串行接口中断发送接收子函数
            CLR   TI
            INC   R0
            MOV   A,@R0
            MOV   SBUF,A
            DJNZ  R7,ENDSI
            MOV   R0,#40H          ;发完 20 个数据再次从开始处发送
            MOV   R7,#20
            LJMP  ENDSI
SeIn:       CLR   RI
            MOV   A,SBUF
            MOV   @R1,A
            CJNE  R1,#80H,SeO
            MOV   R1,#60H
            LJMP  ENDSI
SeO:        INC   R1
ENDSI:            RETI
            END
```

13.5 单片机 LED 数码管显示实验

单片机 LED 数码管一般有静态显示方式和动态显示方式两种。

13.5.1 LED 数码管静态显示实验

1. 实验要求

使用一位 LED 数码管依次循环显示 0～9 以及 A～F 共 16 个字符。

2. 实验需要的元器件列表

本实验需要的元器件列表如图 13-19 所示。实验使用了 1 位共阴极蓝色七段 LED 数码管。

图 13-19 LED 数码管静态显示实验元器件列表

3. 实验电路图

实验电路图如图 13-20 所示。七段共阴极 LED 数码管与 P0 口相连，使用 P0 口需要外接上拉电阻。

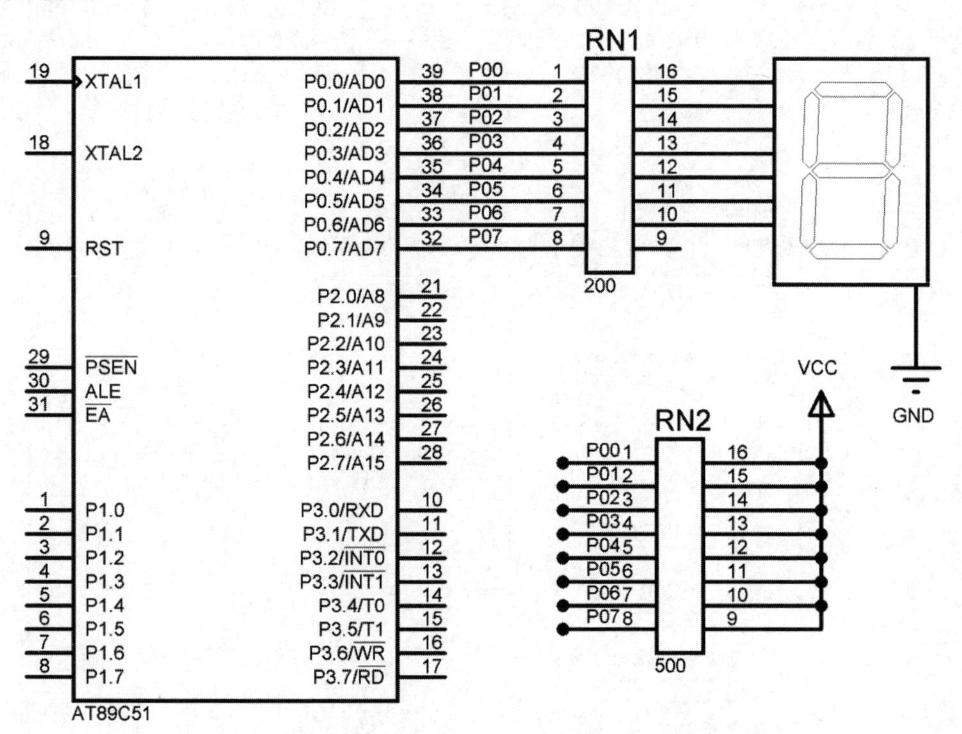

图 13-20 用 Proteus 绘制的 LED 数码管静态显示实验电路图

4. 实验源程序及 Proteus 仿真结果

本实验可参考 9.2.1 节 LED 数码管静态显示程序。运行程序，可以看到在 LED 数码管上依次循环显示实验要求的16个字符。加长延迟程序的延迟时间,能够更清晰地看到字符的显示结果,如图13-21所示。

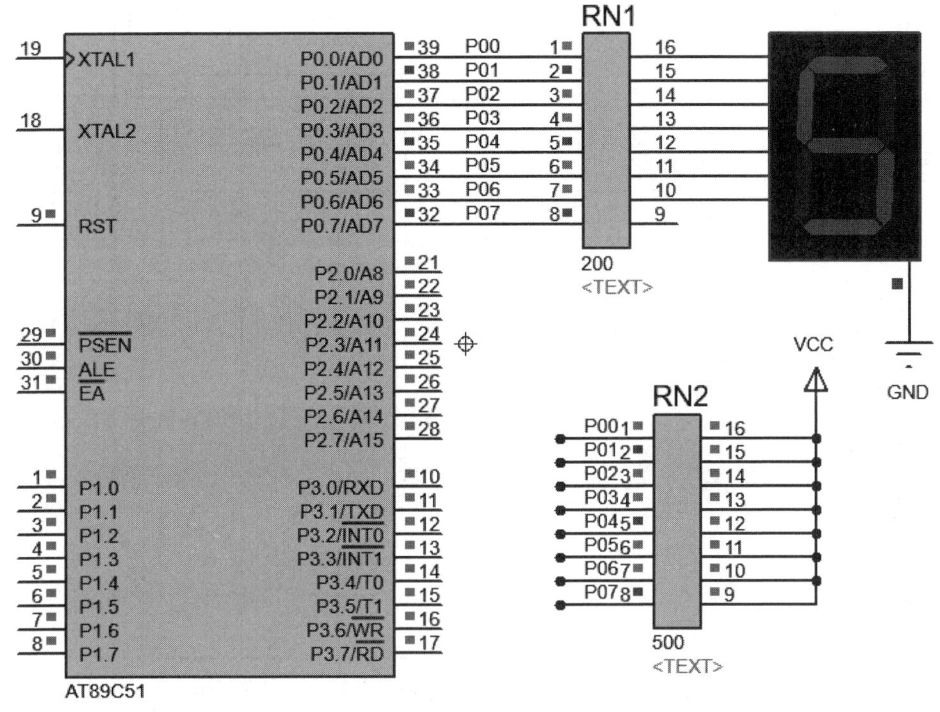

图13-21 用Proteus模拟的LED数码管静态显示实验显示结果

13.5.2 LED数码管动态显示实验

1. 实验要求

使用LED数码管动态显示3位数据。

2. 实验需要的元器件列表

本实验使用的元器件如图13-22所示,包括4位七段共阳极LED数码管、三极管等。

图13-22 LED数码管动态显示实验元器件列表

3. 实验电路图

根据实验要求,电路图如图13-23所示。使用了4位LED数码管,同时使用三极管提高I/O接口的负载能力。

4. 实验源程序及Proteus仿真结果

本实验可参考9.2.1节LED数码管动态显示程序。如图13-24所示,运行程序,LED数码管稳定显示数字“210”。

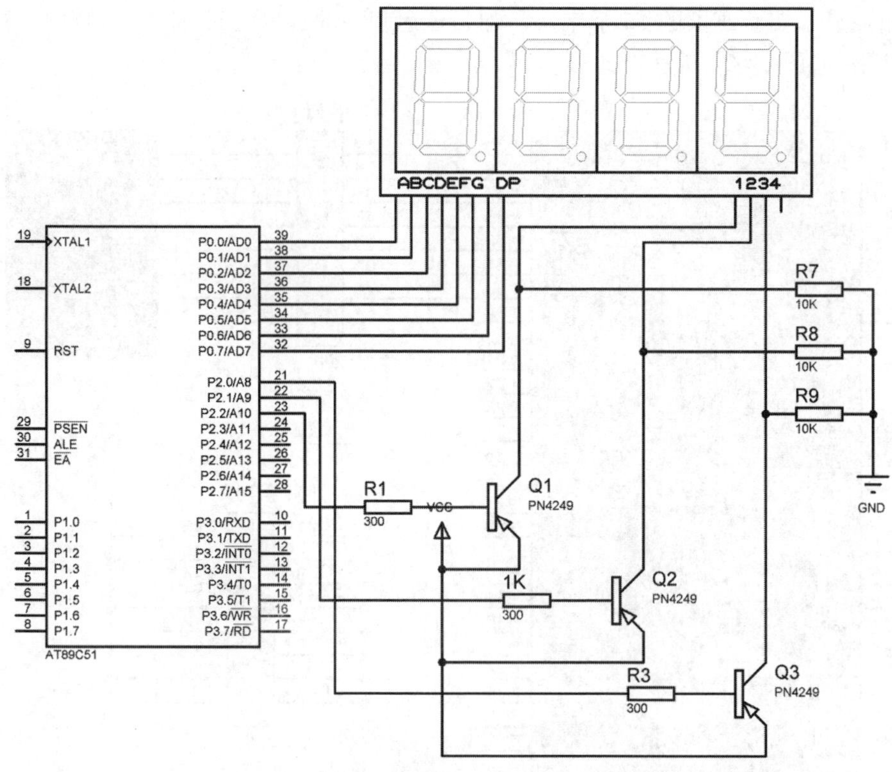

图 13-23　用 Proteus 绘制的 LED 数码管动态显示实验电路图

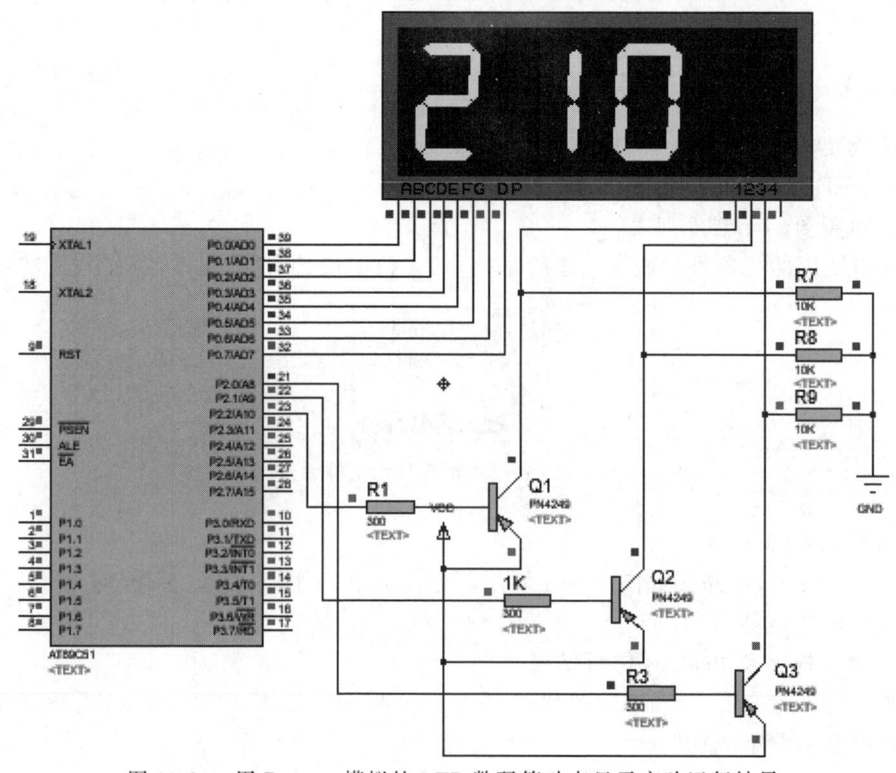

图 13-24　用 Proteus 模拟的 LED 数码管动态显示实验运行结果

13.6 单片机液晶显示器显示实验

1. 实验要求

利用 LCD1602 稳定显示一串字符。

2. 实验需要的元器件列表

本实验所需的元器件列表如图 13-25 所示。LCD1602 在 Proteus 中的芯片型号为 LM016L。

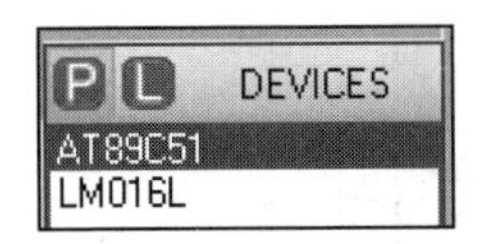

图 13-25 LCD 显示实验元器件列表

3. 实验电路图

实验电路图如图 13-26 所示。其中,P2.0、P2.1 及 P2.2 作为控制端,控制 LCD1602 的使能与读写。

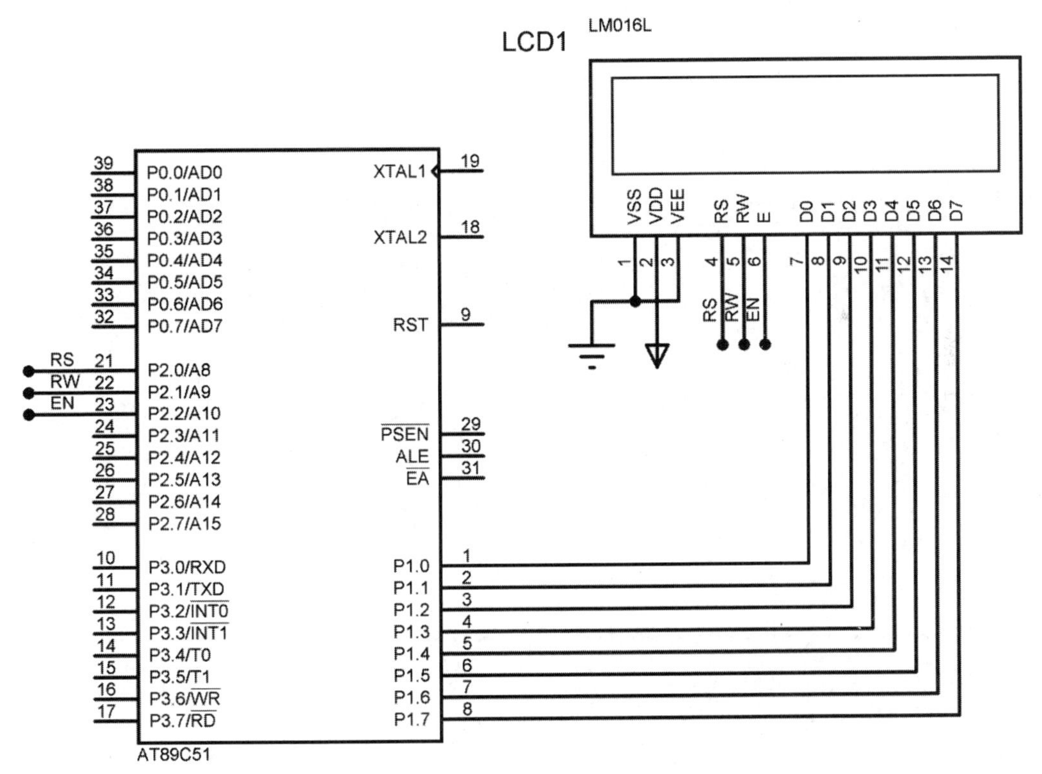

图 13-26 用 Proteus 绘制的液晶显示器显示实验电路图

4. 实验源程序及 Proteus 仿真结果

运行程序,在液晶屏上分为两行稳定显示了两串字符,实验结果如图 13-27 所示。具体主程序如下所示,其中子函数参考 9.3.1 节液晶显示器程序代码。

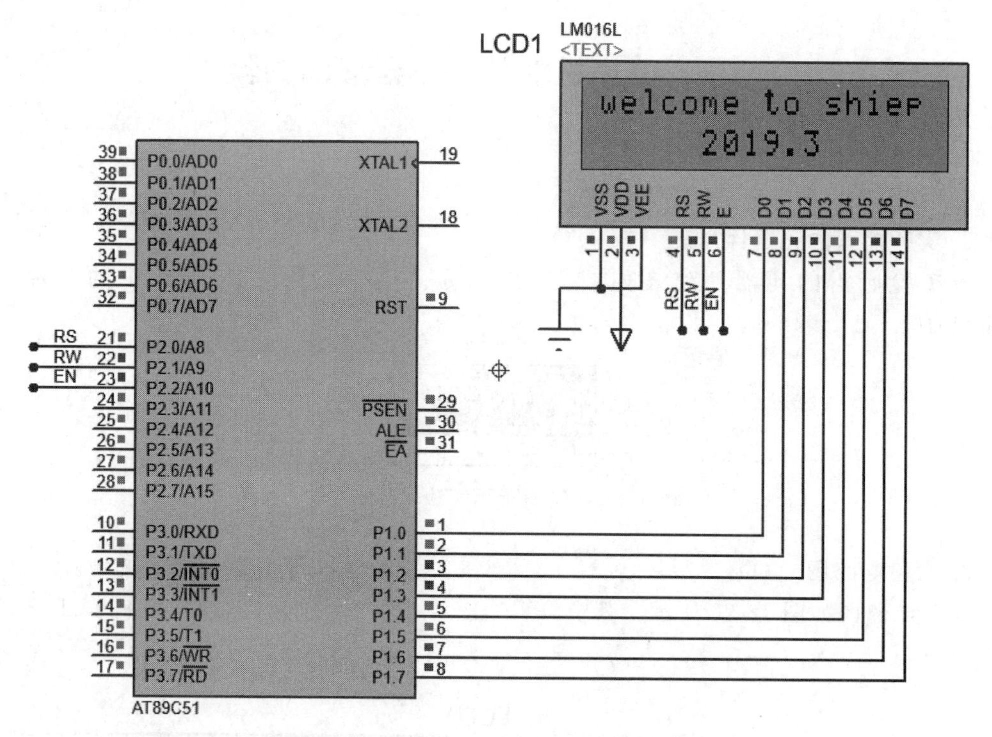

图 13-27 用 Proteus 模拟的液晶显示器显示实验程序运行结果

```
        RS      BIT  P2.0
        RW      BIT  P2.1
        EN      BIT  P2.2
        ORG     0000H
        AJMP    MAIN
        ORG     0100H
MAIN:   MOV     SP,#40H
        MOV     A,#01H       ;依次写入命令
        ACALL   WCOM
        MOV     A,#38H
        ACALL   WCOM
        MOV     A,#0CH
        ACALL   WCOM
        MOV     A,#06H
        ACALL   WCOM
        MOV     A,#80H
        ACALL   WCOM
        MOV     A,#'w'       ;从第一行开始写入数据
        ACALL   WDATA
        MOV     A,#'e'
        ACALL   WDATA
```

```
        MOV    A, #'l'
        ACALL  WDATA
        MOV    A,#'c'
        ACALL  WDATA
        MOV    A,#'o'
        ACALL  WDATA
        MOV    A,#'m'
        ACALL  WDATA
        MOV    A,#'e'
        ACALL  WDATA
        MOV    A,#' '
        ACALL  WDATA
        MOV    A,#'t'
        ACALL  WDATA
        MOV    A,#'o'
        ACALL  WDATA
        MOV    A,#' '
        ACALL  WDATA
        MOV    A,#'s'
        ACALL  WDATA
        MOV    A,#'h'
        ACALL  WDATA
        MOV    A,#'i'
        ACALL  WDATA
        MOV    A,#'e'
        ACALL  WDATA
        MOV    A,#'p'
        ACALL  WDATA
        MOV    A,#0C5H        ;从 LCD 的第二行中间位置写入数据
        ACALL  WCOM
        MOV    A,#'2'         ;开始在第二行写入数据
        ACALL  WDATA
        MOV    A,#'0'
        ACALL  WDATA
        MOV    A,#'1'
        ACALL  WDATA
        MOV    A,#'9'
        ACALL  WDATA
        MOV    A,#'.'
        ACALL  WDATA
        MOV    A,#'3'
        ACALL  WDATA
L:      SJMP   L
```

13.7　单片机键盘扫描显示实验

键盘一般分为独立键盘和矩阵键盘。本节分别用两个实验说明键盘显示程序的设计及调试方法。

13.7.1　独立键盘扫描显示实验

1. 实验要求

使用 8 个独立键盘控制 1 位 LED 数码管显示结果。

2. 实验需要的元器件列表

本实验的元器件列表如图 13-28 所示。本实验使用了 1 位七段共阳极 LED 数码管，8 个 BUTTON(按键)。

图 13-28　独立式键盘扫描显示实验元器件列表

3. 实验电路图

根据实验要求绘制如图 13-29 所示的实验电路。将 P2 口连接 LED 数码管，P1 口连接 8 个独立键盘。

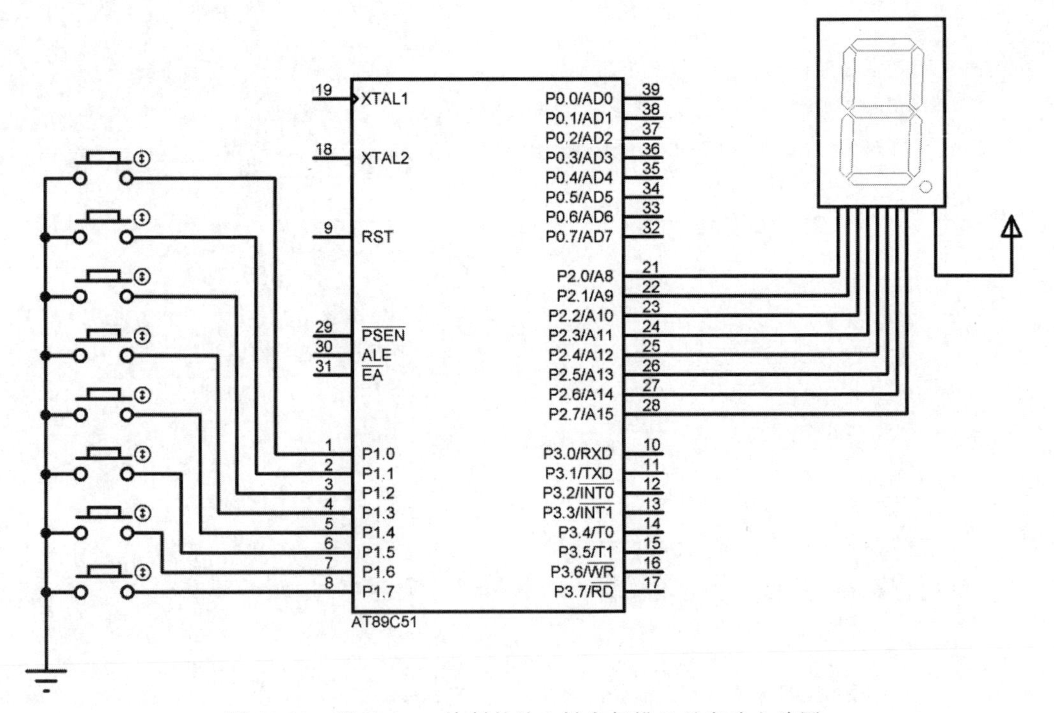

图 13-29　用 Proteus 绘制的独立键盘扫描显示实验电路图

4. 实验源程序及 Proteus 仿真结果

运行程序,对各个按键循环扫描,根据扫描结果赋予 R7 不同的值。显示子函数按照 R7 内容查表,即可在 LED 数码管上显示不同的值。如图 13-30 所示,按下第 4 个按键,可在 LED 数码管上显示数字 4。

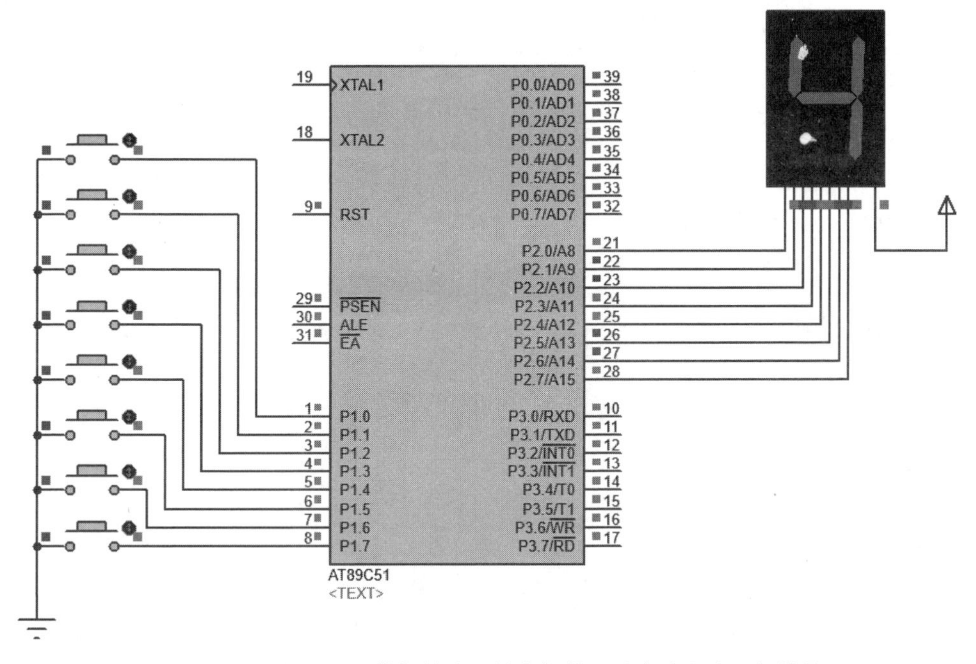

图 13-30　用 Proteus 模拟的独立键盘扫描显示实验程序运行结果

```
        ORG     0000H
        AJMP    START
        ORG     0100H
START:  ACALL   KEYRD                   ;将键盘扫描的结果存入 R7 中
        MOV     A,R7
        ACALL   DISPLAY                 ;调用显示子函数显示键盘扫描值
        LJMP    START
        SJMP    $
KEYRD:  MOV     A,#0FFH                 ;键盘扫描子函数
        MOV     P1,A
        MOV     A,P1
KEYDD:  ACALL   DELAY
        MOV     A,#0FFH
        MOV     P1,A
        MOV     A,P1
        CJNE    A,#0FFH, KEY0
        LJMP    EXIT
KEY0:   CJNE    A,#0FEH, KEY1
```

```
        MOV     R7,#00H
        LJMP    EXIT
KEY1:   CJNE    A,#0FDH,KEY2
        MOV     R7,#01H
        LJMP    EXIT
KEY2:   CJNE    A, #0FBH,KEY3
        MOV     R7,#02H
        LJMP    EXIT
KEY3:   CJNE    A,#0F7H,KEY4
        MOV     R7,#03H
        LJMP    EXIT
KEY4:   CJNE    A,#0EFH,KEY5
        MOV     R7,#04H
        LJMP    EXIT
KEY5:   CJNE    A,#0DFH,KEY6
        MOV     R7,#05H
        LJMP    EXIT
KEY6:   CJNE    A,#0BFH,KEY7
        MOV     R7,#06H
        LJMP    EXIT
KEY7:   CJNE    A,#07FH,EXIT
        MOV     R7,#07H
EXIT:   RET
DISPLAY: MOV    DPTR,#TAB               ;显示子函数
MM:     MOVC    A,@A+DPTR
        MOV     P2,A
        ACALL   DELAY1
        RET
DELAY:  MOV     R5,#08H                 ;延迟子函数
DD:     MOV     R6,#0FAH
        DJNZ    R6,$
        DJNZ    R5,DD
        RET
DELAY1: MOV     R4,#00H
DD1:    MOV     R3,#00H
        DJNZ    R3,$
        DJNZ    R4,DD1
        RET
TAB:    DB      0C0H,0F9H,0A4H,0B0H,99H,92H,82H,0f8H,80H
        END
```

13.7.2 矩阵键盘扫描显示实验

1. 实验要求

使用 4 位 LED 数码管显示矩阵键盘的输入值。要求 LED 数码管可稳定显示 4 位数据。当键盘输入新的数据时,LED 数码管可实时更新键盘输入结果。

2. 实验需要的元器件列表

本实验需要的元器件列表如图 13-31 所示。本实验使用了 4 位七段共阳极 LED 数码管和矩阵键盘等。

图 13-31 矩阵键盘扫描显示实验元器件列表

3. 实验电路图

本实验的电路图如图 13-32 所示。其中 P1 口连接矩阵键盘，P2 口连接 4 位 LED 数码管，P3.0～P3.3 作为控制端，连接 LED 数码管的位选端。

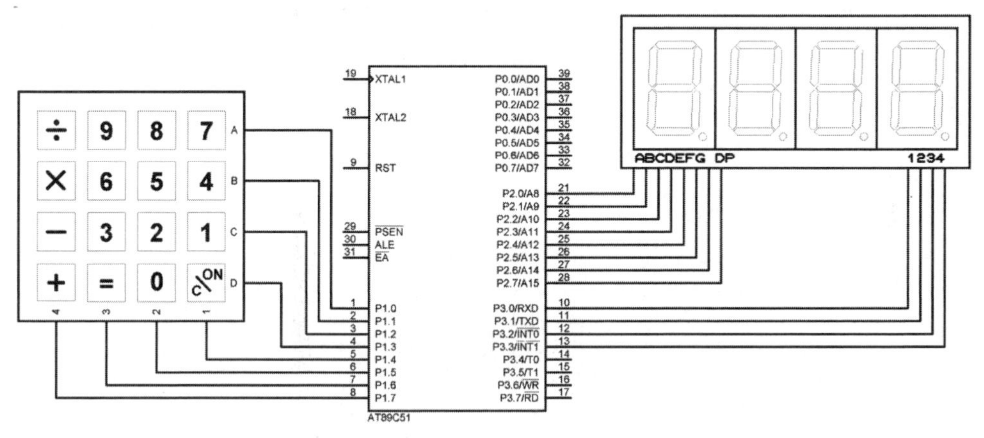

图 13-32 用 Proteus 绘制的矩阵键盘扫描显示实验电路图

4. 实验源程序及 Proteus 仿真结果

根据矩阵键盘的连接方式，适当调整键值的排列顺序即可得到与按键号码相符合的按键值。首先设置矩阵键盘显示的初始值，使得 4 位 LED 数码管显示为“0000”，当按下按键后，可看到按键号码依次显示在 4 位 LED 数码管上。具体显示结果如图 13-33 所示。

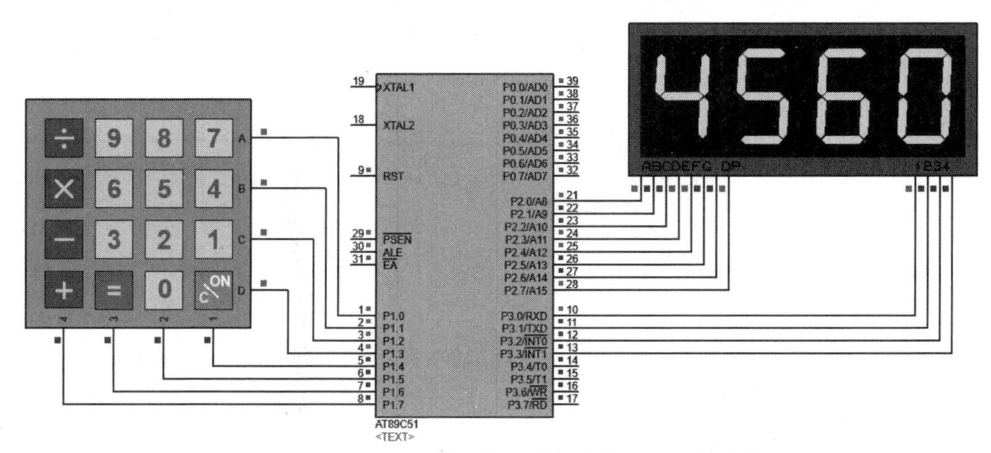

图 13-33 用 Proteus 模拟的矩阵键盘扫描显示实验结果

```
        ORG       0000H
        AJMP      START
        ORG       0100H
START:  MOV       R1,#40H
        MOV       40H,#0DH            ;将 40H～43H 初始化
        MOV       41H,#0DH
        MOV       42H,#0DH
        MOV       43H,#0DH
        MOV       SP,#60H
LOOP:   ACALL     KEYRD               ;调用键值扫描函数
        ACALL     DISPLAY             ;调用显示函数
        AJMP      LOOP
KEYRD:                                ;键盘扫描子函数
        LCALL     KEYSCAN             ;按键防抖动处理
        JNZ       KK
        LJMP      EXIT
KK:     LCALL     DELAY1
        LCALL     KEYSCAN
        JNZ       KP
        LJMP      EXIT
KP:     MOV       R2,#0EFH            ;键盘依次扫描行、列值
        MOV       R4,#00HK3:
        MOV       P1,R2
L0:     JB        P1.0, L1
        MOV       A,#00H
        AJMP      GETKEY
L1:     JB        P1.1, L2
        MOV       A,#04H
        AJMP      GETKEY
L2:     JB        P1.2, L3
        MOV       A,#08H
        AJMP      GETKEY
L3:     JB        P1.3, NEXT
        MOV       A,#0CH
        AJMP      GETKEY
NEXT:   INC       R4
        MOV       A,R2
        JNB       ACC.7, GETKEY
        RL        A
        MOV       R2,A
        AJMP      K3
GETKEY: ADD       A,R4                ;行值列值相加得到键值
        MOV       70H, A              ;暂存键值
K4:     LCALL     DELAY1              ;松键检测
        LCALL     KEYSCAN
```

```
         LCALL    DELAY1
         LCALL    KEYSCAN
         JNZ      KP
         MOV      A,70H              ;取出暂存的键值
         MOV      @R1,A              ;依次送入 40H～43H 的存储空间
         INC      R1
         CJNE     R1,#44H,EXIT
         MOV      R1,#40H
EXIT:    RET
KEYSCAN: MOV      P1,#0FH            ;判断是否有键按下子函数
         MOV      A,P1
         XRL      A,#0FH
         RET

DISPLAY: MOV      R0,#40H            ;显示子函数
         MOV      DPTR,#TAB
         MOV      P3,#00H            ;关掉所有的 LED 数码管
         MOV      A,@R0              ;查找第 1 位 LED 数码管需要显示的数据
         MOVC     A,@A+DPTR
         MOV      P2,A
         SETB     P3.0               ;打开第 1 位 LED 数码管
         INC      R0
         ACALL    DELAY
         CLR      P3.0               ;关掉第 1 位 LED 数码管
         MOV      P2,#0FFH
         MOV      A,@R0              ;查找第 2 位 LED 数码管需要显示的数据
         MOVC     A,@A+DPTR
         MOV      P2,A
         SETB     P3.1               ;打开第 2 位 LED 数码管
         INC      R0
         ACALL    DELAY
         CLR      P3.1               ;关掉第 2 位 LED 数码管
         MOV      P2,#0FFH
         MOV      A,@R0              ;查找第 3 位 LED 数码管需要显示的数据
         MOVC     A,@A+DPTR
         MOV      P2,A
         SETB     P3.2               ;打开第 3 位 LED 数码管
         INC      R0
         ACALL    DELAY
         CLR      P3.2               ;关掉第 3 位 LED 数码管
         MOV      P2,#0FFH
         MOV      A,@R0              ;查找第 4 位 LED 数码管需要显示的数据
         MOVC     A,@A+DPTR
         MOV      P2,A
         SETB     P3.3               ;打开第 4 位 LED 数码管
```

```
            INC       R0
            ACALL     DELAY
            CLR       P3.3          ;关掉第 4 位 LED 数码管
            MOV       P2,#0FFH
            RET
DELAY1:     MOV       R3,#08H       ;延迟函数
DD1:        MOV       R7,#0FAH
            DJNZ      R7,$
            DJNZ      R3,DD1
            RET

DELAY:      MOV       R5,#50H       ;延迟函数
DD:         MOV       R6,#50H
            DJNZ      R6,$
            DJNZ      R5,DD
            RET

TAB:        DB 0F8H,80H,90H,88H,99H,92H,82H,83H
            DB 0F9H,0A4H,0B0H,0C6H,8EH,0C0H,86H,0A1H,0FFH
            END
```

13.8 单片机扩展外部 RAM 的实验

1. 实验要求

将立即数 55H 送入外部 RAM 中以地址 0000H 开始的 10 个存储单元中，然后再将数据读出并写入内部 RAM 中以地址 40H 开始的 10 个存储单元中。

2. 实验需要的元器件列表

本实验需要的元器件列表如图 13-34 所示。本实验使用了 74LS373 及外部 RAM 6264。为了便于扩展，51 单片机使用了总线模式。

图 13-34　单片机扩展外部 RAM 实验元器件列表

3. 图表仿真工具与实验电路图

单片机扩展外部 RAM 需要通过 74LS373 作为地址锁存器连接外部 RAM 6264，电路如图 13-35 所示。为了研究单片机读写外部 RAM 时各种时序信号之间的关系，本实验使用了 Proteus 中的图表仿真工具。

单击左侧按钮进入如图 13-36 所示的图表选择界面。选择数字分析图表，将其拖曳到电路图中并调整为合适的大小。双击图表进入如图 13-37 所示的属性设置界面，将信号脉冲激励源与探针依次连接在需要测量的引脚上。

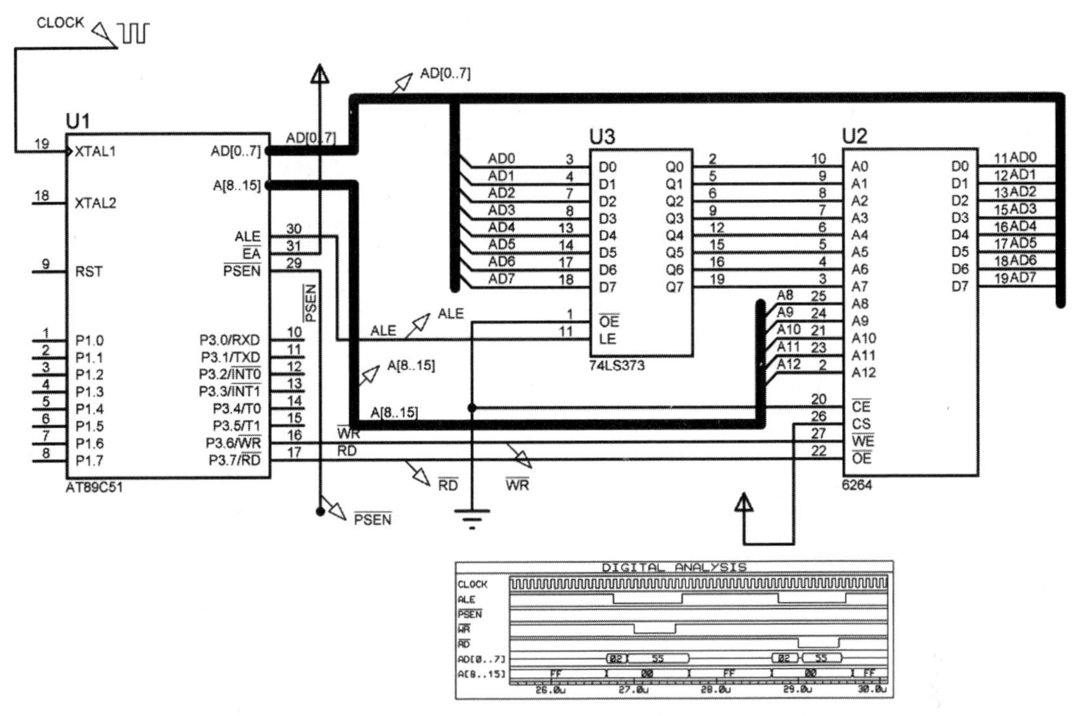

图 13-35　用 Proteus 绘制的单片机扩展外部 RAM 电路图

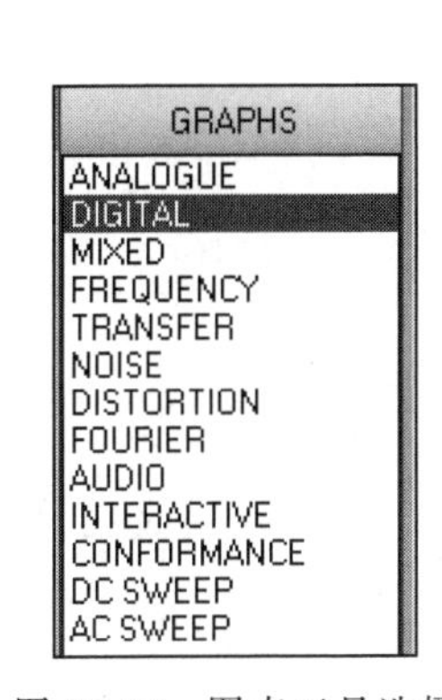

图 13-36　图表工具选择

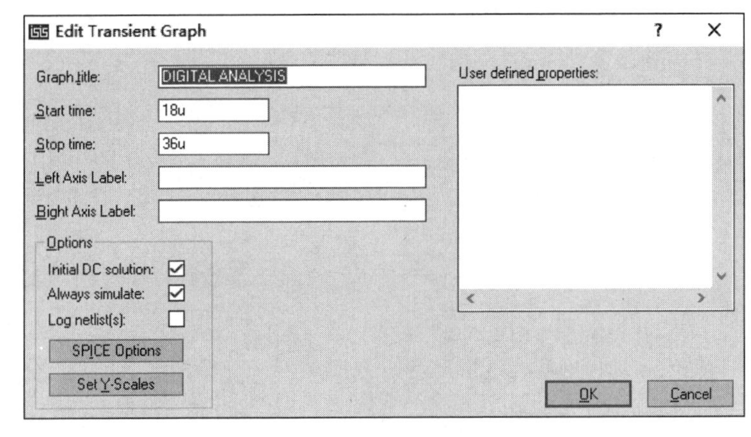

图 13-37　图表属性设置界面

首先单击左侧的按钮，在如图 13-38 所示的 GENERATORS 选择框中选中 DCLOCK，将数字时钟发生器<TEXT>连接到在电路图 XTAL1 引脚上，其属性设置如图 13-39 所示。

单击左侧的按钮，选择 VOLTAGE 类型探针，依照如图 13-35 所示的电路，分别将探针连接到 AD[0..7]、ALE、A[8..15]、WR、RD、PSEN引脚上。需要注意的是，若要探针放置成功之后自动修改自己的名称属性，引脚需要提前设置名称标签。右击探针，选择 Drag Object，拖曳它放置在数字图表分析窗口即可。

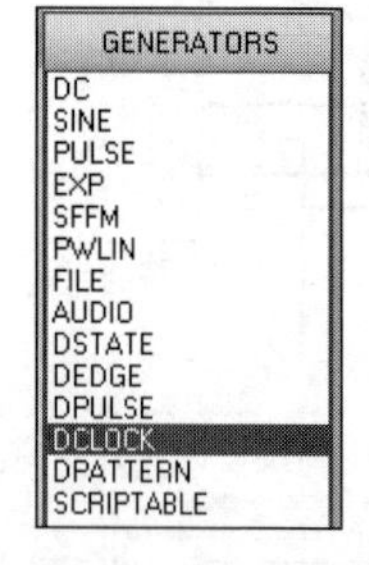

图 13-38　选择激励源

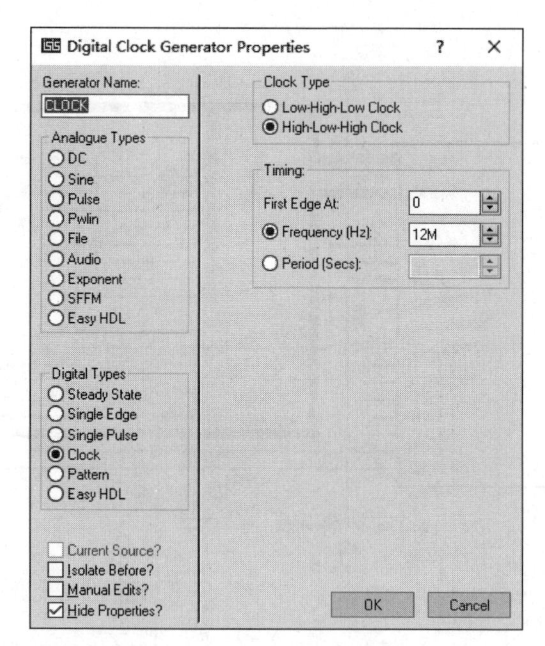

图 13-39　图表属性设置界面

4. 实验源程序及 Proteus 仿真结果

运行如下程序,将立即数 55H 写入片外 RAM 指定的存储空间,而后从外部 RAM 读出数据写入内部 RAM40H 开始的存储空间中。外部 RAM 及内部 RAM 的存储结果如图 13-40 及图 13-41 所示。

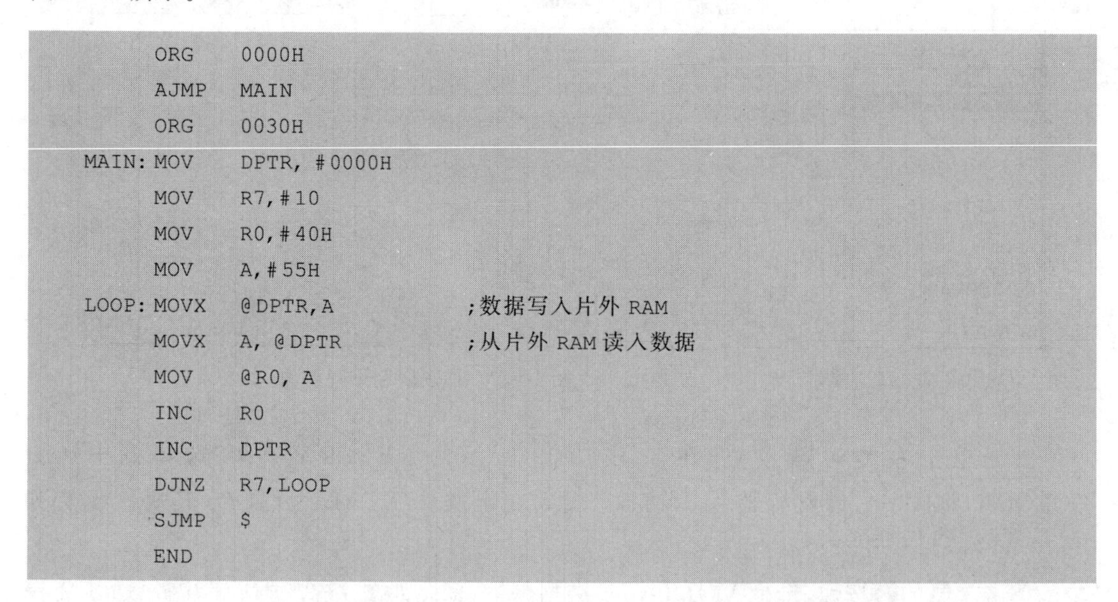

```
        ORG     0000H
        AJMP    MAIN
        ORG     0030H
MAIN:   MOV     DPTR, #0000H
        MOV     R7,#10
        MOV     R0,#40H
        MOV     A,#55H
LOOP:   MOVX    @DPTR,A             ;数据写入片外 RAM
        MOVX    A, @DPTR            ;从片外 RAM 读入数据
        MOV     @R0, A
        INC     R0
        INC     DPTR
        DJNZ    R7,LOOP
        SJMP    $
        END
```

将图表的时序分析时间设置为 18～36μs,可以看到从外部 RAM 的地址 0002H 读写数据的过程。时序时间约 27μs 时 $\overline{WR}$ 为低电平,此时单片机对外部 RAM 的地址 0002H 写入数据 55H;时序时间约 29μs 时 $\overline{RD}$ 为低电平,单片机从外部 RAM 的地址 0002H 读出数据 55H。使用图表分析使得用户能很容易地观察到电路在运行过程中各个结点的波形时序变

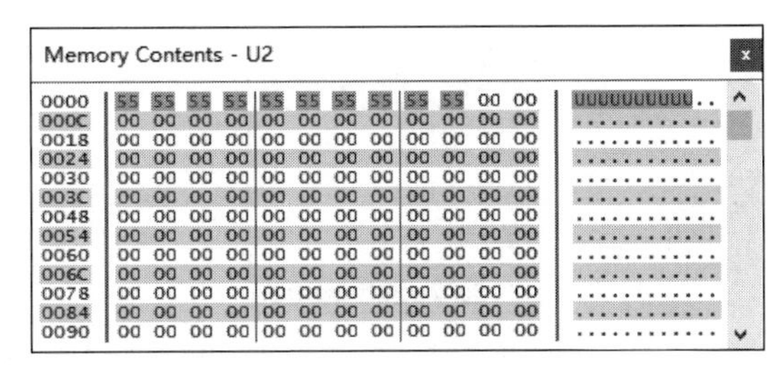

图 13-40　外部 RAM 地址 0000H 开始的存储空间存入数据

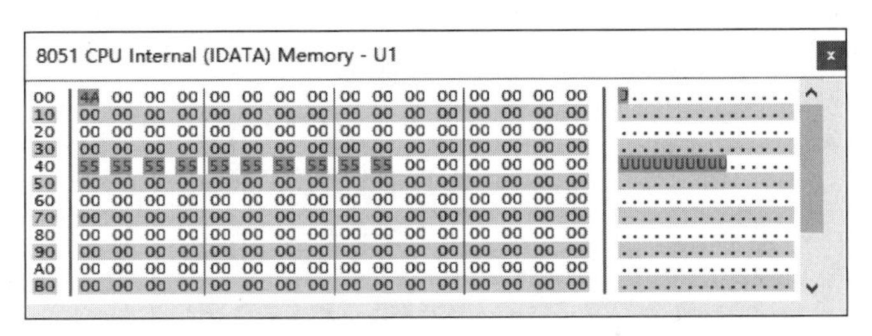

图 13-41　内部 RAM 地址 40H 开始的存储空间存入数据

化情况，并能够以图表的形式保留，有助于分析程序中出现的逻辑错误，缩短系统开发周期，如图 13-42 所示。

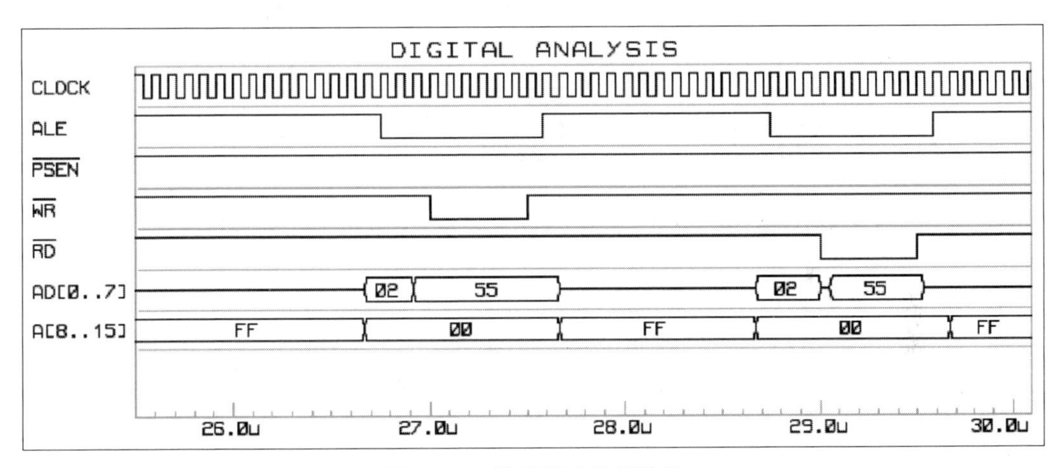

图 13-42　数字图表分析结果

13.9　单片机扩展输入输出接口实验

1. 实验要求

使用 8255 扩展单片机的 I/O 接口，在 8255 的 I/O 接口上完成按键控制发光二极管的亮灭。

2. 实验需要的元器件列表

实验需要的元器件列表如图 13-43 所示，本实验使用了地址锁存器 74LS373、8255、BUTTON(按键)以及黄色的发光二极管。

图 13-43　单片机扩展 I/O 接口实验元器件列表

3. 实验电路图

实验电路如图 13-44 所示。PA 口接发光二极管,PB 口连接按键。

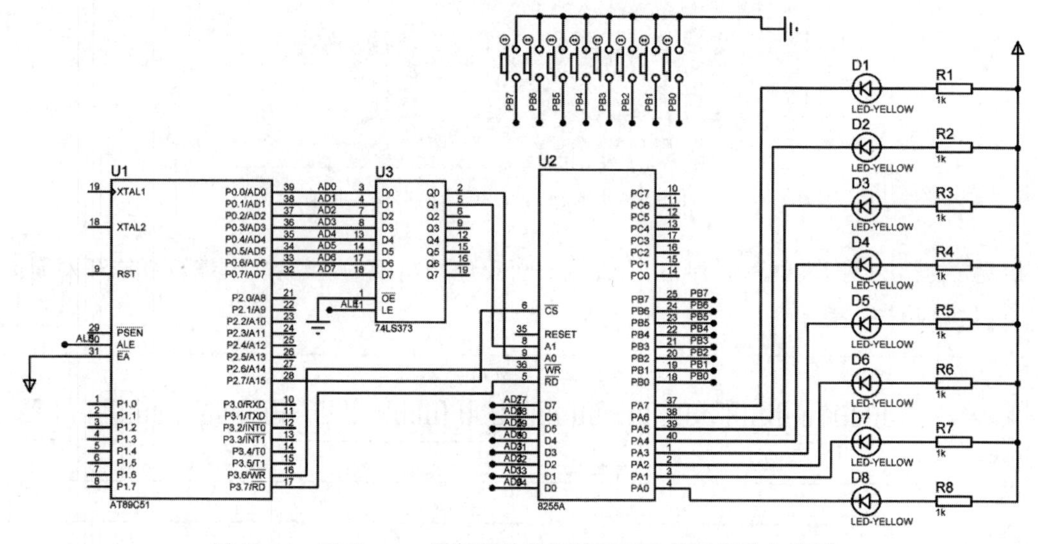

图 13-44　用 Proteus 绘制的单片机扩展 I/O 接口实验电路图

4. 实验源程序及 Proteus 仿真结果

根据如图 13-44 所示的电路,计算 8255 的控制端口、PA 口、PB 口地址及控制字,编写程序。运行程序,按下按键后可看到对应的发光二极管随之亮灭。如图 13-45 所示,按 PB2、PB4 及 PB6 连接的按键可点亮 D2、D4 和 D6。

```
        ORG     0000H
        AJMP    START
        ORG     0100H
START:  MOV     A,#82H              ;写入控制字
        MOV     DPTR,#0003H
        MOVX    @DPTR, A
LOOP:   MOV     DPTR,#0001H         ;读入 PB 口的值
        MOVX    A,@DPTR
        MOV     DPTR,#0000H         ;将 PB 口的值送入 PA 口
        MOVX    @DPTR,A
        SJMP    LOOP
        END
```

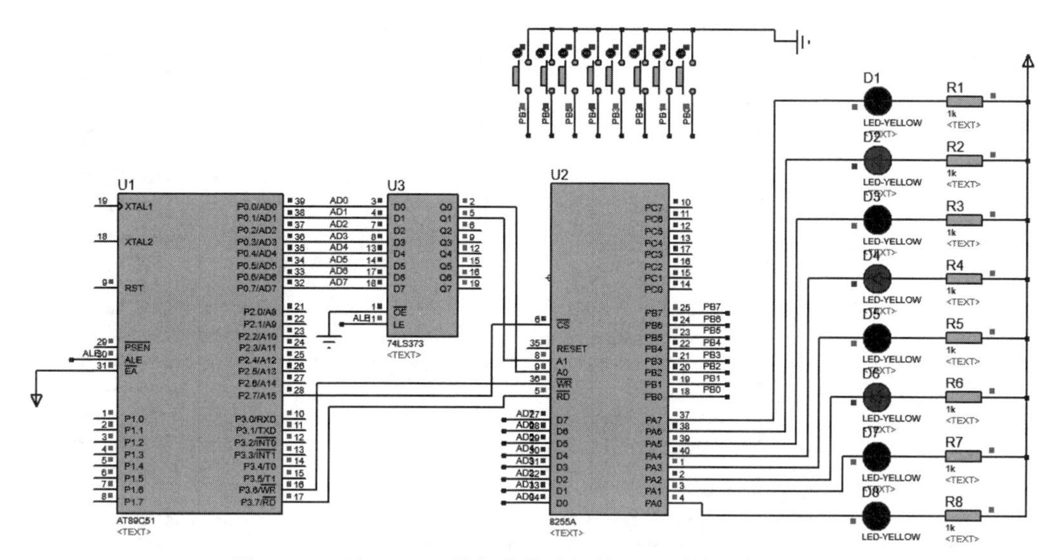

图 13-45　用 Proteus 模拟的单片机扩展 I/O 接口实验结果

13.10　单片机 IIC 总线实验

1. 实验要求

将单片机内部 RAM 以地址 40H 开始的存储空间中所存的 0～9 这 10 个数据依次送入 IIC(俗称 I^2C)存储器地址 00H 开始的存储空间中。

2. 实验需要的元器件列表

实验需要的元器件如图 13-46 所示。本实验使用的 IIC 存储器为 24C01。

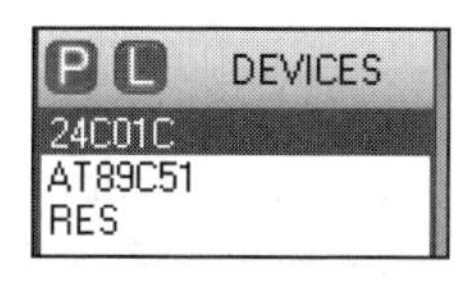

图 13-46　单片机 IIC 总线实验元器件列表

3. IIC 调试器及实验电路图

本实验的电路图如图 13-47 所示。P1.0 和 P1.1 连接 IIC 元器件的 SDA 及 SCL 引脚。此外,Proteus 提供了 IIC 调试器,可以用来监视、交互操作 IIC 总线,既可以监视数据传送,也可以对总线发送或者接收数据。

单击虚拟仪器模式按钮,选择 I2C DEBUGGER,将调试器放置在电路图上并连线。双击调试器,设置属性如图 13-48 所示。

4. 实验源程序及 Proteus 仿真结果

运行程序并观察仿真结果。其中子函数可参考 11.2 节的内容。

IIC 读写操作序列中的专用字符如表 13-1 所示。图 13-49 显示了 IIC 调试器的运行结果。在观察窗口可以清楚地看到 IIC 总线上所有的活动。例如:

```
S  A0  A  00  A  00  A  P
```

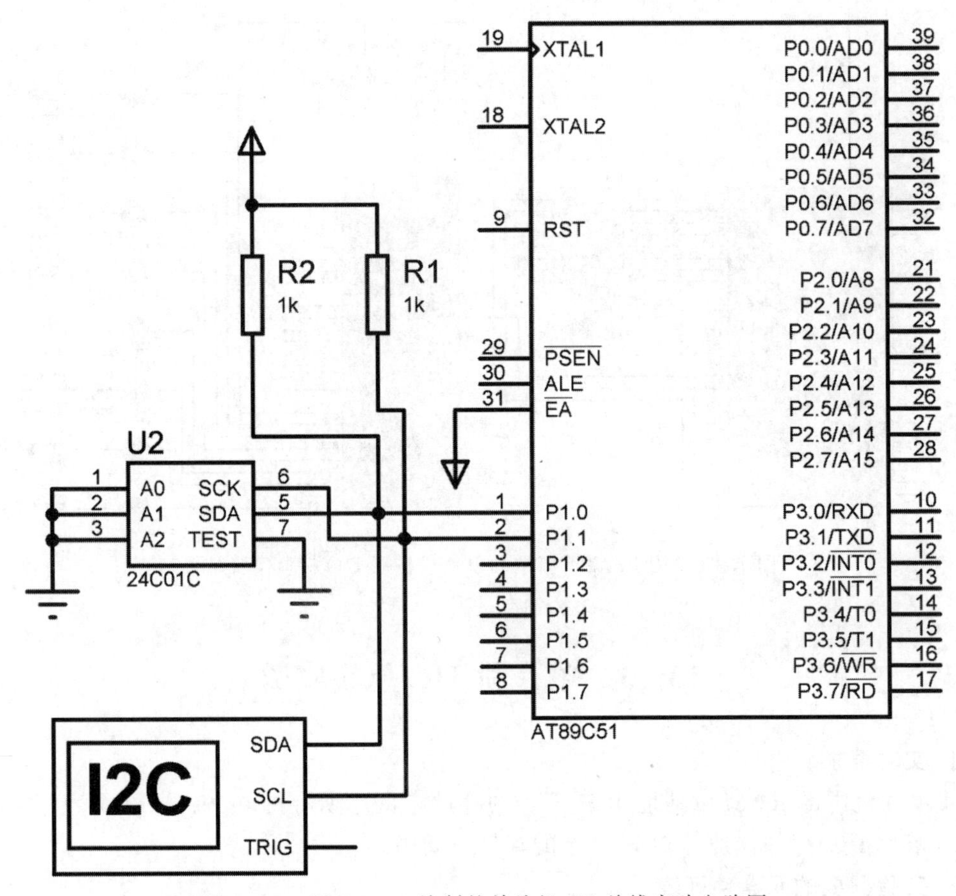

图 13-47　用 Proteus 绘制的单片机 IIC 总线实验电路图

Edit Component

Part Reference:		Hidden: ☐
Part Value:		Hidden: ☐
Element:		New
Clock frequency in Hz:	100000	Hide All
Address byte 1	(Default)	Hide All
Address byte 2	(Default)	Hide All
Stop on buffer empty?	☑	Hide All

OK　Help　Cancel

Advanced Properties:

Time display precision　(Default)　Hide All

Other Properties:

☐ Exclude from Simulation　☐ Attach hierarchy module
☑ Exclude from PCB Layout　☐ Hide common pins
☐ Exclude from Bill of Materials　☐ Edit all properties as text

图 13-48　IIC 总线调试器属性设置

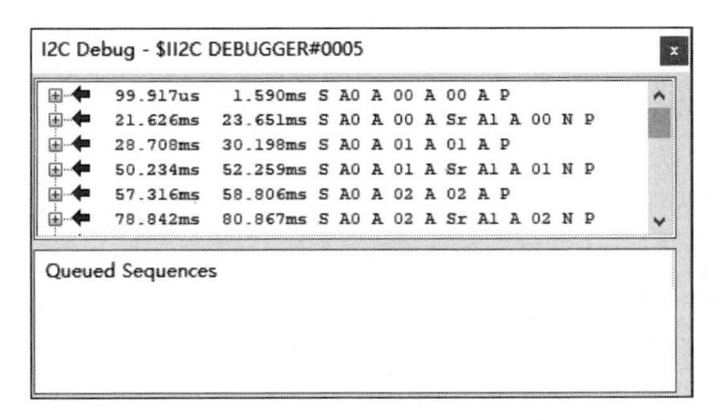

图 13-49　单片机 IIC 总线实验 IIC 调制器的时序

表示向 IIC 器件地址为 00H 的存储空间写入数据 00H。又例如：

```
S  A0  A  00  A  Sr  A1  A  00  N  P
```

表示从 IIC 器件地址为 00H 的存储空间读出数据 00H。也就是说，写时序表示为

```
S  A0  A  地址  A  数据  A  P
```

读时序表示为

```
S  A0  A  地址  A  Sr  A1  A  数据  N  P
```

程序运行结束，可看到实际存储结果。图 13-50 显示了内部中地址为 RAM 40H～49H 的存储空间中存储的 10 个数据为 0～9。将这 10 个数据写入 IIC 器件中地址为 00H～09H 的存储空间，结果如图 13-51 所示。从 IIC 器件读出数据存入内部 RAM 中地址为 50H～59H 的存储空间，结果如图 13-50 所示。这些结果也表明了本实验对于 IIC 器件的读写过程是正确的。

表 13-1　IIC 调节器中的专用字符含义

字　符	含　　义	字　符	含　　义
S	开始	*	收到部分数据
P	停止	L	仲裁丢失，返回主控模式
Sr	重新开始	?	检测到非法逻辑电平
A	应答	N	非应答

```
8051 CPU Internal (IDATA) Memory - U1
00 | 4A 5A 00 00 | 00 00 00 00 | 00 00 00 00 | 00 00 00 00
10 | 00 00 00 00 | 00 00 00 00 | 00 00 00 00 | 00 00 00 00
20 | 00 00 00 00 | 00 00 00 00 | 00 00 00 00 | 00 00 00 00
30 | 00 00 00 00 | 00 00 00 00 | 00 00 00 00 | 00 00 00 00
40 | 00 01 02 03 | 04 05 06 07 | 08 09 00 00 | 00 00 00 00
50 | 00 01 02 03 | 04 05 06 07 | 08 09 00 00 | 00 00 00 00
60 | 00 6C 00 28 | 01 94 00 00 | 00 00 00 00 | 00 00 00 00
70 | 00 00 00 00 | 00 00 00 00 | 00 00 00 00 | 00 00 00 00
```

图 13-50　单片机 IIC 总线实验单片机内部 RAM 数据存储

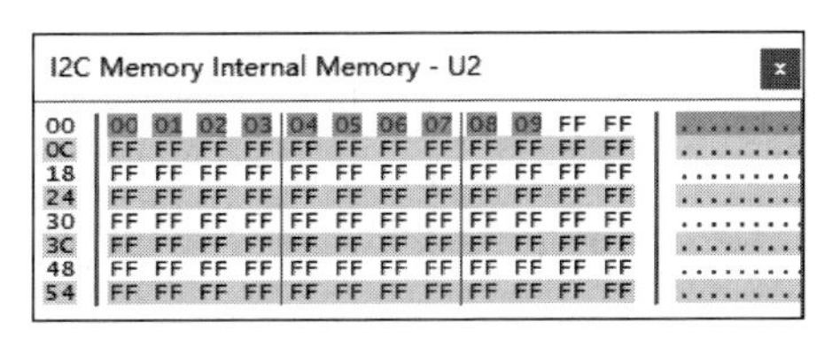

图 13-51　单片机 IIC 总线实验内部 RAM 数据存储

程序的主函数如下：

```
        SDA    BIT P1.0        ;P1.0 为虚拟总线 SDA 位
        SCL    BIT P1.1        ;P1.1 为虚拟总线 SCL 位
        ORG    0000H
        AJMP   MAIN
        ORG    0050H
MAIN:   MOV    SP,#60H
        CLR    A
        MOV    R1,#40H
        MOV    R5,#10
LOOP:   MOV    @R1,A           ;将 0～9 写入内部 RAM 地址为 40H～49H 的存储空间
        INC    A
        INC    R1
        DJNZ   R5, LOOP
        MOV    R5,#10          ;写入 10 个数据
        MOV    B,#00H          ;写入 IIC 器件的起始地址
        MOV    R0,#40H
        MOV    R1,#50H
LOOP1:  LCALL  WAT24C01        ;数据循环写入 IIC 器件
        LCALL  RAT24C01        ;数据循环从 IIC 器件读出
        MOV    @R1,A           ;读出的数据送入内部 RAM 地址为 50H～59H 的存储空间
        INC    B
        INC    R0
        INC    R1
        DJNZ   R5,LOOP1
        SJMP   $
```

13.11 单片机数模转换器实验

1. 实验要求

使用数模转换器产生三角波，并使用示波器显示波形。

2. 实验需要的元器件列表

实验需要的元器件如图 13-52 所示，本实验使用了 DAC0808 和运放 OPAMP。由于 Proteus 软件的 DAC0832 仅有原理图，不可仿真，因此使用 DAC0808 完成本实验。

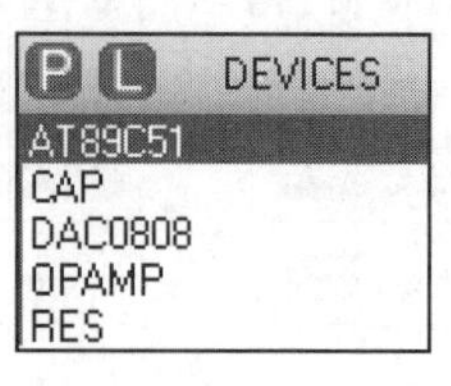

图 13-52 单片机数模转换器实验元器件列表

3. 实验电路图

实验电路图如图 13-53 所示。需要注意的是，单片机通过 P0 口输出数据与 DAC0808 输入的数据数位相反，例如单片机的 P0.0 引脚应连接 DAC0808 芯片的 A8 引脚。此外，放大与反馈电路应连接正确，同时接入示波器观察波形。

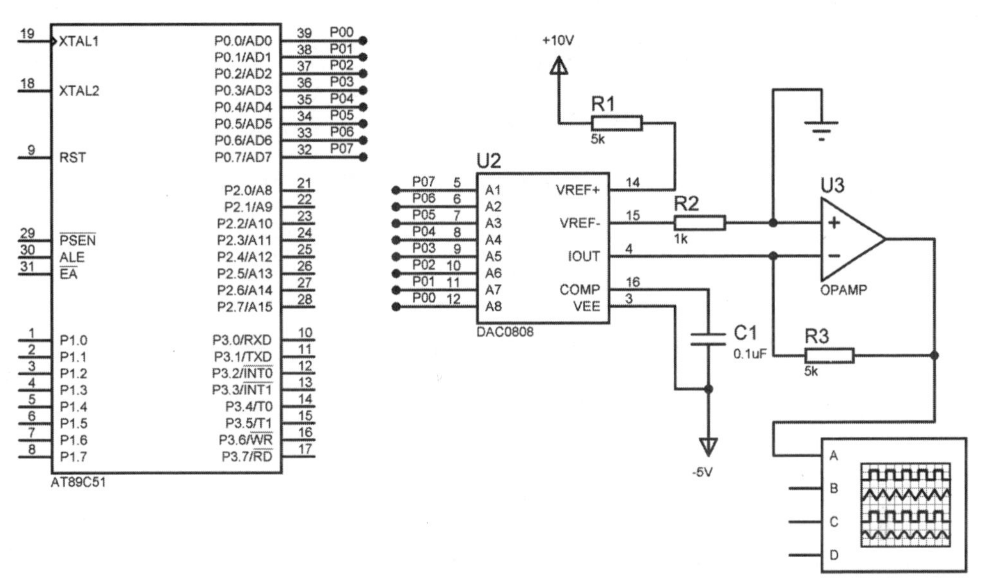

图 13-53　用 Proteus 绘制的单片机数模转换器实验原理图

4. 实验源程序及 Proteus 仿真结果

运行以下程序，调节示波器，可观察到连续的三角波波形，波形图如图 13-54 所示。

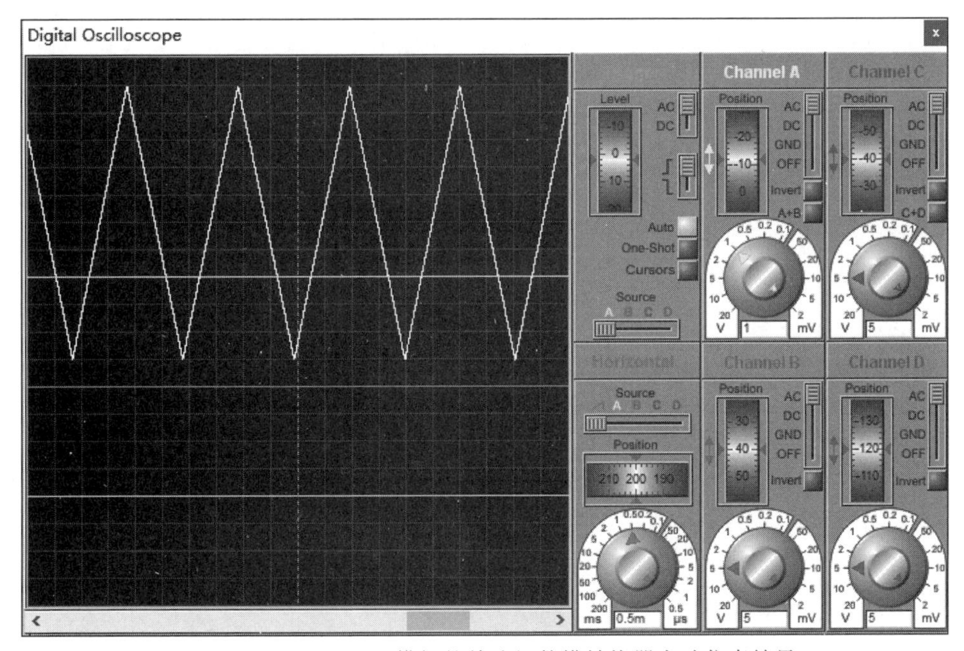

图 13-54　用 Proteus 模拟的单片机数模转换器实验仿真结果

```
        ORG     0000H
        AJMP    START
        ORG     0100H
START:  MOV     A,#00H
UP:     MOV     P0,A            ;数据送到 P0 口
        INC     A
        JNZ     UP              ;未上升到最大值则继续加 1
DOWN:   DEC     A               ;上升到最大值则开始减 1
        MOV     P0,A
        JNZ     DOWN            ;未下降到最小值则继续减 1
        SJMP    UP              ;一个周期结束则循环开始
        END
```

习 题 13

1. 在 Proteus 下设计电路并仿真。要求能够完成个位数的加减,并能够在 LED 数码管上实时显示键盘输入值及计算结果。

2. 在 Proteus 下设计电路并仿真。要求能够将键盘输入内容实时显示在 LCD1602 中。

3. 在 Proteus 下设计电路并仿真。要求能够输出正弦波,并能够调节幅值。

4. 在 Proteus 下设计电路并仿真。要求能够根据键盘输入值的不同在 I/O 接口输出不同频率的方波,并能够使用示波器观察方波的频率和幅值。

参考文献

[1] 王贤勇,赵传申. 单片机原理与接口技术应用教程[M]. 北京：清华大学出版社,2010.

[2] 徐爱军,徐阳.Keil C51 单片机高级语言应用编程与实践[M]. 北京：电子工业出版社,2013.

[3] 马忠梅,籍顺心,张凯,等. 单片机的 C 语言应用程序设计[M]. 北京：北京航空航天大学出版社,1999.

[4] 李全利,钟伟锋,徐军. 单片机原理及应用[M]. 北京：清华大学出版社,2006.

[5] MACKENZIE I S.8051 微控制教程[M]. 方承志,姜田,译. 3 版. 北京：清华大学出版社,2005.

[6] 张毅刚,王少军,付宁. 单片机原理及接口技术[M]. 2 版. 北京：人民邮电出版社,2015.

[7] 张靖武,周灵彬. 单片机系统的 PROTEUS 设计与仿真[M]. 北京：电子工业出版社,2007.

[8] 李学礼. 基于 Proteus 的 8051 单片机实例教程[M]. 北京：电子工业出版社,2008.

[9] 徐爱钧,徐阳. 单片机原理与应用:基于 Proteus 虚拟仿真技术[M]. 2 版. 北京：机械工业版社,2013.

[10] 禹定臣,李白燕. 单片机原理及应用案例教程[M]. 北京：电子工业出版社,2015.

图书资源支持

感谢您一直以来对清华版图书的支持和爱护。为了配合本书的使用，本书提供配套的资源，有需求的读者请扫描下方的“书圈”微信公众号二维码，在图书专区下载，也可以拨打电话或发送电子邮件咨询。

如果您在使用本书的过程中遇到了什么问题，或者有相关图书出版计划，也请您发邮件告诉我们，以便我们更好地为您服务。

我们的联系方式：

地　　址：北京市海淀区双清路学研大厦 A 座 714

邮　　编：100084

电　　话：010-83470236　010-83470237

客服邮箱：2301891038@qq.com

QQ：2301891038（请写明您的单位和姓名）

资源下载：关注公众号“书圈”下载配套资源。

书圈

获取最新书目

观看课程直播